2026

[최적합 : 최고의 적중률로 합격을 보장하는]

TS 한국교통안전공단 시행

• Pass The Best Hit Rate •

드론(무인멀티콥터) (초경량비행장치)
조종자 자격 필기

| 박익범, 한대희, 박병찬, 박인순, 장태환, 곽병태, 강호식 지음 |

BM (주)도서출판 성안당

■ **도서 A/S 안내**

성안당에서 발행하는 모든 도서는 저자와 출판사, 그리고 독자가 함께 만들어 나갑니다.

좋은 책을 펴내기 위해 많은 노력을 기울이고 있습니다. 혹시라도 내용상의 오류나 오탈자 등이 발견되면 "좋은 책은 나라의 보배"로서 우리 모두가 함께 만들어 간다는 마음으로 연락주시기 바랍니다. 수정 보완하여 더 나은 책이 되도록 최선을 다하겠습니다.

성안당은 늘 독자 여러분들의 소중한 의견을 기다리고 있습니다. 좋은 의견을 보내주시는 분께는 성안당 쇼핑몰의 포인트(3,000포인트)를 적립해 드립니다.

잘못 만들어진 책이나 부록 등이 파손된 경우에는 교환해 드립니다.

저자 문의 e-mail : been8840@naver.com(박인순)
본서 기획자 e-mail : coh@cyber.co.kr(최옥현)
홈페이지 : http://www.cyber.co.kr 전화 : 031) 950-6300

# 머리말

세월의 빠른 흐름 속에서, 드론(초경량비행장치 무인멀티콥터) 조종자 교재를 출간한 지도 4년이 지났으며, 그간 독자분들의 많은 성원에 깊은 감사의 인사를 드립니다.

우리는 아래와 같은 뉴스를 통하여 최근 드론 및 관련 기술의 중요성과 방향성을 느낄 수 있습니다.

- '4차산업혁명'… 1인 1드론 시대
- 드론 활용 '3D 공공지도' 제작 추진
- AI와 결합한 드론이 전장(戰場)을 바꾼다.
- UAM 넘어 AAM으로! 항공 모빌리티의 미래
- '잠실~인천공항 25분'…2030년 서울에 '드론 택시' 뜬다.
- '섬으로 떡볶이 배달도'…제주 드론 배송 서비스, 해외 언론도 주목
- 한국교통안전공단, 2025년 5월 14일부터 '무인수직이착륙기' 조종자 자격제도 시행

이러한 추세를 반영하여 드론(무인멀티콥터) 조종자의 합격자 수는 2014년 606명에서 2017년 2,872명, 2018년 11,291명, 2019년 14,713명, 2020년 13,573명, 2021년 26,746명, 2022년 26,253명, 2023년 26,612명, 2024년 26,791명으로, 계속 증가하고 있으며, 더 많은 합격자를 배출하기 위해 이 책은 다음과 같은 특징을 갖고 있습니다.

- 한국교통안전공단의 새로운 출제기준과 최근 개정된 항공법규를 반영하였습니다.
- 경륜 있는 저자들이 분야별로 정리·감수하여 출제 비중이 높은 내용으로 구성하였습니다.
- 과목별로 학습한 내용을 점검하고 실제 시험에 대비할 수 있는 기출복원문제 5회를 수록하였습니다.
- 저자들의 무료 동영상 강의(유튜브)를 통해 시험을 처음 준비하는 응시자에게 최대의 학습 효과를 지원합니다.

본 교재가 드론 조종자 자격을 준비하는 분들과 드론을 공부하는 분들에게 많은 도움이 되길 바라며, 독자분들의 합격과 건승과 행복을 진심으로 기원합니다.

끝으로, 본 교재 제작에 처음부터 관여해 주시고 협조해 주신 성안당 관계자분들의 노고에 감사의 말씀을 드립니다.

저자 일동

드론(무인멀티콥터, Unmanned Multicopter) 조종자 증명 자격시험 안내

1 시행처 : 한국교통안전공단(http://www.kotsa.or.kr)

2 기본 응시기준 : 만 14세 이상인 사람(다만, 4종 무인멀티콥터는 만 10세 이상인 사람)

3 종류별 조종자 자격의 취득 기준

종류	온라인 교육	학과시험 (필기시험)	실기시험	비행경력
1종	X	과목, 범위 및 난이도가 동일	O	① 1종 무인멀티콥터를 조종한 시간이 총 20시간 이상인 사람 ② 2종 무인멀티콥터 조종자 증명을 받은 사람으로서 1종 무인멀티콥터를 조종한 시간이 15시간 이상인 사람 ③ 3종 무인멀티콥터 조종자 증명을 받은 사람으로서 1종 무인멀티콥터를 조종한 시간이 17시간 이상인 사람 ④ 1종 무인헬리콥터 조종자 증명을 받은 사람으로서 1종 무인멀티콥터를 조종한 시간이 10시간 이상인 사람
2종	X		O	① 1종 또는 2종 무인멀티콥터를 조종한 시간이 총 10시간 이상인 사람 ② 3종 무인멀티콥터 조종자 증명을 받은 사람이 2종 무인멀티콥터를 조종한 시간이 7시간 이상인 사람 ③ 2종 무인헬리콥터 조종자 증명을 받은 사람으로서 2종 무인멀티콥터를 조종한 시간이 5시간 이상인 사람
3종			X	① 1종, 2종, 3종 무인멀티콥터 중 어느 하나를 조종한 시간이 총 6시간 이상인 사람 ② 3종 무인헬리콥터 조종자 증명을 받은 사람으로서 3종 무인멀티콥터를 조종한 시간이 3시간 이상인 사람
4종	O	X	X	X

4 학과시험(필기시험)

① 접수 방법 : 한국교통안전공단 홈페이지

② 응시 수수료 : 48,400원

③ 시험 과목 및 범위 : 통합(항공기상, 비행이론, 드론운용, 항공법규) 1과목, 40문제 출제(50분간 시험, 객관식 4지선다)

④ 시행 방법 : 컴퓨터 기반 시험(CBT; Computer Based Test)
⑤ 합격 기준 : 70% 이상 득점 시 합격
⑥ 유효기간 : 최종 과목 합격일로부터 2년간 합격이 유효
⑦ 합격자 발표 방법 : 시험 종료 즉시 시험을 본 컴퓨터에서 확인 가능
⑧ 합격자 발표 시간 : 시험 당일 18:00(공식적인 결과 발표)

5 실기시험

① 접수 방법 : 한국교통안전공단 홈페이지
② 응시 수수료 : 72,600원
③ 시험 과목 및 범위 :
　　가. 기체 및 조종자에 관한 사항
　　나. 기상·공역 및 비행장에 관한 사항
　　다. 일반지식 및 비상절차 등
　　라. 비행 전 점검
　　마. 지상활주(또는 이륙과 상승 또는 이륙동작)
　　바. 공중조작(또는 비행동작)
　　사. 착륙조작(또는 착륙동작)
　　아. 비행 후 점검 등
　　자. 비정상절차 및 비상절차 등

④ 시행 방법 : 구술시험 및 실제 비행시험
⑤ 합격 기준 : 모든 채점항목에서 "S(Satisfactory, 만족)" 등급이면 합격
⑥ 합격자 발표 방법 : 시험 종료 후 한국교통안전공단 홈페이지에서 발표
⑦ 합격자 발표 시간 : 시험 당일 18:00

드론(무인멀티콥터, Unmanned Multicopter) 조종자 증명 자격시험 안내

⑧ 무인 멀티콥터(1종) 구술시험 및 실비행시험 개정(2024.7.15.)

가. 구술시험 : 조종자의 지식 및 실기 수행 능력 확인을 위해 각 항목은 빠짐없이 평가되어야 함
(응시자 1인 항목별 1문제, 전체 5문제 출제)

항목	기존	개선
기체에 관련한 사항	가. 기체 형식(무인멀티콥터 형식) 나. 기체 제원(자체중량, 최대이륙중량, 배터리 규격) 다. 기체 규격(로터직경) 라. 비행원리(전후진, 좌우횡진, 기수전환의 원리) 마. 각 부품의 명칭과 기능(비행제어기, 자이로센서, 기압센서, 지자기센서, GPS수신기) 바. 안전성 인증검사, 비행계획 승인 사. 배터리 취급 시 주의사항	가. 기체 형식(무인멀티콥터 형식) 나. 기체 제원(자체중량, 최대이륙중량, 배터리 규격) 다. 기체 규격(프로펠러 직경 및 피치) 라. 비행원리(전후진, 좌우횡진, 기수전환의 원리) 마. 각 부품의 명칭과 기능(비행제어기, 자이로센서, 기압센서, 지자기센서, GPS수신기) 바. 안전성 인증검사, 비행계획 승인 사. 배터리 취급 시 주의사항
조종자에 관련한 사항	초경량비행장치 조종자 준수사항	가. 초경량비행장치 조종자 요건 및 준수사항 나. 안전관리 및 비행운용에 관한 사항
공역 및 비행장에 관련한 사항	가. 비행금지구역 나. 비행제한공역 다. 관제공역 라. 허용고도 마. 기상 조건(강수, 번개, 안개, 강풍, 주간)	가. 비행금지구역 나. 비행제한공역 다. 관제공역 라. 허용고도 마. 기상 조건(강수, 번개, 안개, 강풍, 주간)
일반지식 및 비상절차	가. 비행계획 나. 비상절차 다. 충돌 예방(우선권) 라. NOTAM(항공고시보)	가. 비행계획 나. 비상절차 다. 충돌 예방(우선권) 라. NOTAM(항공고시보)
이륙 중 엔진 고장 및 이륙 포기	이륙 중 비정상 상황 시 대응 방법	이륙 중 비정상 상황 시 대응 방법

나. 실비행시험

– 공통사항(별도 수치를 제시하지 않은 기동 전체 공통 적용)

항목	항목해설	평가 기준	비교 기준점	허용 범위	비고
평가 요소	실기 기동 시 기체의 위치, 고도, 기수방향, 기동흐름 4요소 평가	–	–	–	평가 4대 요소
기체 위치	기체 중심의 위치가 규정 위치와 얼마나 벗어났는지를 평가	규정 위치	기체 중심	±1m	이동 경로의 경우 좌우 또는 전후 각각 1m(폭 2m) 이내 허용
기준 고도	전체 실비행 기동에서 기준이 되는 고도	선택 고도	스키드	3~5m	최초 이륙 비행 상승 후 정지 시 기준 고도 결정
기체 고도	기체 스키드(지면에 닿는 부속)의 높이가 기준 고도보다 얼마나 낮거나 높은지를 평가	기준 고도	스키드	±0.5m	고도 허용범위 : 2.5m~5.5m(기동별 제시된 고도에 허용범위 ±0.5m 적용)
기수 방향	기동 중 기체의 기수방향이 규정 방향보다 얼마나 편향되었는지를 평가	규정 방향	기수	±15°	비상 조작에서만 ±45° 허용
기동 흐름	현재 시행하고 있는 기동 중에 얼마나 멈춤이 발행하였는지를 평가	기동 상태	기동 유지	멈춤 3초 미만	3초 미만 멈춤 2회 이상 또는 3초 이상 멈춤 1회 이상이면 과도한 시간 소모로 'U'(불만족)
			정지 (호버링)	5초 이상	5초 미만 정지 후 다음 기동을 진행하면 'U'(불만족)
			일시 정지 (비상 조작)	3초 미만	일시 정지(3초 이상)이면 'U'(불만족)

드론(무인멀티콥터, Unmanned Multicopter) 조종자 증명 자격시험 안내

- 평가 기동(※는 평가 제외 항목, 평가 항목은 순서대로 진행)

항목	기존	개선
비행 전 점검	제작사에서 제공된 점검리스트에 따라 점검할 수 있을 것	비행 전 점검(볼트/너트 조임 상태, 파손 상태 등)을 수행하고 그 상태의 좋고 나쁨을 판정할 수 있을 것
기체의 시동	정상적으로 비행장치의 시동을 걸 수 있을 것	정상적으로 비행장치의 시동을 걸 수 있을 것
이륙 전 점검	이륙 전 점검을 정상적으로 수행할 수 있을 것 • 이륙 전 점검이 필요한 비행장치만 해당	이륙 전 점검을 정상적으로 수행할 수 있을 것 • 비행장치의 시동 및 이륙을 5분 이내에 수행할 수 있을 것
이륙 비행	가. 이륙위치에서 이륙하여 스키드기준 고도(3~5m)까지 상승 후 호버링 • 기준고도 설정 후 모든 기동은 설정한 고도와 동일하게 유지 나. 호버링 중 에일러론, 엘리베이터, 러더 이상 유무 점검 다. 세부 기준 ① 이륙 시 기체 쏠림이 없을 것 ② 수직 상승할 것 ③ 상승 속도가 너무 느리거나 빠르지 않고 일정할 것 ④ 기수방향을 유지할 것 ⑤ 측풍 시 기체의 자세 및 위치를 유지할 수 있을 것	가. 세부 기동 순서 ① 이착륙장(H 지점)에서 이륙 상승(상승 후 정지한 시점에 기준고도 설정) • 모든 기동은 설정한 기준 고도의 허용범위를 유지 ② 이륙 후 점검(호버링 중 에일러론, 엘리베이터, 러더 이상 유무 점검) ③ 정지 호버링 ※ 기동 후 호버링(A 지점) 지점으로 전진 이동 나. 주요 평가 기준 ① 세부 기동 순서대로 진행할 것 ② 지정된 고도(기준고도, 허용범위 포함)까지 상승할 것 ③ 이륙 시 이착륙장(H 지점) 기준 수직 상승할 것 ④ 상승 속도가 너무 느리거나 빠르지 않고 상승 중 멈춤 없이 흐름이 유지될 것 ⑤ 기수방향이 전방을 유지할 것 ⑥ 기체의 자세 및 위치를 유지할 수 있을 것 ⑦ 정지 호버링 기준시간을 준수할 것
공중 정지비행 (호버링)	가. 호버링 위치(A 지점)로 이동하여 기준고도에서 5초 이상 호버링 나. 기수를 좌측(우측)으로 90° 돌려 5초 이상 호버링 다. 기수를 우측(좌측)으로 180° 돌려 5초 이상 호버링	가. 세부 기동 순서 ① A 지점(호버링 위치)에서 기준 고도 높이, 기수방향 전방 상태로 정지 호버링 ② 좌(우)로 90° 회전 ③ 정지 호버링 ④ 우(좌)로 180° 회전

항목	기존	개선
공중 정지비행 (호버링)	라. 기수가 전방을 향하도록 좌측(우측)으로 90° 돌려 5초 이상 호버링 마. 세부 기준 ① 고도 변화 없을 것(상하 0.5m까지 인정) ② 기수전방, 좌측, 우측 호버링 시 위치 이탈 없을 것(무인멀티콥터 중심축 기준 반경 1m까지 인정)	⑤ 정지 호버링 ⑥ 기수 전방으로 정렬 ⑦ 정지 호버링 나. 주요 평가 기준 ① 세부 기동 순서대로 진행할 것 ② 기동 중 고도 변화 없을 것 ③ 기동 중 위치 이탈 없을 것 ④ 회전 중 멈춤 없을 것 ⑤ 회전 전, 후 적절한 기수방향을 유지할 것 ⑥ 정지 호버링 기준시간을 준수할 것
직진 및 후진 수평비행	가. A 지점에서 E 지점까지 40m 전진 후 3~5초 동안 호버링 나. A 지점까지 후진비행 후 5초 이상 호버링 다. 세부 기준 ① 고도 변화 없을 것(상하 0.5m까지 인정) ② 경로 이탈 없을 것(무인멀티콥터 중심축 기준 좌우 1m까지 인정) ③ 속도를 일정하게 유지할 것(지나치게 빠르거나 느린 속도, 기동 중 정지 등이 없을 것) ④ E 지점을 못미치거나 초과하지 않을 것 (5m까지 인정) ⑤ 기수 방향이 전방을 유지할 것	가. 세부 기동 순서 ① A 지점에서 E 지점까지 40m 수평 전진 ② 정지 호버링 (3초 이상) ③ E 지점에서 A 지점까지 40m 수평 후진 ④ 정지 호버링 나. 주요 평가 기준 ① 세부 기동 순서대로 진행할 것 ② 기수방향이 전방을 유지할 것 ③ 기동 중 고도 변화 없을 것 ④ 경로 이탈 없을 것 ⑤ 기동 중 속도의 변화 없이 일정하게 유지할 것(멈춤 등이 없을 것) ⑥ E 지점을 못 미치거나 초과하지 않을 것 (E 지점에서는 전후 5m까지 인정) ⑦ 정지 호버링 기준시간을 준수할 것
삼각비행	가. A 지점에서 B 지점(D 지점)까지 수평비행 후 5초 이상 호버링 나. A 지점(호버링 고도+수직 7.5m)까지 45° 대각선 방향으로 상승하여 5초 이상 호버링 다. D 지점(B 지점)의 호버링 고도까지 45° 대각선 방향으로 하강하여 5초 이상 호버링 라. A 지점으로 수평비행하여 복귀 후 5초 이상 호버링 마. 세부 기준 ① 경로 및 위치 이탈이 없을 것(무인멀티콥터 중심축 기준 1m까지 인정)	가. 세부 기동 순서 ① 기준고도 높이의 A 지점에서 B(D) 지점까지 수평 직선 이동 ② 정지 호버링 ③ A 지점 상공의 최고 상승지점(기준고도+수직 7.5m)까지 45° 방향(대각선)으로 상승 이동 ④ 정지 호버링 ⑤ 기준 고도 높이의 D(B) 지점까지 45° 방향(대각선)으로 하강 이동 ⑥ 정지 호버링 ⑦ A 지점으로 수평 직선 이동 ⑧ 정지 호버링

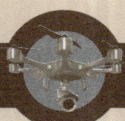

드론(무인멀티콥터, Unmanned Multicopter) 조종자 증명 자격시험 안내

항목	기존	개선
삼각비행	② 속도를 일정하게 유지할 것(지나치게 빠르거나 느린 속도, 기동 중 정지 등이 없을 것)	※ 기동 후 이착륙장(H지점) 지점으로 후진 이동 나. 주요 평가 기준 ① 세부 기동 순서대로 진행할 것 ② 기수방향이 전방을 유지할 것 ③ 기동 중 적절한 위치, 고도 및 경로 유지 ④ 기동 중 속도의 변화 없이 일정하게 유지할 것(멈춤 등이 없을 것) ⑤ 정지 호버링 기준시간을 준수할 것
원주비행 (러더턴)	가. 최초 이륙지점으로 이동하여 기수를 좌(우)로 90° 돌려 5초 이상 호버링 후 반경 7.5m(A 지점 기준)로 원주비행 • B→C→D→이륙지점 또는 D→C→B→이륙지점 순서로 진행되며 각 지점을 반드시 통과해야 함 나. 이륙장소에 도착하여 5초 이상 호버링 후 기수방향을 전방으로 돌려 5초 이상 호버링 다. 세부 기준 ① 고도 변화 없을 것(상하 0.5m까지 인정) ② 경로 이탈 없을 것(무인멀티콥터 중심축 기준 1m까지 인정) ③ 속도를 일정하게 유지할 것(지나치게 빠르거나 느린 속도, 기동 중 정지 등이 없을 것) ④ 진행 방향과 기수방향 일치 및 유지(이륙지점 호버링 방향을 기준으로 B,D 지점 90°, C 지점 180°) ⑤ 기동 중 과도한 에일러론 조작이 없을 것	가. 세부 기동 순서 ① 이착륙장(H지점) 상공에서 기준고도 높이, 기수방향 전방 상태로 정지 호버링 ② 기수를 좌(우)로 90° 회전 ③ 정지 호버링 ④ A 지점을 중심축으로 반경 7.5m인 원주 기동 실시 • 이착륙장(H 지점)→B(D) 지점→C 지점→D(B) 지점→이착륙장(H 지점) ⑤ 이착륙장(H 지점) 상공으로 복귀 후 정지 호버링 ⑥ 우(좌)로 90° 회전하여 기수방향을 전방으로 정렬 ⑦ 정지 호버링 나. 주요 평가 기준 ① 세부 기동 순서대로 진행할 것 ② 각 지점을 허용범위 내 반드시 통과해야 함 ③ 진행 방향과 기수방향 일치 및 유지(원주 접선 방향 유지, 원주 시작 방향을 기준으로 B(D) 지점 90°, C 지점 180°, D(B) 지점 270°) ④ 기동 중 적절한 위치, 고도 및 경로 유지 ⑤ 회전 중 멈춤 없을 것 ⑥ 기동 중 속도의 변화 없이 일정하게 유지할 것(멈춤 등이 없을 것) ⑦ 정지 호버링 기준시간을 준수할 것
비상조작	가. 기준고도에서 2m 상승 후 호버링 나. 실기위원의 "비상" 구호에 따라 일반 기동보다 1.5배 이상 빠르게 비상착륙장으	가. 세부 기동 순서 ① 이착륙장(H 지점) 상공, 기준 고도에서 2m 이상 고도 상승

항목	기존	개선
비상조작	로 하강한 후 비상착륙장 기준 고도 1m 이내에서 잠시 정지하여 위치 수정 후 즉시 착륙 다. 세부 기준 ① 하강 시 스로틀을 조작하여 하강을 멈추거나 고도 상승 시(착륙 직전 제외) 직선 경로(최단 경로)로 이동할 것 ② 착륙 전 일시 정지 시 고도는 비상착륙장 기준 1m까지 인정 ③ 정지 후 신속하게 착륙할 것 ④ 랜딩기어를 기준으로 비상착륙장의 이탈이 없을 것	② 정지 호버링 ③ "비상" 구호(응시자) 후 즉시 하강 및 횡으로 비상착륙장(F 지점)까지 빠르게 비상 강하 ④ 비상착륙장(F 지점)에 접근 후 즉시 안전하게 착지하거나, 1m 이내의 고도에서 일시 정지 후 신속하게 위치, 자세를 보정하며 강하 ⑤ 착륙 및 시동 종료 나. 주요 평가 기준 ① 세부 기동 순서대로 진행할 것 ② 기수방향이 전방을 유지할 것(기수방향은 좌우 각 45°까지 허용) ③ 비상 강하 속도는 일반 기동의 속도보다 1.5배 이상 빠를 것 ④ 비상 강하할 때 스로틀을 조작하여 강하를 지연시키거나, 고도를 상승시키지 말고 적정 경로로 이동할 것 ⑤ 비상 강하 시 일시 정지한 경우(3초 미만)의 고도는 비상착륙장 지표면 기준 1m까지만 인정(일시 정지 없이 즉시 착륙 가능) ⑥ 착지 및 착륙 지점이 스키드(착륙 시 지면에 닿는 부속) 기준으로 일부라도 비상착륙장 내에 있거나 접해 있을 것 ⑦ 정지 호버링 기준시간을 준수할 것
정상 접근 및 착륙 (자세 모드)	가. 비상착륙장에서 이륙하여 기준고도로 상승 후 5초 이상 호버링 나. 최초 이륙지점까지 수평 비행하여 5초 이상 호버링 후 착륙 다. 세부 기준 ① 기수 방향 유지 ② 수평비행 시 고도 변화 없을 것(상하 0.5m까지 인정) ③ 경로 이탈이 없을 것(무인멀티콥터 중심축 기준 1m까지 인정) ④ 속도를 일정하게 유지할 것(지나치게 빠르거나 느린 속도, 기동 중 정지 등이 없을 것)	가. 세부 기동 순서 ① 비행모드를 자세제어 또는 수동조작 모드로 전환 ② 비상착륙장(F 지점)에서 이륙하여 기수 전방 향하고, 기준 고도까지 상승 ③ 정지 호버링 ④ 이착륙장(H 지점) 상공까지 수평 횡이동 ⑤ 정지 호버링 ⑥ 착륙장 내 착륙 지점을 향해 강하 ⑦ 착륙 및 시동 종료 ※ 기동 후 GPS 모드로 전환하고 시동, 이륙 후 기수를 전방으로 향한 채 B(D) 지점으로 이동

드론(무인멀티콥터, Unmanned Multicopter) 조종자 증명 자격시험 안내

항목	기존	개선
정상 접근 및 착륙 (자세 모드)	⑤ 착륙 직전 위치 수정 1회 이내 가능 ⑥ 무인멀티콥터 중심축을 기준으로 착륙장의 이탈이 없을 것	나. 주요 평가 기준 ① 세부 기동 순서대로 진행할 것 ② 기수방향이 전방을 유지할 것 ③ 수평 횡 이동 시 고도 변화 없을 것 ④ 경로 이탈이 없을 것 ⑤ 기동 중 속도의 변화 없이 일정하게 유지할 것(멈춤 등이 없을 것) ⑥ 착지 지점과 착륙 지점은 무인멀티콥터 중심축을 기준으로 착륙장 내에 있거나 접해 있을 것 ⑦ 모든 세부 기동은 자세제어 또는 수동조작 모드로 시행할 것 ⑧ 정지 호버링 기준시간을 준수할 것
측풍 접근 및 착륙	(기준고도까지 이륙 후 기수방향 변화 없이 D 지점(B 지점)으로 직선 경로(최단 경로)로 이동) 가. 기수를 바람 방향(D 지점 우측, B 지점 좌측을 가정)으로 90° 돌려 5초 이상 호버링 나. 기수방향의 변화 없이 이륙지점까지 직선 경로(최단 경로)로 수평 비행하여 5초 이상 호버링 후 착륙 다. 세부 기준 ① 수평비행 시 고도 변화 없을 것(상하 0.5m까지 인정) ② 경로 이탈이 없을 것(무인멀티콥터 중심축 기준 1m까지 인정) ③ 속도를 일정하게 유지할 것(지나치게 빠르거나 느린 속도, 기동 중 정지 등이 없을 것) ④ 착륙 직전 위치 수정 1회 이내 가능 ⑤ 무인멀티콥터 중심축을 기준으로 착륙장의 이탈이 없을 것	가. 세부 기동 순서 ① B(D) 지점에서 기준고도 높이, 기수방향 전방 상태로 정지 호버링 ② 기수를 바람 방향(B 지점은 좌측, D 지점은 우측을 가정)으로 90° 회전(B 지점은 좌회전, D 지점은 우회전) ③ 정지 호버링 ④ 이착륙장(H 지점) 상공까지 측면 상태로 직선 경로(최단 경로)로 수평 이동 ⑤ 정지 호버링 ⑥ 착륙장 내 착륙 지점을 향해 강하 ⑦ 착륙 및 시동 종료 나. 주요 평가 기준 ① 세부 기동 순서대로 진행할 것 ② 회전 중 멈춤 없을 것 ③ 적절한 기수방향을 유지할 것 ④ 수평비행 시 고도 변화 없을 것 ⑤ 경로 이탈이 없을 것 ⑥ 기동 중 속도의 변화 없이 일정하게 유지할 것(멈춤 등이 없을 것) ⑦ 착지 지점과 착륙 지점은 무인멀티콥터 중심축을 기준으로 착륙장 내에 있거나 접해 있을 것 ⑧ 정지 호버링 기준시간을 준수할 것

항목	기존	개선
비행 후 점검	착륙 후 점검 절차 및 항목에 따라 점검 실시	착륙 후 점검 절차 및 항목에 따라 점검 실시
비행기록	로그북 등에 비행 기록을 정확하게 기재할 수 있을 것	로그북 등에 비행 기록을 정확하게 기재할 수 있을 것
안전거리 유지		실기시험 중 실기 기동에 따라 권고된 안전거리(조종자 중심 반경 14m) 및 안전라인(조종자 어깨와 평행한 기준선 전방 기준) 이상을 유지할 수 있을 것
계획성	실기시험 항목 전체에 대한 종합적인 기량을 평가	비행을 시작하기 전에 상황을 정확하게 판단하고 비행계획을 수립했는지 여부에 대하여 평가할 것
판단력	실기시험 항목 전체에 대한 종합적인 기량을 평가	수립한 비행계획을 적용 시 적절성 여부에 대하여 평가할 것
규칙의 준수	실기시험 항목 전체에 대한 종합적인 기량을 평가	관련되는 규칙을 이해하고 그 규칙의 준수 여부에 대하여 평가할 것
조작의 원활성	실기시험 항목 전체에 대한 종합적인 기량을 평가	기체 취급이 신속·정확하며 원활한 조작을 하고 있는지 여부에 대하여 평가할 것

6 조종자격 차등화 관련 Q&A

Q1 학과시험(필기시험)은 어디에서 치르게 되나요?

A1 학과시험은 2024년 7월 현재, 항공전용 학과시험장(서울, 부산, 광주, 대전) 및 지역 CBT시험장(화성, 김천, 부산, 광주, 대전, 춘천, 대구, 전주, 제주)에서 시행 중입니다.

Q2 다른 종의 자격증명을 취득하기 위해서는 학과시험을 따로 봐야 하나요?

A2 아닙니다. 학과시험은 1종부터 3종까지 통합으로 시행되며 학과시험에 합격한 경우, 유효기간(2년) 이내라면 1종부터 3종까지 모든 자격증명에 적용됩니다.

Q3 1종을 취득하면 2종이나 3종 자격증명을 별도로 취득해야 하나요?

A3 아닙니다. 1종을 취득하면 2종, 3종 및 4종 기체에 대한 운영이 가능하므로 1종만 취득하여도 됩니다. 즉, 상위 자격증명을 취득하면 하위 자격증명이 필요한 업무수행이 가능합니다.

드론(무인멀티콥터, Unmanned Multicopter) 조종자 증명 자격시험 안내

Q4 4종 자격은 어떻게 취득하나요?

A4 한국교통안전공단에서 운영하는 4종 교육(온라인 교육)을 이수한 후 교육이수 증명서를 발급받아 비행할 수 있습니다. 온라인 교육은 '21.3.1부터 한국교통안전공단에서 운영하는 한국교통안전공단 배움터(https://edu.kotsa.or.kr)를 통해 신청·수강이 가능하며 24시간 운영됩니다.

Q5 4종 자격 취득을 위한 온라인 교육은 총 몇 시간으로 구성되어 있나요?

A5 온라인교육은 총 3개 과목(항공법규, 비행이론 및 운용, 항공기상)으로 구성되어 있으며, 총 6시간의 분량입니다.

Q6 1종 실기시험을 응시하기 위해선 어떤 기체를 준비하여야 하나요?

A6 응시하는 종별 무게 기준에 해당하는 기체를 준비해야 합니다.

기체 무게 기준 (최대 이륙중량)	
1종	25kg 초과 자체중량 150kg 이하
2종	7kg 초과 25kg 이하
3종	2kg 초과 7kg 이하
4종	250g 초과 2kg 이하

Q7 2종 실기시험은 약식이라고 하는데, 약식 실기시험은 무엇인가요?

A7 약식 실기시험은 2종 실기시험으로써 1종 실기시험 평가항목을 2종에 맞게 축소·보완(약식)하여 평가가 진행되는 것을 말합니다.

Q8 개인이 보유하는 기체로도 시험이 가능한가요?

A8 네. 신고된 기체라면 시험 응시가 가능합니다. (영리/비영리 관계없음)

Q9 실기시험은 어디서 치르게 되나요?

A9 무인멀티콥터 및 무인헬리콥터의 경우, 2024년 7월 현재 상설실기시험장(16개소: 화성, 영월, 춘천, 청양, 부여, 영천, 문경, 울진, 진주, 김해, 사천, 전주, 광주, 진안, 고양, 김천) 및 전문교육기관에서 시험을 치릅니다.

Q10 무인비행장치(드론 포함) 구입 후 안전하게 비행하기 위한 절차는?

A10

비행 절차*		최대이륙중량 기준					담당기관
		250g 이하	250g 초과 2kg 이하	2kg 초과 7kg 이하	7kg 초과 25kg 이하	25kg 초과	
장치 신고**	비사업용	X	X	O (2kg 초과 시 소유자 등록)			한국교통안전공단 '21.1.1 시행
	사업용	O (무게와 무관하게 신고)					
사업 등록		O	O	O	O	O	지방항공청
안전성 인증		X	X	X	X	O (25kg 초과 시 안전성 인증)	항공안전기술원
조종자 증명		X	O (4종) 온라인교육	O (3종) 필기+비행 경력(6시간)	O (2종) 필기+비행 경력(10시간)+실기시험 (약식)	O (1종) 필기+비행경력(20시간)+실기시험	한국교통안전공단 '21.3.1 시행
비행승인***1),2)		△	△	△	△	O	지방항공청 또는 국방부
항공촬영승인		O	O	O	O	O	국방부
비 행		조종자 준수사항에 따라 비행					

〈비고〉

* 상기 비행절차의 기준은 자체중량 150kg 이하인 무인동력비행장치에 적용함
** 장치 신고 변경사항: 자체중량 12kg 초과 → 최대이륙중량 2kg 초과('21년 시행)
*** 1) 비행제한구역 및 비행금지구역, 관제권, 고도 150m 이상 비행 시에는 무게와 상관없이 비행 승인 필요
*** 2) 최대이륙중량 25kg 초과 기체는 상시 승인 필요(단, 초경량비행장치 비행공역에서는 승인 불필요)

이 책의 목차

PART 1
항공기상(Aviation Weather)

- ❶ 단위 환산/스칼라·벡터/국제 단위계 접두어 ········· 22
- ❷ 태양계/지구계/대기권 특징/대기 구성 성분/공기 밀도 ········· 24
- ❸ 국제표준대기(ISA)/평균해수면(MSL)/항공기 고도 ········· 27
- ❹ 기상현상의 정의/종류 및 관측의 기술상 기준과 방법 ········· 31
- ❺ 기온/온도/열전달/대기안정도/기온역전층 ········· 33
- ❻ 기압/저기압/고기압 ········· 39
- ❼ 습도/이슬점/착빙/우박 ········· 41
- ❽ 안개/박무/연무/스모그 ········· 45
- ❾ 구름/운형/운량/운고 ········· 48
- ❿ 바람/항상풍/제트기류/계절풍/국지풍 ········· 51
- ⓫ 강수/뇌우/뇌전/벼락 ········· 56
- ⓬ 시정/시정장애 현상 ········· 60
- ⓭ 기단/전선/태풍/용오름/토네이도/회오리바람 ········· 61
- ⓮ 난류의 강도 및 종류 ········· 65
- ⓯ 일기도/일기예보·특보/비행 관련 정보 ········· 68
    - ■ 적중예상문제 ········· 76

PART 2
비행이론(Flight Theory)

- ❶ 항공기(aircraft)의 정의 ········· 86
- ❷ 항공기 개발의 역사 ········· 87

❸ 비행기(airplane)의 분류 ··· 90
❹ 비행기 기체(airframe)의 구성요소 ························· 93
❺ 비행기의 동력장치(engine, 엔진) ··························· 97
❻ 비행계기의 종류 ··· 99
❼ 비행기의 재료 및 연료/윤활유 ······························ 102
❽ 비행기의 날개골(airfoil, 에어포일) ······················· 103
❾ 유체(fluid)의 흐름 ··· 108
❿ 비행기에 작용하는 힘 ·· 111
⓫ 양력의 발생 이론 및 항력의 종류 ························ 114
⓬ 비행기의 조종성과 안정성 ···································· 124
⓭ 비행기의 선회(turn) 및 실속(stall) ······················· 129
⓮ 비행기의 비행 단계별 특징 ·································· 132
⓯ 헬리콥터의 비행 원리 ·· 134
■ 적중예상문제 ·· 139

PART 3
드론 운용(Drone Operation)

❶ 드론 및 드론 시스템의 개념 ································· 152
❷ 드론의 분류 ··· 153
❸ 드론의 과거 · 현재 · 미래 ······································ 156
❹ 무인멀티콥터의 특성 ·· 158
❺ 무인멀티콥터의 구성 ·· 159
❻ 비행제어장치(FC; Flight Controller) ···················· 161
❼ 센서(sensor)의 종류 및 기능 ································ 162

이 책의 목차

- ❽ 모터(motor) 및 전자변속기(ESC) ········ 165
- ❾ 프로펠러(propeller) ········ 167
- ❿ 배터리(battery)의 관리 ········ 169
- ⓫ 무선통신 방식 및 조종기/비행 모드의 종류 ········ 174
- ⓬ 무인멀티콥터에 작용하는 힘 ········ 176
- ⓭ 무인멀티콥터의 비행 원리 ········ 178
- ⓮ 무인멀티콥터의 비행절차별 특징 ········ 181
- ⓯ 무인멀티콥터의 캘리브레이션(calibration) ········ 184
- ⓰ 항공안전과 인적요인(human factors) ········ 186
- ⓱ 무인수직이착륙기의 비행 원리 ········ 188
  - ■ 적중예상문제 ········ 190

PART 4
항공법규(Aviation Laws)

- ❶ 국제 항공법규의 발달과정 ········ 202
- ❷ 국내 항공법규의 발달과정 ········ 204
- ❸ 주요 항공법규의 목적 및 세부 내용 ········ 205
- ❹ 용어의 정의 ········ 207
- ❺ 항공기, 경량항공기, 초경량비행장치의 구분 ········ 211
- ❻ 초경량비행장치의 신고 ········ 216
- ❼ 초경량비행장치의 안전성 인증 ········ 225
- ❽ 초경량비행장치의 조종자 증명 ········ 229
- ❾ 무인비행장치 조종자 전문교육기관 ········ 246
- ❿ 초경량비행장치의 공역(airspace) ········ 255

⑪ 비행승인 및 특별비행승인 ··· 257
⑫ 초경량비행장치 조종자 준수사항 ································ 264
⑬ 초경량비행장치의 사용사업 ······································· 267
⑭ 초경량비행장치의 사고·보고(통보) ······························ 270
⑮ 청문, 벌칙, 과태료, 행정처분 ···································· 273
　　■ 적중예상문제 ··· 282

PART 5 기출복원문제

1회 기출복원문제 ·· 296
2회 기출복원문제 ·· 304
3회 기출복원문제 ·· 312
4회 기출복원문제 ·· 320
5회 기출복원문제 ·· 328

- 적중예상문제 무료 동영상 강의(URL)는 성안당 도서몰(HTTPS://WWW.CYBER.CO.KR)의 [자료실]에서 제공합니다.
- 무료 동영상 강의로 제공하는 적중예상문제의 중요 문제 번호와 URL을 제공합니다.

PART 1

학습목표

항공기상은 드론(drone)을 포함한 항공기의 운항과 비행에 영향을 미치는 기상현상에 관한 것이다. 드론(drone)은 일반적인 항공기와 같이 기온, 기압, 강수, 바람, 구름 등의 기상현상과 난류, 우박, 착빙 등 악천후에 영향을 받으므로, 드론 조종사(drone pilot)는 이륙, 상승, 순항, 하강, 착륙 등 비행의 모든 단계를 안전하게 운항하기 위하여 기상현상, 악천후, 일기도, 일기예보·특보 및 비행 관련 정보를 익숙하게 파악할 수 있어야 한다.

항공기상
(Aviation Weather)

1. 단위 환산/스칼라·벡터/국제 단위계 접두어
2. 태양계/지구계/대기권 특징/대기 구성 성분/공기 밀도
3. 국제표준대기(ISA)/평균해수면(MSL)/항공기 고도
4. 기상현상의 정의/종류 및 관측의 기술상 기준과 방법
5. 기온/온도/열전달/대기안정도/기온역전층
6. 기압/저기압/고기압
7. 습도/이슬점/착빙/우박
8. 안개/박무/연무/스모그
9. 구름/운형/운량/운고
10. 바람/항상풍/제트기류/계절풍/국지풍
11. 강수/뇌우/뇌전/벼락
12. 시정/시정장애 현상
13. 기단/전선/태풍/용오름/토네이도/회오리바람
14. 난류의 강도 및 종류
15. 일기도/일기예보·특보 /비행 관련 정보

1 단위 환산/스칼라·벡터/국제 단위계 접두어

1 단위 환산(unit conversion)

물리량	단위
길이	• 1km=1,000m, 1m=100cm, 1cm=10mm • 1inch=2.54cm • 1ft=30.48cm(1,000ft=304.8m) • 1mile(마일)=1.60km 또는 1.85km 　- 1SM(statute mile, 육상마일, 육리)=1.60km 　- 1NM(nautical mile, 해상마일, 해리)=1.85km
넓이	1ha(헥타르)=10,000m²
부피	1L=1,000mL=1,000cc=1,000cm³
질량	• 1kg=1,000g, 1g=1,000mg • 1lb(파운드)=453.6g
시간	• 1day(일)=24hr(시간), 1hr=60min(분), 1min=60s(초)
온도	• 섭씨온도(℃)와 화씨온도(°F)의 관계 　$℃=\frac{5}{9}×(°F-32), °F=(\frac{9}{5}×℃)+32$ • 섭씨온도(℃)와 절대온도(K)의 관계 　K=273+℃
압력	1atm(기압)=1.013bar=10.33mH$_2$O=29.92inHg =76cmHg=760mmHg=760Torr =1013mbar=1013hPa(헥토파스칼) =1.033kgf/cm²=14.7psi(프사이, lbf/in², pound force per square inch) =1.013×10⁶dyne/cm²
속력	• 풍속의 단위 : m/s, kph(kilometer per hour), mph(mile per hour), knot(노트, kt) • 1knot(노트)=1.85km/h=0.5m/s
동력 (일률)	• 1마력(馬力)=76kgf·m/s 또는 75kgf·m/s 　- 1HP(영국 마력)=76kgf·m/s=745.7W 　- 1PS(국제 마력)=75kgf·m/s=735.5W

> **TIP! 인치(inch)와 피트(feet)**
> • 인치(inch)는 엄지손가락 첫 관절의 길이, 피트(feet)는 사람의 발 길이에서 유래한다.
> • in은 인치(inch)의 준말로(″)로도 표현한다.(29.92inHg=29.92 ″ Hg)
> • ft는 피트(feet)의 준말로(′)로도 표현한다.(30ft=30 ′)

> **TIP! 질량(mass)과 무게(weight)**
> - 질량과 무게는 다른 개념이므로 혼동하지 않아야 한다.
> - 질량은 물체가 보유한 고유의 양, 무게(중량)는 물체의 무거운 정도를 의미하며, 다음식이 성립한다.
>   무게(w)=질량(m)×중력가속도(g)
> - 질량의 단위는 kg을 사용하지만, 무게(중량)의 단위는 뉴턴(N) 또는 '킬로그램 중(kgf, kg force)'을 사용한다.
>   1kgf=9.8N

2 스칼라(scalar) 및 벡터(vector)

① 스칼라 : 크기만으로 표시할 수 있는 물리량이다.

　예 온도, 압력, 밀도, 길이, 면적, 시간, 질량, 에너지, 속력

② 벡터 : 크기 및 방향이 있어야 완전하게 표시할 수 있는 물리량이다.

　예 추력, 항력, 양력, 중력, 속도, 가속도, 힘

3 국제 단위계(SI 단위계)의 접두어

① 국제 단위계(또는 SI 단위계)에서 앞에 쓰이는 접두어는 그리스어/라틴어에서 유래한다.

② 접두어는 10의 배수를 생략하기 위해 쓰인다. 예 $3,000,000t = 3 \times 10^6 t = 3Mt$

접두어	기호	곱할인자	접두어	기호	곱할인자
요타(yotta)	Y	10^{24}	데시(deci)	d	10^{-1}
제타(zetta)	Z	10^{21}	센티(centi)	c	10^{-2}
엑사(exa)	E	10^{18}	밀리(milli)	m	10^{-3}
페타(peta)	P	10^{15}	마이크로(micro)	μ	10^{-6}
테라(tera)	T	10^{12}	나노(nano)	n	10^{-9}
기가(giga)	G	10^9	피코(pico)	p	10^{-12}
메가(mega)	M	10^6	펨토(femto)	f	10^{-15}
킬로(kilo)	k	10^3	아토(atto)	a	10^{-18}
헥토(hecto)	h	10^2	젭토(zepto)	z	10^{-21}
데카(deka)	da	10^1	욕토(yocto)	y	10^{-24}

> **TIP! 단위계의 종류**
> - 국제 단위계(SI 단위계) : MKS 단위계라고도 하며 길이(m), 질량(kg), 시간(s, 초)을 기본으로 하는 단위계
> - CGS 단위계 : 길이(cm), 질량(g), 시간(s, 초)을 기본으로 하는 단위계
> - FPS 단위계 : 길이(ft, 피트), 질량(lb, 파운드), 시간(s, 초)을 기본으로 하는 단위계
> - 현재, 국제적으로는 국제 단위계(SI 단위계)를 공통으로 사용하고 있으며 예외적인 경우에 CGS 단위계 또는 FPS 단위계를 허용하고 있다.

2 태양계/지구계/대기권 특징/대기 구성 성분/공기 밀도

1 태양계(solar system)

① 태양계는 태양과 태양의 영향권 내에 있는 주변 천체로 구성된다.

② 태양으로부터 가까운 순서

- 태양→수성→금성→지구→화성→목성→토성→천왕성→해왕성

③ 태양복사에너지의 파장 크기 순서

- 태양은 표면온도가 약 6,000K로서 다양한 파장의 전자기파를 방출한다.
- 태양복사에너지는 감마선, 엑스선(X선) 등 여러 파장대로 구성된 전자기파이다.
- 태양복사에너지를 **파장이 짧은(주파수가 큰)** 순서부터 나열하면 다음과 같다.

  감마선→엑스선(X선)→자외선→가시광선→적외선→전파

④ 지구에 도달한 태양복사에너지는 **지표면에 흡수(50%), 대기에 흡수(20%), 직접 반사(30%)** 된다.

> **지표면(land and sea)과 지면(land)의 차이**
> - 지표면(land and sea) : 지구 표면의 약자로 '**육지와 바다**'를 의미한다.
> - 지면(land 또는 ground) : '**육지**'를 의미한다.

⑤ 지구의 복사 평형

- 지구는 표면온도가 약 15℃(288K)로서 주로 적외선 형태로 복사에너지를 방출한다.
- 지구는 태양으로부터 받은 복사에너지와 **같은 양의 복사에너지를 우주로 방출**하므로 **지구의 온도는 일정하게 유지**된다.
- 태양 복사에너지(100%) = **지표면에 흡수(50%) + 대기에 흡수(20%)** + 직접 반사(30%)

  = **지구 복사에너지(70%)** + 직접 반사(30%)

2 지구계(earth system)

① 지구계의 구성요소 : 대기권, 지권, 수권, 생물권, 외권(외기권)

- 대기권 : 지구의 대기를 말하며 대부분 질소와 산소로 구성되며, 높이에 따른 기온 변화를 기준으로 **대류권, 성층권, 중간권, 열권**으로 구분된다.
- 지권 : 지각과 지구 내부로 구성된다.
- 수권 : 수권의 **97%는 해수이며, 3%는 육수**로서 빙하, 지하수, 호수, 하천수, 수증기로 존재한다.

- 생물권 : 지표, 해양, 대기에서 지권, 수권, 대기권과 상호 작용하며 살아간다.
- 외권(외기권) : 지구의 최외곽층으로, 대기권이 우주공간과 접하는 공간이다. 지상 690km~10,000km에 위치하고 있으며, **우주선으로부터 생명체를 보호하는 자기권**이 있다.

② 지구의 자전과 공전
- 지구의 자전(rotation)
    - 지구 자전축을 중심으로 1일에 한 바퀴씩 회전한다.
    - 자전 방향은 반시계 방향(서→동)이다.
    - 지구의 자전에 의해 **밤과 낮**이 발생한다.
    - **지구 자전축의 기울기는 약 23.4°**이다.
- 지구의 공전(revolution)
    - 지구는 태양을 중심으로 하여 1년에 한 바퀴씩 회전한다.
    - 지구가 기울어진 상태로 공전하므로 **계절의 변화**가 발생한다.

3 지구 대기권의 특징

대기권은 **높이에 따른 기온 변화**를 기준으로 대류권, 성층권, 중간권, 열권의 4개 권역으로 구분한다.

	높이에 따른 기온 변화	대류 현상	수증기 유무	기상 현상	특징
열권 (80~690km)	상승(↑)	×	×	×	• 공기가 매우 희박하여 밤낮의 기온 차가 매우 큼 • 태양에너지를 직접 흡수하여 가열되므로 위로 올라갈수록 기온이 높아짐 • 전파를 반사하는 전리층이 있음 • 오로라가 관측됨 • 인공위성 궤도
중간권 (50~80km)	하강(↓)	○	×	×	• 유성이 많이 관찰됨 • 상층부는 약 -90℃로 대기권 중 최저 기온 • 공기의 대류현상은 있지만, 수증기가 없어 기상현상은 없음
성층권 (11~50km)	상승(↑)	×	×	×	• 오존층(약 20~30km 사이에 존재)이 자외선을 흡수하므로 위로 올라갈수록 기온이 높아짐
대류권 (지표면~11km)	하강(↓)	○	○	○	• 지구 전체 공기의 약 80%가 분포하므로 공기 밀도가 가장 큼 • 위로 올라갈수록 지구복사에너지가 적게 도달하므로 기온이 낮아짐 • 위로 올라갈수록 기온이 낮아지므로 공기의 대류현상이 발생하며, 수증기로 인해 기상현상이 있음

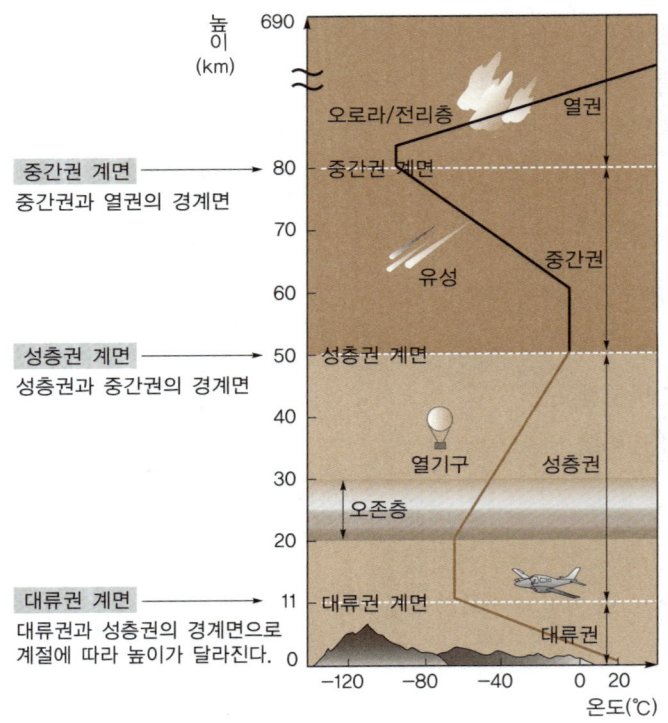

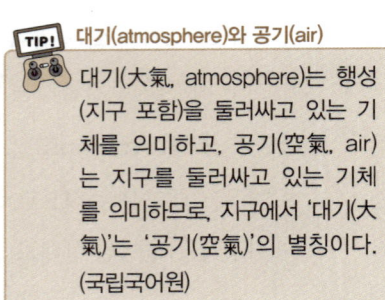

4 지구 대기의 구성 성분

① 건조대기(건조 공기, 수증기를 포함하지 않는 공기)의 구성 성분 크기 : 부피백분율(%)

→ 질소(N_2, 78%) > 산소(O_2, 21%) > 아르곤(Ar, 0.93%) > 이산화탄소(CO_2, 0.04%) > 기타 성분

② 대기(공기)는 높이 올라갈수록 희박해진다.

지표면에서 높이 올라갈수록 공기가 희박해져 공기 밀도가 작아지는데, 그 이유는 높이 올라갈수록 지구의 중력이 약하게 작용하기 때문이다.

5 공기 밀도

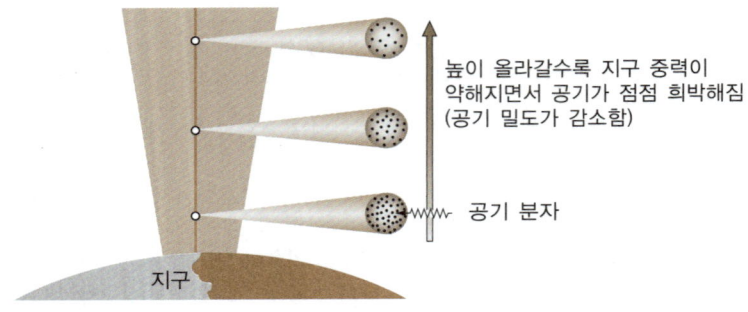

▲ 대기권 공기 밀도의 차이

① 공기 밀도의 개념 : 공기 밀도는 단위 부피당 공기의 질량(kg/m^3)을 말하며, 대기밀도라고도 한다.
- 0℃, 1atm에서 공기 밀도는 약 $1.293kg/m^3$이다.

② 공기 밀도는 고도, 온도, 습도, 압력에 따라 변화된다.
- 고도가 높을수록 공기 밀도는 감소한다.
- 온도가 높을수록 공기 밀도는 감소한다.
- 습도가 높을수록 공기 밀도는 감소한다.
- **압력이 높을수록 공기 밀도는 증가한다.**

④ 공기 밀도의 감소가 항공기 이·착륙에 미치는 영향

엔진 출력 감소, 항공기 양력 감소, 프로펠러 효율성(추력) 감소, 항력 감소, **이·착륙 활주거리가 증가**한다.

고도↑, 온도↑, 습도↑ 하게 되면 ➡ 공기 밀도↓ ➡ 항공기의 성능(양력,추력,출력)↓, 항력↓ 하게 된다.

3 국제표준대기(ISA)/평균해수면(MSL)/항공기 고도

1 국제표준대기(ISA; International Standard Atmosphere)

① 국제표준대기의 필요성
- **국가마다 대기의 상태는 변화가 심하므로** 객관적인 항공기의 성능 비교나 기압고도계의 눈금 새김 등의 기준을 위하여 국제적으로 통용되는 국제표준대기가 필요하게 되었다.
- 1964년 **국제민간항공기구**(ICAO; International Civil Aviation Organization)는 국제표준대기(ISA)의 정의를 마련하였다.
- 국제표준대기(ISA)는 오랜 시간에 걸친 자료의 평균으로 결정된 것으로 대부분은 **북반구의 중위도에서 수집**된 것이므로, 극 지방 또는 적도 지방의 대기는 국제표준대기와 많은 차이가 있을 수 있으나, 국제표준대기는 기준 자료로 여전히 사용되고 있다.

② 국제표준대기의 정의는 다음과 같다.
- **해수면 상의 표준기압** : 1013.25hPa=1013.25mb=29.92inHg=760mmHg=1atm
- **해수면 상의 기온** : 15℃

- 해수면 상의 높이 : 0ft
- 해수면 상의 공기 밀도 : 1.225kg/m³
- 중력가속도 : 9.8m/s²
- 음속 : 340.43m/s
- 고도별 기온감률 : 0~11km(-6.5℃/km)
- 고도별 기온감률 : 11~20 km(0.0℃/km, 등온층)
- 대기의 조성은 80km까지 일정하다.
- 공기는 수증기를 포함하지 않는 건조공기이다.
- 공기는 고도, 온도, 시간에 관계없이 이상기체 상태방정식을 만족한다.
- 지구의 고도는 국제표준대기에 의해 정해진다.

2 평균 해수면(MSL) 및 해발고도

① 평균 해수면(MSL; Mean Sea Level)은 평균적인 해수면의 높이이며, **평균 해수면으로부터의 고도가 해발고도**이다.

② 평균 해수면의 기준

대한민국에서는 **인천 앞바다(인천만)의 평균 해수면의 높이를 기준(0.0m)**으로 하고 있다.

③ 대한민국의 수준원점(original vertical datum, original benchmark)
- 수준원점은 편의상 육지에 평균 해수면의 기준점을 만들어 놓은 것이다.
- 대한민국의 수준원점은 인천 앞바다(인천만)의 평균 해수면의 높이를 기준(0.0 m)으로 하여 1963년 인하공업전문대학 내에 설치하였다.
- 대한민국의 수준원점의 실제 해발고도는 26.6871m이다.

백두산의 높이는 2,744m인가요?

백두산 높이를 대한민국은 2,744m, 북한은 2,750m, 중국은 2,749m라고 하는 것은 높이의 기준이 되는 평균 해수면이 나라마다 다르기 때문이다. 대한민국은 인천만, 북한은 원산만, 중국은 칭다오 앞바다의 평균해수면을 높이의 기준으로 삼고 있다.

3 항공기 고도의 종류

① 지시고도(indicated altitude)
- 고도계(altimeter)의 **계기판에서 지시되는(읽히는)** 고도로서 현지에서 내 항공기의 고도를 알 수 있다.
- 고도계를 해당 지역이나 인근 공항의 고도계 수정치 값으로 수정하였을 때 고도계가 지시하는 고도이다.

② 진고도(true altitude)
- 해당 지역의 **평균 해수면(MSL)부터 항공기까지**의 수직 높이를 말한다.
- 관제탑(control tower)에서 제공하는 해당 지역의 **평균 해수면의 실제 기압 값**을 기압고도계의 콜스만 창(Kollsman window)에 입력하여 얻은 고도를 말한다.
- 이륙 전이나 다른 공역으로 가게 될 경우, 평균 해수면에서의 기압은 지역마다 다르기 때문에 가까운 비행장의 관제탑에서 제공하는 평균 해수면의 실제 기압 값으로 세팅하면서 비행한다.
- 진고도는 **전이고도 이하**에서 주로 사용한다.
- 진고도는 실제 고도, 해수면(해면) 고도, 해발고도, 표고(elevation)라고도 한다.

> **TIP! 전이고도란 무엇인가요?**
> 전이고도(transition altitude)는 항공기의 수직 위치가 고도를 기준으로 통제되는 고도를 말한다. 항공기들은 전이고도(대한민국/일본 : 14,000ft, 미국 : 18,000ft)를 넘어서면 기압을 29.92inHg로 세팅(setting)하며, 그 지역을 비행하는 다른 항공기의 비행고도 역시 일관된 기준에 의하여 통제되므로 충돌을 방지할 수 있다.

③ 절대고도(absolute altitude)
- **지표면(지면, 해수면, 건물 등)부터 항공기까지**의 수직 높이를 말한다.
- 항공기가 일정한 높이로 비행하여도 절대고도는 지표면의 높이에 따라 시시각각 변한다.
- 절대고도는 전파고도계(radio altimeter) 등으로 측정한다.
- 절대고도는 지상고도(AGL; Above Ground Level)라고 한다.
- 절대고도는 이·착륙 단계에서 주로 사용한다.

④ 기압고도(pressure altitude)
- 기압을 고도로 환산하여 나타낸 값으로, 항공기의 비행 높이를 표준화하여 항공기 간 충돌 등을 방지하기 위해 사용되는 개념이다.
- **국제표준대기 표준기압(29.92inHg)의 해수면인 표준기준면(SDP; Standard Datum Plane)으로부터 항공기까지의 수직 높이로서 가상의 고도**이다.

- 기압고도계의 콜스만 창에 국제표준대기 **표준기압(29.92inHg)**을 입력하였을 때의 고도이다.
- 기압고도는 **전이고도 이상**에서 주로 사용한다.

> **고기압 지역→저기압 지역으로 비행하면 기압고도는 어떻게 변화할까요?**
> 기압고도계를 수정하지 않고 **고기압 지역→저기압 지역**으로 비행 시 계기상 지시고도는 실제 고도(진고도)보다 높게 지시한다. 고도계는 항공기 외부 기압이 낮을수록 고도를 높게 지시하기 때문이다.

⑤ 밀도고도(density altitude)

- 밀도고도는 **기압고도에 대한 온도의 변화를 반영한 고도**이다. 국제표준대기 조건에서의 밀도고도는 기압고도와 일치한다.
- 밀도고도는 고도 측정 기준으로 사용되기보다는 **항공기 이륙 및 착륙 성능을 판단하는 성능 지표로 사용**된다.
- 밀도고도를(ft) 구하는 공식은 다음과 같다.

  밀도고도(ft) = 기압고도(ft) + [120ft/℃ × (OAT−ISA온도)]

  여기서, OAT(Outside Air Temperature) : 외기온도(℃),
  　　　　ISA온도 : 국제표준대기(ISA) 온도(℃)

4 기압고도계(pressure altimeter)의 세팅(setting) 방식

기압고도계의 세팅 방식은 사용 목적과 기준 고도에 따라 일반적으로 3개의 Q코드, 즉 QNH 세팅, QNE세팅, QFE세팅 등으로 구분한다.

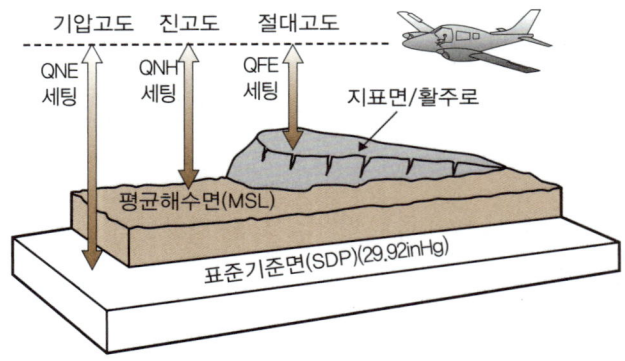

① QNH setting(Q-nautical height)
- 관제탑에서 제공하는 **해당 지역의 평균 해수면의 실제 기압 값**으로 조종사가 기압고도계를 세팅하는 방식이다. 따라서 **QNH 세팅**은 진고도를 지시한다.
- 우리나라에서 QNH setting은 **전이고도(14,000ft)** 이하에서 사용된다.

- 이륙 전이나 다른 공역으로 가게 될 경우, 평균 해수면에서의 기압은 지역마다 다르기 때문에 가까운 비행장의 관제탑에서 제공하는 평균 해수면의 실제 기압 값으로 세팅하면서 비행한다.

② QNE setting
- 조종사가 항공기의 기압고도계를 국제표준대기의 **표준기압(29.92inHg)으로 세팅**하는 방식이다.
- **전이고도(14,000ft) 이상**에서 주로 사용한다.
- 이륙 당시 QNH로 세팅하고 비행하다가 전이고도 이상으로 상승하면 국제표준대기의 **표준기압(29.92inHg)**으로 맞추는 방식이다.
- **전이고도 이상의 고공**을 비행할 때에는 비행하는 모든 항공기들이 동일한 QNE 세팅을 통해 **항공기 충돌을 방지하는 데 주 목적이 있다.**

③ QFE setting(Q-field elevation)
- **현지 활주로의 실제 기압 값**을 기준으로 기압고도계를 세팅하는 방식이다.
- 항공기가 활주로 면에 접지되어 있는 경우, 기압고도계가 0ft를 지시하도록 한다.
- **관제탑이 없는 비행장(이착륙장), 단거리 비행이나 이착륙 훈련**에 사용한다.

4 기상현상의 정의/종류 및 관측의 기술상 기준과 방법

1 기상현상(meteorological phenomenon)의 정의

① '기상현상'이란 기상(氣象), 지상(地象), 수상(水象) 및 대기권 밖의 여러 현상이 **기상(氣象), 지상(地象) 및 수상(水象)**에 미치는 현상을 말한다.(기상법 제2조).

② 기상(氣象)은 '대기의 여러 현상'을 말한다. 지상(地象)은 '기상과 밀접한 관련이 있는 지면 또는 지중에서 일어나는 여러 현상'을 말한다. 또한 수상(水象)은 '기상 또는 지상과 밀접한 관련이 있는 내륙의 하천, 호수 또는 해양에서 일어나는 여러 현상'을 말한다.

2 기상현상의 종류

① 대기 중의 물 현상(hydrometeor)
- **물 또는 얼음 입자들**이 대기 중에서 부유 또는 낙하하거나, 바람에 의해서 불려 오르거나 또는 지면이나 지상의 물체에 붙어 있는 현상을 말한다.
- 비, 이슬비, 눈, 우박, 이슬, 서리 등이 있다.

② 대기 중의 먼지현상(lithometeor)
- 물이나 얼음 입자는 거의 포함되어 있지 않고, 주로 **고체 입자**들이 대기 중에 떠다니거나 바람에 의해서 불려 오르는 현상을 말한다.
- **연무, 연기, 황사, 먼지바람(dust storm), 회오리바람** 등이 있다.

③ 대기 중의 빛 현상(photometeor)
- 해나 달빛의 반사, 굴절, 회절, 간섭, 산란, 흡수 등에 의해서 생기는 **광학적인 현상**을 말한다.
- **햇무리, 달무리, 코로나, 무지개, 아지랑이** 등이 있다.

④ 대기 중의 전기현상(electrometeor)
- 대기 중에서 일어나는 전기적인 현상을 말한다.
- **뇌전(천둥, 번개), 세인트엘모의 불(saint elmo's fire), 오로라** 등이 있다.

2 기상 요소별 관측의 기술상 기준과 방법

- 관측시각은 동경 135도를 기준으로 하는 한국표준시로 한다. 다만, 기상자료의 국제방송 등을 하고자 할 때에는 세계표준시를 사용할 수 있다.

 한국표준시(KST)와 세계표준시(UTC)
한국표준시(Korea Standard Time)는 세계표준시(협정세계시, Universal Time Code)보다 9시간 빠르다.
세계표준시(3월3일 07:15 UTC)는 한국 표준 시간으로 3월3일 16:15 KST이다.
∴ 한국표준시(KST)=세계표준시(UTC)+9시간

- 관측 요소에 관한 관측의 기준 및 방법은 아래 표와 같다. (관측업무 규정, 기상청 훈령)

관측 요소에 관한 관측의 기준 및 방법

관측 요소	관측 기준		관측 방법	
	관측 단위	최소 위수	계측(計測)	목측(目測)
기온	섭씨(℃)	0.1	○	-
이슬점온도	섭씨(℃)	0.1	○	-
초상온도	섭씨(℃)	0.1	○	-
지면온도	섭씨(℃)	0.1	○	-
지중온도	섭씨(℃)	0.1	○	-
기압	헥토파스칼(hPa)	0.1	○	-
습도(상대 습도)	백분율(%)	1	○	-
풍향	도(°)	1	○	-
풍속	초당미터(m/s)	0.1	○	-
일조	시간(h)	0.1	○	-

관측 요소	관측 기준		관측 방법	
	관측 단위	최소 위수	계측(計測)	목측(目測)
일사	제곱미터당 메가줄(MJ/m²)	0.01	○	-
증발량	밀리미터(mm)	0.1	○	-
강수량	밀리미터(mm)	0.1	○	-
적설	센티미터(cm)	0.1	○	○
구름				
- 형태(운형)	기본형 10종	-	-	○
- 양(운량)	10분수	1	○	○
- 높이(운고)	미터(m)	100	○	○
시정	미터(m)	10	○	-
기상현상				
- 물			○	○
- 먼지			○	○
- 빛			-	○
- 전기			○	○

기온/온도/열전달/대기안정도/기온역전층

기온

① 기온과 온도의 정의

- 기온 : 대기(공기)의 온도로서, **대기(공기)의 차고 더운 정도**를 숫자로 표시한 것이다.
- 온도 : **물체의 차고 더운 정도**를 숫자로 표시한 것이다.

② 기상측정을 위한 온습도계의 설치 기준('기상측기별 설치 기준', 기상청 고시)

- 지면이 잔디로 조성된 **백엽상 또는 차광통 내부**에 설치하여야 하며, 건물 옥상인 경우 차광통 내부에 설치한다.
- 백엽상의 밑면은 지면에서 1.0~1.2m 높이에 위치되도록 설치하며, 온·습도계는 백엽상 내부에서 지면으로부터 **1.2~1.5m 높이 되는 곳에 설치하여 관측**한다.
- 차광통은 지면 또는 옥상 바닥면에서 1.2~2.0m 높이에 설치하며, 2.5~10m/s의 통풍 속도를 유지하여야 한다.

2 온도의 종류

	섭씨온도(℃)	화씨온도(℉)	절대온도(K)
고안자	1742년 스웨덴의 셀시우스(Celsius)	1724년 독일의 파런하이트(Fahrenheit)	1848년 영국의 켈빈(Kelvin)
정의	물의 어는점을 0℃, 끓는점을 100℃로 하여, 100 등분한 것	물의 어는점을 32℉, 끓는점을 212℉로 하여, 180등분한 것	열역학적으로 낮출수 있는 가장 낮은 온도(절대온도)를 0K(−273.16℃)로 정하고, 눈금 간격을 섭씨온도와 같이 100 등분한 것
관계식	$℃ = \dfrac{5}{9} \times (℉ - 32)$ $℉ = \left(\dfrac{9}{5} \times ℃\right) + 32$ $K = 273 + ℃$		

 절대온도의 단위는 °K 또는 K인가요?
절대온도의 단위는 켈빈(K)으로, 고안자인 켈빈(Kelvin)에서 유래되었다. 절대온도의 단위인 켈빈(K)은 반드시 대문자로 써야 하며, 다른 온도 단위와 다르게 도(°) 표시를 붙이지 않는다.

3 열의 기본 개념

① 열(heat)은 물체의 **온도 변화나 상태 변화**를 일으키는 에너지이다.

② 열의 종류

- 현열(sensible heat) : 물체의 **온도 변화**에만 사용되는 열
- 잠열(latent heat, 숨은열) : 물체의 **상태 변화**에만 사용되는 열(융해열, 기화열, 승화열 등)

③ 열량/비열/열용량

- 열량(Q) : 물체의 **온도 변화** 시 물체에 **공급된 열의 양**(단위: kcal 또는 J)

  (1cal=4.186J, 1kcal=4.186J)

  $Q = c \times m \times \Delta t$

  여기서, Q: 공급된 열량, c: 비열, m: 질량, Δt: 온도 변화

- 비열(c) : 어떤 물질 1kg의 온도를 1℃ 높이는 데 필요한 열량(단위: kcal/kg·℃)

$$c = \frac{Q}{m \cdot \Delta t}$$

  - 비열(c)은 물질의 종류에 따라 그 값이 다르며 물질의 고유한 특성이다.
  - 같은 물질이라도 상태에 따라 비열이 달라진다.
  - 비열이 큰 물질일수록 온도를 높이는 데 많은 열에너지가 필요하다.

	비열(kcal/kg·℃)
25℃의 물	1.0
0℃의 얼음	0.50
25℃의 공기	0.24
100℃의 수증기	0.24

- 열용량(C) : 어떤 물질의 온도를 1℃ 높이는 데 필요한 열량(단위: kcal/℃)

  열용량(C) = 비열(c) × 질량(m) = 공급된 열량(Q)/온도 변화(Δt)

  - 비열 및 질량이 클수록 열용량이 크고, 열용량이 클수록 온도 변화가 작다.

4 열전달(heat transfer)

- 열전달은 두 개의 물체 사이에서 열에너지가 이동하는 것을 말하는데, 열은 항상 고온에서 저온으로 이동한다.
- 열은 복사(radiation), 전도(conduction), 대류(convection) 및 이류(advection)의 4가지 방법으로 전달되며, 실제로는 2가지 이상의 현상이 동시에 일어난다.

① 복사(輻射, radiation)

- 복사는 열에너지를 가진 물체가 전자기파를 방출하면서 공간적으로 떨어진 곳에 열에너지를 전달하는 것을 말한다.
- 복사는 열에너지를 가진 물체가 전자기파를 방출할 때 발생한다.
- 열에너지가 전달되는 데 **중간 매체(매질)를 필요로 하지 않는다.**

  예 태양빛이 따뜻하게 느껴진다.

② 전도(傳導, conduction)

- 전도는 물체가 가열될 때 발생한 분자운동에 의하여 접촉해 있는 고온의 물체에서 저온의 물체로 열에너지가 전달되는 것을 말한다.
- 전도는 한 물체 내에서 온도 차이가 있을 때나 두 개의 물체가 접촉해 있을 때 발생한다.

- 전도는 고체, 액체, 기체에서 발생하는데, 주로 고체에서 열이 이동하는 방법이다.

    예 뜨거운 국에 쇠 숟가락을 담그면 손잡이 부분까지 따뜻해진다.

③ 대류(對流, convection)

- 대류는 높은 열에너지를 가진 유체(액체, 기체) 자체가 직접 이동하면서 열에너지를 전달하는 것을 말한다.
- 대류는 유체(기체, 액체)의 일부분이 가열될 때 발생한다. 즉 가열된 부분은 분자 운동으로 인하여 유체 내부의 밀도 차이가 생기면서, 밀도가 작은 부분은 상승하고 밀도가 큰 부분은 하강하게 된다.
- 대류는 **유체운동이 수직(연직) 방향으로 우세**한 것을 말한다. 즉, 수직(연직) 방향으로 이동하면서 열에너지를 전달한다.

    예 난로가 가열되면 난로 주변의 공기가 데워지면서 팽창하면 밀도는 낮아지고 상승하기 시작하며, 위에 있던 차가운 공기는 따뜻한 공기에 밀려 다른 곳으로 이동하거나 아래로 내려온다.

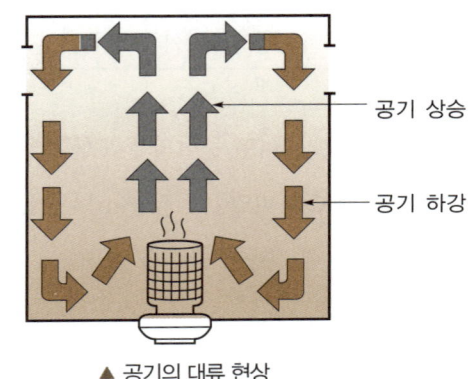

▲ 공기의 대류 현상

④ 이류(移流, advection)

- **유체운동이 수평 방향으로 우세**한 것을 말한다.
- 이류는 밀도 차이에 의해 유체운동이 일어나는 것이 아니라 바람과 같은 **외부 힘에 의하여 유체운동**이 일어난다. 예 이류 안개

5 대기 안정도(atmospheric stability)

① 공기 덩어리(air parcel)의 개념

- 공기 덩어리는 대기 기본 특성의 일부 또는 전부를 가지고 있는 **가상의 공기체적(부피)**이다.
- 공기 덩어리는 조성이 거의 일정하다.
- 공기 덩어리는 기상학에서 특정한 **대기의 변화과정을 설명하기 위한 도구**로 사용된다.
- 공기 덩어리는 열전도도가 매우 작아 주변과 열 교환이 잘 일어나지 않는 **단열상태**이다.

② 공기 덩어리(air parcel)의 단열 변화

- 공기 덩어리가 단열 팽창과 단열 압축에 의한 부피 변화에 따라 공기 덩어리의 온도가 변하는 것을 말한다.

- 단열팽창 : 상승하는 공기 덩어리는 주변 기압의 감소로 부피가 팽창하면서 내부 온도가 낮아진다
- 단열압축 : 하강하는 공기 덩어리는 주변 기압의 증가로 부피가 압축되면서 내부 온도가 높아진다.

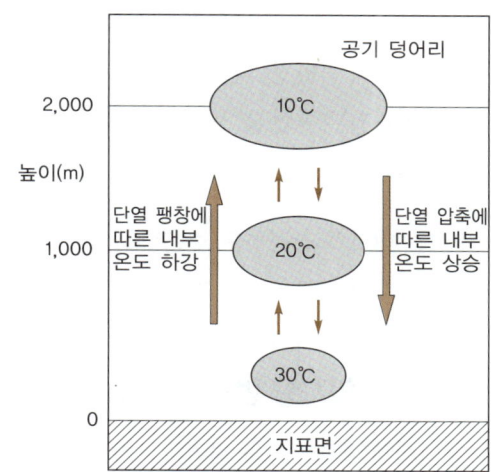

③ 환경기온감률/단열감률/이슬점감률

- 환경기온감률(environmental lapse rate)
  - 환경 중의 공기가 상승할 때의 기온 감소율이다.
  - 국제표준대기에서는 기온감률이 −6.5℃/km 이지만, 실제 **환경 중의 공기**는 고도에 따라 기온이 일정 비율로 감소하지 않으며, 역전층에서는 기온이 오히려 상승한다.

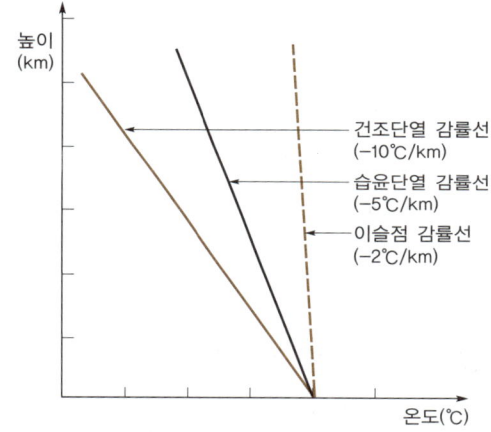

- 단열감률(adiabatic lapse rate)
  - **건조(dry) 단열감률 : −10℃/km**
    건조공기(불포화공기)가 상승할 때의 기온 감소율이다.
  - **습윤(wet) 단열감률 : −5℃/km**
    습윤공기(포화공기)가 상승할 때의 기온 감소율이다.

- 이슬점감률(dew point lapse rate)
  - **건조공기(불포화 공기)가 상승**할 때, 고도에 따른 이슬점 온도의 감소율 : −2℃/km
  - **습윤공기(포화 공기)가 상승**할 때, 고도에 따른 이슬점 온도의 감소율 : −5℃/km(포화 공기가 상승할 때의 이슬점 감률은 습윤단열감률과 같다.)

④ **대기의 안정도**

> 공기 덩어리를 끌어올리거나 끌어내릴 때, 제자리로 가려는 힘이 있으면 그 공기는 '안정하다.'라고 하며, 제자리로 가지 않고 계속 진행하려는 힘이 있으면 그 공기는 '불안정하다.'라고 한다.
> 환경기온감률이 클수록 대기는 불안정하고, 환경기온감률이 작을수록 대기는 안정하며, 대기가 안정할수록 대기오염물질이 확산되기 어려워진다.

- 절대 안정 : 환경기온감률 < 습윤단열감률
- 절대 불안정 : 환경기온감률 > 건조단열감률
- 조건부 불안정 : 습윤단열감률 < 환경기온감률 < 건조단열감률

⑤ 대기안정도와 구름 형태
- 대기가 **안정하면 층운형 구름**이 생성된다.
- 대기가 **불안정하면 적운형 구름**이 생성된다.

6 기온의 일사량 변화/일 변화

① 태양의 일사량은 일출과 더불어 차츰 증가되며, 지표의 온도가 상승함에 따라 대기(공기)가 데워져서 기온이 상승한다.

② 일사량은 정오에 최대가 되지만 지표에 흡수된 에너지가 축적되고 방출되는 시간이 있어서 **일 최고 기온**은 다소 지연되어 **오후 1~3시** 사이에 나타난다.

- 일사량은 일몰 후 없어지지만, 일몰 후에도 지표 복사의 방출은 계속되기 때문에 **최저 기온은 일출 직후**에 나타난다.
- **새벽에는** 지표 부근이 냉각되어 **대기가 안정**된다.
- **낮에는** 지표면의 가열로 **대기가 불안정**해진다.

7 기온 역전층(기온 역전현상)

① 기온 역전층은 고도가 높아질수록 기온이 높아지는 구간으로 **매우 안정**하여 **대류현상이 없다**.

② 지표 근처에 안개, 이슬, 서리 등의 기상현상을 야기한다.

③ 공장의 오염물질이나 차량의 배기가스가 상층으로 확산되지 않아 **대기오염을 가중**시킨다.

④ 복사 역전층, 침강역전층, 이류 역전층, 전선 역전층 등이 있다.

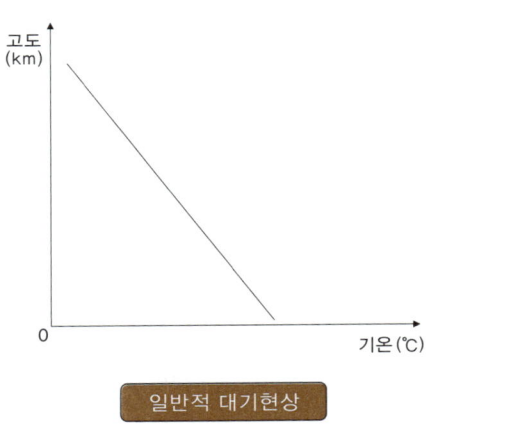

일반적 대기현상

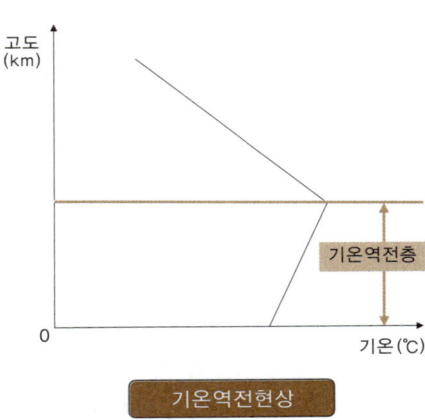

기온역전현상

6 기압/저기압/고기압

1 기압(air pressure)

① 단위 면적당 작용하는 힘(N/m^2)

② 기압의 단위: N/m^2, hPa, Pa, kgf/cm^2, $dyne/cm^2$, Torr, mmHg, atm, bar, mbar 등

③ 기압의 작용 방향 : 모든 방향에서 같은 크기로 작용한다.

2 기압의 측정

① 이탈리아의 과학자 토리첼리가 수은을 이용하여 1643년 최초로 측정하였다.

② 수은 기둥 76cm(29.92in)가 누르는 압력(A)=수은 면을 누르는 공기의 압력(대기압, B)

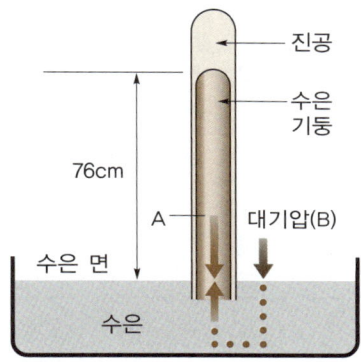 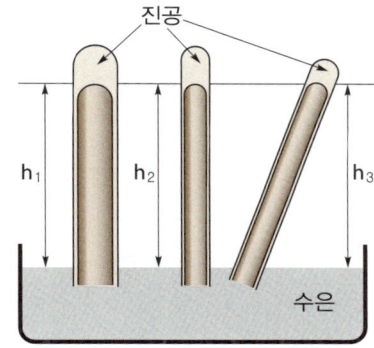

h: 높이($h_1=h_2=h_3$)
A: 수은 기둥이 누르는 압력
B: 대기압

③ 기압이 높아지면 수은 기둥의 높이도 높아진다.

④ 기압이 같으면 수은 기둥의 굵기나 기울기에 관계없이 수은 기둥의 높이가 같다. ($h_1=h_2=h_3$)

1기압(atm)=760mmHg=76cmHg

=1,013hPa(헥토파스칼)=1,013mbar(밀리바)

3 기압계의 종류

① 수은 기압계(mercury barometer)

1643년 토리첼리가 제작하였다.

② 아네로이드 기압계(aneroid barometer)

- 주름진 금속통이 **기압 변화에 따라 팽창하고 수축하는** 원리를 적용한다.
- 휴대가 간편하고, **항공기 고도 측정**, 지도 제작용으로 이용한다.

③ 자기 기압계(barograph)
- 아네로이드 기압계로 측정한 기압의 값을 **자동으로 기록**하는 기압계이다.
- 연속적인 기압 측정 가능

④ 미기압계(micro-barometer)
- 수은기압계나 아네로이드기압계 등으로 관측할 수 없는 **기압의 미소한 변동을 측정**한다.
- 감도가 매우 높은 기압계이다.

4 고기압(high air pressure) 및 저기압(low air pressure)

	고기압(기호: 'H')	저기압(기호: 'L')
정의	중심 기압이 주변보다 높은 곳	중심 기압이 주변보다 낮은 곳
중심 기류	하강 기류 → 고온 건조한 **맑은날씨**	상승 기류 → 저온, **흐림, 구름, 비내리는 날씨**
공기의 이동 방향	• 고기압의 상층 : 수렴기류 • 고기압의 중심 : 하강기류 • 고기압의 하층 : 발산기류	• 저기압의 상층 : 발산기류 • 저기압의 중심 : 상승기류 • 저기압의 하층 : 수렴기류
바람 방향	(북반구) **시계 방향**으로 불어 나감	(북반구) **반시계 방향**으로 불어 들어감
종류	한랭고기압, 온난고기압, 지형성고기압, 대륙성고기압, 해양성고기압, 이동성고기압	**열대저기압(태풍)**, 온대저기압, 열적저기압, 지형성저기압, 한랭저기압, 온난저기압

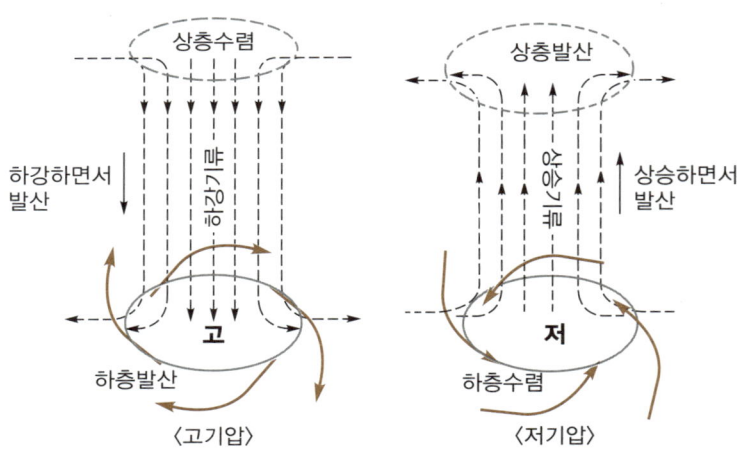

▲ 고기압과 저기압의 바람 구조

7 습도/이슬점/착빙/우박

1 습도(humidity)

습도는 공기 중에 수증기가 들어 있는 정도를 말하며, 절대 습도와 상대 습도가 있다.

① 절대 습도
- 공기 1m³ 속에 들어있는 수증기의 양을 g수로 나타낸 것이다.(단위: g/m³)
- 대기 중에 포함된 실제 수증기량이 많을수록 절대 습도는 높다.

② 상대 습도
- 현재 수증기량(현재 수증기압)과 포화 수증기량(포화 수증기압)과의 비를 백분율(%)로 나타낸 것이다.

$$상대\ 습도(\%) = \frac{현재\ 수증기압(현재\ 수증기량)}{포화\ 수증기압(포화\ 수증기량)} \times 100$$

- 현재 수증기압 : 현재 공기 중에 포함된 수증기에 의한 압력(단위: hPa)
- 포화 수증기압 : 수증기로 포화된 공기 중에서 수증기에 의한 압력(단위: hPa)
- 현재 수증기량 : 현재 공기 1kg에 포함되어 있는 수증기의 양(g)(단위: g/kg)
- 포화 수증기량 : 수증기로 포화된 공기 1kg 중에 포함되어 있는 수증기의 양(g)(단위: g/kg)

상대 습도 100%의 의미

일기예보에서 현재 상대 습도가 100%라고 한다면, 모든 공간이 물로 가득 차 있다는 뜻이 아니라 공기 중에 있는 **현재 수증기량**이 현재 온도의 **포화 수증기량과 같다**는 뜻이다.

- 현재 온도 상승 → 포화 수증기압(포화 수증기량) 상승 → 상대 습도는 작아진다.
- 현재 수증기압(현재 수증기량) 증가 → 상대 습도는 커진다.
- 포화=상대 습도 100%=응결 시작=(기온=이슬점)≒이슬, 안개, 구름

공기의 포화/불포화/과포화

- 공기의 포화(saturation) : 어떤 공기가 수증기를 **최대로 포함**하고 있는 상태
- 공기의 불포화(unsaturation) : 어떤 공기가 최대로 포함할 수 있는 수증기량보다 **적은 양의 수증기**를 포함한 상태
- 공기의 과포화(supersaturation) : 어떤 공기가 최대로 포함할 수 있는 수증기량보다 **많은 양의 수증기**를 포함한 상태

2 이슬점(dew point)

① 이슬점(노점)
- 이슬점은 공기 중의 수증기가 불포화 상태에서 공기 온도가 낮아지면서 **포화상태가 되는 순간의 온도**를 말한다. 이때 이슬방울이 형성된다.
- **불포화 상태의 공기를 포화상태로 만들기 위한 2가지 방법**
  - 수증기를 더 넣어준다.
  - 온도를 낮추어 준다.

② 이슬점감률
- 공기 덩어리가 상승하면 주위 압력이 낮아서 팽창하게 되므로 단위 부피당 수증기의 분자 수가 감소하여(수증기압이 감소하여) 이슬점 온도 또한 낮아진다.
- 건조 공기의 경우는 1km 상승할 때마다 약 2℃씩 이슬점이 감소하게 되고, 습윤 공기의 경우는 1km 상승할 때마다 약 5℃씩 이슬점이 감소한다.

③ 공기의 온도와 이슬점의 온도가 같아지는 순간 → 공기 중의 수증기가 응결되기 시작한다.

④ 이슬점의 변화 요인 : 현재 수증기량
- 현재 공기에 포함된 수증기량이 많을수록, 즉 현재 수증기량이 많을수록 이슬점이 높다.

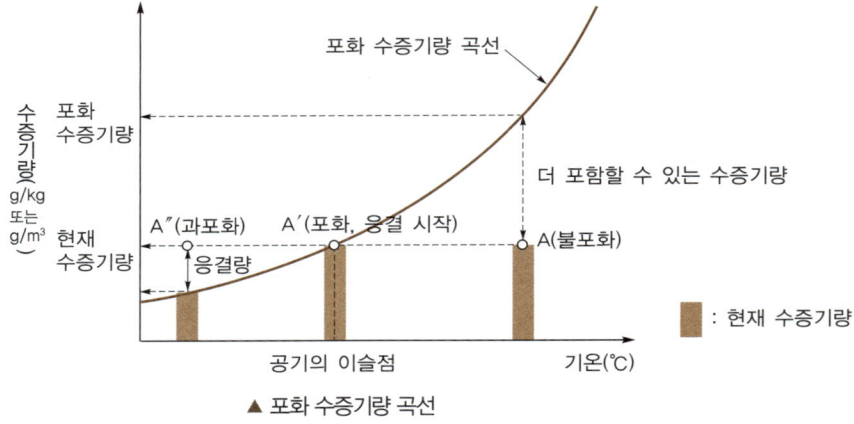

▲ 포화 수증기량 곡선

- 위 그림에서와 같이 불포화 상태에 있는 공기(A)를 A′까지 냉각시키면 포화 상태에 이르게 되는데, 이때 A′의 온도를 '이슬점'이라고 한다.
- 포화 상태의 공기(A′)를 더욱 냉각시키면 수증기가 응결하는데, 이때 생기는 물의 양을 '응결량'이라고 한다.

⑤ 응결(응축, 액화)
- 공기 중의 수증기(기체)가 냉각되어 물방울(액체)로 변하는 현상으로, 포화된 공기의 온도가 더 낮아질 때 응결이 일어난다.

- 응결량 = 현재 공기 중의 수증기량 − 냉각된 온도에서의 포화 수증기량
- 응결의 예 : 이른 새벽 풀잎에 이슬이 맺힌다. 이른 새벽에 안개가 생긴다.

> **응결과 빙결**
> - 응결(condensation, 응축, 액화) : 공기 중의 수증기(**기체**)가 냉각되어 물방울(**액체**)로 변하는 것
> - 빙결(freezing/congelation, 응고) : 공기 중의 물방울(**액체**)이 얼음(**고체**)으로 변하는 것

3 착빙(icing)

① 착빙의 개념

- 과냉각 물방울이 빙결온도(0℃) 이하에서 과냉각 물방울이 물체(항공기, 드론 등)와 충돌하여 얼음의 피막을 형성하는 것이다.
- 항공기/드론에 발생하는 착빙은 비행 안전에 있어서 중요한 장애요소 중의 하나이다.

> **과냉각(supercooling) 물방울(droplet, 수적, 水滴)**
> 과냉각 물방울은 0℃ 이하의 온도에서도 **여전히 액체 상태를 유지하고 있는** 물방울로써 −10℃~−40℃의 **구름 속**에 많이 존재한다.

② 착빙의 종류

㉠ 구조 착빙(structural icing)

- 구조 착빙(또는 기체 착빙)은 항공기의 날개 끝, 프로펠러, 무선 안테나, 앞 유리, 피토관(pitot tube) 및 정압공(static port) 등과 같은 **기체 표면**에 얼음이 쌓이거나 덮이는 착빙이다.
- 구조 착빙은 맑은 착빙, 거친 착빙, 혼합 착빙으로 구분된다.

맑은 착빙 (clear icing)	• 비교적 큰 **과냉각 물방울**과의 충돌로 인하여 생성됨 • 고체 강수의 가능성이 있는 구름을 통과 시 생성됨 • (−10℃~0℃)의 기온에서 **천천히 생성됨** • 표면이 **투명/반투명함** • 물체 표면에 **견고하게 붙어있으며**, 떨어질 때 큰 파편이 생성
거친 착빙 (rime icing)	• 비교적 작은 **과냉각 물방울**과의 충돌로 인하여 생성됨 • 안정된 공기층과 층운형 구름속에서 생성되기 쉬움 • (−10℃~−20℃)의 기온에서 **빠르게 생성됨** • **표면이 거칠고 불투명함** • 부서지기 쉽고, 제빙장치로 **쉽게 제거 가능함**
혼합 착빙 (mixed icing)	• 맑은 착빙과 거친 착빙이 혼합되어 나타나는 착빙임 • 적운형 구름속에서 자주 발생함 • −10℃~−15℃의 기온에서 생성됨

ⓒ 서리 착빙(frost icing)
- 서리는 포화 공기가 이슬점 온도까지 냉각되고 그 이슬점 온도가 0℃ 이하일 때 **수증기가 직접 승화**되어 생성된다.
- 항공기 표면에 부착된 서리는 **항공기 표면을 거칠게 하고 항력을 증가시켜 양력을 약화시키고, 실속 속도를 증가**시킨다.

ⓒ 유도 착빙(induction icing)
- 유도 착빙은 항공기 엔진으로 공기가 유입되는 공기흡입구와 기화기에서 생기는 착빙으로, **공기흡입구** 착빙(air intake icing)과 **기화기** 착빙(carburetor icing)으로 구분된다.

③ 착빙의 강도 및 조종사의 대처

착빙의 강도	얼음의 침적 정도	조종사의 대처
미약함(TRACE)	착빙을 감지할 수 있으며, 얼음 침적률이 승화에 의한 얼음 감소율보다 높음	1시간 이상 지속되지 않는 한 **방빙 또는 제빙 장치의 가동이 불필요**하며, **비행 방향이나 고도 변경이 필요하지 않음**
약함(LGT, light)	방빙 또는 제빙하지 않고 1시간 이상 비행할 경우, 얼음의 축적에 의한 문제가 발생할 수 있음	**방빙 또는 제빙 장치의 일시적인 가동이 필요**하며, **비행 방향이나 고도 변경이 필요함**
보통(중간)(MOD, moderate)	얼음 침적률이 높지 않더라도, **잠재적으로 위험에 직면할 수 있음**	**방빙 또는 제빙 장치의 지속적인 가동이 필요**하며, **비행 방향이나 고도 변경이 필요함**
심함(SEV, severe)	**얼음 침적률이 높아서 방빙 또는 제빙 장치를 가동해도 계속해서 얼음이 축적됨**	신속한 비행 방향이나 고도 변경이 필요함

④ 착빙이 항공기/드론에 미치는 영향
- 항공기의 항력 증가, 양력의 감소, 중량을 증가시켜 실속속도를 증가시킨다.
- 조종석 유리 착빙은 전방 시계를 불량하게 한다.
- 안테나, 피토관(pitot tube) 및 정압공(static port) 등의 장비 기능이 저하된다.
- 프로펠러의 효율을 감소시키고 프로펠러의 떨림 현상이 발생한다.

4 우박(hail)

① 눈의 결정 주위에 과냉각 물방울이 얼어붙어 지상에 떨어지는 **직경(지름) 5mm 이상의 얼음 덩어리**를 말한다.

② 우리나라에서 우박은 상층과 하층의 기온 차이가 크게 나는 **봄과 가을에 주로 발생**하며, 일반적으

로 우박은 해상보다는 **내륙에서 발생 빈도가 높다**.

③ 우박의 발생 조건

- **적란운**에서 발생한다.
- **강한 상승기류**는 우박의 발생 및 성장을 촉진시킨다.
- 활발한 **대류운동** 및 **대기불안정**(상층 대기: 차가운 공기, 하층대기: 따뜻한 공기)은 우박의 발생 및 성장을 촉진시킨다.

④ 우박의 성장 및 낙하과정

- 적란운 속의 빙정 입자는 강한 상승기류에 의해 더 높은 고도로 이동하는 과정에서 과냉각 수적과 충돌하면서 빙정이 성장한다.
- 적란운 속의 빙정 입자가 과냉각 물방울과의 충돌 및 성장과정을 반복하면서 얼음을 지탱하는 상승기류보다 중력이 커질 경우, 지면에 낙하하여 우박이 관측된다.

⑤ 우박이 항공기/드론에 미치는 영향

- 조종석 유리창 파손, 날개에 있는 착륙등(landing light) 파손 등 기체 손상을 야기한다.

8 안개/박무/연무/스모그

1 개념 정리

① 안개(fog)

- 미세한 물방울 등이 공기 중에 부유하는 것으로 **수평시정이 1km 미만**인 것을 말한다.
- 안개 속의 공기는 습하고 차갑게 느껴지며, 상대 습도는 100%에 가깝다.

> **구름과 안개의 차이**
> - 구름(cloud)과 안개(fog)는 지면과 접해 있는지 또는 하늘에 떠 있는지에 따라 결정되며, 지형에 따라 관측자의 위치가 변함에 따라 구름 또는 안개가 되기도 한다.
> - 일반적으로 50ft AGL(above ground level) 이상에서 발생하면 구름, 50ft AGL 미만에서 발생하면 안개로 판단한다.

② 박무(薄霧)(mist)

- 매우 미세한 물방울 등이 공기 중에 부유하는 것으로 **수평시정이 1km 이상**인 것을 말한다.
- 안개처럼 습하고 차갑게 느껴지지는 않으며, 상대 습도가 80% 이상이다.

③ 연무(煙霧)(haze)
- 연무는 안개나 박무가 낀 것처럼 뿌옇게 보이지만, 대기 중의 수증기 때문에 생기는 안개 및 박무와는 달리, **매우 작고 건조한 고체 입자(먼지 등)가 주요 원인**인 것을 말한다.

④ 스모그(smog) : **매연(smoke)과 안개(fog)의 합성어**로서, 안개 형성 조건하에서 안정된 공기가 대기오염물질과 혼합하여 발생한다.

2 박무 및 연무의 판정 기준

판정 기준	판정
상대 습도 80% 이상	박무
상대 습도 70% 미만	연무

상대 습도 70% 이상~80% 미만	- 선행 기상현상(물현상) → 박무
	- 선행 기상현상(먼지현상) → 연무
	- 선행 기상현상이 없을 때
	  상대 습도 75% 이상 → 박무
	  상대 습도 75% 미만 → 연무

※ 자동 습도계의 고장 등으로 습도 정보가 없을 때는 시정 5km를 기준으로 하여 5km 미만은 박무, 5km 이상은 연무로 식별할 수 있으나, 극히 불가피한 경우에 한하여 이 기준을 적용한다.

(출처 : 지상기상관측지침, 기상청)

3 안개의 발생 조건

① 대기 중에 **수증기가 다량으로 포함**되어 있다.

② 공기가 **이슬점 온도 이하로 냉각**된다.

③ 대기 중에 미세한 물방울의 생성을 촉진시키는 **흡습성의 미립자**가 많이 존재한다.

4 안개의 종류

① 냉각성 안개

지면과 접해 있는 공기층의 온도가 **이슬점 이하로 냉각**되어 발생한 안개를 말한다.

예 복사안개, 활승안개, 이류안개

② 증발성 안개

증발에 의해 공기 중으로 수증기가 유입되어 생기는 안개를 말한다.

예 증기안개, 전선안개

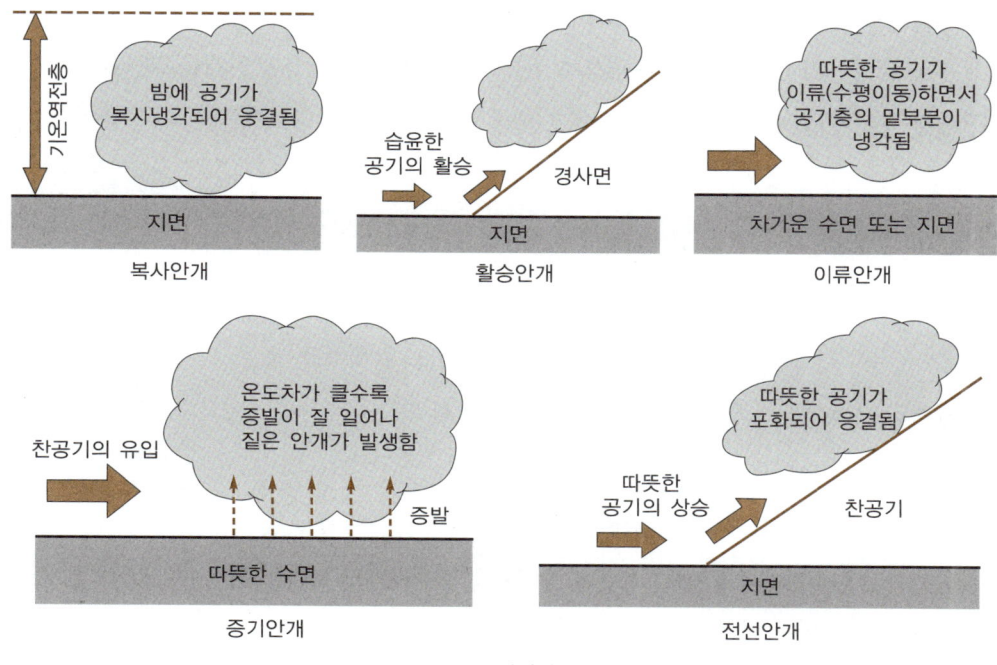

▲ 안개의 종류

5 냉각성 안개의 종류

① 복사안개(radiation fog)

- 우리나라 **내륙에서 빈번하게 발생**하는 안개이다.
- 주로 가을이나 겨울의 맑은 날, 바람이 거의 불지 않는 새벽에 지면 부근이 매우 잘 복사냉각되어 **기온 역전층**이 형성되므로 발생하는 안개이다.
- **땅안개**(ground fog, shallow fog)라고 한다.

② 활승안개(upslope fog)

- 습윤한 공기가 완만한 경사면을 따라 올라갈 때 단열팽창 및 냉각됨에 따라 형성된다.
- 주로 **산악지대**에서 관찰되며 구름의 존재에 관계없이 형성된다.
- **산안개**(mountain fog)라고 한다.

> **TIP! 활승안개 및 활강풍(활강바람)**
> - 활승(upslope, 滑昇)이란 활(미끄러질 활), 승(상승 승) : 미끄러질 듯이 부드럽게 상승한다는 의미
> - 활강(downslope, 滑降)이란 활(미끄러질 활), 강(하강 강) : 미끄러질 듯이 부드럽게 하강한다는 의미
> - 활승안개 : 습윤한 공기가 완만한 경사면을 따라 올라갈 때 단열팽창·냉각됨에 따라 형성되는 안개
> - 활강풍(활강바람) : 산이나 고도가 높은 곳에 위치한 차갑고 밀도가 높은 공기가 중력에 의해 아래로 흘러가는 바람

③ 이류안개(advection fog)
- 온난 다습한 공기가 차가운 지면/수면으로 이류(**수평이동**)하여 발생한 안개를 말한다.
- 해상에서 형성된 안개는 대부분 이류안개로 **해무**(sea fog, 海霧)라고 부른다.

6 증발성 안개의 종류

① 증기안개(steam fog)
- 매우 찬 공기가 비교적 **따뜻한 수면 위**를 지날 때 생기는 안개이다.
- 증기안개의 발생 조건 : 기온과 수온의 차이가 커야 한다.

② 전선안개(frontal fog)
- **전선에 동반**하여 생기는 안개를 말한다.
- 온난전선이나 한랭전선 부근에서 따뜻한 공기와 찬 공기가 만나면 따뜻한 공기는 냉각·포화되고 응결이 일어나서 비가 되어 내리면서 안개를 생성하게 된다.

7 안개/박무/연무/스모그가 항공기/드론에 미치는 영향

- 안개 등은 다른 기상현상과 달리 조용히 발생하므로 평범해 보인다.
- 시정(가시거리)을 악화시키기 때문에 항공기/드론 등의 운용에 큰 위험을 초래할 수 있다.

9 구름/운형/운량/운고

1 구름의 개념 및 생성 과정

① 구름(cloud)
- 대기 중의 수증기가 응결하여 형성되는 **물방울/빙정**(미세한 얼음결정)/**과냉각 물방울의 집합체**를 말한다.

② 구름의 생성 과정

| 상승기류 생성 → 단열팽창(부피팽창) → 온도(기온) 하강 → 이슬점 도달 → 수증기 응결 → 구름 생성 |

- 지표면의 **공기가 가열되어 상승**하면 단열 팽창하여 온도가 낮아져서, **이슬점에 도달**하면 응결이 일어나 구름이 생성된다.
- 상승기류의 발생 원인

> ㉠ 대류에 의한 상승 : 지표면이 국지적으로 가열되면 대류가 일어나 공기가 상승한다.
> ㉡ 지형적인 상승 : 온난 다습한 공기가 산의 경사면을 따라 상승한다.
> ㉢ 전선에 의한 상승 : 따뜻한 공기가 찬 공기 위를 올라갈 때 형성되는 온난전선, 찬 공기가 따뜻한 공기 밑으로 파고들어 형성되는 한랭전선 등이 있다.
> ㉣ 공기의 수렴에 의한 상승 : 지표면에서 저기압 중심으로 공기가 모이면 공기가 상승한다.

2 10가지 기본 운형(the ten basic types of clouds)

WMO(세계기상기구)에서는 기본 운형 10종을 기본 구름으로 인정하여 국제적으로 사용하고 있다.

	명칭	영문명	약어
상층운	권운(털구름) 권적운(털쌘구름) 권층운(털층구름)	Cirrus Cirrocumulus Cirrostratus	Ci Cc Cs
중층운	고적운(높쌘구름) 고층운(높층구름)	Altocumulus Altostratus	Ac As
하층운	층적운(층쌘구름) 층운(층구름) 난층운(비층구름)	Stratocumulus Stratus Nimbostratus	Sc St Ns
수직운 (연직운)	적운(쌘구름) 적란운(쌘비구름)	Cumulus Cumulonimbus	Cu Cb

높이(구름 밑부분 고도, 운고)에 따른 구름의 구분
- 상층운 : 6km 이상(20,000ft 이상)
- 중층운 : 2km~6km(6,500~20,000ft)
- 하층운 : 2km 이하(6,500ft 이하)
  - 국제적으로 통일된 하층운의 높이는 **지표면으로부터 2km(6,500ft)**이다.

권층운, 적란운, 난층운
- 권층운은 **달무리(moon halo)/햇무리(solar halo)** 현상을 만드는 구름으로 '햇무리나 달무리가 지면 다음 날 비가 온다'라는 속담은 권층운의 존재가 태풍이나 전선이 접근할 때 나타나므로 **비를 예고한다**.
- 적란운, 난층운의 '란/난'(亂, 어지러울 난)은 대류현상이 극심하여 공기가 '어지럽다'는 뜻으로 적란운이나 난층운은 **비가 오거나 폭풍이 몰아치는** 등의 궂은 날씨를 유발한다.

> **TIP! 적란운 및 적운의 판별**
> 구름이 관측자의 머리 위에 위치하여 두 구름의 판별이 어려울 때 번개, 뇌전, 우박을 **동반하면 적란운**이고, **동반하지 않으면 적운**으로 판별한다.

3 모양에 따른 구름의 분류

	적운형 구름	층운형 구름
모양	위로 솟아오른 모양	옆으로 퍼진 모양
생성 조건	**상승 기류가 강할 때 생성** (불안정한 공기는 대류가 잘 일어나기 때문에 수직으로 발달하는 적운형 구름을 형성)	**상승 기류가 약할 때 생성** (안정된 공기는 대류가 잘 일어나지 않기 때문에 수평으로 발달하는 층운형 구름을 형성)
강수 형태	좁은 지역에 소나기(적란운)	넓은 지역에 지속적인 비(난층운)
예시	적운, 적란운, 고적운	층운, 고층운, 난층운

4 운량/운고/차폐

① 운량(cloud amount)

- 운량은 '구름의 양'을 의미하며, 운량 측정 방법에는 8분법과 10분법이 있다.
- **8분법**은 전체 하늘에서 구름이 차지하는 부분을 8분수로 표현하고 **10분법**은 전체 하늘에서 구름이 차지하는 부분을 10분수로 표현한다.
- 운량의 단위 : 8분법은 1/8(octa 또는 eighth), 10분법은 1/10(tenth)이다.
- 8분법 운량 값(0~8) 및 10분법 운량 값(0~10)의 의미는 다음과 같으며, 이때 구름의 농담(짙음과 옅음)은 고려하지 않는다.

	운량	구름 없음	10% 이하	20%~30%	40%	50%	60%	70%~80%	90%	100%	관측 불가	결측
숫자 부호	10분법	0	1	2, 3	4	5	6	7, 8	9	10		/
	8분법	0	1	2	3	4	5	6	7	8	9	/
기호		○	◐	◔	◕	◑	◑	◕	◖	●	⊗	⊖

약어	용어	8분법	10분법
SKC	Sky Clear	0/8	0/10
FEW	Few Clouds	1/8~2/8	1/10~3/10
SCT	Scattered	3/8~4/8	4/10~5/10

BKN	Broken	5/8~7/8	6/10~9/10
OVC	Overcast	8/8	10/10

▲ 운량의 약어, 8분법 및 10분법

② 운고(ceiling, 구름 밑부분 고도, 구름 높이, 구름 고도)
- 운고는 관측 장소의 지면에서부터 구름 밑면까지의 높이를 말한다.
- 운고는 하늘의 5/8 이상(BKN 이상)을 가리는 최하층의 구름고도를 말한다.

③ 차폐(obscuration)
- 하늘이 대기 물현상(안개, 박무), 대기 먼지현상(먼지, 연기, 화산재) 등으로 **구름을 관측할 수 없는 것**을 말한다.
- 하늘이 차폐되었을 때에는 운량, 운형, 운고 대신에 **수직시정(수직 방향으로 특정 목표물을 확인할 수 있는 거리)**을 관측하여 보고한다.

5 구름이 항공기/드론에 미치는 영향
- 구름은 항공기/드론의 비행 영향을 주는 대표적인 자연 현상 중 하나이다.
- 수평으로 발달하는 층운형 구름은 공기의 흐름은 안정적이지만 시정에 영향을 준다.
- 수직으로 발달하는 적운형 구름은 공기 움직임이 불안한 특성이 있다.
- 특히 적란운 안에서는 공기가 수직하강하여 소나기, 우박, 천둥, 번개, 돌풍 등의 현상이 함께 발생한다.
- 따라서 구름 특성에 따라 적절히 대응해야 항공 안전성을 높일 수 있다.

10 바람/항상풍/제트기류/계절풍/국지풍

1 바람(wind)의 정의 및 원인
- 바람은 기압이 높은 곳에서 낮은 곳으로, 수평 방향으로 이동하는 공기의 흐름을 말한다.
- 바람이 부는 원인은 **'두 지점의 기압 차이'**이다.

2 바람에 작용하는 힘

① 기압경도력(pressure gradient force)
- 두 지점 사이의 **기압 차이에 의해 생기는 힘**으로써, 바람은 기압이 높은 쪽에서 낮은 쪽으로 힘이 작용하고, **등압선의 간격이 좁으면 좁을수록 바람이 더욱 세다.**
- 기압경도력은 고기압에서 저기압으로 등압선의 직각 방향으로 작용한다.
- 기압경도력이 클수록(기압 차이가 클수록) 바람은 강하다.

② 전향력(코리올리 힘, Coriolis force)
- **지구 자전에 의해 생기는** 가상적인 힘이다.
- 회전판 위에서 작용하는 관성력이다.
- **북반구에서는** 물체 운동 방향의 오른쪽으로 전향력이 작용(**우측편향**)하고, **남반구에서는** 물체 운동 방향의 왼쪽으로 전향력이 작용(**좌측편향**)한다.
- 전향력의 크기는 **극 지방에서 최대**이고, **적도 지방에서 최소**이다.
- 전향력은 고위도로 갈수록 크게 작용한다.

③ 지표 마찰력(surface friction force)
- 풍향의 반대 방향으로 작용하여 바람의 속도를 늦추는 힘이다.
- **지표면이 거친 지형일수록, 풍속이 강할수록** 마찰효과가 커진다.
- 마찰은 바람 방향과 반대로 작용하기 때문에 직접적으로 바람에 영향을 준다.
- **지상 1km 이상(자유대기층)**에서는 마찰력이 무시된다.

④ 구심력(centripetal force)/원심력(centrifugal force)
- 구심력 : 원운동을 하게 하는 힘이다.
- 원심력 : 원운동을 할 때 바깥으로 튕겨나가게 하는 힘이다.
- 구심력과 원심력의 크기는 같고 방향은 반대로 작용한다.

3 바람에 영향을 주는 힘의 종류에 따른 분류

① 지균풍(geostrophic wind)
- **지상 1km 이상(자유대기층)**에서 등압선이 **직선일 때** 부는 바람이다.
- **2가지 힘(기압 경도력과 전향력)**이 **평형**을 이루어 부는 바람이다.

② 경도풍(gradient wind)
- 지상 1km 이상(자유대기층)에서 등압선이 **원형일 때** 부는 바람이다.
- **3가지 힘(기압경도력, 전향력, 원심력(또는 구심력))**이 평형을 이루어 부는 바람이다.

③ 지상풍(surface wind)
- **지상 1km 미만(대기경계층, 마찰층)**의 지표면 부근에서 부는 바람을 말한다.
- 지상에서 우리가 느끼는 바람으로, 지표면의 마찰이 작용하므로 마찰력도 고려한다.
  - ㉠ **등압선이 직선**인 경우 : 지상풍은 3가지 힘(기압경도력, 전향력, 마찰력)이 평형을 이루어 부는 바람이다.
  - ㉡ **등압선이 원형**인 경우 : 지상풍은 4가지 힘(기압경도력, 전향력, 마찰력, 원심력(또는 구심력))이 평형을 이루어 부는 바람이다.

4 항상풍(탁월풍, prevailing wind/dominant wind)

항상풍(탁월풍)은 지구 대기의 대순환에 의하여 연중 일정한 방향으로 부는 바람으로 무역풍, 편서풍, 극동풍을 말한다.

① 무역풍(trade wind) : 아열대 지방의 바람으로 **중위도 고압대에서 적도 저압대로** 부는 바람을 말한다.

② 편서풍(westerlies) : 중위도 상공이 중심이 되어 **서쪽에서 동쪽으로** 부는 바람을 말한다.

③ 극동풍(polar easterlies) : **고위도 지역 또는 북극, 남극** 부근에서 항상 부는 동풍을 말한다.

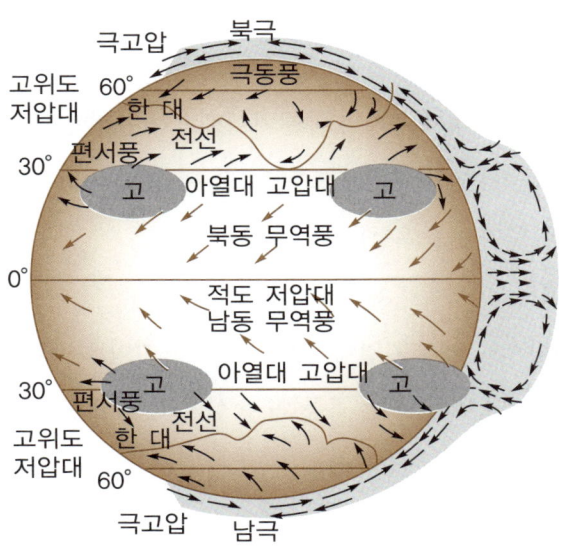

5 제트기류(jet stream)

- 대류권의 상부 또는 대류권계면 부근에 존재하는 폭이 좁은 영역에 존재하는 강한 기류이다.
- 세계기상기구(WMO)에서는 풍속이 30m/s 이상인 것을 제트기류로 규정하고 있다.
- 제트기류는 한대 제트기류(polar jet)와 아열대 제트기류(subtropical jet)로 구분된다.

6 계절풍(seasonal wind, monsoon)

- 계절에 따라 방향이 바뀌는 바람을 말하며, 주기는 1년이다.

남동 계절풍	북서 계절풍
여름철	겨울철
해양 → 대륙으로 부는 바람	대륙 → 해양으로 부는 바람
기온 : 대륙 > 해양 기압 : 대륙 < 해양	기온 : 대륙 < 해양 기압 : 대륙 > 해양

7 국지풍(local wind)

국지풍은 한 지역에 국한해서 부는 바람이다.

① 해륙풍(sea and land wind)
- 바닷가에서 하루 주기로 부는 바람으로, 바다와 육지의 비열 차이로 인해 발생한다.
- 낮 : 바다(고기압) → 육지(저기압)로 공기 이동(해풍)
- 밤 : 육지(고기압) → 바다(저기압)로 공기 이동(육풍)

② 산곡풍(mountain and valley wind)
- 산간 지방에서 하루 주기로 부는 바람으로, 태양 가열에 의한 공기 밀도 차이로 인해 발생한다.
- 낮에는 산비탈을 타고 올라가는 바람(골바람 또는 곡풍)이 형성되고, 밤에는 산비탈을 타고 내려가는 바람(산바람 또는 산풍)이 형성된다.

- 낮에는 산 정상이 골짜기보다 더 빨리 가열되어 공기의 밀도 차가 생기므로 바람이 골짜기에서 산 정상 쪽으로 올라간다. 이때 밀도 차가 클수록 강한 바람이 불어 올라간다.
- 밤에는 산 정상이 골짜기보다 빠르게 기온이 떨어져 무거워진 공기가 하강하면서 바람은 산 정상에서 골짜기 쪽으로 불게 된다.

③ 활강풍(활강바람, katabatic wind, downslope wind)
- 산이나 고도가 높은 곳에 위치한 **차갑고 밀도가 높은 공기가 중력에 의해 아래로 흘러가는 바람**을 말한다.
- 활강풍에는 알프스에서 프랑스로 부는 미스트랄(mistral)과 발칸반도에서 아드리아 해로 부는 보라(bora)가 있다.

④ 푄 현상(Föhn phenomenon)
- 푄 현상 : 이동하던 공기가 **높은 산을 넘어오면서 고온 건조**해지는 현상이다.
- **예** 한국 : 초여름에 태백산맥을 넘는 고온건조한 높새바람은 영서 지방에 영향을 준다.

  독일 : 알프스산맥을 넘어 부는 고온건조한 바람(푄 바람)

  미국 : 로키산맥을 넘어오는 고온건조한 바람(치누크, chinook)

- 구간별 공기의 상승과 하강에 따른 단열 변화

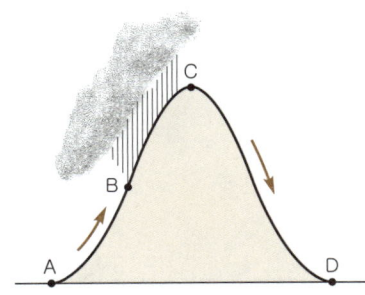

	AB구간 (불포화)	BC구간 (포화)	CD구간 (불포화)
공기의 상승·하강	공기 상승		공기 하강
단열 변화	단열 팽창		단열 압축
단열감률	건조 단열	습윤 단열	건조 단열
	−10℃/km	−5℃/km	+10℃/km
이슬점감률	−2℃/km	−5℃/km	+2℃/km

> **TIP! 높새바람은 북동풍이다.**
> - 서풍 : 하늬바람, '하늬'는 서쪽
> - 남풍 : 마파람, '마'는 남쪽
> - 북풍 : 높바람, '높'은 북쪽
> - 동풍 : 샛바람, '새'는 동쪽
> ∴ 높새바람은 '북동풍'이다.

8 이륙·착륙 시 지상풍이 항공기/드론에 미치는 영향

① 일반적으로 바람은 불어오는 방향에 따라 명칭이 붙지만 항공기/드론에서는 기체를 중심으로 다음과 같이 방향을 구분한다.
- 정풍(head wind) : 항공기/드론의 앞쪽에서 드론을 향해 불어오는 맞바람
- 배풍(tail wind) : 항공기/드론의 뒤쪽에서 앞쪽으로 불어오는 뒷바람
- 측풍(cross wind) : 측면에서 부는 바람으로 항공기의 진행 방향에 직각으로 부는 바람
  - 측풍이 강한 경우 항공기/드론을 비행경로에서 벗어나게 하여 항공기의 안전을 저해한다.
- 상승기류(updraft) : 지상에서 하늘 쪽으로 부는 상승풍
- 하강기류(downdraft) : 하늘에서 지상 쪽으로 부는 하강풍

② 정풍은 항공기가 양력을 얻는 등 이착륙에 비교적 도움이 되는 바람 방향이지만, **기준 속도를 초과하는 경우**에는 배풍보다는 영향이 덜하나 역시 이착륙에 장애를 초래한다. 하지만, 순항 중의 정풍은 순항속도를 떨어뜨리며 연료 소비를 증가시키는 원인이 된다.

③ 배풍은 **기준 속도를 초과하는 경우** 항공기 이착륙에 장애를 초래한다. 배풍은 항공기의 양력을 감소시키기 때문에 **이륙 시 활주 길이가 보다 길게 요구되는 원인**이 된다. 착륙 시에도 불안정한 접지(터치다운)를 유발하고, 제동을 방해하는 요인이 되어 긴 제동거리를 요구하게 된다.

④ 측풍은 항공기/드론 항법에 중요한 요인이며, 측풍 각도에 따라 이착륙에 영향을 받는다. 조종사가 이·착륙 시 측풍에 대한 올바른 보정을 제공하지 못하면 **항공기가 활주로 측면에서 표류하거나 착륙장치(랜딩기어)의 측면 부하 발생 또는 랜딩기어 파손이 발생**할 수 있다.

11 강수/뇌우/뇌전/벼락

1 강수와 강우의 정의

① 강수(precipitation)
- 강수는 '하늘에서 떨어져서 물이 될 수 있는 모든 것'을 의미한다.
- 강수현상에는 비, 이슬비, 얼음싸라기, 눈, 싸락눈, 진눈깨비, 우박, 눈보라 등이 포함된다.
- **강수량 : 비, 눈, 우박 등의 양을 모두 합친 양**

② 강우(rainfall)
- 강우는 **'일정 기간 동안 일정 장소에 내린 비의 총량'**을 의미한다.
- 강우는 **'비'**만을 의미한다.
- **강우량 : 순수한 비의 양**

2 강수의 구분

① 액체 강수(liquid precipitation)
- 이슬비(drizzle) : **직경 0.5mm 미만**의 아주 작은 물방울들이 내리는 강수
- 비(rain) : **직경 0.5mm 이상**의 물방울로 된 강수

② 어는 강수(freezing precipitation)
- 과냉각된 물방울이나 빗방울이 얼어서 내리는 것으로 지면이나 항공기에 충돌해서 물과 얼음의 혼합물을 형성한다.
- 어는 강수에는 어는 안개, 어는 이슬비, 어는 비 등이 있다.

③ 언강수(고체 강수, frozen precipitation)
- 눈(snow) : 얼음의 결정들로 된 강수로서, 결정의 형태는 침상(針狀), 각주상(角柱狀), 판상(板狀) 등이 있다.
- 싸락눈(snow pellet) : 불투명하고 백색으로 된 얼음 입자로, 구형이나 원추형이며, 직경은 약 2~5mm이다.
- 우박(hail) : 얼음의 입자나 덩어리로 된 강수로, 직경이 5mm 이상이다.

3 강수 이론

① 빙정설(ice crystal theory: cold cloud process) : 중위도/고위도 지역**(온대/한대 지방)**
- 구름 온도 : **0℃ 이상인 하층부와 0℃~-20℃인 상층부**가 존재한다.
- 구름의 구성 : 물방울, 빙정(얼음 알갱이), 과냉각 물방울로 구성된다.
- 강수 과정 : 구름 속의 빙정에 수증기(과냉각 물방울에서 증발한 수증기)의 승화가 일어나 빙정에 달라붙어 커지면 점점 무거워지면서 아래로 떨어진다.
  → 아래로 떨어지던 빙정이 녹으면 비, 녹지 않으면 눈이 된다.

② 병합설(coalescence theory: warm cloud process) : 저위도 지역(**열대 지방**)
- 구름의 온도 : 0℃ 이상이다.
- 구름의 구성 : 큰 물방울, 작은 물방울 등 물방울로만 구성된다.
- 강수 과정 : 구름 속의 크고 작은 물방울들이 서로 충돌하여 합쳐져 커지면 비가 되어 내린다.
  → 열대 지방의 구름은 모두 물방울로 되어 있다.

4 뇌우(thunderstorm)

① 뇌우(雷雨)의 개념
- 국지적으로 발달한 상승기류 등에 의해 **적란운 등이 발달하여 번개와 천등을 동반한 강한 소나기**가 내리는 현상을 말한다.
- 열대 지방에서는 연중 뇌우가 발생하며, 우리나라와 같은 중위도 지방에서는 봄, 여름, 가을에 뇌우의 발생 가능성이 존재하지만, 한랭전선이 빠르게 통과하는 경우 겨울에도 드물게 뇌우가 발생한다.

② 뇌우의 분류
- 규모에 따른 분류에는 단세포 뇌우(single cell thunderstorm), 다세포 뇌우(multicell thunderstorm), 거대세포 뇌우(supercell thunderstorm) 등이 있다.
- 발달 형태에 따른 분류에는 기단뇌우(air mass thunderstorm), 스콜라인(squall line thunderstorm), 전선뇌우(frontal thunderstorm) 등이 있다.

스콜라인/스콜선(squall line)
스콜라인/스콜선(squall line)은 다세포 뇌우선(multicell line thunderstorm)이라고도 하며, 여러 개의 뇌우 세포가 평행하게 일련의 선을 형성하는 것을 말한다. 스콜라인은 뇌우선의 길이가 길고 지역이 광범위한 악기상이므로, 항공기가 우회 또는 통과하기가 힘들어 비행에 상당한 위험을 초래할 수 있다.

③ 뇌우의 발달 과정
- 적운 단계 : 오직 **상승 기류**만 있고, 강수현상이 없다.
- 성숙 단계 : **상승 기류와 하강 기류가 대등하게 공존**하고, 폭풍우 및 돌풍을 동반한다.
- 소멸 단계 : **하강 기류**가 우세하고, 비의 강도는 약해지고 결국에는 구름은 분해된다.

④ 뇌우의 형성 조건
- 대기가 **불안정한 상태**이다.
- **상승기류**가 있다.

- 상승기류의 발생 요인에는 대류에 의한 상승, 지형적인 상승, 전선에 의한 상승, 공기의 수렴에 의한 상승 등이 있다.

- **습도가 높다.**
    - 공기 덩어리는 대기 중의 수증기량이 많을수록 뇌우활동이 시작되는 고도, 즉 자유대류고도(LFC; Level of Free Convection)에 더 쉽게 도달할 수 있다. 다량의 수증기는 응결 시 많은 잠열(latent heat)을 방출하며, 방출된 잠열에 의해 구름 내 공기가 가열되어 부력이 증가하게 되고, 이로 인해 강한 대류를 발달시킨다.

5 뇌전(雷電)/벼락

① 뇌전(thunder & lightning)
- 뇌전은 '**천둥과 번개**'를 아울러 이르는 말이다.
- 천둥과 번개는 항상 같이 발생한다.

② 천둥(thunder)
- 번개가 공기 중을 이동할 때 매우 높은 열(약 27,000℃) 때문에 공기가 급격하게 팽창하게 되는데, 이때 그 공기가 팽창하는 힘을 이기지 못해 터지면서 발생하는 소리이다.

③ 번개(lightning)
- 적란운 속에는 수많은 양전하와 음전하가 존재한다.
- 적란운 속에 있는 **양전하(적란운 상부)와 음전하(적란운 하부)**가 방전하면서 발생하는 불꽃 현상이다.
- 번개는 일반적으로 적란운과 함께 나타나지만 난층운, 눈보라, 먼지 폭풍 등과 함께 나타나기도 한다.

④ 벼락(lightning strike)
- 번개 : 주로 적란운 내에서 발생하는 방전이다.
- 벼락 : **적란운 하부(음전하)와 지면(양전하) 사이에서 발생하는 방전**으로 '낙뢰'라고도 한다.

 소리와 빛의 속력

소리의 속력은 340m/s이고, 빛의 속력은 30만km/s이므로 번개가 먼저 보이고, 몇 초 후에 천둥 소리가 들리게 된다.

12 시정/시정장애 현상

1 시정(視程, visibility)의 개념

기상학에서 시정은 **물체(낮) 또는 불빛(밤)이 분명하게 보이는 최대 거리**를 말하며, '가시거리'라고도 한다. 일반적으로 '시정이 좋다'라는 말은 안개나 먼지, 황사 등이 없어 더 멀리 볼 수 있다는 것을 의미한다.

① 주간 시정 : 지면 근처에 놓인 적당한 크기의 **검은 물체**를 밝은 배경에서 관측했을 때 볼 수 있고, 식별할 수 있는 최대 거리이다.

② 야간 시정 : 불빛이 없는 배경에서 **1,000 칸델라(cd)의 불빛**을 볼 수 있고, 식별할 수 있는 최대 거리이다.

2 시정의 중요성

시정은 항공기 운행, 항공기 이착륙, 계기비행, 시계비행 등 비행의 안전에 가장 핵심적인 요소이기 때문에 매우 중요하다.

3 시정의 종류

관측 방법에 따라	수평 시정 (horizontal visibility)	관측지점에서 **수평 방향**으로 특정 목표물을 확인할 수 있는 거리
	수직 시정 (vertical visibility)	관측지점에서 **수직 방향**으로 특정 목표물을 확인할 수 있는 거리
	활주로 시정 (RVV; Runway Visibility Value)	• 특정 활주로에서 **활주로 방향**으로 볼 때 특정 목표물을 확인할 수 있는 수평거리 • 시정 관측장비인 투과율계(transmissometer)를 사용해서 관측
보고 방법에 따라	최단 시정 (shortest visibility)	방위별로 **수평 시정이 동일하지 않을 때** 각 방위별 시정 중 가장 짧은 거리
	우(세)시정 (prevailing visibility)	방위별로 수평 시정을 관측하여 **수평원의 반원(180°) 이상을 차지하는 최대 시정**
기타	활주로 가시범위 (RVR; Runway Visual Range)	활주로 중심선 상에 위치하는 항공기 조종사가 활주로 표면표지(runway surface marking), 활주로 표시등, 활주로 중심선 표시(identifying centre line) 또는 활주로 중심선 표시등화를 볼 수 있는 거리

4 시정의 관측과 통보

① 시정은 우(세)시정을 기준으로 관측·통보되어야 하며 m 또는 km 단위로 보고한다.

② 세계기상기구(WMO), 국제민간항공기구(ICAO) 등 국제적으로는 최단 시정을 사용하지만 **대한민국, 미국, 일본 등에서는 우(세)시정** 제도를 사용하고 있다.

5 시정장애 현상(visibility obstacle phenomenon)

① 시정장애 현상은 시정을 나쁘게 하는 현상을 말한다.

② 시정장애 현상으로는 안개, 박무, 연무, 연기, 황사, 미세먼지(PM-10), 초미세먼지(PM-2.5), 먼지보라, 회오리바람, 강수현상 등이 있다.

③ 시정장애 현상이 여러 개가 공존하는 경우에 시정장애 현상을 각각 작성하여 보고한다.

> **황사, 미세먼지 및 초미세먼지**
>
> **황사(yellow sand)**
> - 중국 고비사막, 타클라마칸사막 등에서 주로 **봄철에 발생**하여 강한 **편서풍**을 타고 한반도와 일본 등에 그 영향을 미치며, 시정장애를 가져온다.
>
> **미세먼지 및 초미세먼지**
> - 미세먼지(PM-10) : 입자의 크기가 **10㎛(마이크로미터)** 이하인 먼지를 말한다.
> - 초미세먼지(PM-2.5) : 입자의 크기가 **2.5㎛(마이크로미터)** 이하인 먼지를 말한다.

13 기단/전선/태풍/용오름/토네이도/회오리바람

1 기단(氣團, air mass)

① 기단은 한 지역에서 오랫동안 머물러 있어 기온과 습도가 비슷해진 **거대한 공기 덩어리**이다.

② 우리나라에 영향을 미치는 기단

기단	성질	시기	날씨 특징
시베리아 기단	한랭 건조	겨울	한파, 겨울 계절풍
양쯔강 기단	온난 건조	봄·가을	황사
북태평양 기단	고온 다습	여름	장마전선, 무더위(열대야), 여름 계절풍
오호츠크해 기단	한랭 다습	초여름	장마전선, 높새바람을 동반
적도 기단	고온 다습	여름	태풍

③ 기단의 성질
- **대륙**에서 발생하면 **건조**하다.
- **바다**에서 발생하면 **다습**하다.
- **고위도**에서 발생하면 **한랭**하다.
- **저위도**에서 발생하면 **온난 또는 고온**이다.

2 전선(前線, front 또는 weather front)

① 전선면(frontal surface) : 성질이 다른 두 기단이 만날 때 생기는 **두 기단의 경계면**을 말한다.
② 전선 : **전선면이 지표면과 만나서** 이루는 선을 말한다.
③ 전선을 경계로 기압, 기온, 습도, 풍향 등의 기상 요소가 급변하며, 구름의 생성과 강수 등 기상현상이 집중적으로 나타난다.

3 전선의 종류

① 온난전선(warm front)
- **따뜻한 공기가 찬 공기를 타고 올라가면서** 형성된 전선이다.
- 따뜻한 공기(온난한 공기)가 찬공기보다 힘이 더 강하므로 온난전선이라고 한다.
- 온난전선의 특징
  - 전선 앞면(전선이 지나기 전)에 넓은 지역에서 **지속성 강수(이슬비)**가 내린다.
  - 전선 통과 후 기온이 상승하고 기압은 하강한다.
  - **층운형 구름**이 많이 발생한다.

② 한랭전선(cold front)
- **찬 공기가 따뜻한 공기의 아래로 파고 들어가** 따뜻한 기단을 밀어 올리면서 형성된 전선이다.
- 찬 공기(한랭한 공기)가 따듯한 공기보다 힘이 더 강하므로 한랭전선이라고 한다.
- 한랭전선의 특징
  - 전선 뒷면(전선이 지나간 직후)에 좁은 지역에서 **소나기성 강수**가 내린다.
  - 전선 통과 후 기온이 하강하고 기압은 상승한다.
  - **적운형 구름**이 많이 발생한다.

③ 정체전선(stationary front)
- 두 기단의 세력이 비슷하여 이동이 거의 없고, 집중 강우가 발생한다.
- 장마전선이라고도 한다.
    > 예 우리나라 초여름의 장마전선은 오호츠크해 기단과 북태평양 기단이 만나서 생긴다.

④ 폐색전선(occluded front)
- 한랭전선이 온난전선을 뒤쫓아 가서 결국 추월할 때 형성되는 전선이다.
- 추월된 지역의 날씨는 한랭전선이나 온난전선 중 하나의 특징만을 나타낸다.
- 폐색전선의 종류
    - 한랭형 폐색전선 : 한랭전선 후면의 찬 공기가 온난전선 전면의 찬 공기보다 더욱 찬 경우
    - 온난형 폐색전선 : 온난전선 전면의 찬 공기가 한랭전선 후면의 찬 공기보다 더욱 찬 경우
    - 중립형 폐색전선 : 양쪽 찬 공기의 온도 차가 거의 없는 경우

4 전선별 항공기/드론 운항에 위험한 기상

① 온난전선에서 나타나는 위험한 기상
- 온난전선 전면의 광범위한 강수대는 자주 층운형 구름이나 안개를 발생시킨다.
- 수천 km^2의 넓은 지역에 걸쳐 낮은 운고(ceiling, 구름고도)와 악시정(나쁜 가시거리)을 발생하기도 한다.
- 온난전선이 통과하면서 동절기에는 심한 착빙을 초래한다.
- 하층 윈드시어는 온난전선의 전방에서 6시간 이상 지속되기도 한다.

② 한랭전선에서 나타나는 위험한 기상
- 조종사가 한랭전선 부근을 비행하면서 만나는 위험한 기상현상은 한랭전선 전면에 형성되는 스콜선(squall line) 또는 전선을 따라 나타나는 적운형 구름이다.
- 스콜선이나 적운형 구름은 심한 난류, 윈드시어, 뇌우, 번개, 심한 소나기, 우박, 착빙, 토네이도 등을 동반한다.

③ 폐색전선에서 나타나는 위험한 기상
- 광범위하게 한랭전선과 온난전선의 기상현상이 혼합되어 나타난다.
- 한랭전선의 특징인 스콜선, 뇌우와 온난전선의 특징인 낮은 운고(ceiling, 구름고도)가 겹쳐 나타난다.

④ 정체전선에서 나타나는 위험한 기상
    정체전선의 기상은 한 지역 내에서 여러 날 동안 장마가 계속된다.

5 태풍(typhoon)

① 열대 저기압 중에서 중심 부근의 **최대 풍속이 17m/s 이상**인 것을 태풍이라고 한다.

② 발생 장소 : 적도 부근(북위 5°~25°, 동경 120°~170°), 수온 27℃ 이상의 해상에서 발생한다.

③ 특징
- 위험 반원 : 태풍 진행의 **오른쪽 반원**으로 풍속이 빠르다.
- 안전 반원 : 태풍 진행의 **왼쪽 반원**으로 풍속이 느리다.
- 태풍의 눈 : 약한 하강기류가 발달하여 맑고 바람이 약하다.
- 중심 기압이 낮을수록 태풍의 세기가 강하다.
- 전향력 때문에 태풍은 **반시계 방향**으로 회전하며 움직인다.

④ 열대저기압의 명칭 및 발생 장소

  태풍은 지역에 따라 '태풍', '허리케인', '사이클론', '윌리-윌리' 등으로 불린다.
- 태풍(typhoon) : 극동지역(북태평양 남서부)
- 사이클론(cyclone) : 인도양 지역
- 허리케인(hurricane) : 북미지역(대서양, 북태평양 동부)
- 윌리-윌리(willy-willy) : 적도 부근(호주)

6 용오름/토네이도/회오리바람

① 용오름(land spout/water spout)
- 격심한 회오리바람을 동반하여 적란운 밑에서 **깔때기 모양의 구름이 지면 또는 해면까지 닿아** 물방울, 먼지, 모래 등이 섞여져 불려 올려지는 현상이다.
- 깔때기 모양을 한 구름의 축은 똑바로 서 있는 경우도 있고 기울어져 있는 경우도 있으며, 용의 허리처럼 구불구불 굽어져 있는 경우도 있다.
- 용오름은 깔때기 모양의 구름이 형성되지 않는 회오리바람과 구별되며, 용오름은 회오리바람보다 규모가 훨씬 크다.
- 미국에서는 육상에서 생기는 용오름(land spout)을 토네이도(tornado), 해상에서 생기는 용오름을 워터 스파우트(water spout)라고 부른다.

② 토네이도(tornado)
- 토네이도는 **육상에서 발생한 강력한 회오리바람으로 전 세계적인 현상**이지만, 주로 **미국에서 많이 발생**한다.

- 일반적으로 사용되는 토네이도의 등급인 개량 후지타 등급(Enhanced Fujita scale) 또는 EF 등급은 토네이도의 위력을 가늠하는 등급으로, EF0에서 EF5 등급까지 있으며 숫자가 올라 갈수록 더욱 강력한 토네이도 위력을 의미한다.

③ 회오리바람(whirl wind)
- **육상에서 발생**하는 심한 공기의 소용돌이로, **용오름보다 규모가 작다**.
- 보통 직경이 50m 이하이며, 수명은 수분 정도로 매우 짧다.

14 난류의 강도 및 종류

1 난류의 개념
① 난류(turbulence)는 지표면의 불균등한 가열 및 수목, 건물 등에 의하여 생긴 회전기류와 급변한 바람의 결과로서 **불규칙한 변동을 하는 대기의 흐름**이다.
② 난류는 **난기류**라고도 한다.

2 난류의 중요성
① 난류는 승객들에게 멀미, 기내 공포증을 유발하며, 난류에 대한 경고가 없다면 **조종사나 승객은 매우 위험한 상태에 직면하게 된다**.
② 항공사들은 난류로 인하여 항공기 기체 손상, 기술적 점검, 승객들의 지연 등과 관련하여 많은 비용을 지출하고 있다.

3 기상 조건에 따른 난류의 강도
수직 가속도, 풍속, 체감 정도에 따라 아래와 같이 난류의 강도를 분류한다.
① 경미(light, 약 정도) : 약간의 흔들림이 있고, 풍속은 **15노트(kt) 이하**이다.
② 중간 세기(moderate, 중 정도) : 상당한 흔들림을 느끼지만, **조종 통제력**을 상실하지 않는다.
③ 심함(severe, 심한 정도) : 큰 흔들림이 있고, 고도 변화가 있으며, 순간적으로 **조종통제력을 상실**한다.
④ 극심함(extreme, 극심한 정도) : 심하게 흔들리고, **항공기 손상**이 있으며, 완전히 조종 통제력을 상실한다.

4 난류의 종류

① 청천난류(CAT; Clear Air Turbulence)

- **제트기류 근처에서 발생**한다.
- 구름이 없는 맑은 하늘에서 발생한다.
- 강한 윈드시어(wind shear)에 의하여 발생한다.

② 뇌우 난류

- 적란운의 운저에는 **뇌우를 동반한 강한 하강기류인 다운버스트**(downburst)가 발생한다.
- 다운버스트는 크기에 따라 마이크로버스트와 매크로버스트로 구분하지만, 최근에는 마이크로버스트로 통칭하기도 한다.
    - 마이크로버스트(microburst) : 수평 방향으로 바람의 확산 범위가 4km(2.5mile) 미만
    - 매크로버스트(macroburst) : 수평 방향으로 바람의 확산 범위가 4km(2.5mile) 이상

③ 산악파 난류(mountain wave turbulence)

- 산맥을 통과한 강한 바람이 **풍하측에 만들어내는 난류**이다.
- 산맥에 부딪혀 생기는 기계적 난류의 일종이다.
- 산악파 난류의 발생 조건
    - 산 정상의 상부에 안정층이 존재할 때
    - 바람이 산맥에 직각에 가깝게 불 때
    - 산맥이 크고, 풍속이 강할 때
- 산악파를 감지할 수 있는 좋은 척도는 구름이며, 일반적인 구름은 바람을 타고 이동하지만 산악파에 의하여 생성된 구름은 정체하는 모습으로 **모자구름**(cap cloud), **말린구름**(rotor cloud), **렌즈구름**(lenticular cloud) 등의 형태를 나타낸다.

> **TIP! 풍상측(windward side)과 풍하측(leeward side)**
> 어떤 산이 있을 때 바람이 산을 넘기 전이 풍상측이고, 바람이 그 산을 넘어서 내려 가는 쪽이 풍하측이다. 즉 바람이 산을 향해 불 때 바람에 부딪히는 쪽을 풍상측, 산 뒷면 쪽을 풍하측이라고 한다.

④ 항적 와류 난류(wake vortex turbulence)

항공기의 **날개 끝에서 발생하는 와류**(wing tip vortex)에 의해 발생하는 난류이다.

⑤ 윈드시어(wind shear)

- 바람의 **방향(풍향)**이나 세기(**풍속**)가 바람의 진행 방향에 대하여 수평적 또는 수직적으로 급변하는 현상으로 급변풍, 전단풍, 바람시어라고도 한다.

- 윈드시어에는 고층 윈드시어(HLWS; High Level Wind Shear)와 저층 윈드시어(LLWS; Low Level Wind Shear)가 있다.
- 지상 1,600ft(500m) 이하의 윈드시어를 저층 윈드시어(LLWS)라고 하며, 저층 윈드시어는 연직 윈드시어의 강도로 나타낸다.
- 윈드시어 경보는 다음에 해당 될 때 발표한다.

> 윈드시어 측정장비(LLWAS, Doppler radar, Sodar 등)를 활용하여 바람의 변화 경향(loss 또는 gain)이 **15kt 이상**으로 관측되거나 지속될 것으로 예상될 때 발표하며, 바람의 변화 경향이 30kt 이상일 경우에는 마이크로버스트에 대한 정보를 포함하여 발표한다.(항공기상업무지침)

⑥ 열적 난류(thermal turbulence)
- 더운 여름날 태양의 강한 일사량이 원인이다.
- **활주로 지표면이 불균형적으로 데워짐으로 인한 대류현상**에 의해 열적 난류가 발생한다.

⑦ 전선 난류(frontal turbulence)

활주로 주변에 **한랭전선이나 온난전선**이 존재할 때 공기의 상승 또는 공기의 마찰에 의하여 전선난류가 발생한다.

⑧ 스콜(squall)
- 갑자기 불기 시작하여 **최소 1분 동안 지속되는 바람으로 적란운은 스콜을 동반**한다.
- 스콜의 종류
    - 흰 스콜(white squall) : 강수를 동반하지 않는 스콜
    - 검은 스콜(black squall) : 비구름과 강수를 동반하는 스콜
    - 뇌우 스콜(thunderstorm squall) : 번개와 천둥을 동반하는 스콜

⑨ 돌풍(gust)
    - 스콜과 비슷하지만 **스콜이 돌풍보다 지속 시간이 길다.**
    - 돌풍의 지속시간은 일반적으로 20초 이하이다.

5 난류가 항공기/드론에 미치는 영향

- 강한 난류가 보고되거나 예보되고 있는 지역을 비행하는 경우, 난류가 급속히 강도가 증가할 개연성이 있으므로 조종사는 **초기 단계에서 속도를 조절해야 한다.**
- 기압골에 동반되는 현저한 바람 변화 구역에서 난류와 조우하는 경우, 기압골에 평행하게 비행하는 것보다 기압골을 횡단하는 코스를 채택하여 **기압골을 신속하게 빠져나와야** 한다.

- 지표면에서 주로 발생하는 윈드시어 현상은 비행기가 정상적으로 착륙·이륙하는 데 결정적으로 장애를 발생시키며 정상적으로 착륙하지 못하고 다시 복행(go around)하거나, 활주로에 심한 충격을 발생시키는 등 항공 사고를 유발하는 주요 원인 중 하나이다.

15 일기도/일기예보·특보/비행 관련 정보

1 일기도

각 지역에서 동일 시각에 관측한 기상 요소(기온, 기압, 풍향, 풍속 등)를 숫자와 기호를 사용하여 **한 장의 지도에 기입**하고, 등압선, 전선 분석 등을 통하여 **넓은 지역의 기상상황을 한눈에 알 수 있게** 표시한 것이다.

2 일기도 종류

- 지상 일기도 : 지상에서 관측한 기상요소를 기입·분석하는 일기도이다.
- 상층 일기도 : **고도별 대기의 흐름을 파악**하기 위하여 상층(고층)에서 관측한 기상요소를 기입·분석하는 일기도이다.
- 보조 일기도 : **특별한 요소만을 따로 분석**하여 예보 등에 활용하는 일기도이다.

3 일기도 기호

- 일기도 기호는 관측된 일기 현상을 일기도 위에 나타내는 기호이다.
- 세계기상기구(WMO)에서 제공하는 국제적 일기도 기호는 매우 상세한 기상정보를 담고 있지만, 비전문가가 보기에는 복잡하므로 신문이나 뉴스에서는 일반인이 쉽게 알아볼 수 있도록 약식 일기도 기호를 사용하고 있다.

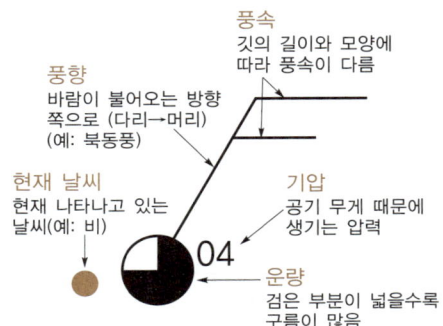

풍속	기호	◖	◗	◣	◤	◥	◢
	의미	10노트	5노트	50노트	40노트	65노트	115노트
날씨	기호	●	⬇	✳	≡	⟨	S
	의미	비	소나기	눈	안개	뇌우	황사
기압	기호	92	96	00	04	08	16
	의미	992hPa	996hPa	1000hPa	1004hPa	1008hPa	1016hPa
전선	기호	⌢⌢⌢	▲▲▲	⌢▲⌢▲	▲⌢▼⌢		
	의미	온난전선	한랭전선	폐색전선	정체전선		

4 일기도 해석

① 등압선 : 일기도에 표시되는 곡선, 기압이 같은 곳을 연결한 선으로 **등압선 간격이 좁을수록 바람이 강하다.**

② 바람은 **고기압에서 저기압**으로 분다.

③ 전선과 **저기압의 날씨는 흐림**이고, **고기압의 날씨는 맑음**이다.

④ 우리나라는 편서풍대에 속하므로 날씨가 서쪽에서 동쪽으로 변한다.

5 시계비행방식(VFR; Visual Flight Rules)의 비행계획을 위한 기상 분석

① 지상 일기도 : 고기압, 저기압, 전선 등 중요한 기상현상의 분포를 점검할 수 있다.

② 등압면 일기도(constant pressure chart) : 대기압이 동일한 표면을 나타내며 850hPa, 700hPa 차트는 저기압, 고기압 발달 과정을 분석하여 묘사되어 있기 때문에 비행계획을 위한 기상 분석의 중요한 자료이다.

③ 상층풍(wind aloft) : 난류(turbulence)는 각 상층마다 풍향·풍속이 현저하게 차이가 날 때 발생하므로, 비행계획 시 상층풍 분석은 필수적이다.

④ 시계비행에 영향을 미치는 구름에 대하여 운량, 운고, 운형 등을 분석한다.

⑤ 풍향 및 풍속 등을 분석한다.

　㉠ 풍향 : 바람이 불어오는 방향

　　• METAR(정시관측보고)에서 풍향은 **진북을 기준**으로 보고한다.

　　• 동·서·남·북의 네 방향을 4방위라 하고, 이를 세분하여 8방위, 16방위 등을 사용한다.

16방위표				
북서(NW)	북북서(NNW)	북(N)	북북동(NNE)	북동(NE)
서북서(WNW)				동북동(ENE)
서(W)		중		동(E)
서남서(WSW)				동남동(ESE)
남서(SW)	남남서(SSW)	남(S)	남남동(SSE)	남동(SE)

> **TIP! 진북, 자북, 도북 및 편각**
> - 북쪽은 모든 방향의 기준이 되는 방향이며 진북, 자북, 도북의 3가지 북쪽이 있다.
> - 진북(眞北, true north)은 북극성의 방향이고, 자북(磁北, magnetic north)은 나침반의 N극(빨간 바늘)이 가리키는 방향이며, 도북(圖北, grid north)은 지도 상의 북쪽을 말한다.
> - 또한 진북과 도북, 진북과 자북, 도북과 자북 간의 사이각을 편각(declination)이라고 하는데, 자편각(진북과 자북), 도편각(진북과 도북), 도자각(도북과 자북)이 있다.

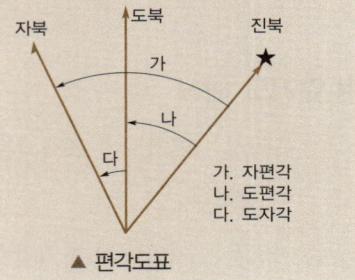

▲ 편각도표
가. 자편각
나. 도편각
다. 도자각

ⓒ 풍속

- 풍속의 단위는 m/s를 사용하는 것이 원칙이지만, 노트(kt)도 사용한다.
- 바람자루(wind sock, wind sleeve, wind cone)를 이용한 풍속 측정
  - 비행장이나 드론교육장 등에서 풍향을 표시하기 위해 설치하는 것으로 **원추형 자루**의 모양을 하고 있다.

▲ 바람자루(wind sock)

바람자루(wind sock) 각도	풍속
0°	0m/s
10~20°	1m/s
30~40°	2m/s
50~60°	3m/s
70~80°	4m/s
90°	5m/s

- 보퍼트(Beaufort) 풍력 계급표를 이용한 풍속 측정
  - 1805년 보퍼트(Beaufort)가 만든 보퍼트 풍력 계급(wind force scale)은 **13개의 계급 (0~12)**으로 구성되어 있으며, 해상 및 육상의 상태를 목측으로 관찰하여 풍속을 측정한다.
  - **풍속계가 고장인 경우**에는 'Beaufort 풍력 계급표'를 참고하여 관측자에 의한 목측을 수행한다.(항공기상업무지침)

풍력 계급	풍속(m/s)	육상 상태
0	0~0.2	연기가 수직으로 올라간다.
1	0.3~1.5	풍향은 연기가 날아가는 것으로 알 수 있으나, 풍향계는 잘 움직이지 않는다.
2	1.6~3.3	바람이 피부에 느껴지고, 나뭇잎이 흔들리며, 풍향계가 움직이기 시작한다.
3	3.4~5.4	나뭇잎과 작은 가지가 일정하게 흔들리고, 깃발이 가볍게 나부낀다.
4	5.5~7.9	먼지와 종이 조각이 날리며, 작은 가지가 흔들린다.
5	8.0~10.7	잎이 달린 작은 나무 전체가 흔들리고, 호수에 잔물결이 일어난다.
6~11		… (생략)
12	32.7 이상	태풍(허리케인)으로 매우 광범위한 피해가 생긴다.

(출처 : Manual on Codes, International Codes, Volume Ⅰ.1, Section E, WMO, 2019)

6 일기 예보 및 특보

① 일반인을 위한 예보 및 특보(기상법 제13조, 예보업무규정)

㉠ 예보
- 초단기 예보 : 예보 대상 기간 6시간 이내
- 단기 예보 : 예보 대상 기간 5일 이내
- 중기 예보 : 예보 대상 기간 10일 이내
- 장기 예보 : 예보 대상 기간 11일 이상

㉡ 특보 : 아래에 해당하는 기상현상으로 인하여 **중대한 재해 발생이 예상될 때** 해당 지역에 대하여 그 정도에 따라 주의보 및 경보로 구분하여 발표한다.

〈특보의 발표 기준〉

종류	주의보	경보
호우	3시간 누적강우량이 60mm 이상 예상되거나 12시간 누적강우량이 110mm 이상 예상될 때	3시간 누적강우량이 90mm 이상 예상되거나 12시간 누적강우량이 180mm 이상 예상될 때
대설	24시간 동안 내려 쌓인 눈의 양이 5cm 이상 예상될 때	24시간 동안 내려 쌓인 눈의 양이 20cm 이상 예상될 때. 다만, 산지는 24시간 동안 내려 쌓인 눈의 양이 30cm 이상 예상될 때

종류	주의보	경보
태풍	태풍으로 인하여 강풍, 풍랑, 호우 또는 폭풍해일 현상이 주의보 기준에 도달할 것으로 예상될 때	태풍으로 인하여 다음 각호의 어느 하나에 해당하는 경우 1. 강풍, 풍랑 또는 폭풍해일 현상이 경보 기준에 도달할 것으로 예상될 때 2. 총 강우량이 200mm 이상 예상될 때
강풍	육상에서 풍속 50.4km/h(14m/s) 이상 또는 순간풍속 72.0km/h(20m/s) 이상 예상될 때. 다만, 산지에서는 풍속 61.2km/h(17m/s) 이상 또는 순간풍속 90.0km/h(25m/s) 이상 예상될 때	육상에서 풍속 75.6km/h(21m/s) 이상 또는 순간풍속 93.6km/h(26m/s) 이상 예상될 때. 다만, 산지에서는 풍속 86.4km/h(24m/s) 이상 또는 순간풍속 108.0km/h(30m/s) 이상 예상될 때
황사	–	황사로 인해 1시간 평균 미세먼지(PM-10) 농도 800㎍/㎥ 이상이 2시간 이상 지속될 것으로 예상될 때
건조	실효습도 35% 이하의 상태가 2일 이상 지속될 것으로 예상될 때	실효습도 25% 이하의 상태가 2일 이상 지속될 것으로 예상될 때
한파	10월~4월 사이의 기간 중에 다음 각호의 어느 하나에 해당하는 경우 1. 아침 최저기온이 전날보다 10℃ 이상 하강하여 3℃ 이하이면서 평년값보다 3℃ 이상 낮을 것으로 예상될 때 2. 아침 최저기온 −12℃ 이하가 2일 이상 지속될 것으로 예상될 때 3. 급격한 저온현상으로 중대한 피해가 예상될 때	10월~4월 사이의 기간 중에 다음 각호의 어느 하나에 해당하는 경우 1. 아침 최저기온이 전날보다 15℃ 이상 하강하여 3℃ 이하이면서 평년값보다 3℃ 이상 낮을 것으로 예상될 때 2. 아침 최저기온 −15℃ 이하가 2일 이상 지속될 것으로 예상될 때 3. 급격한 저온현상으로 광범위한 지역에서 중대한 피해가 예상될 때
폭염	폭염으로 인하여 다음 각호의 어느 하나에 해당하는 경우 1. 일 최고 체감온도 33℃ 이상이 2일 이상 지속될 것으로 예상될 때 2. 급격한 체감온도 상승 또는 폭염 장기화 등으로 중대한 피해가 예상될 때	폭염으로 인하여 다음 각호의 어느 하나에 해당하는 경우 1. 일 최고 체감온도 35℃ 이상이 2일 이상 지속될 것으로 예상될 때 2. 급격한 체감온도 상승 또는 폭염 장기화 등으로 광범위한 지역에서 중대한 피해가 예상될 때
풍랑	해상에서 풍속 50.4km/h(14m/s) 이상이 3시간 이상 지속되거나 유의파고가 3m 이상 예상될 때	해상에서 풍속 75.6km/h(21m/s) 이상이 3시간 이상 지속되거나 유의파고가 5m 이상 예상될 때
폭풍해일	천문조, 폭풍, 저기압 등의 복합적인 영향으로 해수면이 상승하여 기상청장이 정하는 지역별 발효 기준값 이상이 예상될 때	천문조, 폭풍, 저기압 등의 복합적인 영향으로 해수면이 상승하여 기상청장이 정하는 지역별 발효 기준값 이상이 예상될 때

비고
1. "실효습도"란 물체의 건조한 정도를 나타내기 위하여 수일 전부터 현재까지의 습도를 가중하여 산출한 지수를 말한다.
2. "천문조"란 달이나 태양과 같은 천체의 인력(引力)에 의하여 일어나는 조수간만의 차를 말한다.

② 항공기에 대한 예보 및 특보(기상법 제14조의 2항, 항공기상업무규정)

㉠ 항공 기상 예보 : 항공기의 안전 운항을 목적으로 공항, 항공로 및 비행정보구역에 대하여 발표한다.

> 항공기의 **안전운항에 필요한 항공 예보**는 바람·시정·구름·기온·기압 등에 관하여 정시 또는 수시로 하되, 다음 각 호의 예보로 구분하여 발표한다.
> 1. 공항에 대한 예보
> 2. 비행정보구역에 대한 예보
> 3. 비행정보구역 안의 항공로에 대한 예보
> 4. 이륙 예보
> 5. 착륙 예보

TIP! 공항 예보(TAF)
공항 예보(TAF; Terminal Aerodrome Forecast)는 지정된 공항기상관서에서 공항에 예상되는 기상현상에 대하여 하루 4회, 6시간 간격으로 발표하며, 유효시간은 발표시각 1시간 이후부터 30시간으로 한다.

TIP! 중요 기상 예보(SIGWX)
중요 기상 예보(Significant Weather, SIGWX)는 기상감시소가 인천비행정보구역에서 항공기 운항에 영향을 줄 수 있는 기상 현상을 고고도(25,000~63,000ft), 중고도(10,000~25,000ft), 저고도(10,000ft 이하)로 각각 나누어 도표로 발표한다. 다만, 고고도 중요 기상 예보는 세계공역예보센터에서 발표한 자료를 사용한다.

TIP! 이륙 예보/착륙 예보
항공기의 안전한 이륙과 착륙을 위해 발표하며, 이륙 예보의 유효시간은 발표시각으로부터 3시간이고, 착륙 예보의 유효시간은 발표시각으로부터 2시간이다.

㉡ 항공 기상 특보 : 항공기의 안전운항에 필요한 항공 특보는 아래에 해당하는 기상현상으로 인하여 **중대한 재해 발생이 예상될 때** 공항·항공로 및 비행정보구역에 대하여 발표한다.

〈항공 기상특보의 발표 기준(2024. 4. 11. 개정)〉

구분	기상현상	발표 기준
공항 경보	태풍	태풍으로 인하여 강풍 및 호우 등이 경보 기준에 도달할 것으로 예상될 때
	뇌우(雷雨)	뇌우가 발생 또는 예상될 때
	우박	우박이 발생 또는 예상될 때
	대설	24시간 동안 내려 쌓인 눈의 양이 3cm 이상 관측되거나 예상될 때
	강풍	10분간 평균풍속이 25kt 이상 또는 최대순간풍속이 35kt 이상인 현상이 발생 또는 예상될 때

구분	기상현상	발표 기준
공항 경보	호우	다음 각호의 기준 중 어느 하나의 기준에 도달하거나 도달할 것으로 예상될 때 1. 1시간 누적강우량 30mm 이상 2. 3시간 누적강우량 50mm 이상
	구름고도(ceiling)	해당 공항의 공항기상관서, 항공교통업무기관 및 항공기 운항자 간 협의에 따른 기준치 이하로 발생 또는 예상될 때
	저시정(低視程)	
	먼지 또는 모래보라 (sand storm)	먼지 또는 모래보라가 발생 또는 예상될 때
	어는 강수	어는 강수가 발생 또는 예상될 때
	서리	서리가 발생 또는 예상될 때
	화산재	화산재가 발생 또는 예상될 때
급변풍 경보	급변풍	정풍과 배풍의 변화가 15kt 이상인 급변풍이 발생 또는 예상될 때
위험 기상 정보	태풍	태풍이 발생 또는 예상될 때
	뇌우	뇌우 또는 우박을 동반한 뇌우가 발생 또는 예상될 때
	난류	심한 난류가 발생 또는 예상될 때
	착빙(着氷)	심한 착빙이 발생 또는 예상될 때
	산악파(山岳波)	심한 산악파가 발생 또는 예상될 때
	화산재	화산재가 발생 또는 예상될 때
저고도 위험 기상 정보 (위험 기상 정보에서 발표된 기상현상은 제외한다)	지상 풍속	30kt(15m/s)를 초과하는 지상 풍속이 발생 또는 예상될 때
	지상 시정	5,000m 미만의 지상 시정이 발생 또는 예상될 때
	구름	1,000ft 미만의 5/8 이상의 구름이 발생 또는 예상될 때
	뇌우(적란운을 포함한다)	1. 뇌우 또는 우박을 동반한 뇌우가 발생 또는 예상될 때 2. 적란운 또는 탑상적운이 발생 또는 예상될 때
	난류	보통 난류가 발생 또는 예상될 때(대류운 속 난류 제외)
	착빙(着氷)	보통 착빙이 발생 또는 예상될 때(대류운 속 착빙 제외)
	산악 차폐	산악 차폐가 발생 또는 예상될 때
	산악파(山岳波)	보통 산악파가 발생 또는 예상될 때

7 비행 관련 정보

① 항공기상 정보의 종류(항공기상 업무규정)

〈항공기상 정보의 종류(2024. 4. 11. 개정)〉

구분	항공기상 관측	항공기상 예보	항공기상 특보
공항	• 정시관측보고 • 특별관측보고 • 국지정시관측보고 • 국지특별관측보고	• 공항예보 • 이륙예보 • 착륙예보	• 공항경보 • 급변풍경보
비행정보구역 및 비행정보구역 안의 항공로	• 없음	• 중요기상예보	• 위험기상정보 • 저고도위험기상정보

② 항공 정보 생산물의 종류(항공 정보 및 항공지도 등에 관한 업무기준)

- 항공 정보 생산물(Aeronautical Information Product)이란 항공자료 및 항공 정보를 디지털자료, 종이 또는 전자적 매체 등을 통하여 표준화된 형태로 제공되는 것을 말하며, 항공 정보 간행물 수정판(AIP amendment service) 및 항공 정보 간행물 보충판(AIP Supplements)을 포함한 항공 정보 간행물(AIP), 항공 정보 회람(AIC), 항공지도, 항공고시보(NOTAM) 및 디지털데이터를 포함한다.

항공 정보 간행물 (AIP; Aeronautical Information Publication)	항공항행에 필수적이고 영구적인 성격의 항공 정보를 수록한 간행물을 말함
항공 정보 간행물 수정판 (AIP Amendment)	항공 정보 간행물에 수록된 정보의 영구적인 변경사항을 수록한 공고문을 말함
항공 정보 간행물 보충판 (AIP Supplement)	특정한 페이지 형태로 발간되는 항공 정보 간행물에 수록된 정보의 일시적인 변경사항을 제공하는 공고문을 말함
항공 정보 회람 (AIC; Aeronautical Information Circular)	비행안전·항행·기술·행정·규정 개정 등에 관한 내용으로서 항공고시보 또는 항공 정보 간행물에 의한 전파의 대상이 되지 않는 정보를 수록한 공고문을 말함
항공고시보 (NOTAM; Notice to Airmen)	- 항공 관련 시설, 업무, 절차 또는 장애요소, 항공기 운항 관련자가 필수적으로 적시에 알아야 할 지식 등의 신설, 상태 또는 변경과 관련된 정보를 포함하는 통신수단을 통해 배포되는 공고문을 말함 - 항공 정보업무기관은 항공 정보의 발효기간이 일시적이며 단기간이거나 운영상 중요한 사항의 영구적인 변경 또는 장기간의 일시적인 변경사항이 짧은 시간 내에 고시가 이루어질 때는 신속히 항공고시보를 작성·발행하여야 함 - 유효기간 : 최대 3개월

PART 1 항공기상
적중예상문제

01 섭씨(Celsius) 0℃는 화씨(Fahrenheit)로 몇 ℉인가?

① 0℉   ② 32℉
③ 64℉   ④ 212℉

해설
℉ = (9/5)×℃+32 = (9/5)×(0)+32 = 32℉

02 다음 중 풍속의 단위가 아닌 것은?

① m/s   ② kph 또는 mph
③ mile   ④ knot(kt)

해설
- mile은 거리의 단위이고 m/s, kph, mph, knot는 풍속(속력)의 단위이다.
- m/s(meter per second) : 초당 1미터를 진행하는 속도
- kph(kilometer per hour) : 시간당 1킬로미터를 진행하는 속도
- mph(mile per hour) : 시간당 1마일을 진행하는 속도
- knot(kt) : 시간당 1해리(1.85km)를 진행하는 속도

03 다음 중 벡터양이 아닌 것은?

① 속도   ② 속력
③ 양력   ④ 항력

해설
벡터는 크기와 방향을 동시에 나타내고(예) 중력, 추력, 양력, 항력, 속도, 가속도, 힘), 스칼라는 크기만을 나타낸다(예) 온도, 압력, 밀도, 길이, 넓이(면적), 시간, 질량, 에너지, 속력).

04 다음 중 국제표준대기(ISA)의 조건이 아닌 것은?

① 해수면 상의 표준기압은 1013.25 hPa이다.
② 해수면 상의 기온은 15℃이다.
③ 해수면 상의 높이는 0ft이다.
④ 공기는 수증기를 포함하고 있다.

해설
국제표준대기(ISA)에서의 공기는 수증기를 포함하지 않은 건조공기를 기준으로 한다.

05 우리나라 평균해수면 높이를 0m로 정한 기준이 되는 만은?

① 제주만   ② 순천만
③ 영일만   ④ 인천만

해설
우리나라 평균해수면 높이(0m)는 인천만(인천 앞바다)을 기준으로 한다.

06 평균 해수면에서의 온도가 20℃라고 가정할 때 1,000ft에서의 온도는 얼마인가?

① 40℃   ② 18℃
③ 22℃   ④ 0℃

해설
대류권(11km까지)은 높아질수록 공기의 밀도가 감소하기 때문에 공기 분자 간의 마찰이 상대적으로 적어 기온이 낮아 진다. 즉 1,000ft(0.3048km)마다 1.98℃(약 2℃)씩 낮아진다.

정답 01. ② 02. ③ 03. ② 04. ④ 05. ④ 06. ②

07 대기권 중에서 대류현상에 의한 기상현상이 발생하는 곳은?

① 대류권　　② 성층권
③ 중간권　　④ 열권

> **해설**
> 대기권 중에서 기상현상이 발생하는 곳은 대류권이다.

08 지구상에서 전향력이 최대인 지역은?

① 중위도
② 적도
③ 극 지방(북극, 남극)
④ 저위도

> **해설**
> 전향력(코리올리 힘)은 지구의 자전 때문에 생기는 힘으로, 전향력의 크기는 극 지방에서 최대이고, 적도 지방에서 최소이다.

09 공기 밀도와 압력과 온도의 변화에 대한 설명 중 맞는 것은?

① 공기 밀도는 압력과 온도가 각각 증가할 때 비례하여 커진다.
② 공기 밀도는 온도가 증가하면 증가하고 압력이 증가하면 감소한다.
③ 공기 밀도는 온도가 증가하면 감소하고 압력이 증가하면 커진다.
④ 공기 밀도는 압력과 온도가 각각 증가할 때 반비례하여 감소한다.

> **해설**
> 고도↑, 온도↑, 습도↑하게 되면 ➡ 공기 밀도↓ ➡ 항공기의 성능(양력, 추력, 출력)↓, 항력↓하게 된다.

10 어떤 물체가 온도의 변화 없이 상태가 변화할 때 방출되거나 흡수되는 열은?

① 잠열　　② 비열
③ 열량　　④ 현열

> **해설**
> • 잠열은 물질의 상태 변화에 관여하는 열로서, 온도계에는 나타나지 않는다. 잠열에는 융해열, 응고열, 증발열 등이 있다.
> • 현열은 상태 변화 없이 온도만 변하는 데 소용되는 열이며, 비열은 어떤 물질 1kg의 온도를 1℃ 만큼 올리는 데 필요한 열량(kcal)이다.

11 건조 대기 중 산소의 비율(부피백분율, %)은 얼마인가?

① 10%　　② 21%
③ 30%　　④ 60%

> **해설**
> 건조 대기(건조 공기)의 구성 성분은 부피(%)로서 질소(N_2, 78%)〉산소(O_2, 21%)〉아르곤(Ar, 0.93%)〉이산화탄소(CO_2, 0.04%)이다.

12 다음 중 기단에 대한 설명으로 옳지 않은 것은?

① 기단은 습도와 온도 등의 성질이 비슷한 공기 덩어리이다.
② 공기가 지표의 한 장소에 오래 머물러 있어야 생성된다.
③ 대륙에서 만들어진 기단은 건조하고, 고위도에서 만들어진 기단은 차갑다.
④ 기단은 만들어져서 소멸할 때까지 성질이 변하지 않고 유지된다.

> **해설**
> 기단은 이동하면서 성질이 점점 변한다.

정답: 07. ①　08. ③　09. ③　10. ①　11. ②　12. ④

13 다음 중 강수현상이 아닌 것은?

① 싸라기 ② 눈
③ 우박 ④ 먼지

> **해설**
> 강수현상은 대기 중에 포함된 수분이 액체 또는 고체로 변화되어 지표면에 떨어지는 현상이다.

14 다음 중 안정된 공기의 특성이 아닌 것은?

① 층운형 구름을 형성한다.
② 적운형 구름을 형성한다.
③ 지속성 강수가 내린다.
④ 대류가 발생하기 어렵다.

> **해설**
> 안정된 공기는 대류가 잘 일어나지 않기 때문에 수평으로 발달하는 층운형 구름을 형성하고 지속성 강수를 내리게 하며, 안개를 형성하고, 대기오염물질이 오래 머물게 되어 시정이 나빠진다.

15 다음 중 기압에 대한 설명으로 틀린 것은?

① 일반적으로 고기압권에서는 날씨가 맑고 저기압권에서는 날씨가 흐린 경향을 보인다.
② 북반구 고기압 지역에서 공기 흐름은 시계방향으로 회전하면서 확산(발산) 된다.
③ 등압선의 간격이 클수록 바람이 약하다.
④ 일기도에서 같은 기압의 점들을 이은 선을 등고선이라 한다.

> **해설**
> 등압선은 일기도에서 같은 기압의 점들을 이은 선으로, 등압선 간격이 좁을수록 바람이 세게 분다.

16 바람이 고기압에서 저기압 중심부로 불어갈수록 북반구에서는 오른쪽으로 90° 휘게 되는데, 이는 무엇 때문인가?

① 전향력 ② 지향력
③ 기압경도력 ④ 지연 마찰

> **해설**
> 전향력은 북반구에서 물체의 진행 방향에 대해 오른쪽으로 작용하는 힘이며, 남반구에서 진행 방향의 왼쪽으로 작용하는 힘이다. 전향력의 크기는 극 지방에서 최대이고, 적도 지방에서는 최소이다.

17 절대고도의 설명으로 맞는 것은?

① 고도계가 지시하는 고도
② 지표면으로부터의 고도
③ 표준기준면에서의 고도
④ 계기오차를 보정한 고도

> **해설**
> 절대고도는 항공기와 지표면의 실측 높이이며, AGL(지상고도)을 사용한다.

18 기압고도계를 장착한 비행기가 일정한 고도를 유지하면서, 기압고도계를 수정하지 않고 고기압 지역에서 저기압 지역으로 비행하면 기압고도계는 어떻게 변화하는가?

① 해수면 위 실제 고도보다 낮게 지시한다.
② 해수면 위 실제 고도를 지시한다.
③ 해수면 위 실제 고도보다 높게 지시한다.
④ 고도계는 변화하지 않는다.

> **해설**
> 고기압 지역→저기압 지역으로 비행 시 계기상 지시고도는 실제 고도(진고도)보다 높게 지시한다. 고도계는 항공기 외부 기압이 낮을수록 고도를 높게 지시하기 때문이다.

정답: 13. ④ 14. ② 15. ④ 16. ① 17. ② 18. ③

19 바람이 존재하는 근본적인 원인은?

① 기압 차이   ② 고도 차이
③ 공기 밀도 차이   ④ 자전과 공전현상

- 해설
바람은 기압 차이로 생기는 공기의 흐름이다.

20 구름의 생성 과정을 순서대로 나열하면?

ㄱ. 온도 하강	ㄴ. 공기 상승
ㄷ. 구름 생성	ㄹ. 단열 팽창
ㅁ. 수증기 응결	ㅂ. 이슬점 도달

① ㄱ-ㄴ-ㄷ-ㄹ-ㅁ-ㅂ
② ㄴ-ㄱ-ㄹ-ㅁ-ㅂ-ㄷ
③ ㅂ-ㄹ-ㄱ-ㄴ-ㅁ-ㄷ
④ ㄴ-ㄹ-ㄱ-ㅂ-ㅁ-ㄷ

- 해설
다양한 원인으로 공기가 상승하면서 단열 팽창하여 온도가 낮아져서, 이슬점에 도달하면 수증기 응결이 일어나 구름이 생성된다.

21 다음 중 하층운으로 분류되는 구름은?

① St(층운)   ② Cu(적운)
③ As(고층운)   ④ Ci(권운)

- 해설
상층운(권운, 권층운, 권적운), 중층운(고층운, 고적운), 하층운(층운, 층적운, 난층운), 수직운(적운, 적란운)

22 태풍에 해당하는 것은?

① 열대성 저기압   ② 열대성 고기압
③ 열대성 폭풍   ④ 편서풍

- 해설
열대성 저기압은 지구의 열대 지역에서 발생하는 저기압으로, 열대 저기압 중에서 중심 부근의 최대 풍속이 17m/s 이상으로 강한 폭풍우를 동반하는 것을 태풍이라고 한다. 태풍은 지역에 따라 '태풍', '허리케인', '사이클론', '윌리-윌리' 등으로 불린다.

23 산악지형에서의 렌즈형 구름이 나타내는 것은 무엇 때문인가?

① 불안정 공기   ② 비구름
③ 난기류   ④ 역전현상

- 해설
렌즈형 구름(lenticular cloud)은 볼록렌즈를 하나 또는 여러 개 합쳐 놓은 듯한 모양의 구름으로, 마치 UFO(미확인 비행물체)를 연상케 하는 형태이다. 난기류의 일종인 산악파가 렌즈형 구름을 만든다.

24 따뜻한 공기가 차가운 해면으로 이동해 올 때 발생하는 안개는?

① 방사 안개   ② 활승 안개
③ 증기 안개   ④ 바다 안개(해무)

- 해설
이류 안개는 따뜻한 공기가 차가운 지면이나 수면 위로 이동해 오면, 공기의 밑부분이 냉각되어서 응결이 일어나는 안개이다. 이류안개의 대표적인 현상이 바다안개(해무)인데, 바다 대기 속의 염분 입자가 응결핵으로 작용한다.

25 일정 기압의 온도를 하강 시키면, 대기는 포화되어 수증기가 작은 물방울로 변하기 시작할 때의 온도는?

① 포화온도   ② 노점온도
③ 대기온도   ④ 상대온도

- 해설
노점온도를 이슬점온도라고도 한다.

정답: 19.① 20.④ 21.① 22.① 23.③ 24.④ 25.②

26 무풍, 맑은 하늘, 상대 습도가 높은 조건에서 낮고 평평한 지형에서 아침에 발생하는 안개는?

① 복사안개　② 활승안개
③ 증기안개　④ 바다안개

• 해설
복사안개는 땅안개(ground fog, shallow fog)라고도 한다.

27 안개의 시정은 (　　) 미만인가?

① 100m　② 1,000m(1km)
③ 200m　④ 2,000m(2km)

• 해설
안개의 시정(가시거리)은 1km 미만이고, 박무의 시정(가시거리)은 1km 이상이다.

28 다음 중 대기오염물질과 안개가 혼합되어 나타나는 시정 장애물은?

① 스모그　② 박무
③ 안개　④ 해무

• 해설
스모그(smog)는 매연(smoke)과 안개(fog)의 합성어로서, 공장이나 자동차 등에서 배출되는 대기오염물질(매연)이 안개와 혼합 시 발생한다.

29 난기류(turbulence)를 발생하는 주요인이 아닌 것은?

① 안정된 대기 상태
② 바람의 흐름에 대한 장애물
③ 항공기의 날개 끝에서 발생하는 와류
④ 강한 윈드시어(wind shear)

• 해설
안정된 대기에서는 난기류가 발생하지 않는다.

30 다음 중 윈드시어(wind shear)에 관한 설명 중 틀린 것은?

① 윈드시어(wind shear)는 동일 지역 내에 풍향이 급변하는 것으로 풍속의 변화는 없다.
② 윈드시어(wind shear)는 어느 고도층에서나 발생하며 수평·수직적으로 일어날 수 있다.
③ 저고도 기온 역전층 부근에서 윈드시어(wind shear)가 발생하기도 한다.
④ 착륙 시 양쪽 활주로 끝 모두가 배풍을 지시하면 저고도 윈드시어(wind shear)로 인식하고 복행(go around)을 해야 한다.

• 해설
윈드시어는 풍향이나 풍속이 수평적·수직적으로 급변하는 현상으로 전단풍, 급변풍, 바람시어라고도 한다. 윈드시어에는 고층 윈드시어와 저층 윈드시어가 있다.

31 착빙(icing)에 관하여 틀린 것은?

① 추력 감소　② 항력 증가
③ 양력 증가　④ 실속속도 증가

• 해설
착빙에 의해 양력과 추력이 감소하고 무게, 항력, 실속속도가 증가한다.

32 과냉각 물방울이 항공기의 표면에 부딪치면서 표면을 덮은 수막이 천천히 얼어붙고 투명하고 단단한 착빙은 무엇인가?

① 유도 착빙　② 거친 착빙
③ 서리 착빙　④ 맑은 착빙

• 해설
착빙은 빙결온도(0℃) 이하에서 과냉각 물방울이 항공기 기체에 얼음의 피막을 형성하는 것이다. 착빙의 종류에는 구조 착빙(맑은 착빙, 거친 착빙, 혼합 착빙), 서리 착빙, 유도

정답 : 26. ①　27. ②　28. ①　29. ①　30. ①　31. ③　32. ④

착빙 등이 있는데, 냉각된 물방울이 천천히 얼어붙고 투명하고 단단한 착빙은 맑은 착빙을 말한다.

33 해양의 특성인 많은 습기를 함유하고 비교적 찬 공기 특성을 지니고 초여름에 높새바람과 장마전선을 동반한 기단은?

① 오호츠크해 기단   ② 양쯔강 기단
③ 북태평양 기단   ④ 적도 기단

· 해설 ·
오호츠크해 기단은 한랭 다습하고, 초여름에 발생하며 장마전선과 높새바람을 동반한다.

34 뇌우의 성숙단계 시 나타나는 현상이 아닌 것은?

① 상승기류가 생기면서 적란운이 운집한다.
② 상승기류와 하강기류가 교차한다.
③ 강한비가 내린다.
④ 강한바람과 번개가 동반한다.

· 해설 ·
뇌우의 발달 과정에는 적운 단계, 성숙 단계, 소멸 단계가 있으며, 적운 단계에서 상승기류가 생기면서 적란운이 운집한다.

35 착빙의 종류가 아닌 것은?

① 이슬 착빙
② 맑은 착빙
③ 거친 착빙
④ 혼합 착빙

· 해설 ·
착빙은 빙결온도(0℃) 이하에서 과냉각 물방울이 항공기 기체에 얼음의 피막을 형성하는 것이다. 착빙의 종류에는 구조 착빙(맑은 착빙, 거친 착빙, 혼합 착빙), 서리 착빙, 유도 착빙 등이 있다.

36 운량은 각 구름층이 하늘을 덮고 있는 정도를 말한다. 운량이 6/10~9/10일 때의 상태는?

① SCT   ② BKN
③ OVC   ④ FEW

· 해설 ·
운량이 6/10~9/10일 때 : BKN(Broken)

약어	용어	8분법	10분법
SKC	Sky Clear	0/8	0/10
FEW	Few Clouds	1/8~2/8	1/10~3/10
SCT	Scattered	3/8~4/8	4/10~5/10
BKN	Broken	5/8~7/8	6/10~9/10
OVC	Overcast	8/8	10/10

37 다음 중 이슬, 안개 및 구름이 형성될 수 있는 조건은?

① 수증기가 응축될 때
② 수증기가 존재할 때
③ 기온과 노점이 다를 때
④ 수증기가 없을 때

· 해설 ·
• 구름 : 수증기가 응결(응축)하여 생긴 물방울이나 얼음 알갱이가 하늘 높이 떠 있는 것
• 이슬 : 수증기가 응결(응축)하여 생긴 물방울이 지표의 물체에 맺혀 있는 것
• 안개 : 수증기가 응결(응축)하여 생긴 물방울이 지표 근처에 떠 있는 것

38 여름철에 우리나라에 큰 영향을 주는 기단은?

① 양쯔강 기단   ② 시베리아 기단
③ 적도 기단   ④ 북태평양 기단

· 해설 ·
북태평양 기단은 고온 다습하며, 주로 여름에 발생하며, 적란운과 소나기, 열대야 현상을 일으킨다.

정답 : 33. ① 34. ① 35. ① 36. ② 37. ① 38. ④

39 비행기 외부점검을 하면서 날개 위에 서리(frost)를 발견하였다면?

① 비행기의 이륙과 착륙에 무관하므로 정상 절차만 수행하면 된다.
② 날개를 두껍게 하는 원리로 양력을 증가시키는 요소가 되므로 제거해서는 안 된다.
③ 비행기의 착륙과 관계가 없으므로 비행 중 제거되지 않으면 제거될 때까지 비행하면 된다.
④ 날개의 양력 감소를 유발하기 때문에 비행 전에 반드시 제거해야 한다.

> **해설**
> 서리는 날개의 상부를 흐르는 유연한 공기의 흐름을 방해하여 양력 발생 능력을 감소시키므로, 비행 전에 반드시 제거해야 한다.

40 기압고도(pressure altitude)를 의미하는 것은?

① 항공기와 지표면의 실측 높이이며, AGL(above ground level, 지상 고도)을 사용한다.
② 고도계 수정치를 국제표준대기의 표준기압(29.92 inHg)에 맞춘 상태에서 고도계가 지시하는 고도
③ 기압고도에서 비표준온도와 기압을 수정해서 얻은 고도
④ 고도계를 해당 지역이나 인근 공항의 고도계 수정치 값으로 수정했을 때 고도계가 지시하는 고도

> **해설**
> ① 절대고도, ② 기압고도, ③ 밀도고도, ④ 지시고도를 의미한다.

41 공기가 고기압에서 저기압으로 흐르는 것을 무엇이라 하는가?

① 안개 ② 바람
③ 구름 ④ 기압

> **해설**
> 바람이 부는 원인은 '두 지점의 기압 차이'이다.

42 해발 150m의 비행장 상공에 있는 비행기의 진고도가 500m이라면, 이 비행기의 절대고도는 얼마인가?

① 650m ② 350m
③ 500m ④ 150m

> **해설**
> • 절대고도는 지표면(AGL)으로부터 비행 중인 항공기에 이르는 수직거리이다.
> • 진고도는 평균해수면(MSL)으로부터 항공기까지의 수직 높이(500m)이고, 비행장은 평균해수면(MSL)으로부터 150m 지점에 있다. 즉 비행기의 절대고도=500m-150m=350m

43 해풍의 특징으로 적당한 것은 무엇인가?

① 주간에 바다에서 육지로 분다.
② 야간에 바다에서 육지로 분다.
③ 주간에 육지에서 바다로 분다.
④ 야간에 육지에서 바다로 분다.

> **해설**
> • 해풍 : 주간에 바다에서 육지로 부는 바람
> • 육풍 : 야간에 육지에서 바다로 부는 바람

44 다음 중 시정(visibility, 視程)의 종류에 포함되지 않는 것은?

① 수직 시정 ② 우시정
③ 좌시정   ④ 활주로 시정

정답 : 39. ④ 40. ② 41. ② 42. ② 43. ① 44. ③

> 해설

시정에는 수평 시정, 수직 시정, 활주로 시정, 최단 시정, 우(세)시정 등이 있다.

45 뇌우의 형성 조건이 아닌 것은 어느 것인가?
① 대기의 불안정　② 풍부한 수증기
③ 강한 상승기류　④ 강한 하강기류

> 해설

뇌우는 고온다습, 대기 불안정이 상승기류를 만날 경우 발생(형성)될 수 있다.

46 우박 형성과 가장 밀접한 구름은?
① 적운　② 적란운
③ 층적운　④ 난층운

> 해설

우박은 눈의 결정 주위에 과냉각 물방울이 얼어붙어 지상에 떨어지는 지름 5mm 이상의 얼음 덩어리로, 적란운에서 형성된다.

47 지표면의 바람이 일기도 상의 등압선과 일치하지 않는 것은 지표면 지형의 형태에 따라 마찰력이 작용하여 심하게 굴곡되기 때문이다. 마찰층의 범위는 몇 feet인가?
① 1000ft 이내　② 2000ft 이내
③ 3000ft 이내　④ 4000ft 이내

> 해설

마찰층은 지표면으로부터 지상 1km까지이다.
1km = 3,280ft ≒ 3,000ft

48 다음 설명 중 틀린 것은?
① 해수면의 기압 또는 동일한 기압대를 형성하는 지역을 따라서 그은 선을 등압선이라 한다.
② 고기압 지역에서 공기 흐름은 시계 방향으로 돌면서 밖으로 흘러 나간다.
③ 일반적으로 고기압권에서 날씨가 맑고 저기압권에서는 날씨가 흐린 경향을 보인다.
④ 일기도의 등압선이 넓은 지역은 강한 바람이 예상된다.

> 해설

등압선의 간격이 좁으면 기압차가 크고 간격이 넓으면 기압차가 작다. 기압이 높은 쪽에서 낮은 쪽으로 바람이 불게 되는데, 등압선의 간격이 좁을수록 기압차가 크므로 바람의 세기는 강하다.

49 지상 METAR 보고에서 바람 방향(풍향)의 기준은 무엇인가?
① 자북　② 진북
③ 도북　④ 자북과 도북

> 해설

- METAR(메타, 정시관측보고)에서 풍향은 진북을 기준으로 하고 있다.
- 진북은 북극성의 방향이고, 자북은 나침반의 N극(빨간 바늘)이 가리키는 방향이며, 도북은 지도 상의 북쪽이다.

50 자북과 진북의 사이각을 무엇이라 하는가?
① 복각　② 수평분력
③ 편각　④ 자차

> 해설

편각은 진북과 도북, 진북과 자북, 도북과 자북 간의 각도의 차이를 말하며 자편각(진북과 자북), 도편각(진북과 도북), 도자각(도북과 자북)이 있다.

정답　45. ④　46. ②　47. ③　48. ④　49. ②　50. ③

PART 2

학습목표

비행이론은 드론(drone)을 포함한 항공기가 움직일 때 공기와 항공기 사이에 작용하는 힘의 원리, 기체 각 부분의 기류 상황 등에 관한 것이다. 드론 조종사(drone pilot)는 비행이론을 통하여 항공기의 정의, 비행기 기체, 엔진, 비행계기, 비행기에 작용하는 힘, 양력의 발생 이론과 비행기의 조종성·안정성 등을 통하여 비행 원리를 배우게 된다.

비행이론
(Flight Theory)

1. 항공기(aircraft)의 정의
2. 항공기 개발의 역사
3. 비행기(airplane)의 분류
4. 비행기 기체(airframe)의 구성요소
5. 비행기의 동력장치(engine, 엔진)
6. 비행계기의 종류
7. 비행기의 재료 및 연료/윤활유
8. 비행기의 날개꼴(airfoil, 에어포일)
9. 유체(fluid)의 흐름
10. 비행기에 작용하는 힘
11. 양력의 발생 이론 및 항력의 종류
12. 비행기의 조종성과 안정성
13. 비행기의 선회(turn) 및 실속(stall)
14. 비행기의 비행 단계별 특징
15. 헬리콥터의 비행 원리

1 항공기(aircraft)의 정의

1 표준국어대사전의 정의

항공기는 사람이나 물건을 싣고 공중을 비행할 수 있는 탈 것을 통틀어 이르는 말이다.

2 항공안전법의 정의

① 항공기 : **공기의 반작용(지표면 또는 수면에 대한 공기의 반작용은 제외)으로 뜰 수 있는 기기로서** 최대이륙중량, 좌석 수 등 국토교통부령으로 정하는 기준에 해당하는 기기(비행기, 헬리콥터, 비행선, 활공기)와 그 밖에 대통령령으로 정하는 기기(지구 대기권 내외를 비행할 수 있는 항공우주선)를 말한다. (항공안전법 제2조 제1호)

② 경량항공기 : **항공기 외에 공기의 반작용(지표면 또는 수면에 대한 공기의 반작용은 제외)으로 뜰 수 있는 기기로서** 최대이륙중량, 좌석 수 등 국토교통부령으로 정하는 기준에 해당하는 비행기, 헬리콥터, 자이로플레인(gyroplane) 및 동력 패러슈트(powered parachute) 등을 말한다. (항공안전법 제2조 제2호)

③ 초경량비행장치 : **항공기와 경량항공기 외에 공기의 반작용(지표면 또는 수면에 대한 공기의 반작용은 제외)으로 뜰 수 있는 장치로서** 자체중량, 좌석 수 등 국토교통부령으로 정하는 기준에 해당하는 동력비행장치, 행글라이더, 패러글라이더, 기구류 및 무인비행장치 등을 말한다. (항공안전법 제2조 제3호)

3 국제민간항공기구(ICAO)의 정의

① 항공기는 지구 표면에 대한 공기의 반작용은 제외하고, 공기의 반작용으로 대기 중에 뜰 수 있는 기기이다. (An aircraft is any machine that can derive support in the atmosphere from the reactions of the air other than the reactions of the air against the earth's surface.) 〈국제민간항공협약 부속서6(Annex6)〉

② 항공기는 비행선, 기구류 등의 공기보다 가벼운 항공기(lighter-than-air aircraft, 경항공기)와 양력을 얻어 뜰 수 있는 공기보다 무거운 항공기(heavier-than-air aircraft, 중항공기)로 분류된다. 〈국제민간항공협약 부속서7(Annex7)〉

> **TIP! 항공기(aircraft)와 비행기(airplane)의 차이**
>
> '항공기'는 하늘을 나는 탈 것의 총칭이고, '비행기'는 '항공기'의 한 종류이며, 항공사에서 운항하는 일반 여객기들은 모두 '비행기'이다. 즉 국내법에 따른 비행기는 다음 기준을 만족해야 한다. (항공안전법 시행규칙 제2조)
> ① 사람이 탑승하는 경우 : ㉠,㉡,㉢ 기준을 모두 충족할 것
>   ㉠ 최대이륙중량이 600kg(수상비행에 사용하는 경우에는 650kg)을 초과할 것
>   ㉡ 조종사 좌석을 포함한 탑승좌석 수가 1개 이상일 것
>   ㉢ 동력을 일으키는 기계장치(발동기)가 1개 이상일 것
> ② 사람이 탑승하지 아니하고 원격조종 등의 방법으로 비행하는 경우 : ㉣,㉤ 기준을 모두 충족할 것
>   ㉣ 연료의 중량을 제외한 자체중량이 150kg을 초과할 것
>   ㉤ 동력을 일으키는 기계장치(발동기)가 1개 이상일 것

2 항공기 개발의 역사

1 레오나르도 다빈치(Leonardo da Vinci)

① 나사못의 원리를 이용해 수직상승 비행이 가능한 지름 4.5m의 **'헬리콥터'를 설계**하였다. (1483년)

② 새를 과학적으로 관찰하여 새와 같이 사람이 팔과 다리로 날개를 퍼덕이며 날아오르는 **'날개치기 비행체(ornithopter, 오니쏩터)'를 설계**하고, 모형을 만들어 실험하였다. (1505년)

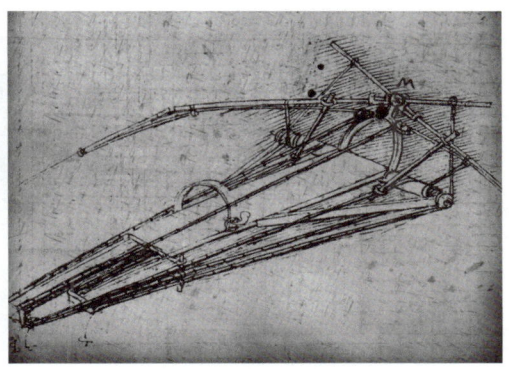

2 프랑스의 몽골피에 형제(Montgolfier brothers)

① 몽골피에 형제인 조셉 몽골피에(Joseph Montgolfier)와 쟈크 몽골피에(Jacques Montgolfier)는 종이봉투에 불을 쬐면 하늘로 올라가는 것에 착안하여 종이와 베로 거대한 열기구를 만들어 약 500m 높이로 9km를 25분간 비행하는 데 성공하였다.

② 세계 최초로 **열기구에 사람을 태우고 비행을 진행**하였다. (1783년)

3 영국의 조지 케일리(George Cayley)

① 항공기에 작용하는 4가지 힘, 즉 양력, 항력, 추력, 중력을 기초로 **현대적 고정익 비행기에 대한 이론을 제시**했다. (1799년)

> 항공의 아버지라고 불리는 조지 케일리는 1809년 항공역학에 관한 저서인 '공중비행에 대하여(On Aerial Navigation)'에서 다음과 같이 기술하고 있다.
> '새가 날개를 퍼덕이는 힘은 사람의 팔과 다리의 힘보다 세기 때문이다. 따라서 사람은 새와 같은 동작으로 하늘을 날 수 없다. 또한, 새의 날개 동작은 양력뿐만 아니라 앞으로 나아가기 위한 동작이다. 새의 날개 단면을 보면 활처럼 휘어져 있어 양력을 만들어 내고, 새의 꼬리는 공중에서 안정성을 부여한다.'

② 날개에 관한 과학적인 접근 방법을 적용하여 날개치기 않는 비행기(고정익 비행기)의 가능성을 시사하였다. (1809년)

③ 조지 케일리는 3엽식 글라이더를 만들어 인류 최초의 **유인 활공비행에 성공**하였다. (1849년)

4 미국의 라이트 형제(Wright brothers)

① 라이트 형제인 윌버 라이트(Wilbur Wright)와 오빌 라이트(Orville Wright)는 **최초의 유인항공기 동력비행에 성공**하였다. (1903년)

② 가솔린 기관을 이용해 만든 플라이어(flyer) 1호는 미국 노스캐롤라이나주 키티호크에서 역사상 최초로 12초 동안 36m를 동력비행하였다.

5 프랑스의 폴 코르뉴(Paul Cornu)

① 폴 코르뉴는 **헬리콥터의 최초 비행**으로 약 2m 높이에서 20초간 공중정지에 성공하였다. (1907년)

② 비행 가능한 헬리콥터가 최초로 이륙하는 데 성공한 것은 1937년 헨리히 포케(Henrich Focke)가 개발한 포케불프-61(FW-61)이었다. 또한 1939년 러시아계 미국인인 이고르 시코르스키(Igor Sikorsky)는 단식 로터에 꼬리 회전익을 갖춘 오늘날의 반토크 테일로터 형식의 기초가 된 VS-300을 개발하여 비행하였다.

6 제1차 세계대전과 항공기의 상업화

① 제1차 세계대전(1914년~1918년)은 항공기 개발과 항공산업 발전에 획기적인 계기가 되었다.

② 전쟁 초기에는 주로 정찰용으로만 사용되던 항공기에 기관총이 장착되면서 전투용이 개발되었다.

③ 전쟁 후 세계 각국은 항공기의 상업화에 박차를 가하였다. 1920년 당시 유럽에는 20여 개의 중소 규모의 항공사가 설립되었고, 미국에도 내셔널 항공 등 10개 항공사가 문을 열고, 상업적인 항공 여객 운송, 우편물 수송 등을 수행하였다.

7 제2차 세계대전과 가스터빈엔진 개발

① 제2차 세계대전(1939년~1945년)은 인류에게 큰 고난의 시기였지만, 역설적으로 항공산업은 전쟁을 통하여 크게 발전하였다.

② 1937년, 영국의 프랭크 휘틀(Frank Whittle)이 발명한 가스터빈엔진은 제2차 세계대전을 거치면서 항공기의 속도와 성능이 획기적으로 개선된 제트기로 진화하였다.

8 대한민국 항공기의 역사

① 조선시대 임진왜란 중 제2차 진주성 전투(1593년)에서 정평구(鄭平九)가 제작한 것으로 전해지는 비차(비거, 飛車)가 있다. 하지만, 설계도 등의 자료가 남아 있지 않아서 공식적으로 인정받지 못하고 있다.

② 1948년에 육군과 공군이 경항공기인 L-4 연락기(liaison aircraft)를 최초로 도입·운용하였다.

③ 대한민국 최초의 상업 항공사인 대한국민항공(KNA)은 1948년부터 부산~제주, 부산~대구, 서울~부산, 서울~광주, 서울~군산 노선을 운행하였다.

9 최근 항공산업의 동향

최근 항공산업은 컴퓨터, 정밀기계, 통신전자, 신소재 등 첨단기술이 응용된 기술집약형·기술선도형 산업으로 친환경, 무인화, 소형화 등 항공기의 경제성, 안전성, 효율성을 강화하기 위한 기술 개발이 이루어지고 있다. 특히 항공 분야의 미래 핵심 분야로서 4차 산업혁명 시대 신기술인 인공지능 등의 정보통신기술(ICT 기술)이 융합된 드론과 현재의 자동차를 대체할 수 있는 개인용 비행체(PAV; Personal Air Vehicle), 드론택시 등을 포함한 도심항공교통(UAM)과 저고도 무인항공기 교통관리(UTM) 등에 대한 연구 및 상용화가 추진되고 있다.

초대형 여객기 시대의 종료
미국의 보잉사는 50년 역사를 가진 최대 정원 524명의 보잉 747기 생산을 2022년에 종료하였으며, 프랑스 에어버스사는 세계 최대 여객기인 A380을 2021년부터 생산을 중단하였는데, 그 이유는 항공사들이 크기가 작고 연료가 적게 드는 경제적인 비행기를 선호하기 때문이다.

3 비행기(airplane)의 분류

비행기는 용도, 날개의 부착 위치·평면 모양, 마하수, 엔진 개수, 이·착륙 방식 등에 따라 다양한 형태로 분류할 수 있다.

1 용도에 따른 분류

① 민간기

민간기에는 여객기, 수송기, 화물기, 자가용 항공기, 항공측량기, 농약살포기, 기상관측기 등이 있다.

② 군용기

군용기에는 전투기, 폭격기, 공격기, 정찰기, 훈련기, 표적기 등이 있다.

2 날개의 부착 위치에 따른 분류

▲ 고익기 　　▲ 중익기 　　▲ 저익기

① 고익기(high wing airplane)
- 비행기의 날개가 동체의 윗부분에 위치한 비행기이다.
- 무게 중심이 날개 아래에 위치하므로 안정성이 좋아진다.
- 수송기에 많이 적용하며, 동체의 높이를 지면과 가까이 할 수 있다.

② 중익기(mid wing airplane)
- 비행기의 날개가 동체의 중앙에 위치한 비행기이다.
- 고익기와 저익기의 장점을 모두 갖는 형태이다.
- 전투기에 많이 적용한다.

③ 저익기(low wing airplane)
- 비행기의 날개가 동체의 아랫부분에 위치한 비행기이다.
- 무게 중심이 날개 위에 위치하므로 조종성은 좋아진다.
  - 여객기에 많이 적용하며, 날개 장착 엔진을 객실로부터 멀리 분리시킬 수 있다.

3 날개의 평면 모양에 따른 분류

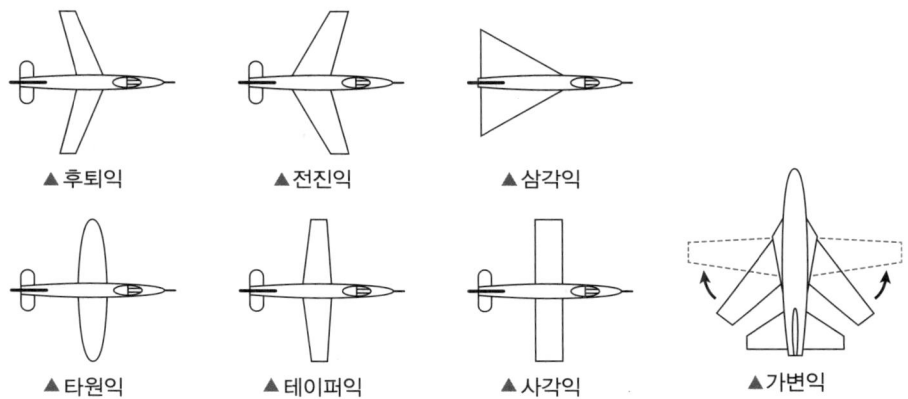

▲ 후퇴익　　▲ 전진익　　▲ 삼각익
▲ 타원익　　▲ 테이퍼익　　▲ 사각익　　▲ 가변익

① 후퇴형 날개(swept wing, 후퇴익, 뒤로 젖혀진 날개)
- 제트기의 등장과 함께 개발되었다.
- 충격파 발생을 지연시키고 저항을 감소시켜 저속보다는 고속 비행에 적합하다.
- 방향 안정성이 우수하여 대부분의 비행기에 사용한다.

② 전진형 날개(forward-swept wing, 전진익, 앞을 향한 날개)
- 날개 표면을 흐르는 기류가 동체의 안쪽으로 수렴하므로 공기의 저항을 많이 받는 구조이다.
- 동체와 날개 간의 비틀림이 후퇴익보다 심하므로 높은 강도의 재료가 필요하다.
- 날개 안쪽에 정체하는 공기가 있어서 후퇴익에 비해 유효한 양력분포를 얻을 수 있다.

③ 삼각형 날개(삼각익)/델타익
- 초음속 비행기에 가장 적절한 날개 형태이다.
- 후퇴 날개와 동체 사이의 빈 공간에 날개를 붙여 넓어진 날개로 효과적인 양력을 얻을 수 있다.

④ 타원형 날개(타원익)
- 비행 구조학적으로 매우 안정된 형태를 가지고 있다.
- 유도항력이 최소이다.
- 타원형이므로 구조역학적으로 제작이 어려워 거의 사용되지 않는다.

⑤ 테이퍼형 날개(테이퍼익)
- 타원형 날개의 장점을 유지하고 단점을 보완한 형태의 날개이다.
- 테이퍼형 날개는 날개끝으로 갈수록 폭이 좁아지는 형태이다.
- **저속 항공기의 날개**에 많이 사용된다.

⑥ 사각형 날개(사각익)
- 비행기가 처음 등장하던 시절에 주로 사용된 것으로 고속 항공기에 적합하지 않다.
- 제작이 쉽고 비용이 적게 소요되므로 초경량 비행기나 저속 항공기에 많이 사용된다.

⑦ 가변형 날개(가변익)
- **비행기의 날개가 고정되지 않고** 전후방으로 움직이며 변경되는 날개를 말한다.
- 아음속, 천음속, 초음속 등 비행기의 속도에 맞추어 비행기 날개의 각도를 변화시킨다.
- 다양한 속도 영역에서 고성능을 유지할 수 있다.

4 마하수에 따른 분류

마하수(Mach number)에 따라 비행기를 다음과 같이 분류한다.

① 아음속기(subsonic aircraft) : 마하수가 0.8 미만인 경우

② 천음속기(transonic aircraft) : 마하수가 0.8~1.2인 경우

③ 초음속기(supersonic aircraft) : 마하수가 1.2~5인 경우

④ 극초음속기(hypersonic aircraft) : 마하수가 5 이상인 경우

마하수(Mach number, Ma)의 의미는?

마하수는 비행 속도와 음속의 비(ratio)를 나타내는 무차원 수이다. 마하수 1의 비행 속도는 음속(340m/s =1,224km/h)의 속도로 비행하는 것이며, 마하수 0.7은 음속의 0.7배, 마하수 1.7은 음속의 1.7배의 속도로 비행하는 것을 의미한다.
음속은 대기온도에 비례하므로 대기온도가 높아지면 음속이 커지고, 마하수가 작아진다.

$$마하수(Ma) = \frac{비행속도(m/s)}{음속(m/s)}$$

5 엔진 개수에 따른 분류

① 단발기(single-engine airplane) : 엔진이 1개인 비행기

② 쌍발기(twine-engine airplane) : 엔진이 2개인 비행기

③ 다발기(multi-engine airplane) : 엔진이 3개 이상인 비행기

TIP! 보잉 747 등 민간 비행기의 엔진은 몇 개일까요?

민간 비행기는 그 종류에 따라 2개~4개의 엔진을 달고 있다. 대부분의 소형 비행기는 엔진 2개를, 대형 비행기는 엔진 3개 또는 4개를 달고 있었으나, 엔진 수가 많은 다발기는 쌍발기에 비하여 연료 효율이 좋지 않기 때문에 초대형 여객기 시대의 종료와 더불어 사라지고 있다.

6 이·착륙 방식에 따른 분류

① CTOL 비행기(Conventional Take-Off and Landing, 통상적인 이착륙 비행기)
- 일정한 거리를 활주해 이착륙하는 일반적인 형태의 이착륙 비행기를 의미한다.
- 일반적으로 VTOL, STOL 등과 구분하기 위해 사용하는 용어이다.

② VTOL 비행기(Vertical Take-Off and Landing, 수직 이착륙 비행기)
- **활주거리를 요구하지 않고 수직 상승·하강(수직 이착륙)이 가능한 비행기이다.**
- 고정익기와 헬리콥터를 절충한 '**틸트로터(tilt rotor, 가변로터)**'가 해당한다.

▲ 틸트로터 무인기 (출처 : 한국항공우주연구원)

③ STOL 비행기(Short Take-Off and Landing, 단거리 이착륙 비행기)
- 매우 짧은 활주로에서 이·착륙이 가능한 비행기를 말한다.
- 하지만 짧다는 개념 자체는 아직 통일되어 있지는 않다.

4 비행기 기체(airframe)의 구성요소

1 비행기 기체의 개념

① 비행기(airplane)는 기체, 엔진(동력장치), 장비 등으로 구성된다.

② 비행기 기체(airframe)는 **동체, 주날개, 꼬리날개, 착륙장치, 엔진 장착부** 등으로 구성된다.

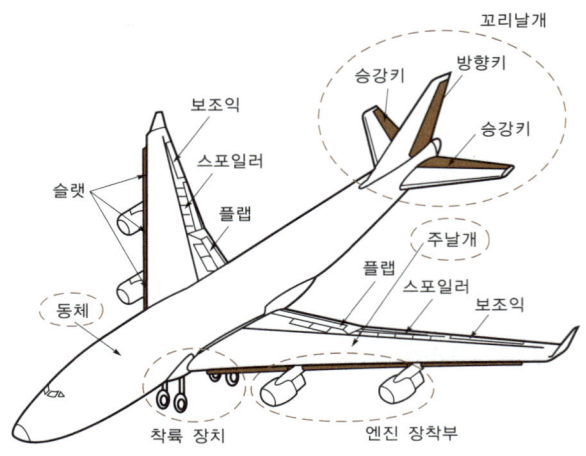

2 비행기 동체(fuselage, main body)

① 비행기 동체는 비행기의 외형을 결정하며 엔진, 주날개, 꼬리날개, 착륙장치가 장착되며, 조종석, 승객·화물 적재를 위한 공간 등을 만든다.
② 비행기 동체의 구조는 전달되는 응력(하중)에 따라 트러스(truss) 구조, 모노코크(monocoque) 구조, 세미 모노코크(semi-monocoque) 구조 및 샌드위치(sandwich) 구조로 나눌 수 있다.

〈응력 외피구조〉
모노코크 구조와 세미 모노코크 구조를 '응력 외피구조'라고 한다. 즉 응력 외피구조는 외피(껍질, skin)가 비행기의 형태를 이루면서 비행기에 작용하는 응력(하중)의 일부를 담당하는 구조를 말한다.

㉠ 트러스(truss) 구조

- 트러스(truss, 골격/뼈대를 갖는 구조물) 위에 얇은 금속판이나 천의 외피(skin, 껍질)를 씌운 구조이다.
- 1903년 미국의 라이트 형제가 사용한 구조로서 현재도 초경량 항공기에 많이 사용된다.
- 송전탑의 골격과 유사하게 생겼다.
- **외피는 외형 유지의 기능만을 하며, 응력(하중)은 주로 트러스가 담당한다.**
- 제작비용이 적고 설계가 쉽다.
- 내부의 공간 마련이 어렵고, 유선형의 외형을 만들기 어렵다.

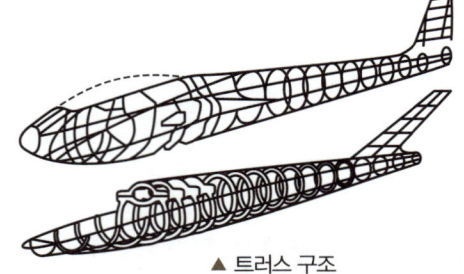
▲ 트러스 구조

ⓒ 모노코크(monocoque) 구조

- 모노코크는 그리스어의 모노(mono, 하나)와 프랑스어의 코크(coque, 계란의 껍질)를 합친 말이다.
- **골격(뼈대) 없이 외피(skin, 껍질), 정형재(former), 벌크헤드(bulkhead)로만 이루어진 구조**이며, 돼지저금통과 유사하게 생겼다.
- 트러스 구조에 비해 넓은 공간을 확보할 수 있다.
- 외피는 대부분의 하중을 담당하므로 두꺼워야 한다.
- 비행기 동체 구조로는 적합하지 못하지만, 최근 높은 강성의 복합재료 개발로 활용 범위가 넓어지고 있다.

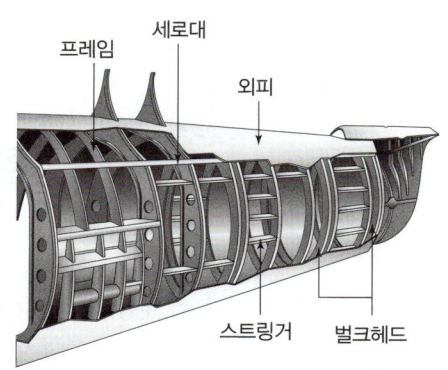

ⓒ 세미 모노코크(semi-monocoque) 구조

- 세미 모노코크의 구조는 **외피(skin, 껍질) 및 프레임, 정형재, 벌크헤드, 세로대(longeron), 스트링거(stringer) 등의 골격(뼈대)**으로 구성된다.
- 외피는 일부분의 하중만을 담당하고, 나머지 하중은 골격(뼈대)이 담당하므로 외피를 얇게 만들 수 있어서 동체의 무게를 줄일 수 있다.
- **대부분의 항공기**들이 세미 모노코크 구조를 적용한다.
- 고가의 제작비용, 고도의 기술로 인해 작은 항공기에는 잘 사용하지 않는다.

ⓔ 샌드위치(sandwich) 구조

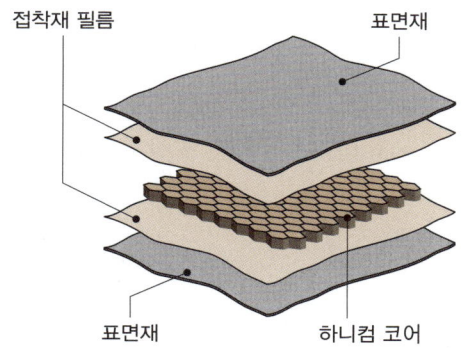

- 얇은 두 장의 판재 사이에 하니컴 코어, 스티로폼 등을 넣고 접착제 필름을 사용하여 하나의 판으로 만드는 기술로, 최근 접착 기술의 발달로 현실화된 구조이다.
- 샌드위치 구조는 강도가 크고 무게가 가볍다.
- **비행기의 각종 날개, 조종면(control surface)** 등에 적용하는 등 사용이 증가하고 있다.

3 주날개(main wing)

① 비행기 날개는 비행기가 날아갈 때 공기를 가르면서 양력을 발생시킨다.

② 날개는 비행 특성에 맞게 타원형, 사각형, 테이퍼형, 후퇴형, 삼각형, 전진형, 가변형 등 다양한 형태로 제작된다.

③ 주날개는 일반적으로 **날개보(spar), 리브(rib), 세로대(stringer) 및 외피(skin)**로 구성된다.

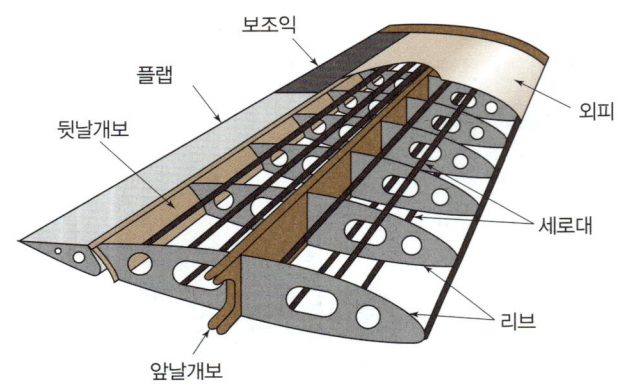

4 꼬리날개(tail wing, empennage)

① 꼬리날개는 새의 꼬리와 같이 비행기 안정성을 위한 부분으로 동체 후방에 부착된다.

② 꼬리날개는 **수평꼬리날개(수평안정판) 및 수직꼬리날개(수직안정판)**로 이루어져 있다.

③ 수평꼬리날개에는 피치(pitch)를 조종할 승강키가 설치되고, 수직꼬리날개에는 요(yaw)를 조종할 방향키가 설치되어 방향 안정성을 제공한다.

④ 수직 안정판 앞 동체에는 지느러미 모양의 도살핀(dorsal fin)이 있으며, **도살핀은 비행 시에 방향 안정성을 양호하게 한다.**

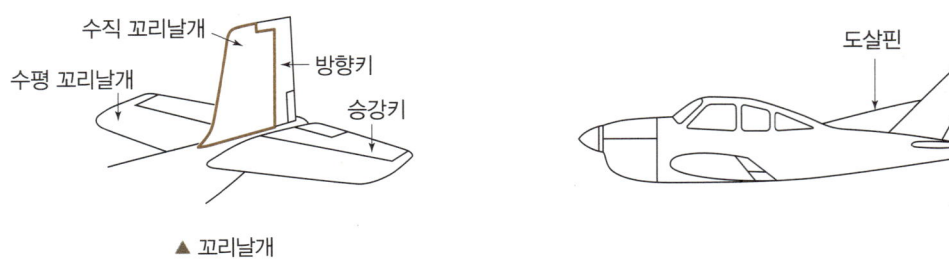

▲ 꼬리날개

5 착륙장치(landing gear)

① 착륙장치는 비행기의 착륙과 지상 활주를 위한 장치이다.

② 착륙 시에는 비행기에 전달되는 충격량을 최대한 감소시킬 수 있어야 하며, 활주 시에는 원하는 방향으로 활주할 수 있어야 한다.

③ 착륙장치는 장착 방법에 따라 고정식과 접이식으로 분류하고, 장착 위치에 따라 앞바퀴식(전륜식), 꼬리바퀴식(후륜식), 앞뒤식(tandem) 등으로 분류하고 있다.

테일 스트라이크(tail strike)와 테일 스키드(tail skid)
- 테일(꼬리) 스트라이크(tail strike)는 비행기가 이·착륙 시에 기수를 과도하게 들어 올려 비행기 꼬리 부분이 활주로에 부딪히는 현상을 말한다.
- 테일(꼬리) 스키드(tail skid)는 항공기 꼬리 부근 아래에 장착되어 테일 스트라이크를 막아주는 일종의 범퍼 역할을 하는 기체 손상 방지장치이다.

6 엔진 장착부

① 비행기 엔진을 날개 또는 동체에 장착하기 위한 구조물을 의미한다.

② 엔진은 비행기 구성품 중에서 가장 무거운 부분이고 추력을 발생시키는 부분이므로, 엔진 장착부는 하중과 진동에 잘 견딜 수 있도록 설계된다.

③ 나셀(nacelle) : **엔진을 둘러싼 부분으로 엔진 덮개**를 말한다.

④ 엔진 마운트 : 엔진을 날개 또는 동체에 장착시키는 역할을 한다.

 # 5 비행기의 동력장치(engine, 엔진)

1 엔진의 개념

① 비행기가 비행에 필요한 **추력(thrust) 또는 양력(lift)을 얻기 위한 동력장치**이다.

② 연료를 연소시켜 얻은 열에너지를 기계적 에너지로 바꾸는 장치이다.

③ 비행기가 추력을 얻는 원리는 뉴턴의 제3법칙(작용과 반작용의 법칙)으로 설명할 수 있다. 즉 프로펠러가 회전하며 공기를 비행기 뒤편으로 밀어내면, 그에 대한 반작용으로 비행기를 앞으로 전진시키는 추력이 발생한다. 또한 제트엔진이 공기를 비행기 뒤편으로 고속으로 분사하면 그에 대한 반작용으로 비행기를 앞으로 전진시키는 추력이 발생한다.

2 비행기 엔진의 시작 및 발전

① 1903년 라이트 형제(Wright brothers)가 최초로 유인 동력비행에 성공할 때 사용한 가솔린을 연료로 사용하는 왕복엔진(피스톤엔진)이 오늘날에도 여전히 사용되고 있다.

② 왕복엔진의 단점(높은 고도에서 출력이 떨어지는 문제점)을 해결하고자 많은 과학자들이 새로운 엔진 개발에 노력하였다.

③ 1939년 독일 하인켈(Heinkel)사가 제트엔진을 사용한 제트 비행기(He 178)의 최초 비행에 성공하였으며, 1944년경부터 실용화되기 시작한 제트엔진(가스터빈엔진)은 왕복엔진보다 우수한 점이 많으므로 널리 사용되고 있다.

3 비행기 엔진의 종류

비행기 엔진은 기본적으로 왕복엔진(피스톤엔진)과 가스터빈엔진(제트엔진)으로 구분한다.

① 왕복엔진(reciprocating engine)
- 왕복엔진은 실린더(cylider) 내에서 피스톤(piston)이 왕복운동을 하면서 얻은 열에너지가 프로펠러를 회전시켜 추력을 발생하므로 '피스톤엔진'이라고도 한다.
- 왕복엔진은 실린더 내에서 **흡입-압축-팽창-배기 과정**을 반복한다.
- 왕복운동을 통해 얻은 연소가스가 프로펠러를 회전시켜 추력을 발생시킨다.
- 소형 항공기에는 가솔린을 연료로 하는 왕복엔진이 널리 사용되고 있다.
- 왕복엔진의 종류는 **실린더 배열 형태에 따라서 V형, X형, 성형, 대향형, 직렬형** 등이 있다.

〈왕복엔진은 다음의 4가지 행정이 연속적으로 이루어진다.〉

㉠ 실린더 내에 공기를 흡입한다. (흡입행정)

㉡ 흡입된 공기를 피스톤으로 압축한다. (압축행정)

㉢ 압축된 공기에 연료를 분사하여 연소 및 폭발시켜 동력을 얻는다. (폭발행정/팽창행정)

- **왕복기관이 동력을 발생시키는 행정은 폭발행정 또는 팽창행정이다.**

㉣ 연소 및 폭발하면서 일을 한 연소가스를 배출시킨다. (배기행정)

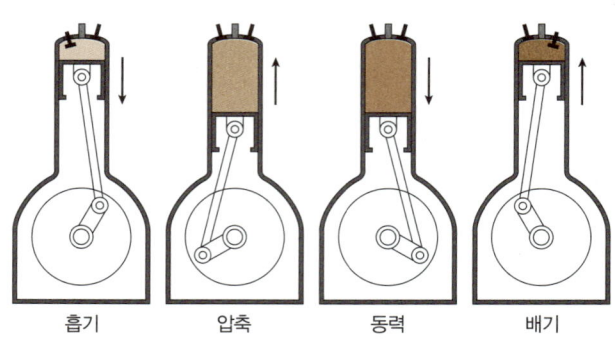

▲ 왕복엔진의 4가지 행정

② 가스터빈엔진(gas turbine engine)
- 공기를 흡입하여 압축하고, 연소실에서 연료와 공기를 연소한 뒤 배출되는 고온·고압의 열에너지가 터빈을 회전시켜 추력을 발생한다.
- 가스터빈엔진을 제트엔진이라고도 한다.
- 가스터빈의 장점(왕복기관과 비교) : 엔진 중량당 출력이 크다. 진동이 적다. 윤활유 소모량이 적다. 초음속 비행이 가능하다.
- 가스터빈의 단점(왕복기관과 비교) : 소음이 크다. 연료 소모량이 크다.
- 제트엔진은 외부에서 흡입된 공기가 압축기(compressor), 연소실(combustion chamber), 터빈(turbine), 노즐(nozzle)을 순차적으로 지난 후, 고속의 공기를 분사하여 추력을 발생한다.

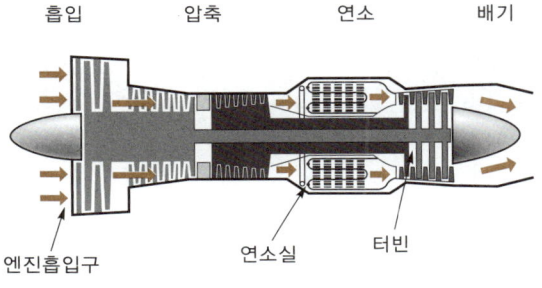

▲ 가스터빈엔진(제트엔진)의 구조

- 가스터빈엔진은 구성요소의 차이에 따라 터보제트엔진(turbojet engine), 터보팬엔진(turbofan engine), 터보프롭엔진(turboprop engine), 터보샤프트엔진(turboshaft engine), 램제트엔진(ramjet engine) 등 여러 형태로 발전하여 항공기용으로 사용되고 있다.

6 비행계기의 종류

1 비행계기의 개념

① 항공장비는 용도에 따라 비행계기, 엔진계기, 항법계기, 통신장치, 전기장치, 유압장치 등으로 구분된다.
② 비행계기(flight instrument)는 비행기의 방향, 고도, 자세, 속도 등 비행에 필요한 정보를 제공한다.

2 비행계기의 기본 배치 형태

① 비행기는 일반적으로 **4개의 비행계기**(대기속도계, 비행자세계, 고도계, 방향지시계)를 T자 형태의 '베이직 T'로 배치한다.

② 조종사와 부조종사가 정면에서 볼 때 상부의 중앙 위치에는 자세지시계를, 좌우에 대기속도계와 고도계, 그리고 자세지시계의 하부에 방향 지시계를 두어 T자 형태로 배치한다.

airspeed indicator (대기속도계)	attitude indicator (자세지시계)	altimeter (고도계)
	heading indicator (방향지시계)	

3 비행계기의 종류

〈동압 · 정압을 이용한 비행계기〉
- 대기속도계 : '전압과 정압의 차이'인 동압을 이용한다
- 고도계, 승강계(수직속도계) : 정압(대기압)을 이용한다.

〈자이로(gyroscope, 자이로스코프)의 특성(강직성, 섭동성)을 이용한 비행계기〉
- 자이로의 **강직성**(rigidity) : 외력을 가하지 않는 한 그 자세를 계속 유지하려는 성질 ⓒ 비행자세계, 방향지시계에서 이용)
- 자이로의 **섭동성**(precession) : 회전 방향으로 90° 진행된 곳에서 힘이 작용해 기울어지는 성질 ⓒ 선회경사계에서 이용)

① 대기속도계(airspeed indicator)
- 비행기의 속도를 지시해주는 역할을 한다.
- **대기속도계가 지시하는 속도는 지시대기속도**(IAS; Indicated AirSpeed)이다.
  - 대기속도계는 '전압과 정압의 차이'인 동압을 이용하여 속도를 측정한다.
- 단위는 노트(kt)로 표시한다.

피토관(pitot tube)은 비행 방향의 전압(total pressure)을 측정하고, 정압공은 비행 방향과 수직인 위치에서 정압(static pressure, 대기압)을 측정한다.

속도 = $\sqrt{\dfrac{2 \times 동압}{밀도}}$, 여기서 동압=전압-정압(베르누이 정리)

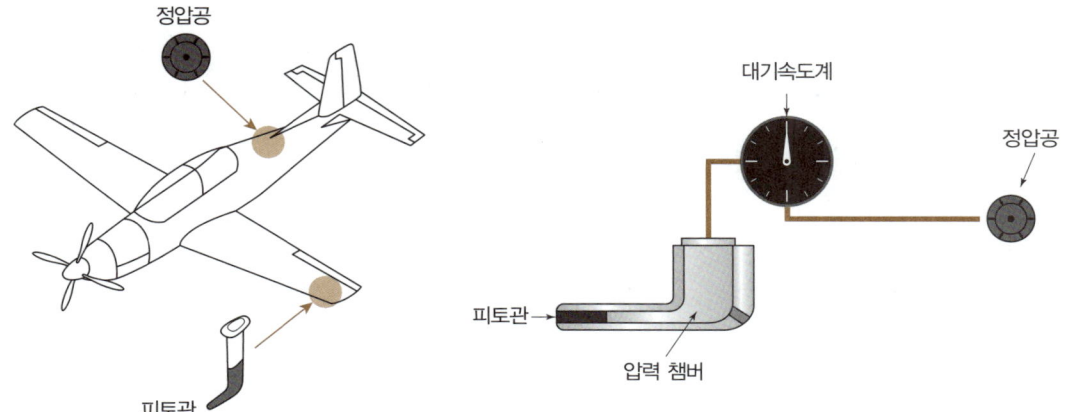

▲ 피토관 및 정압공을 이용한 속도 측정

② 고도계(altimeter)
- 고도계는 비행기가 얼마나 높은 고도에서 비행하고 있는지 알려준다.
- 정압공에서 측정한 **정압(대기압)을 이용**하여 비행기의 고도를 지시한다.

③ 승강계(vertical speed indicator, 수직속도계)
- 정압공에서 측정한 **정압(대기압)을 이용하여** 비행기의 상승 또는 하강 속도를 지시한다.
  - 고도의 변화에 따른 정압(대기압)의 변화를 이용한다.
- **ft/min, m/s 등으로 표시**된다.

④ 비행자세계(flight attitude indicator)
- 비행기의 수평 또는 기울어짐 등과 같은 자세를 지시한다.
- 자세계는 롤(roll) 자세, 피치(pitch) 자세, 요(yaw) 변화율, 미끄러짐 등을 지시한다.

⑤ 선회경사계(turn and bank indicator)
- 선회계와 경사계를 조합한 계기이다.
- 비행기가 선회할 때, 선회의 각속도를 나타낸다.
- 선회가 옆으로 미끄러지지 않고 균형 잡힌 상태인지의 여부를 지시하는 계기이다.

⑥ 방향지시계/방위지시계(heading indicator)
- 방향성 자이로(DG; Directional Gyro) 또는 자이로 컴퍼스(gyro compass)로 불리기도 한다.
- 자북에 대한 비행기의 기수 방위를 표시한다.

7 비행기의 재료 및 연료/윤활유

1 비행기의 재료

① 비행기 재료의 요건
- 비행기에 가해지는 힘을 견디고 승객과 화물을 안전하게 보호 가능한 충분한 강도를 유지해야 한다.
- 강성과 탄성이 커야 한다.
- 주위 온도에 따라 성질이 변하지 않아야 하고, 피로 파괴에 강해야 한다.
- 비행기 무게의 절감을 통해 항속거리의 증가, 적재 가능 중량의 증가, 운영비용의 감소가 가능해야 한다.

② 비행기 재료의 종류
- ㉠ 금속합금 재료
  - 금속합금은 모금속(base metal)에 다양한 원소를 첨가하여 만든 재료이다.
  - 알루미늄합금, 철합금, 티타늄합금 등이 있다.
- ㉡ 복합재료(composite material)
  - 복합재료는 2가지 이상의 재료를 일체화하여 우수한 성질을 갖도록 한 합성재료로서 무게당 강도가 크고 가벼운 장점이 있다.
  - 경량의 금속합금 재료로 항공기를 제작하던 시대를 지나, 최신 항공기들은 복합재료를 사용하고 있다.
  - 항공기용 복합재료에는 고분자 플라스틱을 기지재(matrix)로 사용하고, 유리섬유를 강화재(reinforcing material)로 사용하는 유리섬유 강화플라스틱(GFRP)과 탄소섬유를 강화재로 사용하는 탄소섬유 강화플라스틱(CFRP)이 주로 사용된다.

2 비행기의 연료/윤활유

① 프로펠러 비행기나 헬리콥터는 항공가솔린을 사용하고 제트비행기는 제트연료를 사용한다.
- 항공가솔린과 제트연료를 통틀어 '항공유'라고 부른다.
- 연료탱크는 연료의 열팽창에 따른 부피 증가로 인한 탱크 손상을 막기 위해 2% 이상의 여유 공간이 필요하다.

② 왕복엔진에서 사용되는 엔진오일(윤활유)의 기능은 **밀폐(기밀)작용, 윤활작용, 냉각작용, 청결작용, 방청작용, 소음방지 기능**이다.

③ 가스터빈엔진에서 사용되는 윤활유의 구비 조건은 다음과 같다.

　㉠ 점성과 유동점이 낮아야 한다.

　㉡ 부식성이 낮아야 한다.

　㉢ 점도지수가 커야 한다.

　㉣ 화학 안정성이 높아야 한다.

비행기가 연료를 버리는 이유

모든 비행기는 자체 능력으로 하늘로 띄울 수 있는 이륙최대허용중량과 활주로에 착륙할 때 안전하게 내릴 수 있는 착륙최대허용중량을 각각 정하고, 그 범위 내에서 운용하고 있다.
자동차는 달리다가 연료가 남을 경우 다음에 사용하면 되지만 비행기는 착륙하기 전에 연료통을 비워야 한다. 비행기가 너무 무거우면 착륙할 때 충격이 커서 사고가 날 수 있기 때문이다. 보잉747의 경우 이륙할 때 최대 중량은 389톤이지만, 착륙할 때 최대 중량은 286톤인데, 차이가 나는 103톤이 바로 항공유의 무게이다. 만약 비행기가 목적지까지 가지 못하고 중간에 다른 공항에 긴급 착륙해야 할 상황이 벌어진다면 아깝게도 항공유를 비행기가 착륙할 수 있는 중량을 맞추기 위하여 공중에서 버려야 한다.

8 비행기의 날개골(airfoil, 에어포일)

1 날개골의 개념

① 날개골은 **비행기 날개를 수직으로 자른 단면의 모양**을 말하며 에어포일(airfoil, 익형)이라고도 한다.

② 또한, 무인멀티콥터(드론)의 프로펠러 및 헬리콥터의 회전날개(rotor)에 대한 깃(blade)의 단면의 모양도 날개골이라고 한다.

③ 날개골은 공기흐름으로부터 작은 항력으로 큰 양력을 만들어 내기 위하여 고안되었다.

2 날개골의 모양 및 두께

① 날개골은 유선형(활처럼 둥글게 휘어진 모양)으로 날개 윗면의 공기가 아랫면의 공기보다 빠르게 흘러가도록 만들어졌다.

② 따라서 날개 윗면의 압력은 낮고 아랫면의 압력은 높아지므로 이때 생기는 압력 차이에 의해서 양력이 발생하면서 비행기가 뜨게 된다.

③ 경량항공기는 보통 낮은 속도로 비행하므로 낮은 속도에서도 충분한 양력을 얻기 위해 두꺼운 날개골을 사용한다.

④ 하지만, 전투기는 빠른 속도로 날기 때문에 얇은 날개골을 사용해도 충분한 양력을 얻을 수 있다.

3 날개골의 각 부분 명칭

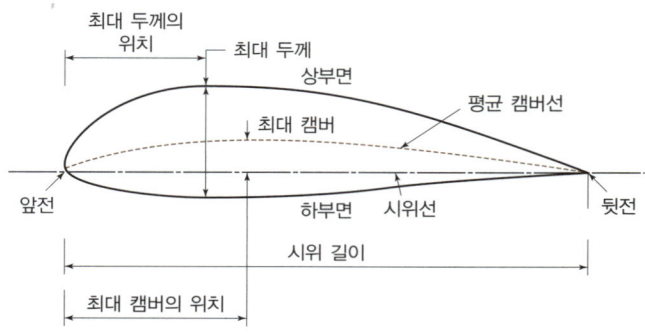

- 상부면(upper surface) : 날개골의 윗면
- 하부면(lower surface) : 날개골의 아래 표면
- 앞전(leading edge, 전연) : 날개골의 앞쪽 꼭지점
- 뒷전(trailing edge, 후연) : 날개골의 뒤쪽 꼭지점
- 시위선(chord line) : 날개골의 앞전과 뒷전을 연결한 선
- 시위길이(chord length) : 시위선의 길이
- 두께(thickness) : 날개골의 윗면과 아랫면의 거리
- 최대 두께 : 두께의 최댓값
- 최대 두께의 위치 : 앞전에서부터 최대 두께가 있는 지점까지의 거리
- 평균 캠버선(mean camber line) : 날개 두께의 2등분 점을 연결한 선
- 캠버(camber, 만곡) : 시위선과 평균 캠버선의 거리이며, 날개골의 휘어진 정도를 의미한다.
- 최대 캠버 : 캠버의 최댓값
- 최대 캠버의 위치 : 앞전에서부터 최대 캠버가 있는 지점까지의 거리

4 대칭형 날개골 및 비대칭형 날개골

▲ 대칭형 날개골　　　　　　　　　▲ 비대칭형 날개골

① 대칭형 날개골(symmetrical airfoil)
- 시위선을 기준으로 위 캠버와 아래 캠버가 동일한 것을 말한다.
- 대칭형 날개골만을 사용하면 받음각이 변해도 압력중심(center of pressure)이 거의 이동하지 않기 때문에 헬리콥터, 무인멀티콥터 등 회전익 항공기에 매우 적합하지만, 같은 받음각에 대하여 비대칭형 날개골에 비해 양력 발생률이 적어 현재는 비대칭형 날개골과의 혼합 시도가 진행되고 있다.

② 비대칭형 날개골(non-symmetrical airfoil)
- 시위선을 기준으로 위 캠버와 아래 캠버가 상이한 것을 말한다.
- 비대칭형 날개골만을 사용하면 양력 발생이 크지만 받음각의 변화에 따라 중심이 변하기 때문에, 회전익 항공기에서는 심한 비틀림현상이 나타나고 결과적으로 진동이 커지게 된다. 따라서 주로 고정익 항공기에 사용된다.

5 날개골의 개발 역사와 표시 방법

① 1884년 영국의 호라티오 필립스(Horatio F. Phillips)가 날개골의 형상에 대한 연구로 특허권을 취득하였으며, 1903년 미국의 라이트 형제는 자체적인 풍동실험을 거쳐 그 성능이 개선된 날개골을 사용하여 첫 번째 유인 항공기 동력비행에 성공하였다.

② 1929년에 미국의 NACA(국립항공자문위원회, NASA의 전신)에서 날개골에 대한 연구와 실험을 수행하여 날개골을 체계적으로 표준화하고 정의하였다.

③ NACA에서 정의한 날개골의 형태는 4자 계열, 5자 계열 등이 있다.

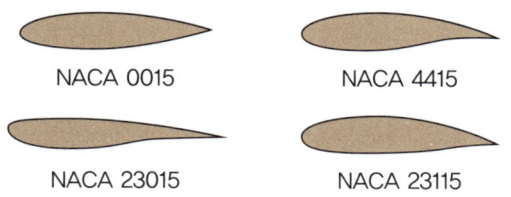

㉠ 4자 계열 날개골의 예시(NACA 4415)
- 4 : 최대 캠버의 크기 → 시위선의 4%
- 4 : 최대 캠버의 위치 → 앞전에서 시위선의 40% 지점에 위치
- 15 : 최대 두께의 크기 → 최대 두께가 시위선의 15%임을 의미한다.
  ※ 4자 계열은 주로 00XX, 24XX, 44XX로 표시하며, 00XX의 경우 대칭형 날개골이다.

ⓛ 5자 계열 날개골의 예시(NACA 23015)
- 2 : 최대 캠버의 크기 → 시위선의 2%
- 3 : 최대 캠버의 위치 → 앞전에서 시위선의 15% 지점에 위치(15%=30/2)
- 0 : 평균 캠버선 뒤쪽 반의 형태 → 직선(0 : 직선, 1 : 곡선)
- 15 : 최대 두께의 크기 → 최대 두께가 시위선의 15%임을 의미한다.

6 가로세로비(AR; Aspect Ratio, 종횡비)

① 가로세로비(AR)는 비행기 날개의 **가로길이(span)와 세로길이(chord line, 시위선)의 비율**을 말한다.

② 가로세로비는 비행기 성능을 구분하는 중요 지표 중 하나이다. 직사각형 날개의 경우 날개 길이와 너비를 알면 손쉽게 계산할 수 있으나, 후퇴익이나 삼각형(델타형) 날개의 경우에는 날개 면적을 사용하여 계산할 수 있다.

③ **가로세로비가 크면** 비행기 날개가 길어지기 때문에 발생하는 양력이 커지고 유도항력이 줄어들므로, 이륙거리가 짧아지고 안정성이 증가한다. 하지만, 가로세로비가 클수록 날개구조를 지탱하는 구조물로 인하여 무게가 증가하고 날개가 쳐지기 때문에 고속용 날개로는 부적합하다.

④ **가로세로비가 크면** 클수록 활공에는 유리하지만 방향 전환 시 가로세로비가 작은 것보다 회전반경이 크다. 따라서 전투기는 가로세로비가 기본적으로 작지만, 그만큼 저속에서의 실속이 주로 발생한다.

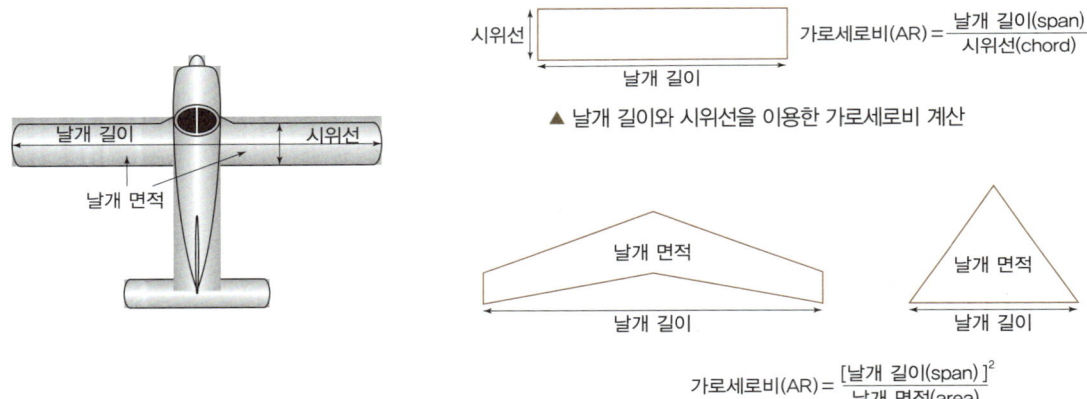

▲ 날개 길이와 시위선을 이용한 가로세로비 계산

$$가로세로비(AR) = \frac{날개\ 길이(span)}{시위선(chord)}$$

$$가로세로비(AR) = \frac{[날개\ 길이(span)]^2}{날개\ 면적(area)}$$

▲ 날개 길이와 날개 면적을 이용한 가로세로비 계산

7 상대풍/받음각/붙임각

① 상대풍(relative wind)은 **날개골을 향하여 불어오는 바람**을 말하며, 항상 비행의 방향과 평행하게 반대 방향으로 작용한다.

② 받음각(AOA; Angle of Attack, 영각)은 **시위선과 상대풍이 이루는 각도**를 말한다.
- 영양력 받음각(zero lift AOA) : 양력계수가 영(zero)일 때의 받음각

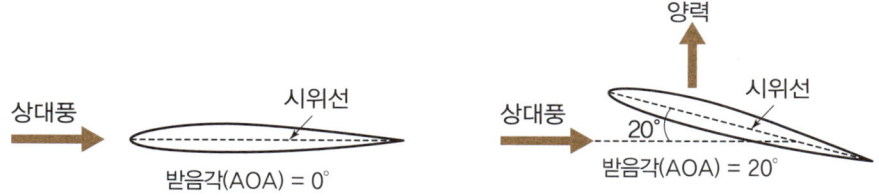

- 임계받음각(critical angle of attack) : 양력계수가 최대가 될 때의 받음각
- 임계받음각은 날개 형상에 따라 다르지만 일반적으로 15°에서 20° 사이에 분포한다.

③ 붙임각(AOI; Angle of Incidence, 취부각)은 **동체의 기준선(x축, 세로축)과 날개골의 시위선(chord line)이 이루는 각**을 말하며 붙임각은 고정되어 있고, 정확한 붙임각은 항력 특성과 세로 안정성을 좋게 한다.

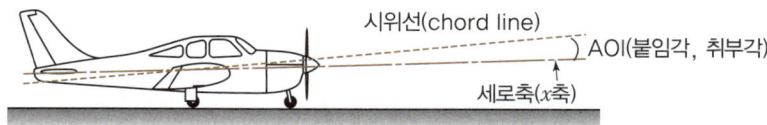

8 날개골의 중심 : 공력(공기력)중심과 압력중심으로 나뉜다.

① 공력중심(AC; Aerodynamic Center)
- 날개골의 기준이 되는 점으로, **받음각이 증가하더라도 피칭모멘트 값이 일정한 지점**이다.
- 공력중심은 받음각의 변화에 대해서 변하지 않는 고정된 위치이다.
  - 일반적으로 무게 중심은 비행안전성을 위해 공력중심보다 약간 앞쪽에 있다.

② 압력중심(CP; Center of Pressure, 풍압중심)
- 압력중심은 받음각에 따라 변하며, 실제로 공력이 작용하는 지점이다.
- 압력중심은 받음각이 증가하면 날개골의 앞쪽으로 이동한다.

> **TIP!** 공력 또는 공기력(aerodynamic force)은 무엇인가요?
> 공력(aerodynamic force)은 비행 중인 물체(비행기)가 공기와의 상호작용으로 생성되는 공기역학적인 힘으로 양력과 항력을 의미한다.

9 유체(fluid)의 흐름

1 유체의 개념 및 특성

① 유체의 개념

- 유체는 고체에 비해 일정한 형태가 없고, 자유로이 흐르는 성질을 가진 물체를 말하며, 액체 및 기체를 포괄하는 개념이다.
- 물, 대기(공기)도 유체의 일종이며, 유체에는 이상유체와 실제유체가 있다.

② 유체의 특성

㉠ 점성(viscosity)

- 점성은 유체가 흐르지 않으려고 하는, 즉 이동하지 않으려는 저항이다.
- 점성은 유체의 끈적함으로 이해할 수 있는데, 기름의 점성은 쉽게 관찰할 수 있다.
- 공기의 점성은 쉽게 관찰할 수 없지만, 공기는 유체이고 점성을 가지므로, 비행기 주위의 흐름에 대해 어느 정도 저항을 가진다.

㉡ 마찰(friction)

- 마찰은 두 개의 물체가 접촉할 때, 그 접촉면 사이에서 물체의 미끄러짐을 방해하는 저항이다.
- 비행기 날개가 공기를 가를 때처럼, 물체가 유체 속을 움직일 때 발생한다.
- 비행기 날개의 표면도 어느 정도 거칠기 때문에 공기흐름에 대한 저항을 초래하고 날개 위의 공기흐름 속도를 늦춘다.

㉢ 항력(drag)

- 날개 표면 위를 지나가는 공기는 점성과 마찰로 인해 표면에 들러붙는다.
- 두 종류의 힘(점성, 마찰)은 날개 위의 공기흐름을 방해하면서 항력으로 작용한다.

㉣ 압력(기압/대기압)

- 압력은 유체의 표면에 수직 방향으로 작용하는 힘이다.
- 압력이 가해진 표면의 압력보다 다른 쪽 물체 표면의 압력이 낮아지면, 물체는 압력이 높은 쪽에서 낮은 쪽으로 움직인다.
- 공기는 질량을 가졌기 때문에 중력의 영향을 받아 무게를 가지며, 공기 때문에 생기는 압력이 기압 또는 대기압이다.

ⓜ 압축성/비압축성
- 압축성 유체는 압력변화에 따라 부피가 변하는 유체이다.
- 비압축성 유체는 압력변화에 따라 부피가 변하지 않는 유체이다.

ⓗ 밀도
- 밀도는 물질의 질량을 부피로 나눈 값, 즉 물질의 단위 부피당 질량으로 정의하며, 물질마다 고유한 값을 가진다.
- 고체와 액체의 경우 밀도는 온도나 압력이 변해도 거의 변하지 않으나, 기체의 경우 온도나 압력이 변함에 따라 밀도가 쉽게 변한다.

2 유체 흐름의 종류

① 층류(laminar flow) : 유체가 층을 이루어 규칙적으로 흐르는 흐름이다.
② 난류(turbulent flow) : 유체가 불규칙적으로 뒤섞여 흐르는 흐름이다.
③ 천이 영역 : 유체의 흐름이 **층류에서 난류로 바뀌는 영역**을 말한다.
④ 날개골(airfoil)에서는 공기의 흐름이 처음에는 층류로 흐르다가 위쪽의 더 구부러진 형상(camber, 만곡) 때문에 속도가 빨라져 난류로 변한다. 이 천이가 날개골의 뒷쪽에 생기게 하여야 양력이 증가한다.

3 레이놀즈 수(Reynolds number, Re)

① 레이놀즈 수는 어떤 유체 흐름이 **층류 또는 난류인지를 판별**하는 데 주로 사용된다.
② 레이놀즈 수는 오스본 레이놀즈(Osborne Reynolds, 1842~1912)가 파이프 속을 흐르는 유체의 난류 한계를 규정하는 파이프 실험을 수행하면서 처음으로 알려졌다.
③ 레이놀즈 수(Re)는 **관성력과 점성력의 비를 나타내는 무차원수**로 다음 식과 같이 정의된다.

$$Re = \frac{\rho VL}{\mu} = \frac{VL}{v} = \frac{관성력}{점성력}$$

ρ: 유체의 밀도, V: 유체의 평균 유속, L: 특성 길이
μ: 유체의 점도, v: 유체의 동점도(kinetic viscosity)

④ 레이놀즈 수(Re)에 따른 유체 흐름의 분류

유체가 원형 파이프 내를 흐르는 경우에는 층류, 천이 영역, 난류를 다음과 같이 분류한다.
(단, 평판 등에서는 다른 값을 나타낸다.)

㉠ 층류 : Re 값이 2,300 이하인 경우

㉡ 천이 영역 : 2,300 〈 Re 값 〈 4,000

㉢ 난류 : Re 값이 약 4,000 이상인 경우

⑤ 임계 레이놀즈 수

- **층류에서 난류로의 전이가 일어날 때** 유체 흐름이 갖는 레이놀즈 수를 말한다.
- 유체가 원형 파이프 내를 흐르는 경우, 임계 레이놀즈 수는 약 2,300이다.

⑥ 경계층(boundary layer) 이론

- 공기가 물체(비행기 날개) 주위를 흐를 때 두 가지 영역이 존재하는데, **점성효과가 나타나는 '경계층'(층류 경계층, 천이 영역, 난류 경계층) 및 점성효과가 나타나지 않는 '경계층 외부'(free stream, 자유류)** 가 있다.
- 경계층은 날개 표면에 매우 근접한 부분(일반적으로 1cm 미만)으로 점성효과로 인한 마찰력이 존재하는 영역인데, 경계층 내에서는 유체(공기)의 흐름이 점성의 영향을 크게 받는다. 즉 날개 표면 근처로 갈수록 유체는 점성에 의해서 속도가 감소하게 되며, 날개 표면에서는 공기의 흐름 속도가 0이 된다.
- 경계층 내의 흐름 상태가 층류이면 층류 경계층(laminar boundary layer), 경계층 내의 흐름 상태가 난류이면 난류 경계층(turbulent boundary layer), 층류 경계층이 어느 정도 성장해가면서 난류로 변하는데, 그 과도구간을 '천이 영역'이라고 한다.

⑦ 경계층 박리 또는 유동 박리(flow separation)

㉠ 박리의 개념 : 점성이 있는 경계층이 날개 표면에서 분리되어 떨어져 나가는 현상이다.

> 점성이 있는 경계층 내에서 날개 표면에 인접한 유체 흐름의 속도는 공기와 날개 표면 사이의 점성으로 인한 마찰력 때문에 점점 줄어들고, 반대로 압력은 증가하게 된다. 즉 유체 흐름 방향으로 압력이 점점 증가한다. 공기는 층류경계층에서 난류경계층으로 순압력구배로 인한 순방향 속도로 흐르면서 속도가 점점 감소하다가 속도의 변화율이 0이 될 때, 역압력구배로 인한 역방향 속도가 발생하고, 유체는 날개 표면에서 떨어져 나가기 시작한다.

㉡ 박리의 종류 : 층류 경계층 박리와 난류 경계층 박리가 있는데, 박리는 난류 경계층보다 층류 경계층에서 쉽게 일어난다.

㉢ 박리의 원인 : 모든 항공기는 기종마다 상이한 임계 받음각(15°~20°)이 있으며, 받음각이 클수록 경계층 박리가 잘 발생한다.

㉣ 박리의 발생 위치 : 경계층 박리는 주로 형상이 큰 굴곡이 있는 날개의 표면을 따라 흐를 때, 즉 흐름의 방향이 급변하는 곳에서 나타난다.

ⓔ 박리의 결과 : 날개 표면에서 박리되어 떨어져 나간 경계층은 날개 뒤에서 와류(vortex)를 발생하게 되는데, 와류(vortex)가 생기면 양력이 급속히 감소하면서 실속하여 추락하게 된다.

ⓕ 박리의 대책 : 적절한 받음각을 적용하며, 새로운 경계층을 생성하는 플랩, 슬롯, 슬랫을 설치한다.

⑧ 경계층 박리로 인한 와류 발생의 과정

ⓐ 정체점 : 공기가 날개 표면에 처음 부딪치게 될 때 속도가 0이 되는 지점

ⓑ 경계층 두께의 성장

- 공기가 날개 표면 위를 흐를수록 경계층은 점점 커진다(두꺼워진다, 성장한다).
- 층류 경계층 → 천이 영역 → 난류 경계층

ⓒ 경계층 박리점/유동 박리점 : 경계층이 떨어져 나가기 시작하는 지점

ⓓ 와류(vortex, 소용돌이) 발생

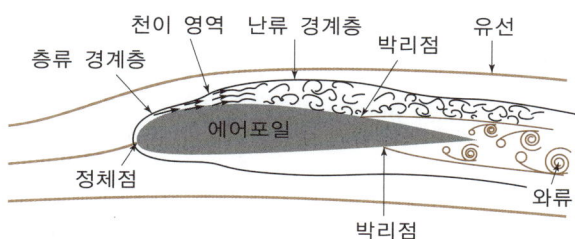

10 비행기에 작용하는 힘

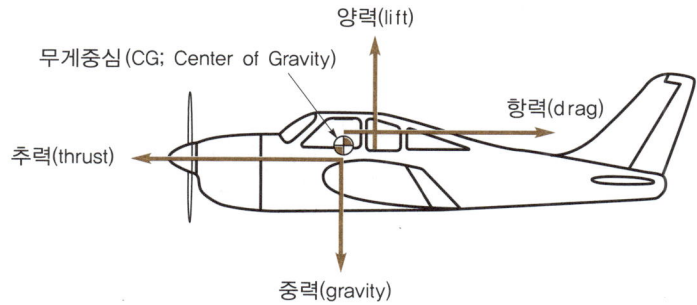

비행기에 작용하는 힘에는 외력(external force, 外力)과 내력(internal force, 內力)이 있다.

1 외력(external force)

외력은 외부로부터 비행 중인 비행기에 작용하는 힘을 말하며 양력, 항력, 중력, 추력이 있다.

① 추력(thrust)
- 추력은 비행기를 움직이게 하는 원동력으로 엔진에 의하여 발생한다.
- 추력은 비행기를 앞으로 추진시키는 힘으로서 비행기의 전진을 방해하는 **항력과 반대 방향의 힘**이다.

② 항력(drag)
- 비행기(날개, 동체 등)에 의하여 공기 흐름이 간섭을 받으면서 **비행기의 진행 방향과 반대 방향으로 발생**하며, 추력을 방해하는 힘이다.

③ 무게(weight)/중력(gravity)
- 무게(weight, 중량)는 '물체에 작용하는 중력(gravity)의 크기'이다.
- 무게는 비행기를 중력 방향 쪽으로 잡아당기는 효과를 발생시킨다.
- 비행기는 비행기 자체, 탑승 인원, 연료, 화물의 무게에 의한 중력을 받고 있다.
- 중력은 지구가 비행기를 중심 방향으로 당기는 힘으로, **양력과 반대되는 힘**이다.
- **양력이 중력보다 크면** 비행기는 상승하고, **양력이 중력과 같을 때는** 일정한 고도로(수평으로) 비행한다는 것을 의미한다.

④ 양력(lift)
- **중력과 반대 방향**으로 작용한다.
- 날개골(airfoil)에 작용하는 공기의 동역학적인 효과에 의해 날개에 의하여 생성되어 비행기를 비행경로의 수직 방향 위쪽으로 잡아당기는 힘이다.
- 날개에서 주로 발생하며, 이것이 비행기의 무게를 들어 올리는 힘이 된다.

> **TIP!** 등속 및 수평비행의 경우의 외력의 상태는?
>
> 수평비행인 경우에는 양력(lift)과 중력(gravity)의 양이 서로 같고, 등속비행인 경우에는 추력(thrust)과 항력(drag)의 양이 서로 같다. 따라서 추력(thrust)과 항력(drag)의 양이 서로 같고, 양력(lift)과 중력(gravity)의 양이 서로 같다. 다만 이러한 조건이 맞으려면 비행기는 수평직진으로 등속 비행상태에 있어야 한다.

2 내력(internal force)

① 내력은 비행기 재료에 다양한 외력이 작용할 때, 물체 내부에 생기는 반작용의 힘을 말한다.

② 비행기는 양력, 항력, 중력, 추력뿐만 아니라 착륙 시에 받는 충격, 새와 같은 외부 비행체에 의한 충격, 불균일한 기류에 의한 충격, 엔진에서 발생하는 진동 등 다양한 힘에 의하여 내력을 받고 있다.

③ 비행기 재료에 작용하는 내력에는 인장력, 압축력, 전단응력, 굽힘 모멘트, 비틀림 응력 등이 있다.

3 비행기의 무게 중심

① 비행기의 무게 중심은 비행기의 각 부분에 작용하는 중력의 합력의 작용점으로 정의된다.

② 비행기의 무게 중심은 다음과 같이 각 모멘트의 합을 무게의 합으로 나눈 값으로 구한다.

$$무게\ 중심 = \frac{\Sigma 모멘트}{\Sigma 무게}$$

여기서, 모멘트=무게×거리

③ 무게 중심을 구하는 방법
- 우선 비행기 기수 전방의 일정 거리가 떨어진 위치에 기준선을 정하고, 이 기준선에서 비행기의 해당 위치까지의 거리와 비행기에 작용하는 힘을 구하여 모멘트를 구한다.
- 모멘트는 비행기의 특정 지점에 작용되는 힘으로 무게에 거리를 곱한 값이다.
- 각각의 위치에서의 모멘트를 구한 후 모두 합하여 총 모멘트를 구한다.
- 총 모멘트를 총 무게로 나누면 무게 중심 위치를 구할 수 있다.

TIP! 비행기의 무게 중심을 구해봅시다

그림과 같은 비행기에서 앞바퀴에 170kg, 뒷바퀴 전체에 540kg이 작용하고 있다면 무게 중심 위치는 기준선으로부터 약 몇 m 떨어진 지점인가?

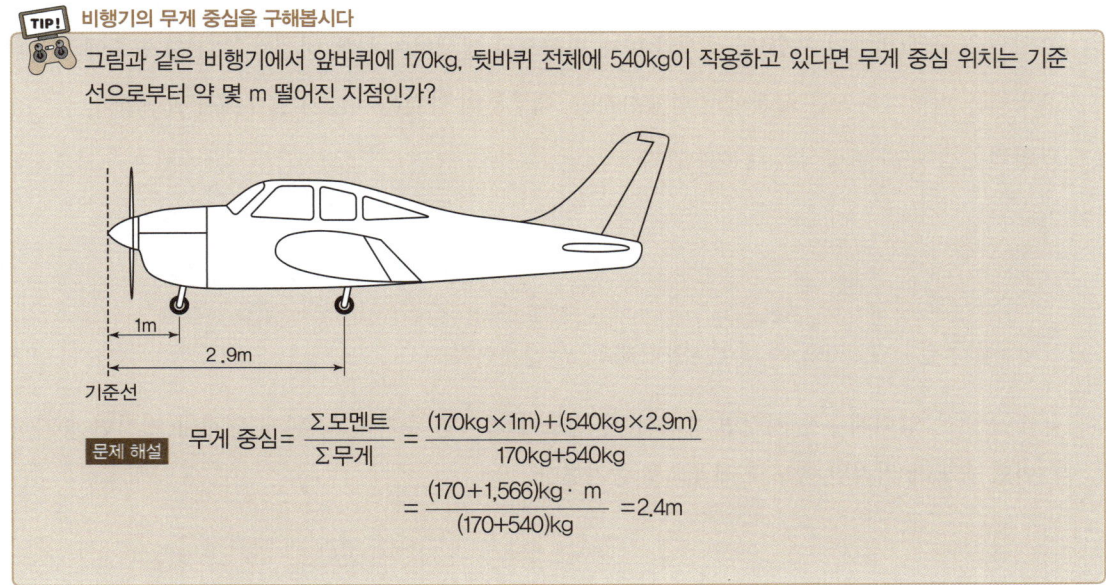

문제 해설   무게 중심= $\frac{\Sigma 모멘트}{\Sigma 무게} = \frac{(170kg \times 1m) + (540kg \times 2.9m)}{170kg + 540kg}$

$= \frac{(170 + 1,566)kg \cdot m}{(170 + 540)kg} = 2.4m$

④ 평균 공력시위(MAC; Mean Aerodynamic Chord)
- 주날개의 공기역학적 특성을 대표하는 부분의 시위를 말하는데, 무게 중심의 한계를 설정할 때 사용한다.
- MAC 25%라 함은 날개의 무게 중심이 앞전으로부터 시위선의 25% 지점(1/4 지점)에 위치함을 의미한다.
- 일반적으로 아음속기는 시위선의 1/4 지점, 초음속기는 시위선의 1/2 지점에 무게 중심이 위치한다.

⑤ 무게 중심의 위치는 **세로 안정성에 중요한 역할**을 한다. 따라서 무게 중심은 무게 중심 한계 내에 있어야 하고, 벗어날 경우 연료량 증가, 안정성 감소 등이 발생한다.

⑥ 무게 중심의 위치는 **비행 중 변하므로 전방 한계와 후방 한계를 규정하여 제한**한다. 연료, 승객, 화물 등의 위치를 감안하여 각각의 힘의 작용이 비행기 전체의 무게 중심 허용 범위를 초과하지 않아야 한다. 무게 중심은 비행기의 안전한 이착륙과 경제적인 운항을 위해 비행기 제작사 등에서 정한 범위 내에서 운용되고 있다.

11 양력의 발생 이론 및 항력의 종류

1 양력(lift)의 개념

① 양력은 유체가 물체(비행기 포함)의 주위에 흐를 때, **유체의 흐름에 대하여 수직 방향**으로 발생하는 힘이다.
② 양력은 **물체(비행기 포함)의 무게와 반대 방향으로 발생**하여 물체(비행기 포함)를 공중에 띄운다.
③ 양력은 비행기의 모든 부분에서 발생하지만, 대부분의 양력은 비행기 날개에서 발생한다.
④ 양력(L)을 구하는 공식은 다음과 같다.

$$L = \frac{1}{2}\rho V^2 C_L S$$

ρ=공기 밀도, V=비행 속도, C_L=양력계수, S=날개면적

즉 양력은 **양력계수가 커지면 증가하고, 밀도가 커지면 증가하고, 날개 면적이 커지면 증가하고, 비행 속도가 커지면 속도의 제곱으로 증가**한다.

2 비행기 양력(lift) 발생이론의 다양성

① 1903년 라이트 형제가 최초의 동력비행을 성공한 이래, 비행기 양력 발생이론은 100여 년간 2개의 진영, 즉 베르누이(Bernoulli) 진영과 뉴턴(Newton) 진영으로 구분되어 왔다.

- 베르누이 진영: 비행기 날개 상부면과 하부면에 생기는 압력 차이에 의하여 양력이 발생한다.
- 뉴턴 진영: 비행기 날개 하부면에서 방향이 바뀐 공기흐름에 의해 발생하는 반작용에 의하여 양력이 발생한다.

② 뉴턴은 1687년에 3가지 운동법칙(관성의 법칙, 가속도의 법칙, 작용과 반작용의 법칙)을 발표하였고, 베르누이는 1738년에 베르누이 정리를 발표하였으므로 뉴턴과 베르누이 모두 직접 비행기 양력을 설명하지는 않았다.

③ 베르누이 정리는 과학계에서 널리 통용되는 원리이고, 양력풍동 실험에서 비행기 날개 상부면과 하부면의 압력 차이가 존재함이 확인되었으므로, 분명히 베르누이 정리로 비행기 양력을 설명할 수 있지만, 베르누이 정리를 적용하여 비행기 양력 전부를 설명하는 것은 한계가 있으며, 베르누이 정리를 잘못 적용한 **동시통과이론/긴경로이론 및 벤츄리이론이 오류임을 미국 항공우주국(NASA)이 발표하였다**(https://www1.grc.nasa.gov).

㉠ 긴경로이론(longer path theory)/동시통과이론(equal transit theory)의 오류
- '비행기 날개의 상부면이 하부면보다 긴 경로를 가지며, 날개의 끝부분에서 공기 입자가 동시에 만남으로, 날개 상부면의 빠른 속도(낮은 압력), 하부면의 느린 속도(높은 압력)로 인한 압력 차이로 양력이 발생'한다는 이론은 잘못된 것이다.
- 잘못된 이유
  - 날개 상부면과 하부면의 길이가 같은 에어포일도 충분한 양력이 발생한다.
  - 종이비행기는 상부면과 하부면이 평평하지만 잘 날아간다.
  - 에어쇼와 전투기에서 볼 수 있는 '뒤집혀서 날아가는 배면 비행'을 설명할 수 없다.
  - 양력풍동 실험을 통해 긴경로이론에서 예측한 속도보다 상부면의 흐름이 하부면보다 훨씬 빨라서 날개의 끝부분에서 만날 수 없음을 확인했다.

㉡ 벤츄리 이론(venturi theory)의 오류
- 벤츄리 이론은 '관(pipe)을 흐르는 유체가 목(throat)이 좁아지는 부분에서 속도가 빨라진다(압력이 낮아진다).'는 이론이다.
- 날개 상부면이 공기 흐름을 빨라지게 하는 벤츄리 노즐의 역할을 하므로 날개 상부면의 압력이 낮아지면서 압력 차이가 발생하여 양력이 발생한다.

- 잘못된 이유
  - 비행기 날개 상부면은 벤츄리 노즐이 아니며, 벤츄리 노즐이론은 날개 상부면의 압력과 속도만을 다루며, 하부면의 압력과 속도는 다루지 않았다.

④ 뉴턴의 제3법칙도 과학계에서 널리 통용되는 원리이지만, 뉴턴의 제3법칙을 잘못 적용한 **물수제비이론이 오류임을 NASA가** 발표하였다.

㉠ 물수제비이론(돌멩이 던지기이론, skipping stone theory)
- 연못에 낮은 입사 각도로 돌멩이를 던지면 돌멩이가 물 표면에서 튕기면서 날아가듯이, 양력은 공기 입자가 날개 하부면을 때리면서 발생한다.
- 잘못된 이유
  - 물수제비이론은 날개 하부면과 공기의 상호작용에만 관련이 있다.
  - 물수제비이론은 공기 밀도 등의 물리적 특성을 무시함으로, 양력 예측을 수행하면 실제 측정값과 큰 차이가 나는 양력값을 제공한다.

⑤ 비행기 양력발생이론으로 제시되는 이론 및 한계점은 다음과 같다.
  ㉠ 뉴턴의 운동법칙(1687년 발표)
  뉴턴은 아래와 같은 3가지 운동법칙(힘과 운동의 상호관계를 설명)을 발표하였는데, 이 중 **제2법칙(가속도의 법칙) 및 제3법칙(작용과 반작용의 법칙)**이 비행기 양력과 관련이 있다.

- 제1법칙(**관성의 법칙**)
  - 외부에서 힘이 가해지지 않는 한, 모든 물체는 현재의 운동상태를 그대로 유지하려고 한다(정지해 있는 물체는 계속 정지해 있고, 운동 중인 물체는 계속해서 등속직선운동을 한다).
  - 관성(물체가 운동상태를 유지하려는 성질)의 종류
    ⓐ 정지관성 : 정지하려는 운동상태(예 버스의 급출발 시 사람이 뒤로 쏠림)
    ⓑ 운동관성 : 움직이려는 운동상태(예 버스의 급정거 시 사람이 앞으로 쏠림)
- 제2법칙(**가속도의 법칙**)

$$F = ma (힘=질량 \times 가속도)$$

  - 질량 m인 물체에 힘(F)을 가하면 가속도(a)만큼 운동(유동)의 속력이나 방향이 변한다.
  - 비행기 날개에서 공기 흐름의 속력이나 방향이 전환/회전(turning)될 때 양력이 발생한다.

- 뉴턴의 제3법칙(작용과 반작용의 법칙, 1687년 발표)
  - A 물체가 B 물체에게 힘을 가하면(작용), B 물체 역시 A 물체에게 똑같은 크기의 힘을 가하며(반작용), 이 두 힘을 각각 작용력, 반작용력이라 하고, 두 힘은 동일 작용선 상에서 동시에 작용하는 힘으로, 힘의 크기가 같고, 방향이 반대이다.
  - 흐르는 공기가 날개 하단부에 부딪히면서, 부딪친 공기의 흐름방향이 바뀌며(작용력), 흐름이 바뀐 방향의 반대 방향으로 반작용력(양력)이 발생한다.

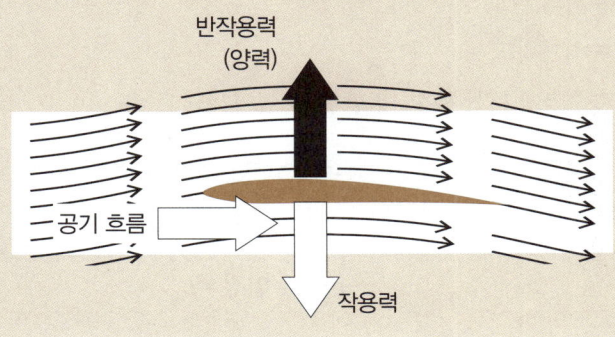

ⓒ 베르누이 정리(Bernoulli's theorem, 1738년 발표)
- 유체의 속도가 증가하면 압력이 감소하고, 유체의 속도가 감소하면 압력이 증가한다.
- 비행기 날개를 사이에 두고 날개 상부면과 하부면에 생기는 압력 차이에 의하여 양력이 발생한다.
- 비행기 날개의 상부면은 속도가 빠르고 압력이 낮으며, 하부면은 속도가 느리고 압력이 크기 때문에 생기는 압력 차이에 의하여 양력이 발생한다.

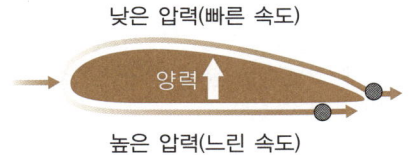

● 양력풍동 실험을 통해 비행기 상부면의 흐름 속도가 하부면보다 훨씬 빨라서 에어포일의 끝에서 만날 수 없지만, 비행기 상부면은 낮은 압력이, 하부면은 높은 압력이 발생한다.

* 공기는 높은 압력에서 낮은 압력으로 흐르므로 양력이 발생한다.

- 베르누이 정리는 아래의 경우에만 적용되는 한계점이 있다.
  - 이상유체(비점성, 비압축성) 유동
  - 정상상태 유동(시간에 따른 변화가 없음)
  - 유선(流線)에 따라 움직이는 유동(유선을 가로지르지 않음)

- 베르누이 방정식은 흐르는 유체의 속도와 압력, 높이의 관계를 수식적으로 나타낸 식으로, 기본식은 다음과 같다.

$$p+q+\rho gz = 일정$$

여기서, p : 정압(static pressure, 유선 내 한 점에서의 압력)
q : 동압(dynamic pressure, 속도압)
ρ : 유체의 밀도
g : 중력가속도
z : 기준면에 대한 유선 내 한 점의 높이

베르누이 방정식을 실제로 사용할 경우, 유선 내 유체 흐름의 높이는 거의 무시되므로 위치에너지(ρgh)가 0이 되어, 다음과 같이 간략해진다.

$$p+q = 일정 = p_0$$

여기서, p : 정압(static pressure, 유선 내 한 점에서의 압력)
q : 동압(dynamic pressure, 속도압)
$q = \frac{1}{2} = \rho V^2$, ρ : 유체의 밀도, V : 유체의 속도
p_0 : 전압(total pressure),

따라서 단순화된 베르누이 방정식은 다음과 같이 요약될 수 있다.

$$정압 + 동압 = 일정 = 전압$$

즉 베르누이 방정식은 '유체 흐름에서 어떤 지점에서든지 정압과 동압의 합인 전압은 일정하다.' 로 표현될 수 있다. 또한 베르누이 방정식에 의해 속도가 빠르면 압력이 낮아지고, 속도가 느리면 압력이 높아짐을 확인할 수 있다.

ⓒ 오일러 운동방정식(Euler's equation of motion, 1748년 발표)
- 뉴턴의 제2법칙을 유체의 운동에 적용한 것으로, 점성의 영향을 고려하지 않고 압력만 고려하여 유체의 유동을 표현한 운동방정식이다.
- 기본 가정 : 정상상태 유동, 유선을 따라 움직이는 유동, 비점성 유체

- 오일러 운동방정식은 일반적으로 수치 해석학적으로 풀어야 하기 때문에 컴퓨터를 이용한 전산유체역학(CFD)을 활용하며, 유체 흐름의 유속, 압력 등을 국소적으로(locally, 구석구석 위치별로) 분석할 수 있다.

㉣ 나비에-스토크스 방정식(Navier-Stokes equation, 1850년 발표)

- 유체역학에서 유체의 유동을 나타내는 가장 기본이 되는 지배방정식(governing equation)으로, 압축성 및 점성을 가진 유체의 운동을 나타내는 비선형 편미분 방정식이다.
- 나비에-스토크스 방정식을 사용하여 대량의 물인 바다에 관한 3D 유체 애니메이션을 제작하기 시작한 것은 1990년부터이며, 이 방정식은 바람, 물결, 물방울, 기상 예측, 양력 계산, 항공기 설계 등 다양한 분야에서 현재 널리 활용되고 있다.
- 나비에-스토크스 방정식은 일반적으로 수치 해석학적으로 풀어야 하기 때문에 컴퓨터를 이용한 전산유체역학(CFD)을 활용한다.

㉤ 마그누스 효과(Magnus effect, 1852년 발표)

- 독일의 마그누스(Magnus)가 포탄의 탄도를 연구하다가 발견한 것으로, **축구에서 바나나킥(감아차기 슈팅)**이 마그누스 효과를 이용한 것이다.

- 물체가 회전하면서 유체 속을 지나갈 때 유체의 밀도, 회전속도, 물체속도 등에 영향을 받아 휘어지면서 양력이 발생한다.
- 비행기의 날개 상부면과 하부면을 흐르던 공기가 날개 끝부분에서 합쳐지면서 공기가 순환하게 되는데, 이 순환하는 힘(회전력, circulation force)으로 인해 양력이 발생한다.

㉥ 쿠타-주코프스키 양력이론(Kutta-Joukowski lift theorem, 1906년 발표)

- 베르누이 정리가 비점성을 가정하므로, 이에 대한 보완책으로 **점성을 고려하여** 독일의 쿠타와 러시아의 주코프스키가 발표했다.

- 점성이 약한 유체의 흐름에서는 적용이 어렵다.
- 유체가 회전체 주변을 흐를 때 점성 및 순환(circulation) 흐름으로 인하여 양력이 발생하는데, 비행기 에어포일에서는 날개 주위에 순환 흐름이 생기며, 아래의 **쿠타-주코프스키의 조건**이 충족될 때 양력이 발생한다.

> **TIP! 쿠타-주코프스키의 조건**
> 비행기 에어포일의 앞전에서 상부면과 하부면으로 나뉜 공기의 흐름은 에어포일의 뒷전에서 방향의 변화 없이 부드럽게 하강하여 만나야 하며, 에어포일의 뒷전은 뾰족한 형상(날카로운 형상)이어야 한다.

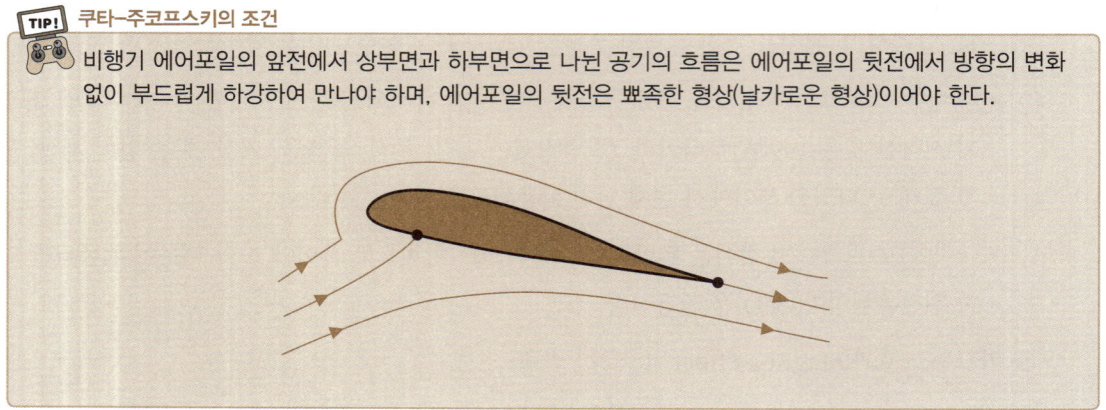

ⓢ 코안다 효과(Coanda effect, 1910년 발표)
- 곡면을 따라 흐르는 유체(공기, 물)가 곡면에 부착되어 일정 거리 이상을 벗어나지 않고 **계속 곡면을 따라 흐르는 경향**을 의미한다.
- 코안다 효과는 유체속도, 곡면 형상, 유체 점성 등의 요인에 따라 달라지는데, 일반적으로 유체 속도가 빠르고, 곡면 곡률이 작을수록, 유체 점성이 작을수록 코안다 효과가 강해져서 더 낮은 압력이 발생한다.
- 적용 분야 : 비행기 날개의 양력 향상, 비행기 제트엔진의 제트 흐름을 곡면에 따라 휘게 함으로써 추력을 증가시키며, 날개 없는 선풍기, 무풍 에어컨 등이 있다.

⑥ 맺음말
- 양력이라는 한가지 현상의 발생 원인을 설명하기 위해서는 **한가지 이론만으로는 완벽한 설명이 불가능하다.**
- 가장 정확하게 양력을 계산하고 싶다면 나비에-스토크스 방정식을 풀어야 하지만, 완전해(일반해)가 아닌 근사해를 구할 수밖에 없으며, 완전해(일반해)는 여전히 7대 밀레니엄 수학 난제에 속한다.
- 최근에는 컴퓨터를 사용하는 전산유체역학(CFD; Computational Fluid Dynamics)을 이용해 나비에-스토크스 방정식의 근사해를 구하여 항공기 설계 등 다양한 분야에서 널리 활용되고 있다.

> **부력(buoyancy)과 양력(lift)의 차이**
>
> 부력의 주 발생 원인은 물체의 위·아래에 작용하는 유체 압력의 차이이며, 유체의 흐름에 관계없이 항상 작용한다. 즉, 부력은 물체나 물체 주변에 있는 유체가 가만히 있어도 생긴다. 하지만 양력의 발생 원인은 유체의 흐름이 변하며 생기는 압력의 차이이며, 유체나 물체 중 하나가 운동해야 한다는 차이점이 있다. 예를 들면 배는 부력의 영향을 받기 때문에 움직이든 정지해 있든 항상 떠 있을 수 있다. 하지만 비행기는 양력의 영향을 받기 때문에 계속해서 운동을 해야만 공중에 떠 있을 수 있다.

3 항력의 개념

① 물체가 유체 안에서 상대적으로 움직일 때 움직이는 방향의 반대 방향으로 작용하여 **물체의 운동을 방해하는 힘**이다.

② 비행기가 공기 중에서 비행할 때 비행 방향의 반대 방향으로 작용하는 수평 방향인 힘을 모두 합친 것을 항력이라 한다.

③ 항력(D)은 비행속도의 제곱에 비례하는데, 항력 공식은 다음과 같다.

$$D = \frac{1}{2}\rho V^2 C_D A$$

ρ : 공기 밀도, V : 비행속도, C_D : 항력계수, A : 작용면적

- 유선형의 물체는 유선형이 아닌 물체보다 더 작은 항력계수를 가진다.

4 항력의 종류

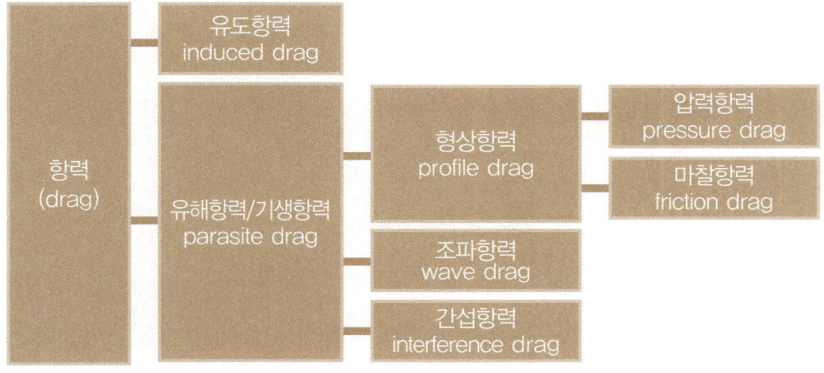

항력은 발생 원인에 따라 유도항력, 유해항력(압력항력, 마찰항력, 조파항력, 간섭항력)으로 구분된다. 비행기의 속력은 '유해항력(parasite drag)'을 발생시키고, 비행기의 받음각은 '유도항력(induced drag)'을 발생시킨다.

> 날개 전체에 생기는 항력=유도항력+형상항력(=압력항력+마찰항력)

① 유도항력

양력을 만들면 필연적으로 유도(induced)되는 항력이다. 보통 날개 끝에서 실속으로 생기는 와류(vortex, 소용돌이) 때문에 생기는 항력이다. 비행기의 진행을 방해하므로 **유도항력은 윙렛(winglet)으로 줄인다.**

> **TIP! 유도항력을 감소시키는 윙렛(winglet)**
> 비행기 주날개 끝에 수직 또는 거의 수직으로 부착하는 작은 날개인 윙렛(winglet)은 날개 끝에서 발생하는 와류(wing tip vortex)에 의한 유도항력을 감소시킨다. 윙렛의 모양은 비행기 제작사와 기종에 따라 다르다.

② 유해항력/기생항력(parasite drag)

비행기 관점에서 **양력과 관계가 없는 항력**을 말한다. 또한 양력이 영(0)이어도 생기므로 영(0)양력항력(zero lift drag)이라고 부르기도 한다. 유해항력은 발생 원인에 따라 압력항력, 마찰항력, 조파항력, 간섭항력으로 구분된다.

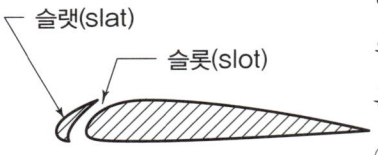

㉠ 압력항력(pressure drag)

- 물체 주변의 압력에 의해 생기는 항력이다.
- 압력항력은 물체의 형상에 기인하여 **유체의 경계층이 박리될 때** 나타나는 항력이다.
- 특히 흐름 방향 기준으로 물체 앞쪽의 압력이 높아지거나, 물체 뒤쪽 압력이 낮아지면 물체를 뒤로 잡아끄는 항력으로 작용한다.
- 압력항력을 줄이는 가장 좋은 방법이 **물체를 유선형으로 만드는 것**이다.

㉡ 마찰항력(friction drag)

- 마찰항력은 **유체의 점성에 따른 마찰에 의해 생기는** 항력이다.
- 마찰항력은 물체 표면에 직접적으로 닿는 경계층에서 나타나는 항력이다.
- 모든 유체는 점성이 있으므로 유체가 흐르는 방향과 반대 방향으로 잡아끄는 힘을 만든다.
- 물체 주변을 흐르는 유체가 층류일수록 마찰항력이 줄어들며, **난류에서는 마찰항력이 늘어난다.**

㉢ 조파항력(wave drag)

- **초음속 충격파에 의해 생기는** 항력이다.
- 조파 항력 때문에 비행기가 가속할 때 마하수 0.7~0.8 부근에서 갑자기 항력이 급증하며, 이러한 현상을 '항력발산'이라 부른다.

- 항력발산을 약화시키기 위한 날개 모양이 후퇴익이다.

ⓔ 간섭항력(interference drag)
- 비행기의 구성품 주변을 지나는 공기흐름끼리 서로 간섭하여 추가로 생기는 항력이다.
- 주로 날개와 동체가 연결되는 부분처럼 면이 수직으로 만나는 부분에 잘 생긴다.

5 양항비(lift-to-drag ratio, L/D ratio) 및 활공비(glide ratio)

① 양항비는 항공기 또는 글라이더의 날개가 받고 있는 **양력과 항력의 비율 또는 양력계수와 항력계수의 비율**을 말한다.
- 날개는 공기 속을 진행할 때 양력과 동시에 항력을 받으며, 양력에 비해 항력이 작으면 그만큼 효율적으로 양력을 일으키고 있는 것이 된다. 따라서 양항비 값의 크고 작음은 그 항공기의 성능(항속거리, 체공시간, 활공비 등)에 영향을 미친다.
- **양항비의 값이 클수록** 우수한 성능을 가진다고 말할 수 있다.
- 프로펠러 비행기의 항속거리는 양항비가 최대일 때 최대가 된다.

② 활공비는 **일정한 높이에서 얼마나 멀리 활공할 수 있는가를 나타내는 비율**을 말한다.
- 활공비는 활공거리를 활공 높이로 나눈 값이다.
- **양항비가 클수록 활공비가 커지게 되며, 활공각은 작아진다.**
- 활공각이 작다는 것은 그만큼 멀리 날아갈 수 있다는 의미이다.

③ 양항비와 활공비의 관계

$$양항비\left(\frac{L}{D}\right) = \frac{C_L}{C_D} = \cot\theta = \frac{활공거리}{활공높이} = 활공비$$

여기서, L: 양력, D: 항력, C_L 양력계수, C_D 항력계수, θ: 활공각

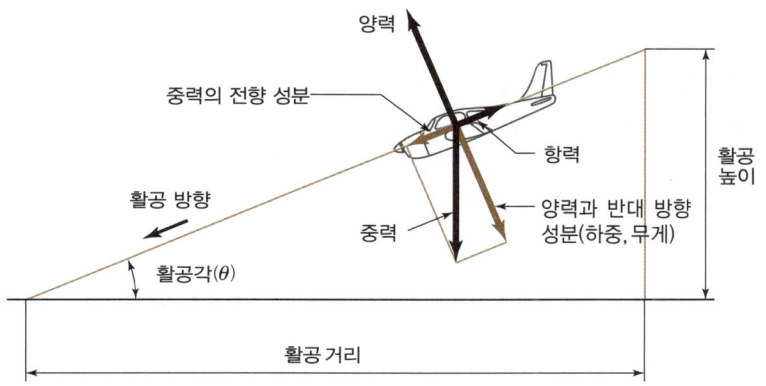

> **TIP!** 항공기의 양항비와 수평활공거리를 구해봅시다.
>
> [문제] 항공기가 고도 600m 상공에서 수평활공거리 6,000m만큼 활공하였다면, 이때 양항비는?
>
> [해설] 양항비=활공거리/활공높이=6,000/600=10
>
> [문제] 항공기가 고도 2,000m 상공에서 양항비 20인 상태로 활공한다면 도달할 수 있는 수평활공거리는 몇 m인가?
>
> [해설] 양항비=활공거리/활공높이, 20=활공거리/2,000 ∴ 수평활공거리=40,000m

12 비행기의 조종성과 안정성

비행기의 조종성과 안정성은 서로 상반되는 성질을 나타낸다. 안정성이 작아지면 조종성은 증가되지만, 조종사는 평형을 유지시키기 위해 계속적인 주의가 필요하다. 따라서 조종성과 안정성은 적절한 조화를 유지하는 것이 필요하다.

1 비행기 조종성(controllability)의 개념

① 조종성은 조종사의 조작에 따른 비행기의 반응성을 나타내는 것이다.

② 비행기의 조종성이 좋다는 것은 조종사의 조작에 따라 비행기가 용이하고 신속하게 반응하는 것을 의미한다.

> **TIP!** 비행기와 수학의 x축, y축의 차이
>
> 학교에서 수학을 배울 때, 가로축을 x축, 세로축을 y축이라고 배웠는데, 아래 그림처럼 비행기의 x축(세로축)은 동체의 길이 방향이며, y축(가로축)은 날개의 길이 방향임을 유의해야 한다.
>
>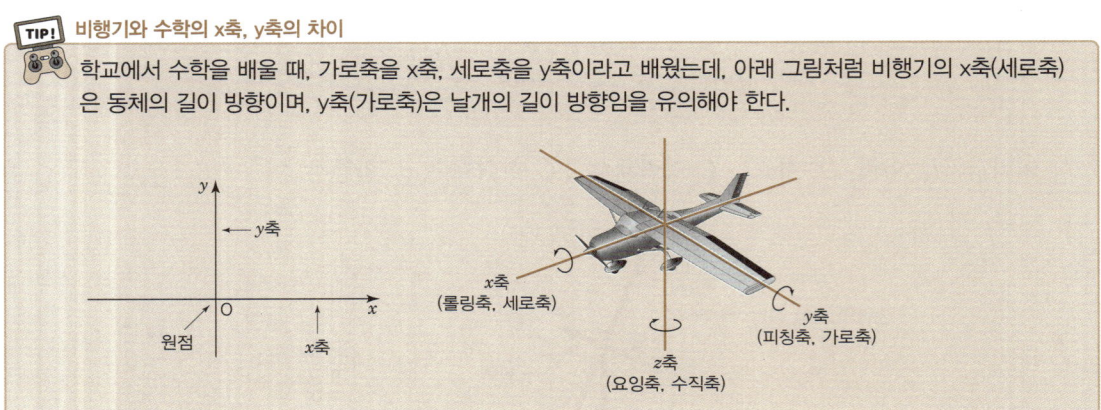

2 비행기 주조종면의 3축 회전운동

비행기의 주조종면, 즉 보조익(aileron), 방향키(rudder), 승강키(elevator)는 3개의 축(롤링축, 피칭축, 요잉축)에 대하여 비행기를 조종하여 비행자세를 결정하는 데 사용된다.

㉠ 롤운동(rolling, 롤링) : 비행기 동체를 x축(세로축)이라고 보면, x축 중심의 회전운동이다. 롤운동(rolling)은 세로축 회전운동이라고도 하며 좌우비행, 선회비행 등에 사용한다.

㉡ 피치운동(pitching, 피칭) : 비행기 날개를 y축(가로축)이라 보면, y축 중심의 회전운동이다. 피치운동(pitching)은 가로축 회전운동이라고도 하며 상승비행, 하강비행 등에 사용한다.

㉢ 요운동(yawing, 요잉) : 비행기의 세로축과 가로축이 만나는 평면에 수직인 축을 z축(수직축)이라 보면, z축 중심의 회전운동이다. 요운동(yawing)은 수직축 회전운동이라고도 하며 방향 전환, 측풍 극복 등에 사용한다.

주조종면	비행기 회전운동	기준축	안정성
보조익(aileron)	옆놀이(rolling)	x축(롤링축, 세로축)	가로 안정성
승강키(elevator)	키놀이(pitching)	y축(피칭축, 가로축)	세로 안정성
방향키(rudder)	빗놀이(yawing)	z축(요잉축, 수직축)	방향 안정성/수직안정성

3 주조종면 및 부조종면의 역할

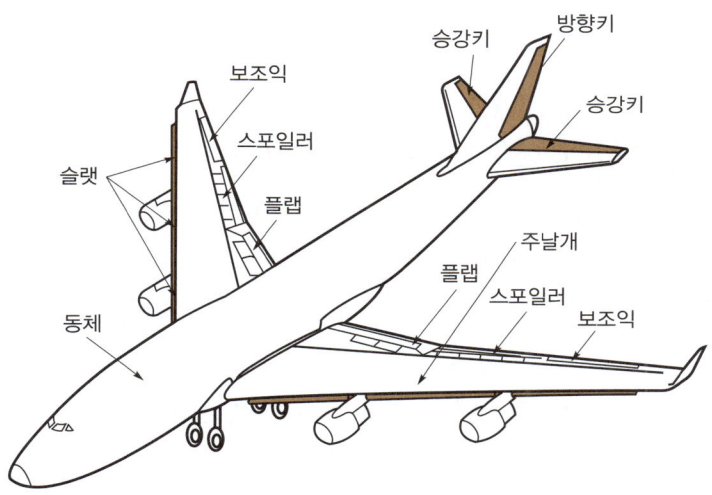

① 비행기 조종면은 비행기의 방향 조종을 위한 주조종면(primary control surface)과 양력, 항력 등의 조절을 위한 부조종면(secondary control surface)이 있다.

② 주조종면에는 보조익(aileron), 방향키(rudder), 승강키(elevator)가 있으며, **비행기의 3축 회전운동을 조종하기 위한 것**이다. 주조종면은 비행기가 반드시 갖추어야 할 조종장치이다.

㉠ 보조익(aileron, 보조날개, 도움날개)은 주날개의 뒷전에 위치하며 비행기의 **롤(roll) 축을 조절**하여 선회 등을 조종한다.

ⓒ 방향키(rudder, 방향타)는 수직 꼬리날개의 뒤쪽에 위치하며, **요(yaw) 축을 조절**하여 비행기의 방향 전환, 측풍 극복 등을 조종한다.

ⓒ 승강키(elevator, 승강타)는 수평 꼬리날개의 뒤쪽에 위치하며, **피치(pitch) 축을 조절**하여 상승/하강 등을 조종한다.

③ 부조종면에는 **고양력장치(플랩, 슬랫, 슬롯), 고항력장치(스포일러), 조종력 경감장치(트림 탭, 균형 탭)** 등이 있다.

㉠ 플랩(flap)은 날개의 뒷전 또는 앞전에 위치하며 고양력장치이면서 고항력장치이다. 이륙할 때는 플랩을 펼쳐 양력을 발생시키고, 착륙할 때는 항력과 양력을 발생시킨다.

ⓒ 슬랫(slat)과 슬롯(slot)은 고양력장치로서 날개 위와 아래의 공기가 서로 통하는 부분을 만들어 양력 생성에 방해되는 소용돌이 공기를 정리한다. 슬랫과 슬롯은 같은 원리이지만 슬랫은 양력 증대를 위해 비행기 주날개 앞부분에 설치되는 작은 날개이며, 슬롯은 날개에 뚫려 있는 고정적인 구멍이다.

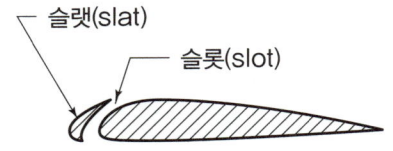

ⓒ 스포일러(spoiler)는 날개 위쪽의 공기흐름을 교란시켜 **양력을 감소시키고 항력을 증가시키는** 역할을 한다. 스포일러는 항력 증가로 속도가 감소하기 때문에 착륙 후 지상 활주거리를 단축시킬 수 있다.

㉣ 트림 탭(trim tab)은 방향키 트림, 승강키 트림, 보조익 트림이 있으며, 조종사가 주어야 하는 힘(조종력)을 경감시킨다.

㉤ 균형 탭(balance tab)은 주조종면과 반대 방향으로 움직여서 조종력을 경감시킨다.

4 비행기의 안정성(stability)

① 안정성의 개념

- 비행 중인 비행기가 외부 교란으로 역학적인 평형상태(trim 상태)를 벗어난 후, 조종사의 조작에 의하지 않고, 비행기 자체의 힘으로 **원래 평형상태로 복귀하려는 성질**을 말한다.
- 비행기는 비행경로를 유지하고 여러 가지 외부 영향으로부터 회복하기 위해 충분한 안정성을 갖추어야 한다.
  - 안정성의 종류에는 정적 안정성, 동적 안정성, 세로 안정성, 가로 안정성, 방향 안정성이 있다.

② 정적 안정성(static stability)
- 시간의 개념을 포함하지 않고 평형상태에서 벗어난 뒤, **다시 원래의 평형상태로 복귀하려는 초기 경향만을 가진 안정성**이다.

양의 정적 안정성   음의 정적 안정성   중립의 정적 안정성

㉠ 양의 정적 안정성(positive static stability) : 평형상태에서 벗어난 뒤 곧바로 원래의 평형상태로 복귀하려는 경향이다. (예 비행기가 돌풍을 받은 후 진동하지 않고 원래 상태로 복귀하는 경우)

㉡ 음의 정적 안정성(negative static stability) : 평형상태에서 벗어난 뒤 원래의 평형상태로 복귀할 수 없는 상태를 말하며, 정적 불안정성이라고도 한다.

㉢ 중립의 정적 안정성(neutral static stability) : 평형상태에서 벗어난 뒤 원래의 평형상태로도 복귀하지도 않고 벗어난 방향으로도 이동하지 않는 경향이다. (예 평형상태를 벗어난 비행기가 이동된 위치에서 새로운 평형상태가 되는 경우)

③ 동적 안정성(dynamic stability)
- 시간의 개념을 포함하여 정적 안정성이 시간에 따라 반응하는 정도를 말한다.
- 평형상태에서 벗어난 뒤 평형상태로 복귀하려는 경향성(정적 안정성)이 시간에 따라 반응하는 정도를 의미한다.
- **물체의 동적 안정성을 고려할 때는 물체가 갖고 있는 양의 정적 안정성을 함께 고려하여야 한다.**

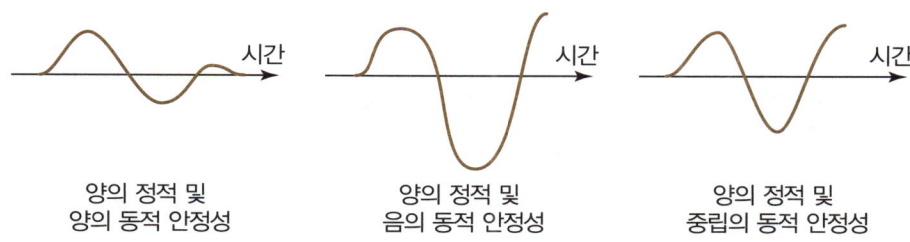

양의 정적 및   양의 정적 및   양의 정적 및
양의 동적 안정성   음의 동적 안정성   중립의 동적 안정성

㉠ 양의 동적 안정성 : 감쇠진동
- 평형상태에서 벗어난 뒤, 원래의 평형상태로 복귀하려고 하기 때문에 **시간이 경과되면서 비행기 진동의 진폭이 감소**된다.

ⓒ 음의 동적 안정성 : 발산진동
- 평형상태에서 벗어난 뒤 원래의 평형상태로 돌아가려 하지만, **시간이 경과되면서 비행기 진동의 진폭이 확산(발산)**되는 것으로, 동적 불안정성이라고 한다.

ⓒ 중립의 동적 안정성 : 비감쇠진동
- 평형상태에서 벗어난 뒤 원래의 평형상태로 돌아가려 하지만, **시간이 경과되면서 비행기 진동의 진폭이 변화가 없으며**, 평형상태로 복귀할 수 없는 상태이다.

④ 세로 안정성(longitudinal stability)
- 세로 안정성은 비행기의 가로축에 대한 운동인 **피치운동(pitching)으로부터 원래 자세로 복귀**하려는 경향이다.
- 세로 안정성은 키놀이 안정성, 피칭 안정성 또는 종적 안정성이라고 한다.

⑤ 가로 안정성(lateral stability)
- 가로 안정성은 비행기의 세로축에 대한 운동인 **롤운동(rolling)으로부터 원래 자세로 복귀**하려는 경향이다.
- 가로 안정성은 옆놀이 안정성, 롤링 안정성 또는 횡적(수평) 안정성이라고 한다.

⑥ 방향 안정성(directional stability)
- 방향 안정성은 비행기의 수직축에 대한 운동인 **요운동(yawing)으로부터 원래 자세로 복귀**하려는 경향이다.

> **TIP! 상반각과 하반각의 의미**
> - **상반각(dehedral angle, 처든각)** : 동체에 주날개를 장착할 때 날개끝이 수평을 기준으로 위로 올라간 각이다.
> - **하반각(anhedral angle, 처진각)** : 동체에 주날개를 장착할 때 날개끝이 수평을 기준으로 아래로 내려간 각이다.
> - 상반각은 하반각보다 바람을 받는 면적이 더 넓어서 안정적으로 날아가므로, 상반각은 비행기의 가로 안정성을 높이는 데 기여한다.
> - 하반각은 안정성보다는 조종성을 극대화시키며, 재빠른 움직임이 중요한 전투기의 날개로 많이 사용된다.

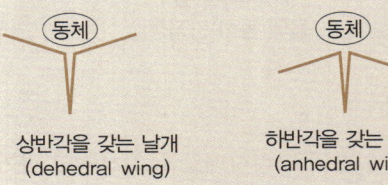

상반각을 갖는 날개 (dehedral wing)   하반각을 갖는 날개 (anhedral wing)

13 비행기의 선회(turn) 및 실속(stall)

1 비행기의 선회(turn)

① 비행기 선회의 개념

비행기가 원을 그리듯이 진로를 바꾸는 것을 의미한다.

② 선회 반경, 경사각 및 비행 속도의 관계

㉠ 선회 반경은 비행기가 선회할 때 그리게 되는 원의 반경을 말한다.

선회 반경은 다음 공식으로 표현한다.

> 선회 반경 $(R) = \dfrac{V^2}{gG}$
>
> V : 비행 속도, g : 중력가속도, G : 하중배수

> 〈선회 반경을 최소로 하는 방법〉
> ㉠ 선회 비행 속도를 최소로 한다.
> ㉡ 하중배수를 최대로 한다.
> ㉢ 경사각을 최대로 한다
> ※ 하중배수(load factor) : 비행기 날개에 걸리는 실제 하중을 비행기 중량으로 나눈 값으로 경사각이 클수록 하중배수는 증가한다.

㉡ 경사각(bank angle)은 선회비행 시 수직축을 중심으로 날개가 좌 또는 우로 기울어지는 각도를 말한다.

③ 비행기 선회의 종류

선회에는 정상선회/균형선회, 불균형 선회(내활, 외활)가 있다.

㉠ 정상선회(steady turn) 또는 균형선회(coordinated turn)

- 일정한 고도와 속도로 선회하는 것을 말한다.
- 정상선회를 하려면 **원심력(원의 외부로 가려는 힘)과 구심력(원의 중심으로 가려는 힘, 양력의 수평 방향의 힘, 양력의 수평성분, 수평양력)이 같아야** 한다.

㉡ 스키드(skid, 외활)

- **원심력이 구심력보다 더 클 때** 발생한다.
- 스키드(skid)가 발생하면 정상선회의 안쪽으로 들어간다.
- 주로 경사각이 너무 부족하거나 (회전 반경이 너무 크거나) 러더(rudder)의 조작량이 너무 클 때 일어나기 쉽다.

ⓒ 슬립(slip, 내활)

- **구심력이 원심력보다 더 클 때** 발생한다.
- 슬립(slip)이 발생하면 비행기는 정상선회의 바깥쪽으로 나간다.
- 주로 경사각이 너무 크거나 (회전 반경이 너무 작거나) 러더(rudder)의 조작량이 너무 작을 때 일어나기 쉽다.

	균형(정상)선회	내활(slip)	외활(skid)
우회전 시 윗모습			
우회전 시 뒷모습			
선회 경사계			

 비행기를 선회(turn) 시키는 힘은 무엇인가?

구심력이다. 구심력은 양력의 수평 성분, 양력의 수평 방향의 힘 또는 수평양력이라고 불린다.

④ 역요/역편요(adverse yaw)

- 역요/역편요는 **비행기의 기수가 선회 방향과 반대인 방향으로 틀어져 있는 움직임**을 말한다.
- 조종사가 선회하려는 방향과 반대 방향으로 요운동(yawing) 하려는 현상이다.
- 역요는 왼쪽 날개와 오른쪽 날개의 서로 다른 항력의 결과로 발생한다.
- 역요를 방지하기 위한 효율적인 방법은 **적절한 러더(rudder)의 사용**이다.

2 비행기의 실속(stall)

① 실속의 개념
- 실속(失速, stall)은 날개골의 앞전 또는 뒷전에서 **경계층이 박리**되어 **양력 감소와 항력 증가**로 인해 비행 성능이 저하되는 것을 말한다. 즉, 실속은 비행기를 띄우는 양력이 급격히 떨어지는 현상이다.

② 실속각
- **실속이 일어나는 받음각**을 말한다
- 날개의 양력은 받음각이 커지면서 함께 증가하는데, 이렇게 증가하다가 급격히 양력이 감소하고 항력이 증가하게 되는 받음각을 실속각이라 한다.

③ 실속현상의 원인
- 비행기의 받음각을 임계 받음각 이상으로 지나치게 높인 경우

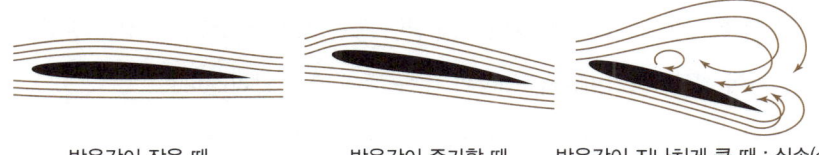

받음각이 작을 때   받음각이 증가할 때   받음각이 지나치게 클 때 : 실속(stall) 발생

- 비행기의 속도가 기준 이하로 감소되는 경우
- 지나친 급선회를 하는 경우
    - 충격실속(shock stall) : 초음속 비행 시 날개 위에서 수직충격파가 발생하면 조파항력과 함께 경계층 박리로 인한 양력 손실에 의하여 실속이 발생한다.

④ 비행기의 스핀(spin) 현상
- 비행기가 실속상태에 빠질 때, **좌우날개의 불평형 때문에** 어느 한쪽 날개가 먼저 실속상태에 들어가 회전하면서 수직강하하는 현상이다.
- 스핀현상은 자동회전(auto rotation, 자동활공비행)과 수직 강하가 조합된 비행이다.

> **TIP! 비행기의 버핏(buffet) 현상**
> 저속 버핏은 비행기가 실속하게 되어 공기 흐름이 박리되면, 그 와류(vortex)가 날개를 진동시키는 현상이다. 고속 버핏은 비행기 속도가 음속 부근이 되면 충격파가 발생하고, 이로 인하여 흐름이 떨어지게 되어 기체가 진동하는 현상이다. 따라서 버핏 현상이 발생하면 실속이 일어나는 징조임을 나타낸다.

14 비행기의 비행 단계별 특징

비행기의 비행 과정은 이륙, 상승, 순항, 하강, 착륙 등 아래와 같은 5단계로 진행된다.

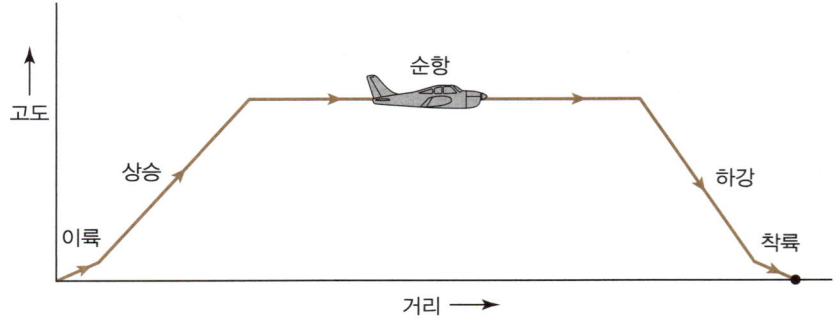

① 이륙(take-off) 단계
- 이륙은 비행기가 활주로에서 가속되면서 양력을 얻어 공중으로 떠오르는 과정을 말한다.
- 이륙속도는 비행기의 기종, 크기, 무게, 풍향과 풍속 등에 따라 달라진다.
- 이륙속도는 V_1(이륙결심속도), V_R(이륙전환속도, 기수를 들 수 있는 최소 속도로서 충분한 양력을 얻었다고 판단되는 속도), V_2(이륙안전속도, 안전하게 상승할 수 있는 속도) 등 3단계로 구분한다.
- 이륙안전속도(V_2)의 제트비행기에 대한 장애물 고도는 35ft(10.7m)이다.
  - 이륙거리는 **지상활주거리, 전이거리, 상승거리**로 구성된다.
    (이륙거리=지상활주거리+전이거리+상승거리)
- 이륙할 때는 가능한 한 짧은 지상활주거리로 이륙에 필요한 속도에 도달하는 것이 필요하다.
- 이륙할 때 비행기에 **맞바람(정풍)이 불면** 보다 짧은 지상활주거리로도 이륙이 가능하다.

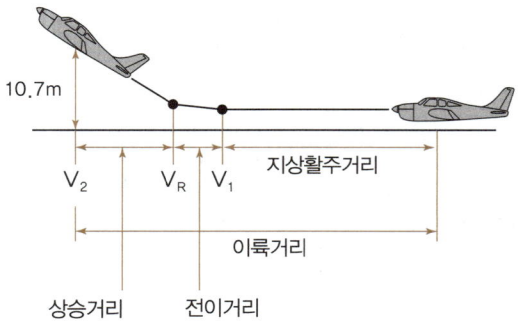

- 이륙거리를 줄이는 방법
    - 엔진의 추력을 크게 한다.
    - 비행기 무게를 가볍게 한다.
    - 슬랫, 플랩과 같은 고양력장치를 사용한다.
    - 정풍(맞바람)을 활용한다.
    - 마찰계수를 작게 한다.

② 상승(climb) 단계
- 비행기가 이륙 단계를 거친 후, 정상 비행고도(순항고도)까지 지속적으로 고도를 높이는 과정을 말한다.
- 조종간을 당겨서 승강키를 움직여 기수를 올리면, 주날개의 받음각이 커져서 양력이 증가하지만 항력도 커지므로 비행 속도는 감소한다.
- 조종간을 당기면서 엔진 스로틀을 밀어 올리면, 엔진 출력이 상승해 추력이 높아져서 다시 속도를 높일 수 있다.
- 또한 플랩(flap)을 이용해 양력을 증가시킬 수도 있다.

③ 순항(cruise) 단계
- 상승이 끝나게 되면, 다시 승강키를 원상태로 하고 비행기는 특별한 이유가 없는 한 등속 수평비행으로 목적지까지 순항비행을 하게 된다. 이때의 속도를 순항속도(cruise speed)라고 하며, 비행기의 성능에 따라 고속 순항속도 및 장거리 순항속도로 비행하게 된다.
- 고속 순항은 마하수 0.80~0.84로, 장거리 순항은 마하수 0.62~0.65로 비행하는 것을 말한다.
- 등속 수평비행을 하면, 비행기는 연료를 소비하므로 점점 가벼워지므로 장시간 비행을 하면 양력이 중력보다 커지므로 어느 순간 비행기는 상승한다.
- 장거리 여객기라면 기체 중량의 절반 이상을 연료가 차지해서 연료 소비에 따른 중량 변화가 크므로 자동조종장치에 비행 속도와 고도를 지정해 컴퓨터가 자동으로 균형을 잡아서 수평 비행을 유지한다.
- 수평 비행을 하면서도 비행 속도를 변화시킬 수 있다. 즉 승강키를 올려서 주날개 받음각을 크게 만들면서 동시에 엔진 출력을 낮추면 저속으로 수평 비행을 할 수 있다.
- 또한 승강키를 조금씩 내려서 받음각을 줄이면서 엔진 출력을 최대로 하면, 최고 속도로 수평 비행할 수도 있다.

④ 진입/접근(approach)/하강(descent)
- 비행기가 순항 단계에서 고도를 낮추어 착륙지점에 이르는 단계이다.
- 관제탑의 허가와 유도에 의해서 하강이 이루어진다.
- 승강키가 내려가면 주날개의 받음각이 작아져서 양력이 감소하고, 비행기는 하강한다.
- 주날개 받음각이 작아지면 공기 저항이 감소해서 비행 속도가 빨라지지만, 엔진 출력을 줄이고 플랩을 약간 내려서 하강률을 조절할 수 있다.

⑤ 착륙(landing)
- 비행 중이던 비행기가 고도를 낮추어 지면 또는 활주로에 착지하는 것을 말한다.
- 속도를 줄이고 하강하던 비행기는 랜딩기어(바퀴)를 펴고 관제탑의 유도에 의해 활주로를 따라 착륙하게 된다.
- 착륙거리는 공중 수평거리, 자유활주거리, 브레이크 제동거리로 구성된다.
  (착륙거리=공중 수평거리+자유활주거리+브레이크 제동거리)
- 착륙거리를 짧게 하기 위한 조건
  - **접지속도를 작게 한다.**
  - 비행기 무게를 가볍게 한다.
  - **고항력장치(스포일러)를 사용한다.**

15 헬리콥터의 비행 원리

1 헬리콥터의 개념

① 헬리콥터는 로터(rotor, 회전날개)를 엔진(engine)으로 회전시켜 발생하는 양력과 추력으로 비행하는 항공기로서, 회전익 항공기(rotor craft) 또는 헬기라고 한다.

② 헬리콥터의 로터가 회전하면 로터 아래쪽의 압력이 높아지면서 상대적으로 압력이 낮은 위쪽으로 양력이 발생한다.

③ 정지, 상승, 하강 등은 로터 블레이드의 각을 조절하여 진행한다.

④ 헬리콥터 역시 비행기에서 작용하는 네 가지 힘, 즉 양력(lift), 중력(gravity), 추력(thrust), 항력(drag)이 작용하며, 원하는 비행 방향으로 로터(rotor)를 기울인다.

2 헬리콥터의 종류

헬리콥터는 토크(torque, 회전력)를 상쇄하는 방법에 따라 다음과 같이 나눌 수 있다.

▲ 단일 로터식　　▲ 텐덤 로터식　　▲ 양측 로터식

▲ 동축 로터식　　▲ 교차 로터식

① 단일 로터식 헬리콥터(single rotor helicopter)
- 가장 대중적으로 사용하고 있는 헬리콥터이다.
- 1개의 메인 로터(main rotor)를 기체 위에 장착하고, **꼬리 부분에 테일 로터(tail rotor)**를 달아서 토크를 상쇄한다.
- 메인 로터(main rotor)가 반시계 방향으로 돌게 되면 **동체는** 뉴턴의 제3법칙(작용과 반작용의 법칙)에 의해 **시계 방향의 토크(torque, 회전력)를 받아** 메인로터의 회전 방향과 반대로 회전하기 시작한다. 이때 **꼬리날개**를 왼쪽 측면에 설치하여 왼쪽으로 공기를 밀어내면 **반작용력(antitorque, 반토크)**이 헬기 꼬리의 오른쪽으로 작용하면서 시계 방향의 토크를 상쇄시켜 동체가 돌지 않고 가만히 있을 수 있다.

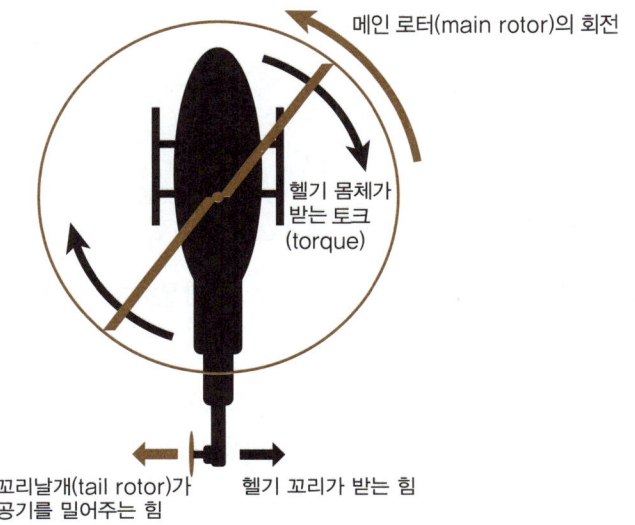

② 트윈 로터식 헬리콥터(twin rotor helicopter)
- **2개의 메인 로터를 장착하고, 서로 반대 방향으로 회전**시켜서 토크를 상쇄한다.
- 테일 로터가 없다.
- 트윈 로터에는 탠덤 로터(tandem rotor), 양측 로터(side-by-side rotor), 동축 로터(coaxial rotor), 교차 로터(intermeshing rotor) 등이 있다.

㉠ 탠덤 로터식 헬리콥터(tandem rotor helicopter)
- **2개의 앞뒤 메인 로터**를 가지는 방식이다.
- 직렬 로터식 헬리콥터라고도 한다.
- 무게 중심의 이동 범위가 크므로 하중의 배치가 용이하다.
- 가로 안정성이 나쁘다.

㉡ 양측 로터식 헬리콥터(side-by-side rotor helicopter)
- **2개의 좌우 메인 로터**를 가지는 방식이다.
- 병렬로터식 헬리콥터라고도 한다.
- 가로 안정성이 좋고, 양력 발생이 크다.
- 기체의 길이를 짧게 할 수 있다.
- 전체적으로 기체가 커져서 항력이 커진다.

㉢ 동축 로터식 헬리콥터(coaxial rotor helicopter)
- **2개의 상하 메인 로터**를 가지는 방식이다.

㉣ 교차 로터식 헬리콥터(intermeshing rotor helicopter)
- **2개의 교차 메인 로터**를 가지는 방식이다.

3 헬리콥터의 비행 특성

① 헬기는 고정익 항공기에게 필수적인 활주로가 필요 없다.
② **공중 정지비행, 즉 호버링(hovering)** 하면서 다양한 임무를 수행할 수 있다.
- 헬기가 호버링 하는 동안 양력과 추력, 항력과 무게는 동일 방향으로 작용하며, 양력과 추력의 합은 무게와 항력의 합과 같다.
③ 호버링 상태에서 추력을 증가시켜 양력과 추력의 합이 항력과 무게의 합보다 크면 헬기는 **상승비행을 시작**하고, 반대로 추력을 감소시켜 양력과 추력의 합이 항력과 무게의 합보다 작으면 헬기는 **하강비행을 시작**한다.

④ 헬기를 **좌우로 기울였을 때**, 양력과 무게의 크기는 같고 추력이 항력보다 크다면 헬기는 로터 회전면이 기울어진 방향으로 **수평 횡진(좌우) 비행**을 시작한다.

⑤ 헬기를 **앞뒤로 기울였을 때**, 양력과 무게의 크기는 같고 추력이 항력보다 크다면 **전후진 비행을 시작**한다.

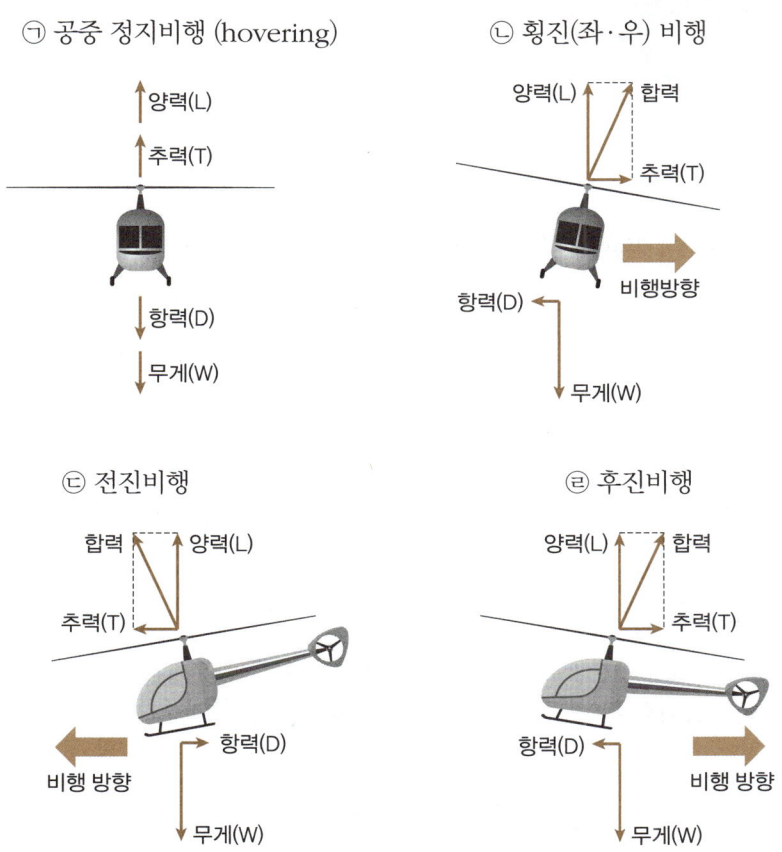

⑥ 헬기가 고장나 엔진이 정지하면 자동으로 엔진의 구동축과 로터 시스템이 분리되어서 **자동회전(auto rotation, 자동활공비행)**이 가능하다.

> **TIP!** 헬리콥터의 소음은 주로 회전날개인 로터(rotor)의 소리이다.
>
> 헬기에서 발생하는 큰 소리는 거대한 로터 블레이드가 회전하면서 공기의 흐름을 연속으로 강타하기 때문에 나는 소리인데, 소음 문제와 은밀한 접근을 어렵게 한다. 따라서 최근에 개발된 헬기들은 이를 극복하고자 다양한 노력을 기울이고 있다. 미국의 아파치헬기의 경우 로터 블레이드를 신소재로 대폭 경량화함과 동시에 로터 블레이드 끝에 공기역학적 설계를 적용하여 헬기 특유의 공기 파쇄음을 감소시키고 있다.

4 헬리콥터의 조종장치

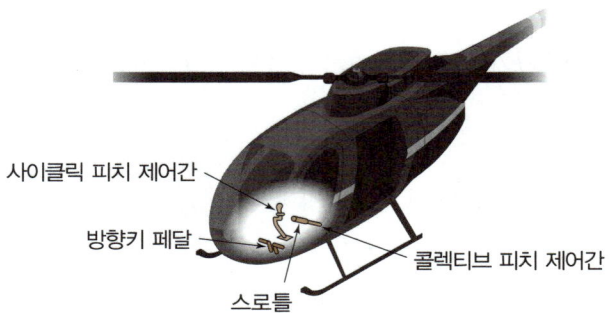

① 콜렉티브 피치(collective pitch) 제어간
- 메인로터의 블레이드 피치각을 **동시에 변화(증가 또는 감소)**시켜 수직 **상승 및 하강** 운동을 수행한다.
- 헬기의 양력을 증감시킨다.
- 스로틀은 엔진 출력을 조정한다.
- 최근의 헬리콥터 기종 중에는 콜렉티브 피치 제어간을 조작하면 스로틀도 함께 조작되는 기종도 있다.

② 사이클릭 피치(cyclic pitch) 제어간
- 메인로터의 블레이드 피치각을 **주기적으로 변화시켜, 회전면을 기울여서** 롤운동(rolling)과 피치운동(pitching)을 수행하여 전후진비행과 좌우비행을 수행한다.

③ 방향키 페달(rudder pedal)
- 방향키 페달을 조작하여 테일로터의 피치를 조종함으로써 **요운동(yawing)을 수행**하여 헬기의 기수를 좌우 방향으로 회전하게 한다.

PART 2 비행이론
적중예상문제

01 항공기가 등속 수평비행을 하는 조건식으로 옳은 것은? (단, 양력=L, 항력=D, 추력=T, 중력=W이다.)

① L>W, T>D ② L=W, T=D
③ L>D, W<T ④ L=T, W=D

해설
- 비행기에 작용하는 힘에는 4가지의 힘(추력, 항력, 양력, 중력)이 있다.
- 등속비행은 일정속도 비행, 즉 추력=항력
- 수평비행은 고도 변화가 없는 비행, 즉 양력=중력
- 따라서 등속 수평비행은 양력=중력, 추력=항력

02 비행기 날개에 작용하는 양력을 증가시키기 위한 방법이 아닌 것은?

① 양력계수를 최대로 한다.
② 항공기의 속도를 증가시킨다.
③ 주변 유체의 밀도를 증가시킨다.
④ 날개의 면적을 최소로 한다.

해설

L=양력, ρ=공기 밀도, V=비행 속도, C_L=양력계수, S=날개면적

양력은 양력계수(C_L)가 커지면 증가하고, 밀도(ρ)가 커지면 증가하고, 날개 면적(S)이 커지면 증가하고, 비행 속도(V)가 커지면 속도의 제곱으로 증가한다.

03 정상흐름의 베르누이 정리에 대한 설명으로 옳은 것은?

① 전압과 동압의 합은 일정하다.
② 동압과 정압의 합은 일정하다.
③ 전압과 정압의 합은 일정하다.
④ 동압과 정압의 차는 일정하다.

해설
정상흐름의 베르누이 정리 : 동압과 정압의 합은 일정하다.

04 비행기가 2500m 상공에서 양항비 8인 상태로 활공한다면 최대 수평활공거리는 몇 m인가?

① 1000 ② 2000
③ 5000 ④ 20000

해설
양항비(양력항력비)=양력/항력=활공거리/활공높이
∴ 8=활공거리/활공높이=활공거리/2500m
활공거리=2500m×8=20000m

05 비행기가 평형상태에서 이탈된 후, 평형상태와 이탈상태를 반복하면서 그 변화의 진폭이 시간의 경과에 따라 발산하는 경우를 가장 옳게 설명한 것은?

① 정적으로 안정하고, 동적으로도 안정하다.
② 정적으로 불안정하고, 동적으로는 안정하다.
③ 정적으로 안정하고, 동적으로는 불안정하다.
④ 정적으로 불안정하고, 동적으로도 불안정하다.

정답 : 01. ② 02. ④ 03. ② 04. ④ 05. ③

> **해설**
>
> 물체의 동적 안정성을 고려할 때는 물체가 갖고 있는 양의 정적 안정성을 함께 고려한다. 이탈상태와 평형상태를 반복하므로 정적 안정성이 있고, 변화의 진폭이 시간의 경과에 따라 발산(확산)하므로 동적 불안정성이 있다.

06 비행기의 조종성과 안정성에 대한 설명으로 가장 옳은 것은?

① 조종성과 안정성은 상호 보완 관계이다.
② 비행기 설계 시 조종성을 위해서는 안정성은 무시해도 좋다.
③ 비행기 설계 시 안정성을 위해서는 조종성은 무시해도 좋다.
④ 조종성과 안정성은 서로 상반 관계이다.

> **해설**
>
> 비행기의 안정성과 조종성은 반비례한다. 즉 서로 상반관계이다.

07 비행기의 수직꼬리날개 앞 동체에 설치된 도살 핀(dorsal fin)으로 인하여 주로 향상되는 것은?

① 방향 안정성   ② 추력효율
③ 세로 안전성   ④ 가로 안정성

> **해설**
>
> 수직꼬리날개(수직 안정판) 앞 동체에는 지느러미 모양의 도살 핀(dorsal fin)이 있으며, 도살 핀은 비행 시에 방향 안정성을 향상시켜준다.

08 비행기의 방향 안정에 일차적으로 영향을 주는 것은?

① 수평꼬리날개   ② 수직꼬리날개
③ 플랩   ④ 날개의 처든각

> **해설**
>
> 수직꼬리날개의 뒤쪽에 위치한 방향키(rudder)는 요(yaw)축을 조절하여 비행기의 방향 전환 등을 조종한다.

09 항공기의 주날개를 처든각(dihedral angle, 상반각)으로 하는 주된 목적은?

① 익단 실속을 방지할 수 있다.
② 임계 마하수를 높일 수 있다.
③ 피칭 모멘트를 증가시킬 수 있다.
④ 가로 안정성을 높일 수 있다.

> **해설**
>
> 상반각(dehedral angle, 처든각)은 동체에 주날개를 장착할 때 날개끝이 수평을 기준으로 위로 올라간 각이다. 상반각은 하반각보다 바람을 받는 면적이 더 넓어서 안정적으로 날아가므로, 상반각은 항공기의 가로 안정성을 높이는 데 기여한다.

10 선회비행 성능에 대한 설명으로 틀린 것은?

① 선회반경을 최소로 하기 위해서는 비행 속도를 최소로 하고, 경사각 또한 최소로 하는 것이 좋다.
② 정상선회를 하려면 원심력과 양력의 수평성분이 같아야 한다.
③ 원심력이 양력의 수평성분인 구심력보다 더 크면 스키드(skid)가 나타난다.
④ 슬립(slip)은 경사각이 너무 크거나 방향키의 조작량이 부족할 경우 일어나기 쉽다.

> **해설**
>
> • 선회반경(반지름)과의 비례요소=비행속도
> • 선회반경(반지름)과의 반비례요소=중력가속도, 경사각
> • 선회반경을 최소로 하기 위해서는 경사각(선회각)을 최대로 하여야 한다.

정답 : 06. ④ 07. ① 08. ② 09. ④ 10. ①

11 비행기의 선회반지름을 줄이기 위한 방법으로 옳은 것은?

① 선회속도를 크게 한다.
② 날개면적을 작게 한다.
③ 중력가속도를 작게 한다.
④ 선회각을 크게 한다.

> **해설**
>
> 10번 해설 참고

12 피토관 및 정압공에서 받은 공기압의 차압으로 속도계가 지시하는 속도를 무엇이라고 하는가?

① 진대기속도(TAS)
② 지시대기속도(IAS)
③ 등가대기속도(EAS)
④ 수정대기속도(CAS)

> **해설**
>
> - 대기속도계는 '전압과 정압의 차이'인 동압을 이용하여 속도를 측정한다.
> - 대기속도계가 지시하는 속도는 지시대기속도(IAS; Indicated AirSpeed)이다.

13 유체의 흐름과 관련하여 동압에 대한 설명으로 옳은 것은?

① 속도의 제곱에 비례하고, 밀도에 비례한다.
② 속도와 밀도에 반비례한다.
③ 속도에 비례하고, 밀도에는 반비례한다.
④ 속도에 비례하고, 밀도의 제곱에 비례한다.

> **해설**
>
> 동압(속도압)= $\frac{\rho V^2}{2}$ (ρ : 밀도, V : 속도)

14 다음 중 항공기의 부조종면 또는 2차 조종면은?

① 승강키(elevator) ② 플랩(flap)
③ 방향키(rudder)   ④ 도움날개(aileron)

> **해설**
>
> - 비행기의 주조종면 또는 1차 조종면에는 도움날개(aileron, 보조익), 승강키(elevator), 방향키(rudder)가 있다.
> - 부조종면에는 고양력장치(플랩, 슬랫, 슬롯), 고항력장치(스포일러), 조종력 경감장치(트림 탭, 균형 탭) 등이 있다.

15 비행기의 기준축과 각축에 대한 회전 각운동에 대해 옳게 나열한 것은?

① x축 – 가로축 – 빗놀이(rolling)
② x축 – 수직축 – x축 – 빗놀이(rolling)
③ z축 – 수직축 – z축 – 키놀이(pitching)
④ y축 – 가로축 – 키놀이(pitching)

> **해설**
>
> - x축 – 세로축 – 옆놀이(rolling) – 도움날개(aileron)
> - y축 – 가로축 – 키놀이(pitching) – 승강키(elevator)
> - z축 – 수직축 – 빗놀이(yawing) – 방향키(rudder)

16 주조종면 또는 1차 조종면(primary control surface)의 목적이 아닌 것은?

① 방향을 조종한다.
② 이착륙거리를 단축시킨다.
③ 가로운동을 조종한다.
④ 상승과 하강을 조종한다.

> **해설**
>
> 비행기의 주조종면 또는 1차 조종면에는 도움날개(aileron, 보조익), 승강키(elevator), 방향키(rudder)가 있다.

정답 : 11. ④ 12. ② 13. ① 14. ② 15. ④ 16. ②

17 방향키(rudder)에 대한 설명으로 옳은 것은?

① 이륙이나 착륙기 비행기의 양력을 증가시켜 주는 데 목적이 있다.

② 비행기의 세로축을 중심으로 옆놀이 운동(rolling)을 조종하는 데 주로 사용되는 조종면이다.

③ 비행기의 가로축을 중심으로 키놀이 운동(pitching)을 조종하는 데 주로 사용되는 조종면이다.

④ 좌우 방향 전환의 조종 목적뿐만 아니라 옆바람이나 도움날개의 조종에 따른 빗놀이 모멘트를 상쇄하기 위해서 사용된다.

> **해설**
> 방향키(rudder)는 좌우 방향 전환의 조종 목적이나 빗놀이 모멘트를 상쇄하기 위해 사용된다.
> ① 플랩(flap)에 대한 설명
> ② 도움날개(aileron)에 대한 설명
> ③ 승강키(elevator)에 대한 설명

18 세미모노코크(semi monocoque) 구조에 대한 설명으로 틀린 것은?

① 뼈대가 모든 하중을 담당한다.

② 트러스 구조보다 복잡하다.

③ 하중의 일부를 외피가 담당한다.

④ 외피, 프레임, 정형재, 스트링거, 세로대 등으로 구성된다.

> **해설**
> 세미모노코크 구조는 외피는 일부분의 하중만을 담당하고, 나머지 하중은 골격(뼈대)이 담당한다.

19 모노코크 구조의 항공기에서 동체에 가해지는 대부분의 하중을 담당하는 부재는?

① 정형재(former)

② 스트링어(stringer)

③ 벌크헤드(bulkhead)

④ 외피(skin)

> **해설**
> 모노코크 구조에서 외피는 대부분의 하중을 담당하므로 두꺼워야 한다.

20 가스터빈엔진에서 윤활유의 구비 조건이 아닌 것은?

① 점도지수가 낮아야 한다.

② 유동점이 낮아야 한다.

③ 부식성이 낮아야 한다.

④ 화학 안정성이 높아야 한다.

> **해설**
> 가스터빈엔진에서 사용되는 윤활유는 점도지수가 커야 한다.

21 항공기 이륙거리를 짧게 하기 위한 방법으로 옳은 것은?

① 항공기 무게를 증가시켜 양력을 높인다.

② 이륙 시 플랩이 항력 증가의 요인이 되므로 플랩을 사용하지 않는다.

③ 엔진의 추력을 가능한 최소가 되도록 하여 효율을 높인다.

④ 정풍(head wind)을 받으면서 이륙한다.

> **해설**
> 〈이륙거리를 줄이는 방법〉
> • 엔진의 추력을 크게 한다. • 비행기 무게를 가볍게 한다.
> • 슬랫, 플랩과 같은 고양력장치를 사용한다.
> • 정풍비행(맞바람)을 활용한다.
> • 마찰계수를 작게 한다.

정답: 17. ④ 18. ① 19. ③ 20. ① 21. ④

22 왕복기관에서 동력을 발생시키는 행정은?

① 흡입행정
② 압축행정
③ 배기행정
④ 팽창행정

> 해설

왕복엔진의 4행정 중 팽창(폭발)행정에서 동력을 발생시킨다.

23 대형 제트기에서 착륙 시 스포일러를 사용하는 가장 큰 이유는?

① 저항을 감소시키기 위하여
② 버핏 현상을 방지하기 위하여
③ 비행기의 착륙 무게를 가볍게 하기 위하여
④ 항력을 증가시키기 위하여

> 해설

스포일러(spoiler)는 날개 위쪽의 공기 흐름을 교란시켜 양력을 감소시키고 항력을 증가시키는 역할을 한다. 스포일러는 항력 증가로 속도가 감소하기 때문에 착륙 후 지상 활주거리를 단축시킬 수 있다.

24 항공기에서 복합재료를 사용하는 주된 이유는?

① 재료를 구하기가 쉽다.
② 재질 표면에 착색이 쉽다.
③ 무게당 강도가 크고, 가볍다.
④ 재료의 가공 및 취급이 쉽다.

> 해설

복합재료는 2가지 이상의 재료를 일체화하여 우수한 성질을 갖도록 한 합성재료로써 무게당 강도가 크고 가벼운 장점이 있다.

25 받음각(angle of attack)에 대한 설명으로 옳은 것은?

① 후퇴각과 취부각의 차
② 동체 중심선과 시위선이 이루는 각
③ 날개골의 시위선과 상대풍이 이루는 각
④ 날개 중심선과 시위선이 이루는 각

> 해설

받음각(영각, AOA; Angle of Attack)은 시위선과 상대풍이 이루는 각도를 말한다. 상대풍은 날개골을 향하여 불어오는 바람을 말하며, 항상 비행의 방향과 평행하게 반대 방향으로 작용한다.

26 다음 중 양력(L)을 옳게 표현한 것은? (단, ρ = 공기 밀도, V=비행 속도, C_L=양력계수, S=날개면적)

① $L = \frac{1}{2} C_L \rho V^2 S$ ② $L = \frac{1}{2} C_L^2 \rho V^2 S$
③ $L = \frac{1}{2} C_L^2 \rho V S^2$ ④ $L = \frac{1}{2} C_L \rho V S^2$

> 해설

양력은 양력계수(C_L)가 커지면 증가하고, 공기 밀도(ρ)가 커지면 증가하고, 날개 면적(S)이 커지면 증가하고, 비행 속도(V)가 커지면 속도의 제곱으로 증가한다.

27 공기가 날개에 부딪히는 각도에 따라 변하면서 발생되는 것으로 항력과 수직을 이루는 것은?

① 회전력   ② 마찰력
③ 조파력   ④ 양력

> 해설

유체의 흐름에 대해 물체가 수직 방향으로 받는 힘이다.

정답: 22. ④ 23. ④ 24. ③ 25. ③ 26. ① 27. ④

28 날개에 양력이 발생하는 이유를 설명한 것으로 옳은 것은?

① 날개 앞전이 원 모양을 갖고 있기 때문이다.
② 날개 윗면에서는 유속이 빠르고 아랫면에서는 유속이 느리기 때문이다.
③ 날개 윗면과 아랫면의 압력이 같기 때문이다.
④ 날개 앞전의 속도가 뒷전보다 빠르기 때문이다.

해설
- 양력 발생의 원리는 베르누이 정리와 뉴턴의 제3법칙(작용–반작용의 법칙)으로 설명된다.
- 베르누이 정리 : 날개 윗면에서는 유속이 빠르고 아랫면에서는 유속이 느리기 때문이다.

29 3차원 날개에 양력이 발생하면 날개끝에서 수직 방향으로 하향 흐름이 만들어지는데, 이 흐름에 의해 발생하는 항력은 무엇이라 하는가?

① 형상항력   ② 유도항력
③ 간섭항력   ④ 조파항력

해설
- 유도항력은 양력이 발생하면 필연적으로 유도(induced) 되는 항력이다.
- 유도항력은 보통 날개끝에서 실속으로 생기는 와류(vortex, 소용돌이) 때문에 생기는 항력이다.
- 유도항력은 비행기의 진행을 방해하므로 윙렛(winglet)으로 줄인다.

30 비행기가 아음속으로 비행할 때 날개에 발생되는 항력이 아닌 것은?

① 압력항력   ② 조파항력
③ 마찰항력   ④ 유도항력

해설
조파항력은 초음속 충격파에 의해 생기는 항력이다.

31 다음 중 유해항력(parasite drag)이 아닌 것은?

① 압력항력   ② 마찰항력
③ 유도항력   ④ 형상항력

해설
- 유해항력은 비행기 관점에서 양력과 관계가 없는 항력을 말한다.
- 유해항력에는 압력항력, 마찰항력, 형상항력, 조파항력, 간섭항력 등이 있다.

32 항력에 대한 설명으로 틀린 것은?

① 압력항력의 크기는 물체의 형상에 따라 달라진다.
② 공기와 물체의 마찰력이 클수록 마찰항력은 감소한다.
③ 압력항력과 마찰항력을 합쳐서 형상항력이라 한다.
④ 날개끝 와류와 같은 현상으로 유도항력이 발생한다.

해설
공기와 물체의 마찰력이 클수록 마찰항력은 증가한다.

33 균일한 속도로 빠르게 흐르는 공기의 흐름 속에 평판의 앞전으로부터 생기는 경계층의 종류를 순서대로 옳게 배열한 것은?

① 층류 경계층→난류 경계층→천이 영역
② 층류 경계층→천이 영역→난류 경계층
③ 난류 경계층→천이 영역→층류 경계층
④ 천이 영역→층류 경계층→난류 경계층

해설
경계층 내의 흐름 상태가 층류이면 층류 경계층(laminar boundary layer), 경계층 내의 흐름 상태가 난류이면 난류 경계층(turbulent boundary layer), 층류 경계층이 어느 정도 성장해가면서 난류로 변하는데, 그 과도구간을 '천이 영역'이라고 한다.

정답 : 28. ② 29. ② 30. ② 31. ③ 32. ② 33. ②

34 물체 표면을 따라 흐르는 유체의 천이(transition) 현상을 옳게 설명한 것은?

① 층류에서 난류로 바뀌는 현상이다.
② 충격 실속이 일어나는 현상이다.
③ 층류에 박리가 일어나는 현상이다.
④ 흐름이 표면에서 떨어져 나가는 현상이다.

▶ 해설

층류에서 난류로 바뀌는 과도구간을 '천이 영역'이라고 한다.

35 항공기 주위를 흐르는 공기의 레이놀즈 수와 마하수에 대한 설명으로 틀린 것은?

① 레이놀즈 수는 공기의 속도가 증가하면 커진다.
② 마하수는 공기 중의 음속을 기준으로 나타낸다.
③ 레이놀즈 수는 공기 흐름의 점성력을 기준으로 한다.
④ 마하수는 공기의 온도가 상승하면 커진다.

▶ 해설

마하수=비행속도/음속
음속은 대기온도(공기온도)에 비례한다.
즉 대기온도(공기온도)가 높아지면 음속이 커지고, 마하수가 작아진다.
레이놀즈 수는 공기의 속도가 증가하면 커지고, 공기흐름의 점성력을 기준으로 한다.

36 항공기 속도와 음속의 비를 나타낸 무차원 수는?

① 웨버수
② 마하수
③ 하중배수
④ 레이놀즈 수

▶ 해설

마하수 = 비행속도/음속

37 레이놀즈 수(Reynolds number)의 영향을 미치는 요소가 아닌 것은?

① 유체의 밀도
② 유체의 압력
③ 유체의 흐름속도
④ 유체의 점성

▶ 해설

레이놀즈 수(Re)는 관성력과 점성력의 비를 나타내는 무차원수로 다음 식과 같이 정의된다.

$$Re = \frac{\rho VL}{\mu} = \frac{VL}{v} = \frac{관성력}{점성력}$$

ρ: 유체의 밀도, V: 유체의 평균 유속, L: 특성 길이
μ: 유체의 점도, v: 유체의 동점도(kinetic viscosity)

38 레이놀즈 수(Reynolds number)에 대한 설명으로 틀린 것은?

① 유체의 속도가 빠를수록 레이놀즈 수는 작다.
② 무차원수이다.
③ 유체의 관성력과 점성력 간의 비이다.
④ 레이놀즈 수가 낮을수록 유체의 점성이 높다.

▶ 해설

• 레이놀즈 수는 어떤 유체 흐름이 층류 또는 난류인지를 판별하는 데 주로 사용된다.
• 레이놀즈 수는 관성력과 점성력의 비를 나타내는 무차원수이다.

39 층류와 난류에 대한 설명으로 틀린 것은?

① 난류는 층류에 비해 마찰력이 크다.
② 층류에서 난류로 변하는 현상을 천이라 한다.
③ 난류 경계층은 층류 경계층보다 박리가 쉽게 일어난다.
④ 층류에서는 인접하는 유체층 사이에 유체입자의 혼합이 없고 난류에서는 혼합이 있다.

정답: 34. ① 35. ④ 36. ② 37. ② 38. ① 39. ③

> 해설

난류 경계층보다 층류 경계층에서 경계층 박리 또는 유동박리가 쉽게 일어난다.

40 날개끝 실속이 일어나는 이유에 대한 설명으로 옳은 것은?

① 날개끝 부근에서 공기의 흐름이 박리(분리)되므로
② 날개 뿌리에서 공기의 흐름이 이어지므로
③ 날개끝 부근에서 경계층을 두껍게 형성시켜 에너지를 얻으므로
④ 날개 뿌리 부근에서 경계층을 두껍게 형성시켜 에너지를 얻으므로

> 해설

날개끝 실속은 끝 부근에서 공기의 흐름이 박리(분리)되므로 발생한다.

41 날개골 앞전과 뒷전에서 공기 흐름의 박리(분리)가 발생할 때 나타나는 현상으로 옳은 것은?

① 양력이 증가한다.
② 비행 속도가 증가한다.
③ 유체입자의 운동에너지가 증가한다.
④ 항력이 증가한다.

> 해설

박리현상은 유동의 박리(분리) 현상이므로 항력이 증가함에 따라 양력이 급격히 감소한다.

42 날개의 양력은 받음각이 커지면서 함께 증가하는데, 이렇게 증가하다가 급격히 양력이 감소하게 되는 받음각을 무엇이라 하는가?

① 쳐진각   ② 영각
③ 처든각   ④ 실속각

> 해설

실속각은 실속이 일어나는 받음각을 말한다

43 유체 흐름의 떨어짐 현상(separation, 박리)에 대한 내용으로 가장 올바른 것은?

① 난류 경계층의 경우에만 발생한다.
② 난류 경계층보다 층류 경계층에서 쉽게 일어난다.
③ 층류 경계층의 경우에만 발생한다.
④ 아음속 항공기의 난류 경계층에서만 발생한다.

> 해설

경계층 박리 또는 유동 박리는 난류 경계층보다 층류 경계층에서 쉽게 일어난다.

44 다음 중 버핏(buffet) 현상을 가장 옳게 설명한 것은?

① 실속속도로 접근 시 비행기 뒷부분의 떨림 현상
② 이륙 시 나타나는 비틀림 현상
③ 착륙 시 활주로 중앙선을 벗어나려는 현상
④ 비행 중 비행기 앞부분에서 나타나는 떨림 현상

> 해설

저속 버핏은 비행기가 실속하게 되어 경계층이 박리되면, 그 와류(vortex)가 날개를 진동시키는 현상이다. 고속 버핏은 비행기 속도가 음속 부근이 되면 충격파가 발생하고, 이로 인하여 흐름이 떨어지게 되어 기체가 진동하는 현상이다. 따라서 버핏 현상이 발생하면 실속이 일어나는 징조임을 나타낸다.

정답: 40. ① 41. ④ 42. ④ 43. ② 44. ①

45 날개골(airfoil)의 정의로 옳은 것은?

① 날개가 굽은 정도
② 최대두께를 연결한 선
③ 앞전과 뒷전을 연결한 선
④ 날개의 단면

> 해설

날개골은 비행기 날개를 수직으로 자른 단면의 모양을 말하며 에어포일(airfoil, 익형)이라고도 한다.

46 날개골의 모양에 따른 특성 중 캠버에 대한 설명으로 틀린 것은?

① 받음각이 0도일 때도 캠버가 있는 날개골은 양력을 발생한다.
② 두께나 앞전 반지름이 같아도 캠버가 다르면 받음각에 대한 양력과 항력의 차이가 생긴다.
③ 저속비행기는 캠버가 큰 날개골을 이용하고 고속비행기는 캠버가 작은 날개골을 사용한다.
④ 캠버가 크면 양력은 증가하나 항력은 비례적으로 감소한다.

> 해설

- 캠버(camber, 만곡)는 시위선과 평균 캠버선의 거리이며, 날개골의 휘어진 정도를 의미한다.
- 캠버가 커질수록 양력과 항력은 커진다.

47 날개의 공력 특성을 좌우하는 날개골(airfoil) 모양의 주된 요소가 아닌 것은?

① 앞전 반지름
② 날개골의 두께
③ 가로세로비
④ 캠버의 크기

> 해설

가로세로비(aspect ratio, 종횡비)는 비행기 날개의 가로길이(span)와 세로길이(chord line, 시위선)의 비율을 말한다.

48 평균 캠버선에 대한 설명으로 옳은 것은?

① 날개골 앞부분의 끝
② 날개 두께의 2등분 점을 연결한 선
③ 날개골 뒷부분의 끝
④ 앞전과 뒷전을 연결하는 직선

> 해설

- 평균 캠버선(mean camber line)은 날개 두께의 2등분 점을 연결한 선이다.
- 캠버(camber, 만곡)는 시위선과 평균 캠버선의 거리이며, 날개골의 휘어진 정도를 의미한다.
- 최대 캠버는 캠버의 최댓값으로, 최대 캠버의 위치는 앞전에서부터 최대 캠버가 있는 지점까지의 거리이다.

49 날개의 압력중심(center of pressure)에 대한 설명으로 옳은 것은?

① 받음각의 변화에 따라 변화는 없다.
② 받음각을 작게 하면 날개 앞전 쪽으로 이동한다.
③ 날개의 캠버, 두께에 관계없이 항상 일정하다.
④ 받음각을 크게 하면 날개 앞전 쪽으로 이동한다.

> 해설

압력중심(CP; Center of Pressure, 풍압중심)은 받음각에 따라 변하며, 실제로 공력이 작용하는 지점이다. 압력중심은 받음각이 증가하면 날개골의 앞쪽으로 이동한다.

정답: 45. ④ 46. ④ 47. ③ 48. ② 49. ④

50 단일회전날개식(단일 로터식) 헬리콥터의 양력과 추력에 대한 설명으로 옳은 것은?

① 양력과 추력 모두가 주회전날개(main rotor)에 의하여 발생된다.
② 양력은 꼬리회전날개(tail rotor)에 의하여 발생되며, 추력은 주회전날개(main rotor)에 의하여 발생된다.
③ 양력은 주회전날개(main rotor)에 의하여 발생되며, 추력은 꼬리회전날개(tail rotor)에 의하여 발생된다.
④ 양력은 주회전날개(main rotor)와 꼬리회전날개에 의하여 발생되며, 추력은 꼬리회전날개(tail rotor)에 의하여 발생된다.

> 해설
- 단일회전날개식(단일 로터식) 헬리콥터는 주회전날개(main rotor)에서 양력과 추력이 모두 발생된다.
- 꼬리회전날개(tail rotor)는 토크를 상쇄시킨다.

51 고정익이나 회전익(헬리콥터·멀티콥터) 날개의 하강풍이 지면에 영향을 줌으로써 날개 아래쪽 압력이 증가되어 양력의 증가를 일으키는 현상은?

① 날개효과
② 지면효과
③ 측풍효과
④ 자동회전효과

> 해설

비행기, 무인멀티콥터, 헬리콥터, 수직이·착륙기 등이 지면 근처에서 비행할 때, 날개 아래쪽으로 향하는 유도기류(하강풍)가 지면에 의해 막히게 되며, 이로 인해 날개 아래쪽의 공기 압력이 증가하고, 위쪽의 압력과의 차이가 커지면서 양력이 증가하고 유도항력이 감소한다.

정답 : 50. ① 51. ②

memo

PART 3

학습목표

드론 운용(drone operation)은 드론과 드론 시스템, 무인멀티콥터의 구성요소, 비행 원리, 비행 절차별 특징, 인적요인 등에 관한 것이다. 드론 조종사(drone pilot)는 드론 운용을 통하여 드론과 드론 시스템의 개념, 무인멀티콥터의 주요 구성요소인 비행제어장치(FC), 다양한 센서, 모터, 프로펠러, 배터리, 통신 방식, 조종기, 비행 모드, 비행 원리, 캘리브레이션 등에 관한 것을 배우게 된다.

드론 운용
(Drone Operation)

1. 드론 및 드론 시스템의 개념
2. 드론의 분류
3. 드론의 과거·현재·미래
4. 무인멀티콥터의 특성
5. 무인멀티콥터의 구성
6. 비행 제어장치(FC; Flight Controller)
7. 센서(sensor)의 종류 및 기능
8. 모터(motor) 및 전자변속기(ESC)
9. 프로펠러(propeller)
10. 배터리(battery)의 관리
11. 무선통신 방식 및 조종기/비행 모드의 종류
12. 무인멀티콥터에 작용하는 4가지 힘
13. 무인멀티콥터의 비행 원리
14. 무인멀티콥터의 비행절차별 특징
15. 무인멀티콥터의 캘리브레이션(calibration)
16. 항공안전과 인적요인(human factors)
17. 무인수직이착륙기의 비행 원리

1 드론 및 드론 시스템의 개념

1 드론(drone)의 영어 사전적 정의

① (낮게) 웅웅거리는 소리

② (일을 하지 않는) 수벌

③ (무선 조종되는) 무인항공기, 무인비행장치

2 드론의 다양한 별칭

① 드론은 기술이 발전함에 따라 드론의 비행 특성을 반영하기 위하여 아래와 같은 다양한 별칭으로 불리고 있다.

드론(drone)	원격제어되는 무인항공기를 통칭하는 용어로 대중에게 널리 인식됨
UA	Unmanned Aircraft(무인항공기)
UAS	Unmanned Aircraft System(무인항공기시스템)
UAV	Unmanned Aerial Vehicle(무인비행장치)
RPA	Remotely Piloted Aircraft(원격조종항공기)
RPAS	Remotely Piloted Aircraft System(원격조종항공기시스템)
RPAV	Remotely Piloted Aerial Vehicle(원격조종비행장치)

② **국제민간항공기구(ICAO)**에서는 **RPA와 RPAS**를 공식 용어로 채택하고 있다.

③ 그간 우리나라에서는 '드론'이라는 용어를 법률에 규정하지 않고 드론은 초경량비행장치 중에서 '무인멀티콥터'만을 지칭하는 용어로 인식되어 왔지만, 현재는 **드론 활용의 촉진 및 기반 조성에 관한 법률**(약칭 '드론법', 2019.4.30 제정, 2020.5.1 시행) 제2조에서 드론 및 드론 시스템을 정의하고 있다.

> 현행 '드론법'에서는 향후 상용화될 드론택시 등 도심항공교통(UAM)과 저고도 무인항공기 교통관리(UTM)를 통한 유인드론 자동관제시대까지 고려하여, 그간 항공안전법 등에서 규정하지 않았던 '드론' 및 '드론 시스템'의 정의를 명확히 규정하고 있다.

3 드론(drone) 및 드론 시스템(drone system)의 법률적 정의

① '드론(drone)'이란 조종자가 탑승하지 아니한 상태로 항행할 수 있는 비행체로서 국토교통부령으로 정하는 기준〈동력을 일으키는 기계장치('발동기')가 1개 이상이고, 지상에서 비행체의 항행을 통제할 수 있을 것〉을 충족하는 다음 중 어느 하나에 해당하는 기기를 말한다. 즉 드론은 일정한 기준의 무인비행장치(무인비행기, 무인헬리콥터, 무인멀티콥터, 무인비행선)와 무인항공기 등을 포함하는 용어이다.

㉠ 「항공안전법」 제2조 제3호에 따른 무인비행장치

> '초경량비행장치' 중에서 무인비행장치로서 다음의 비행장치(항공안전법 시행규칙 제5조)
> - 무인동력비행장치 : 연료의 중량을 제외한 자체중량이 150kg 이하인 무인비행기, 무인헬리콥터, 무인멀티콥터 또는 무인수직이착륙기
> - 무인비행선 : 연료의 중량을 제외한 자체중량이 180kg 이하이고 길이가 20m 이하인 무인비행선

㉡ 「항공안전법」 제2조 제6호에 따른 무인항공기

> 무인항공기 : 사람이 탑승하지 아니하고 원격조종 등의 방법으로 비행하는 항공기

㉢ 그 밖에 원격·자동·자율 등 국토교통부령으로 정하는 방식에 따라 항행하는 비행체

> '원격·자동·자율 등 국토교통부령으로 정하는 방식에 따라 항행하는 비행체'란 다음 중 어느 하나에 해당하는 비행체를 말한다.
> 1. 외부에서 원격으로 조종할 수 있는 비행체
> 2. 외부의 원격조종 없이 사전에 지정된 경로로 자동 항행이 가능한 비행체
> 3. 항행 중 발생하는 비행환경 변화 등을 인식·판단하여 자율적으로 비행속도 및 경로 등을 변경할 수 있는 비행체

② '드론 시스템(drone system)'이란 드론의 비행이 유기적·체계적으로 이루어지기 위한 드론, 통신체계, 지상통제국(이·착륙장 및 조종인력을 포함한다), 항행관리 및 지원체계가 결합된 것을 말한다. 즉 드론 시스템은 드론을 포함하여 드론 운용에 필요한 모든 요소를 포괄하는 용어이다.

2 드론의 분류

드론(drone)은 항공안전법 시행규칙, 용도, 운용 고도, 날개 형태, 프로펠러의 개수 등에 따라 분류할 수 있다.

1 항공안전법 시행규칙에 따른 분류

항공안전법 시행규칙 제306조 제4항(신설 2020.5.27, 시행 2021.3.1)에서는 최대이륙중량과 자체중량에 따라 **무인동력비행장치(무인비행기, 무인헬리콥터, 무인멀티콥터, 무인수직이착륙기)**를 1종~4종으로 분류하고 있다.

① 1종 무인동력비행장치 : 최대이륙중량이 25kg을 초과하고 연료의 중량을 제외한 자체중량이 150kg 이하인 무인동력비행장치

② 2종 무인동력비행장치 : 최대이륙중량이 7kg을 초과하고 25kg 이하인 무인동력비행장치

③ 3종 무인동력비행장치 : 최대이륙중량이 2kg을 초과하고 7kg 이하인 무인동력비행장치

④ 4종 무인동력비행장치 : 최대이륙중량이 250g을 초과하고 2kg 이하인 무인동력비행장치

2 용도에 따른 분류

① 군사용 : 정찰용, 공격용, 폭격용, 전투용, 표적용

② 민수용 : 산업용, 공공용, 상업용, 취미용, 경기용

3 운용 고도에 따른 분류

한국산업규격(KSW 9000, 무인항공기시스템 – 제1부 : 분류 및 용어)에서는 운용 고도에 따라 다음과 같이 분류하고 있다.

분류	상승한도(km)
저고도 무인비행체	0.15
중고도 무인비행체	14
고고도 무인비행체	20
성층권 무인비행체	50

4 날개 형태에 따른 분류

① 고정익(fixed wing)형 무인항공기

- 활주로 또는 발사대를 이용하여 이륙한다.
- 고속 및 장거리 비행이 가능하다.

② 회전익(rotary wing)형 무인항공기

- 수직 이착륙 및 제자리 비행이 가능하다.
- 무인멀티콥터는 회전익형이다.

③ 무인수직이착륙기(Unmanned VTOL)

- 고정익(fixed wing) 비행장치에 수직이착륙을 위한 회전익(rotary wing)을 함께 적용한 비행장치를 의미한다.
- 무인수직이착륙기는 고정익(fixed wing)을 이용한 순항(cruise, 전진비행)이 가능하고, 또한 회전익(rotary wing)을 이용한 수직이착륙(VTOL)이 가능하다.
- 무인수직이착륙기의 종류에는 리프트 앤 크루즈(lift & cruise) 형태의 VTOL, 틸트로터(tilt rotor, 가변로터) 형태의 VTOL, 테일시터(tail-sitter) 형태의 VTOL이 있다.

5 프로펠러의 개수에 따른 분류

무인멀티콥터(unmanned multicopter)는 **프로펠러가 3개 이상**인 멀티콥터를 의미하지만, 일반적으로 짝수 개의 프로펠러를 가지고 있다.

① 트라이콥터(tricopter) : 3개의 프로펠러

② 쿼드콥터(quadcopter) : 4개의 프로펠러

③ 헥사콥터(hexacopter) : 6개의 프로펠러

④ 옥타콥터(octocopter) : 8개의 프로펠러

⑤ 도데카콥터(dodecacopter) : 12개의 프로펠러

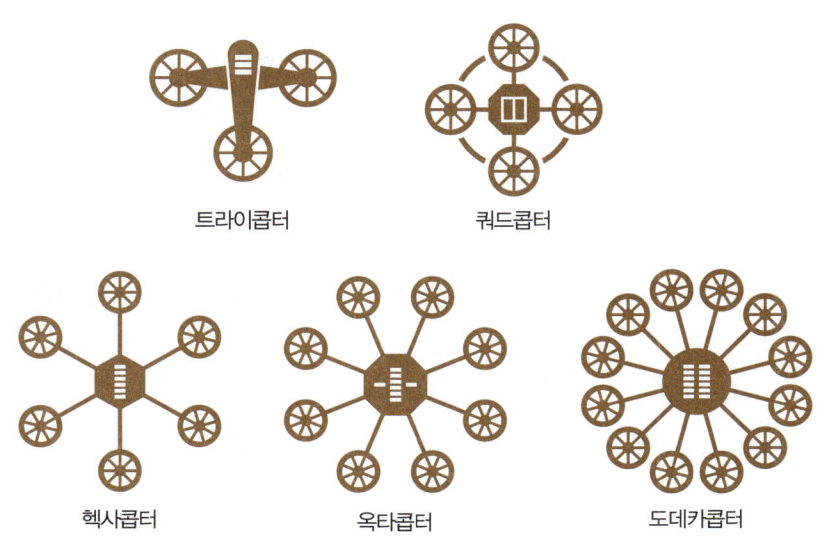

> **TIP! 숫자를 나타내는 영어 접두사**
>
> 1(mono-), 2(di- 또는 duo-), 3(tri-), 4(tetra- 또는 quad-), 5(penta-), 6(hexa-), 7(hepta-), 8(octa-), 9(nona-), 10(deca-), 11(undeca-), 12(dodeca-)

3 드론의 과거 · 현재 · 미래

1 드론의 과거

① 드론이 발전하게 된 역사적 배경에는 전쟁이 관련되어 있다. 즉 드론은 사람이 탑승하지 않아 조종사의 안전이 보장될 수 있다는 장점 때문에 군용으로 개발되었다.

② 드론의 기원은 1849년 오스트리아 군대가 이탈리아의 베니스를 침공하기 위해 개발한 무인열기구 폭탄으로 알려져 있다.

③ 제1차 및 제2차 세계대전
- 1917년 미국에서 스페리 에어리얼 토페도라는 폭탄을 장착한 무인항공기가 개발되었으나, 제1차 세계대전의 종전으로 수요가 급감하였다.
- 1922년 미국에서 최초의 원격조종 비행기인 케터링 버그가 개발되었으나 크게 관심을 끌지 못하였다.
- 1935년 영국은 DH-82B Queen Bee(퀸비)라는 세계 최초의 재사용이 가능하고 무선조종되는 군용 표적항공기(target aircraft)를 개발하였으며, 1947년까지 약 400대가 생산되었다.
- 1944년 독일의 전투용 드론(V-1)이 영국에 투입되어 900여 명이 사망하였고 35,000여 명이 부상을 당하였다.
- 미국은 V-1에 대응하기 위해 드론(PB4Y-1 및 BQ-7)을 개발하였다.

④ 베트남 전쟁(1955~1975)
- 베트남 전쟁을 거치면서 전투용 드론은 정찰용으로 이용되면서 눈부시게 발전했다.
- 미국의 'Fire Bee'는 정찰용 드론의 효시라고 한다.
- 미국에서 1960년에 스텔스 기능(레이더망에 걸리지 않는 기술)을 갖춘 드론과 마하수 4(시속 약 4,900km/h)의 속도로 비행하는 드론 'D-21'도 개발되었다.

⑤ 1980~90년대
- 이스라엘, 유럽 등 다른 나라에서도 무인기 개발을 본격적으로 시작하였다.
- 특히 이스라엘은 미국과 함께 군사용 드론 시장의 최강국으로 부상하였다.

⑥ 2000년대 이후
- 군사용 드론은 첨단 기술로 지속적으로 발전 중이고, 군사 목적 이외에도 촬영, 배송, 통신, 환경 등 다양한 분야에서 드론 시장이 빠르게 성장하고 있다.

> **TIP!** **드론(drone)이라는 용어의 등장 배경**
> 1935년 미국 해군제독 윌리엄 해리슨 스탠들리(William Harrison Standley)가 영국을 방문해 군용 표적비행체인 'DH-82B Queen Bee(퀸비, 여왕벌, 고정익 날개를 가졌음)'의 훈련 모습을 참관했으며, 미국으로 돌아와 Queen Bee(퀸비)와 같은 무인항공기 개발을 지시하였다. 그 개발 책임을 맡은 미국 해군 항공국의 델머 파니(Delmer Fahrney) 소령은 1936년 관련 보고서를 작성하면서 여왕벌을 뜻하는 Queen Bee(퀸비)에 대한 경의를 표하기 위하여 수벌을 뜻하는 '드론(drone)'이란 표현을 처음 사용하였다고 알려져 있다.

2 드론의 현재

① 군사용으로 시작된 드론(drone)의 활용이 현재는 상업용, 레저용으로 확대되고 관련 기술이 집약적으로 발전되고 있는 추세이다.

② 다양한 분야에서 드론이 도입·활용되고 있으며, 그 효용성이 높이 평가되고 있다.

③ 주요 활용 분야는 다음과 같다.
- 국토 분야 : 지적측량, 지형도 제작, 토지현황조사
- 안전 분야 : 송전탑·교량·태양광 패널 점검
- 드론스포츠 분야 : 드론 축구(drone soccer), 드론 레이싱(drone dracing), 드론 스페이스 워(drone space war)
- 재난 분야 : 산불·화재 진압, 지진, 해일, 홍수, 산사태, 실종자 수색·구조작업
  - 환경 분야 : 환경오염물질 배출·미세먼지 감시, 시료 채취, 불법 밀렵행위 감시
  - 문화 분야 : 콘텐츠 제작, 영화·방송촬영, 드론레이싱, 드론축구
  - 농수산업 분야 : 농약·비료 살포, 양식어장 관리, 적조현황조사
  - 물류·기상 분야 : 택배서비스, 기상관측

④ 현재 미국, 유럽 등 항공선진국들은 기존 항공운송수단(비행기, 헬리콥터 등)과 다른 형태와 성능으로 개발 중인 e-VTOL(electric Vertical Takeoff and Landing, 전기동력 수직이착륙기)을 활용하여 향후 5~10년 내에 도심항공교통(UAM; Urban Air Mobility)의 상용화를 목적으로 비행체 개발과 운영체계 마련을 위해 연구를 진행 중이다.

3 드론의 미래

① 드론의 발전 방향은 크게 두 가지로 구분할 수 있다.

㉠ **드론, 인공지능(AI) 및 로봇 기술이 융합할 것이다.**
- 드론은 단순한 원격 조종을 넘어 자율 비행능력 향상, 실시간 데이터 분석, 자동 물류배송, 전투 등 다양한 임무 수행이 가능해진다.

㉡ 드론이 교통수단(모빌리티, mobility)으로 발전할 것이다.
- **전기동력 수직이착륙기**(eVTOL; electric Vertical Take-Off and Landing) 및 **무인수직이**

착륙기(U-VTOL; Unmanned VTOL)를 이용하여, 도심 내의 운행을 주목적으로 하는 **도심항공교통**(UAM; Urban Air Mobility), 지역을 연결하는 지역항공교통(RAM; Rigional Air Mobility), 하늘길을 연결하는 미래/첨단항공교통(AAM; Advanced Air Mobility)이 점차 현실화될 전망이다.

- 국토교통부가 발표(2020.6.4)한 '한국형 도심항공교통(K-UAM) 로드맵'은 2025년 드론택시 서비스 도입 및 2030년부터 본격 상용화를 제시하고 있다.
- 한국형 도심항공교통(K-UAM)의 운용을 위해 한국형 도심항공교통(K-UAM) 운용개념서 1.0을 발행(2021.9)하고, '도심항공교통 활용 촉진 및 지원에 관한 법률'(2024.4.25 시행)을 제정하여 UAM 도입의 기반을 조성하고 있다.

② 드론의 발전이 가져오는 긍정적인 측면과 더불어 다양한 부정적인 문제가 대두될 것으로 예측된다.

- 드론을 이용한 공격 및 전쟁, 해킹된 드론의 범죄에의 악용, 드론의 추락위험, 사생활 침해문제 등이 예측된다.
- 드론을 활용하는 주체들이 드론의 다양한 부정적인 문제에 대한 정보를 공유하고, 안티드론(anti-drone)의 개발과 더불어 드론시장의 성장에 맞추어 관련 법규를 지속적으로 실효성 있게 정비해야 할 것이다.

4 무인멀티콥터의 특성

① 비행기, 헬리콥터 등과 같이 무인멀티콥터에도 4가지의 외력(양력, 중력, 추력, 항력)이 작용하고 있다.

② 고정익 항공기는 날개가 고정되어 있어 반드시 추력에 의해 앞으로 전진해야만 날개골(airfoil) 주변으로 흐르는 기류가 형성되면서 양력이 발생하지만, 회전익 항공기인 무인멀티콥터는 프로펠러의 회전을 통해 **유도 기류**(induced flow, 하향풍)**를 형성해 양력을 얻기 때문에**, 추력이 먼저 작용하지 않아도 양력을 발생시킬 수 있다.

③ 무인멀티콥터는 활주로 없이 **수직 이착륙과 정지 비행**(hovering, 호버링)을 할 수 있다는 장점과 속도가 상대적으로 느리다는 단점을 가지고 있다. 하지만, 고정익 비행체는 추력을 비행의 필수 요소로 사용함으로써 회전익에 비해 속도가 **빠르다는 장점**이 있지만, 수직 이착륙과 정지비행을 할 수 없다는 단점을 가지고 있다.

④ 무인멀티콥터는 통상 4개 이상의 짝수 개의 프로펠러를 장착하며, 각각의 프로펠러에 의한 반작용을 상쇄시키기 위해 인접한 프로펠러는 각각 다른 방향으로 회전한다. 프로펠러가 4개인 쿼드콥터

의 프로펠러는 기종에 따라 번호 부여 방법이 상이하지만, 우측 전방부터 반시계 방향 순서로 1번부터 번호를 매기는 경우 1번, 3번 프로펠러와 2번, 4번 프로펠러가 같은 방향으로 회전한다.

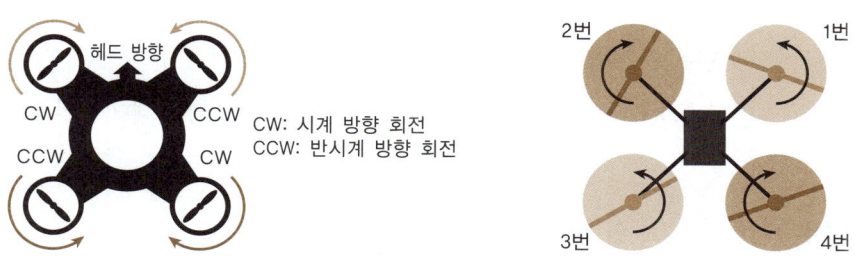

▲ 프로펠러의 회전 방향

⑤ 무인멀티콥터는 헬리콥터에 비해 훨씬 간단한 구조와 조종이 용이하며, 정보기술(IT)의 발달로 고성능 카메라 등도 장착이 가능하여 다양한 임무 수행이 가능하므로 매우 짧은 시간에 대중화되고 있다.

5 무인멀티콥터의 구성

무인멀티콥터는 일반적으로 프레임(frame), 비행제어부, 구동부, 통신부, 임무장비(payload)로 구성된다.

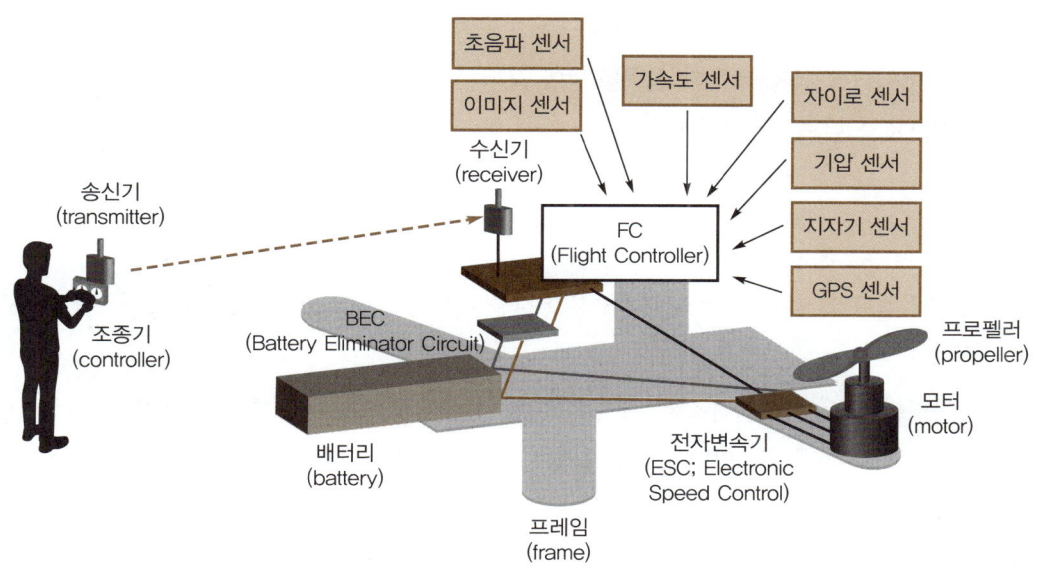

▲ 무인멀티콥터의 주요 구성요소

1 프레임(frame, 골격)

① 무인멀티콥터의 모양은 프레임의 형태에 따라 달라지며, 프레임은 무인멀티콥터의 **부품을 담는 그릇**이라고 표현된다.

② 프레임은 비행과 임무 수행을 위해 각종 센서와 부가 장치를 장착할 수 있는 기본 골격이다.

③ 프레임의 재료는 **튼튼하고, 가볍고, 저렴**해야 하므로 최근에는 탄소섬유, 유리섬유 등이 널리 사용된다.

2 비행제어부

① 비행제어부는 멀티콥터의 비행을 조종하는 부분으로 비행제어장치(FC) 및 센서(가속도 센서, 자이로 센서 등)로 구성된다.

② 비행제어장치(FC)는 컴퓨터의 **중앙처리장치(CPU)와 같은 역할**을 담당한다.

③ 비행제어장치(FC)는 수신기로부터 전달받은 명령어와 센서들이 보내온 상태추정치를 비교하여 모터의 회전속도를 계산하고, 계산된 결과들을 구동부로 전달한다.

④ 비행제어부는 변수가 많은 비행 상황에서 전력, 통신, 변속기와 모터, 좌표 등 많은 입력 데이터를 비교·분석해 각각의 구성 부분들을 자동으로 제어·관리한다.

3 구동부

① 구동부는 무인멀티콥터를 비행할 수 있도록 구동시키는 부분이다.

② 구동부는 배터리, 변속기, 모터, 프로펠러 등으로 구성된다.

③ 변속기는 비행제어장치(FC)로부터 신호를 받아 **모터를 구동**시키고, 배터리의 직류전원을 교류로 바꾸어서 BLDC 모터로 공급해 준다.

4 통신부

① 통신부는 **무인멀티콥터와 지상의 원격조종자**가 각종 데이터를 주고받는 부분으로 송신기와 수신기로 구성된다.

② 무인멀티콥터에는 지상의 원격조종기로부터 비행 명령어를 수신하는 수신기, 촬영한 사진이나 비디오를 지상으로 송신하는 비디오 송신기 및 위치, 속도, 배터리 잔량 등의 비행정보를 지상으로 송신하는 텔레메트리(telemetry) 송신기 등이 장착될 수 있다.

③ 수신기는 조종기(송신기)에서 보낸 무선 신호를 받아 비행 제어장치(FC)에 전달해 주는 역할을 하는 부품이므로, 수신기는 조종기(송신기)와 호환성이 있어야 한다.

④ 현재 시판되는 대부분의 무선 멀티콥터는 2.4기가 헤르츠(GHz) 주파수 대역에서 간섭이나 불필요한 전파를 스스로 회피하고, 지정된 송신기의 신호만 안정적으로 수신하도록 **주파수 호핑(hopping) 방식**으로 설정되어 있다.

⑤ 최근에는 무인멀티콥터에 WiFi 또는 LTE 송수신기를 탑재하기도 한다.

임무장비(payload, 페이로드)

① 멀티콥터는 카메라 등 각종 임무장비를 탑재하고 비행하면서 임무를 수행한다.

② 페이로드의 종류가 군사용이면 군사용 드론이 되고, 민수용이면 민수용 드론이 된다.

③ 멀티콥터의 사용목적에 따라 **다양한 임무장비가 탑재**되는데 카메라, 적외선 센서, 초음파 센서, 미세먼지 감지기, 가스분석기, 농약살포기, 로봇 암 등이 있다.

> TIP! **짐벌(gimbal)**
> 짐벌은 자이로스코프의 원리를 이용하여 자동으로 수직 및 수평을 잡아 카메라의 진동과 흔들림을 잡아줌으로써 안정적이고 선명한 영상을 얻게 하는 장치이다.

비행제어장치(FC; Flight Controller)

■ 비행제어장치(FC)의 개념

① 비행제어장치(FC)는 **인간의 두뇌**에 해당하는 것으로 **컴퓨터의 중앙처리장치(CPU)**와 같은 역할을 한다.

② 비행제어장치(FC)는 무선 조종기에서 보내는 조종 명령과 각종 센서들로부터 받은 정보를 바탕으로 초고속으로 현재 상태를 계산하여 파악하고, 조종자의 명령을 수행하는 장치이다.

③ 무인멀티콥터가 대중화할 수 있었던 가장 큰 이유 중 하나가 저렴하면서도 우수한 비행제어장치(FC)의 발달 때문이라고도 할 수 있다.

■ 비행제어장치(FC)의 기능 및 역할

① 무인멀티콥터에 장착되어 다양한 비행정보를 수집하고 시스템 상태를 모니터링한다.

② 비행제어장치(FC)는 무선 조종기에서 보내는 신호의 수신기와 모터를 제어하는 전자변속기(ESC) 사이에 위치하며, 수신기로 수신된 신호와 센서에서 수집된 정보를 분석하여 원하는 비행이 가능하도록 전자변속기(ESC)에 모터를 제어하도록 명령 신호를 보낸다.

3 비행제어장치(FC)의 종류
① 다양한 비행제어장치(FC)가 지속적으로 개발되어 출시되고 있다.
② 대표적인 비행제어장치(FC)에는 디제이아이(DJI)사의 나자(NAZA), 하비킹(Hobbyking)사의 KK2, 타롯(Tarot)사의 ZYX-M, 오픈파일롯(Openpilot)사의 CC3D, 3D 로보틱스(3D Robotics)사의 픽스호크(Pixhawk) 등이 있다.

7 센서(sensor)의 종류 및 기능

1 센서(sensor)의 개념과 필요성
① 센서는 물체의 움직임이나 그 특성을 감지하는 장치이다.
② 무인멀티콥터에 장착되는 센서는 위치, 고도, 속도, 방향, 장애물 등을 감지한다.
③ 센서는 무인멀티콥터를 정확하고 정밀하게 조종하고 임무수행을 위한 비행에 반드시 필요하다.

2 무인멀티콥터의 주요 센서
무인멀티콥터는 가속도 센서와 자이로 센서를 기본적으로 장착하고 있으며, 필요에 따라 추가적인 센서들을 장착하고 있다.
① 가속도 센서(acceleration sensor)
 - 가속도 센서는 센서에 가해지는 가속도(단위시간당 속도의 변화)를 측정한다.
 - 지구의 중력가속도를 기준으로 무인멀티콥터가 얼마만큼의 힘을 받고 있는지를 측정하는 센서이다.
 - 중력에 대한 상대적인 위치와 움직임을 측정하며, 수평 유지를 위한 센서이다.
② 자이로 센서(gyroscope sensor)
  • 자이로 센서는 각속도(단위시간당 회전 각도의 변화)를 측정하는 센서이다.

- 각속도를 측정하여 드론의 기울기 정보를 제공한다.
  - 무인멀티콥터의 기울기를 조절할 수 있으므로 자이로 센서는 자세 유지를 위한 센서이다.

③ 기압 센서(pressure sensor)
- 대기압을 측정하여 **고도를 계산**하는 센서이다.
- 대기압은 해수면에서의 높이에 따라 결정되므로 기압계는 해당 위치에서의 대기압을 측정하여 무인멀티콥터의 고도를 계산한다.
- 기압 센서는 고도를 계산하지만 정확도가 높지 않으므로, 대부분의 무인멀티콥터는 고도를 측정하기 위해 추가적으로 GPS 센서를 사용한다.
- GPS 센서를 사용할 수 없는 실내에서는 초음파 센서나 이미지 센서를 사용하여 정밀하게 고도를 측정하기도 한다.

④ 지자기 센서(geomagnetic sensor)
- 지구는 자기장으로 둘러싸여 있으며, 지구가 가진 자석과 같은 성질을 '지자기'라고 한다.
- 지자기 센서는 지자기의 방향을 감지하여 무인멀티콥터의 **진행 방향(방위)을 산출**하는 센서로서 '전자 컴퍼스'라고 한다.

⑤ GPS 센서
- GPS(Global Positioning System, 지구위치결정시스템) 센서는 지구 주변을 돌고 있는 인공위성과의 거리를 측정하여 **좌표(위치)와 속도를 계산**하는 센서이다.
- GPS는 3개 이상의 인공위성으로부터 수신되는 전파를 분석해 세계 어디서나 자신의 현재 위치를 정확히 파악한다. 여러 개의 위성이 제공하는 정보를 종합하면 더욱 정확한 위치 파악이 가능하기 때문에 일반적으로 3개 이상의 위성을 활용한다.
- GPS 센서의 정보를 이용하여 비행 중 제어불능상태(no control, 노콘), 낮은 배터리 충전 수준, 기체시스템 이상 등 비상상황에 빠진 무인멀티콥터가 출발 위치를 인식하여 원위치로 자동복귀(return to home, 리턴 투 홈) 기능 또는 페일 세이프(fail safe, 자동안전장치) 기능을 구현하는 데도 사용한다.
- 조종기에서 GPS 모드를 선택하면 조종기 스틱을 건드리지 않는 동안은 GPS 기반의 위치 제어를 통해 일정한 고도와 위치에서 정지 비행(hovering, 호버링) 상태로 대기한다.
  - **GPS 수신 장애의 원인**에는 자연적인 원인(태양플레어, 지자기폭풍, 날씨) 또는 인공적인 이유(전파교란, 건물, 실내) 등이 있다.

> **TIP! 지구 위성항법시스템(GNSS; Global Navigation Satellite System)**
>
> 지구 위성항법시스템(GNSS)은 인공위성을 이용하여 수신자가 위치를 결정할 수 있게 하는 시스템이다. 인공위성에서 발신된 전파를 수신기에서 수신하여 인공위성으로부터의 거리를 구하여 수신기의 위치를 결정한다. 각국에서 운용 중인 GNSS의 종류는 다음과 같다.
> - GPS(Global Positioning System) – 미국
> - 갈릴레오(Galileo positioning system) – 유럽연합
> - 글로나스(GLONASS) – 러시아
> - 베이더우(Beidou) – 중국
> - IRNSS 또는 NAVIC – 인도
> - QZSS – 일본
> - 우리나라도 한국형 위치정보시스템(KPS)을 구축 중이며, 2034년부터 서비스를 시작할 예정이다.

⑥ 이미지 센서(image sensor)
- 이미지 센서는 카메라 렌즈로 들어온 빛을 디지털 신호로 변환해 영상으로 보여주는 센서이다.
- CCD(Charge Coupled Device) 이미지 센서와 CMOS(Complementary Metal Oxide Semiconductor) 이미지 센서가 있다.

⑦ 초음파 센서(ultrasonic sensor)
- 초음파 센서는 초음파를 이용하여 **고도 또는 주변 장애물**을 감지한다.

⑧ 비전 포지셔닝 센서(vision positioning sensor)
- 이미지 센서(메인 카메라 포함), GPS/GLONASS 센서, 초음파 센서 등 다중 센서를 갖추고 장애물 판단 및 고도 측정을 하는 센서 시스템을 말한다.

> **TIP! MEMS 센서 및 IMU 센서**
>
> 미세전자기계시스템(MEMS; Micro Electro Mechanical System) 센서는 미세 가공기술(나노기술)을 이용해 제작되는 매우 작은(마이크로 또는 나노 단위) 고감도 센서를 의미하며, 나노 머신 또는 마이크로 머신이라고 한다. 또한 관성측정장치(IMU; Inertial Measurement Unit)는 비행체의 관성을 여러 가지 물리적 데이터(속도, 방향, 중력, 가속도)로 측정하는 장치이다. 관성측정장치(IMU)는 종류에 따라 가속도 센서와 자이로 센서만 있는 6축 센서 및 가속도 센서, 자이로 센서, 지자기 센서를 포함한 9축 센서가 있다. 관성측정장치(IMU) 센서는 미세전자기계시스템(MEMS) 센서의 일종이라고 할 수 있으며, 진동에 매우 민감하고 진동에 큰 영향을 받는다.

8 모터(motor) 및 전자변속기(ESC)

1 모터(motor, 전동기)의 개념

① 모터는 드론의 핵심동력이며, **전기에너지를 회전에너지(회전력)로 바꾸는** 장치이다.
② 무인멀티콥터에서 사용하는 모터는 **'브러시'의 유무에 따라** 브러시드(BDC; Brushed Direct Current) 모터와 브러시리스(BLDC; Brushless Direct Current) 모터로 구분한다.
③ 브러시드 모터는 '브러시 모터', 브러시리스 모터는 'BLDC 모터'라고 표현하기도 하며, DC는 모터를 구동시키는 전원이 직류(DC; Direct Current)라는 것을 의미한다.

2 BDC 모터의 특징

① 주로 완구용 드론에 사용된다.
② BDC 모터는 브러시가 정류자를 둘러싸고 있는 형태인데, 브러시가 정류자에 계속 전류를 공급해주므로 계속 마찰이 발생한다.
③ 장점 : 가격이 싸고, 구동 방식이 간단하다.
④ 단점 : 브러시가 마모되면 **수명이 종료되며**, 마찰열 등이 발생해 모터의 고속회전 및 장시간 회전에는 적합하지 않다.

3 BLDC 모터의 특징

① 브러시가 없으므로 마찰이 없고, 동력 저하가 없어 강력한 회전력을 요하는 중대형 드론에 많이 사용된다.
② 장점 : 브러시가 없으므로 소음이 적고, 고속회전 및 장시간 회전이 가능하고, 신뢰성이 높으며, 유지보수가 거의 불필요하고, **반영구적 수명(장기 수명)** 및 소형화가 가능하다.
③ 단점 : 브러시가 없으므로 별도의 구동회로(ESC, 전자변속기)가 필요하며, 가격이 비싸다.

> **TIP!** 무인멀티콥터가 내연기관(엔진)이 아니라 전기모터 기반으로 제작되는 이유
>
> 내연기관(엔진)은 실린더와 크랭크 때문에 일정 부피 이하로 축소할 수 없고, 비행시간에 따라 탑재 연료량이 기하급수적으로 늘 수밖에 없다. 하지만, 전기모터는 엔진보다 회전수가 압도적으로 우월하여 무인멀티콥터를 경량화 및 소형화하기 쉽기 때문에 전기모터 기반으로 만든다. 또한 전기모터는 전기변속기(ESC)를 장착하면 전기신호로 즉시 모터의 회전수를 바꿀 수 있지만, 엔진은 크랭크의 관성과 흡기밸브 조정 등의 이유로 인해 모터의 회전수 변동이 늦어진다.

4 전자변속기(ESC; Electronic Speed Controller)

① 전자변속기(ESC)는 비행제어장치(FC)로부터 명령 신호를 받아서 **브러시리스 모터의 출력(회전속도)을 조절**한다.

② **브러시 모터에는 전자변속기(ESC)가 불필요**하다.

③ 기체에 부착된 각각의 프로펠러는 출력 조절을 통해 회전력을 달리하며 양력과 추력을 발생시켜 상승·하강·전후좌우 비행 등 공중 기동을 한다. 이때 각각의 프로펠러에 전달되는 모터의 출력을 조절하는 장치가 바로 전자변속기(ESC)이다.

5 모터의 일반적 표기법 및 KV 값

① 모터의 일반적인 표기법은 다음과 같다.

〈AABB CCC KV motor〉

- AA : 모터의 지름(직경 D)(단위 : mm)
- BB : 모터의 높이(H)(단위 : mm)
- CCC KV
  - KV 값은 모터의 1V당 분당회전수(rpm)이다.
  - KV 값이 클수록 빠른 속도로 회전하는 모터이다.

② 모터 표기법의 예시 : 6010 130KV motor

- 모터의 지름(직경 D) : 60mm
- 모터의 높이(H) : 10mm
- 1V(볼트)당 분당회전수(KV) : 130회

TIP! 모터 회전수에서 볼 수 있는 KV(케이볼트)에서 K(케이)의 의미는 무엇일까요?

모터의 스펙에서 볼 수 있는 KV는 1V당 분당회전수(rpm)를 나타낸다. 130KV에서 K는 접두어인 킬로(kilo)를 의미하는 것이 아니라, 속도 상수(velocity constant)를 의미하는 기호이다. 여기서 constant는 독일어로 Konstante이며, 이로부터 K가 파생되었다.
접두어인 킬로(kilo)는 1,000을 의미하며 소문자로 쓰지만, 모터 회전수와 관련된 KV(케이볼트)에서 K(케이)는 상수를 의미하므로 대문자로 써야 한다.

> **TIP! 무인멀티콥터의 규격은 어떻게 표현할까요?**
> ① 대각선 상에 있는 모터의 축간 거리(wheel base)로 표현한다.
>   (예 250급 드론은 모터의 축간 거리가 250mm라는 뜻)
> ② 프로펠러의 직경(지름)으로 표현한다.
>   (예 17인치 드론)
> ③ 직렬로 연결된 배터리의 셀 수로 표현한다.
>   (예 1셀 : 3.7V, 2셀 : 7.4V, 3셀 : 11.1V, 6셀 : 22.2V)

모터 축간 거리

9 프로펠러(propeller)

1 프로펠러의 개념

① 무인멀티콥터의 프로펠러는 모터의 회전력을 추력 또는 양력으로 전환시킨다.

② 프로펠러에서 발생하는 양력과 추력은 블레이드(blade, 깃)의 받음각(AOA)에 따라 다르다.

③ 프로펠러는 나무(wood), 플라스틱, 카본 등 다양한 재료로 제작된다. 하지만 금속재료는 무겁고, 위험하기 때문에 잘 사용되지 않는다.

④ 프로펠러는 두 개 이상의 블레이드(blade, 깃)가 허브(hub, 프로펠러 중심)에 장착되어 있다.

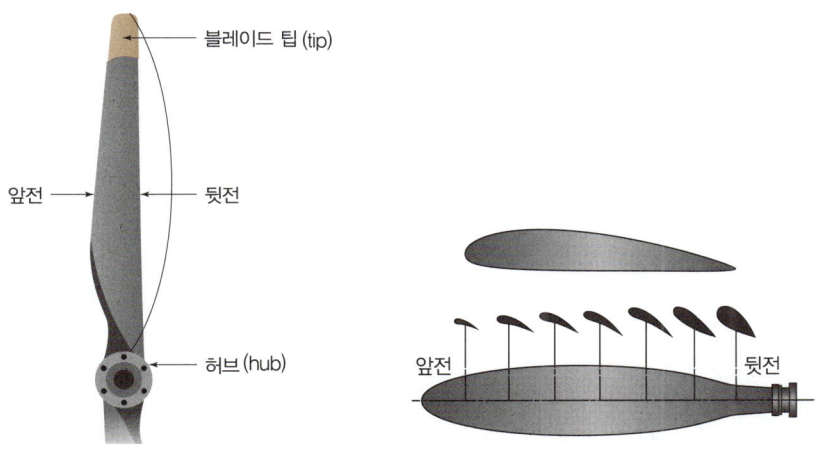

▲ 프로펠러 블레이드   ▲ 프로펠러 블레이드의 단면

⑤ 프로펠러의 블레이드는 에어포일(airfoil) 모양의 단면을 갖는다.

⑥ 블레이드의 위치(station)는 허브(hub, 프로펠러 중심)로부터의 길이(inch)로 표시한다.

 프로펠러(propeller)와 로터(rotor)의 차이
> 프로펠러(propeller)는 비행기와 무인멀티콥터에서, 로터(rotor, 회전날개)는 헬리콥터에서 주로 사용하는 용어이다. 무인멀티콥터의 프로펠러와 헬리콥터의 로터는 양력과 추력을 생산하지만 형태적으로 로터는 크고 길며, 프로펠러는 작고 짧다.

2 프로펠러의 종류

① 프로펠러의 종류는 블레이드(깃)의 수에 따라 구분한다.

② 2장의 블레이드(2엽)~ 6장의 블레이드(6엽)를 가진 프로펠러가 있는데, 일반적으로 무인멀티콥터에서는 2엽 프로펠러가 많이 사용된다.

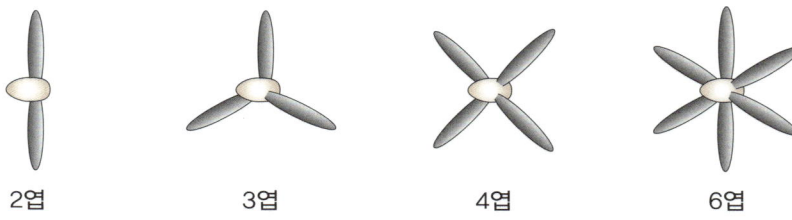

2엽　　　3엽　　　4엽　　　6엽

3 프로펠러의 치수

① 무인멀티콥터의 프로펠러 치수는 제조사마다 표시 방법이 조금씩 다르다.

② 프로펠러 치수는 기본적으로 4자리 숫자로 이루어져 있고, 용도나 재질을 나타내는 알파벳이 그 뒤에 붙는 경우도 있다.

③ 프로펠러 치수의 예시 : 28×80 프로펠러 또는 2880 프로펠러(28인치 : 직경(D), 8.0인치 : 피치(P))

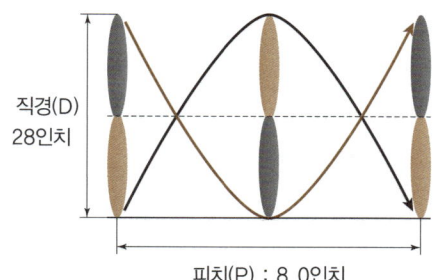

㉠ 앞의 두 자리 숫자(28) → 프로펠러의 직경 : 28인치(inch)
- 프로펠러의 직경은 **프로펠러가 그리는 원의 직경, 즉 프로펠러의 전체 길이**를 나타낸다.
- 프로펠러 직경의 단위는 인치(inch)이다.
- 직경이 커지면 풍량도 커지고, 따라서 더 큰 추력과 양력을 얻을 수 있지만, 그만큼 모터에 더 많은 힘을 요구하기 때문에 모터의 회전수는 줄어들게 된다.

㉡ 뒤의 두 자리 숫자(80) → 프로펠러의 피치 : 8.0인치(inch)
- 프로펠러의 피치는 **프로펠러가 1회전 시 무인멀티콥터가 이동한 거리**를 말한다.
- 기하학적 피치(geometric pitch) : 프로펠러가 1회전 시 이론적으로 움직인 거리
- 유효 피치(effective pitch) : 프로펠러가 1회전 시 실제적으로 움직인 거리

④ 큰 추력과 양력을 얻기 위해서는 프로펠러의 직경이 커야 하며, 기체의 속도가 빨라지기 위해서는 피치가 커져야 하므로 각각 임무 특성에 맞는 치수의 프로펠러를 선택한다.

> **프로펠러의 형식 : 고정피치 프로펠러와 변동피치 프로펠러**
>
> 피치(pitch)는 프로펠러 1회전 시 무인멀티콥터의 이동거리를 의미하고, 고정피치 프로펠러(fixed pitch propeller)는 2개의 블레이드가 한 몸체로 만들어지며 제작 시 일정한 피치각이 정해지는데, 1회전으로 최상의 효율과 전진 속도를 내도록 설계된다. 변동피치 프로펠러(controllable pitch propeller)는 프로펠러가 회전하고 있는 동안 피치가 고정되지 않고 변동되므로 조종사가 직접 피치각을 변경해야 한다.
> 헬리콥터는 메인 로터(main rotor)의 피치각을 변화시켜 양력과 추력을 조절하지만, 무인멀티콥터의 프로펠러는 피치각이 고정된 고정피치 형태이기 때문에 프로펠러의 분당 회전수(rpm)를 통해 양력과 추력을 조절한다. 일반적으로 고정피치는 무인멀티콥터와 소형항공기, 변동피치는 헬리콥터에 사용된다.

배터리(battery)의 관리

1 배터리의 개념 및 기능

① 전지에는 화학전지(1차 전지, 2차 전지, 연료전지)와 물리전지(태양전지, 원자력전지)가 있다.
- **화학전지**는 물질의 화학반응을 이용해 만든 것으로서 양극과 음극에 사용되는 금속과 전해질의 조합에 따라 다양한 전지를 만든다.
- **물리전지**는 빛, 열 등의 에너지를 이용해 전자를 이동시키는 전지로서, 외부 에너지가 없어지지 않는 한 계속 발전을 할 수 있다.

② 배터리는 무인멀티콥터의 에너지원으로 사용되며, 화학반응을 일으켜 전기를 얻는 **화학전지**를 말한다.

2 화학전지의 종류

① 1차 전지

- 한 번 사용하고 나면 **재사용이 불가능**한 배터리이며, 한 번 방전되면 다시 충전해서 사용할 수 없다(예 망간전지, 알칼리전지).

② 2차 전지

- 방전된 후에도 다시 **충전과정을 거쳐서 반복사용**이 가능한 배터리이다.
- 2차 전지의 예시 : 납축전지, 리튬-폴리머(Li-Po) 전지, 리튬이온(Li-ion) 전지, 니켈-카드뮴(Ni-Cd) 전지, 니켈수소(Ni-MH) 전지
  - 납축전지는 자동차 시동용 배터리로 많이 사용된다.
  - 리튬-폴리머(Li-Po) 전지, 리튬이온(Li-ion) 전지, 니켈-카드뮴(Ni-Cd) 전지, 니켈-수소(Ni-MH) 전지가 드론 배터리로 사용되며, 이중 리튬 폴리머(Li-Po) 전지가 널리 사용된다.
  - 최근 기존의 리튬이온 또는 리튬-폴리머 전지에 비해 에너지 밀도가 훨씬 높아 장기 체공이 가능한 리튬-황 전지, 리튬-공기 전지가 개발되고 있다.

> **TIP! 리튬-폴리머(Li-Po)와 리튬이온(Li-ion) 전지의 차이**
> 리튬-폴리머(Li-Po) 전지는 고체 또는 젤(gel) 타입의 폴리머 전해질을 사용하고, 리튬이온(Li-ion) 전지는 액체 전해질을 사용한다. 1991년경부터 상용화된 리튬이온(Li-ion) 전지는 액체 전해질을 사용하므로 액체 누출 가능성과 폭발 위험성이 존재하지만, 2000년경부터 개발된 리튬-폴리머(Li-Po) 전지는 리튬이온 전지의 단점을 극복하기 위하여 개발되어 드론과 무인멀티콥터 등에 널리 사용되고 있다.
> 또한 최근에는 차세대 2차 전지인 '꿈의 배터리'라고 불리는 전고체전지(全固體電池, all solid state battery)가 개발되어 드론, 로봇, 전기자동차 등에 적용하고 있다. 전고체전지는 전해질을 기존 액체에서 고체로 대체하여 기존 리튬전지에 비해 안전성, 충전 속도, 주행·비행거리, 에너지 밀도가 높다.

③ 연료전지

- '3차 전지'라고도 불리며 1차 및 2차 전지는 전기를 저장하는 장치이지만, 연료전지는 **연료를 내부에 넣고 반응시켜 전기를 만들어 내는 발전기와 같은** 장치이다.
- 연료(수소와 산소)의 화학반응으로 생기는 화학에너지를 직접 전기에너지로 변환시키는 장치이다.
- 최근 수소를 연료로 이용해 전기에너지를 생산하는 수소 연료전지 드론 개발도 활발히 진행되고 있다.

3 리튬-폴리머(Li-Po) 전지의 장점 및 단점

① 장점

- Ni-Cd, Ni-MH 등에 비해 높은 전압을 가지고 있다.

- 큰 용량의 배터리를 제작할 수 있다.
- 방전율이 높다.
- 메모리 효과(memory effect), 즉 기억 효과가 없다.
  - 니켈-카드뮴(Ni-Cd), 니켈-수소(Ni-MH) 등 **니켈계 배터리는 메모리 효과**가 있다.
  - 메모리 효과는 방전이 충분하지 않은 상태에서 다시 충전하면 전지의 실제 용량이 줄어드는 효과를 말한다. 즉 이전에 충전된 또는 방전된 상태를 기억하는 효과이다.
- 리튬이온 배터리보다 에너지 효율이 높다.
- 무게가 가볍고, 전해질이 젤(gel) 타입이어서 다양한 형태와 크기로 제작이 가능하다.
- 인체에 유해한 중금속을 사용하지 않는다.

② 단점
- 과충전과 과방전에 취약하다.
- 과충전, 과방전, 고열, 충격, 내부 파손, 완충 상태로 장기보관 시 배터리의 **스웰링(swelling, 배부름) 현상이 발생**하여 화재, 폭발 등이 야기될 수 있다.

> **TIP!** 셀(cell)과 배터리(battery)의 차이
> 셀과 배터리 모두 화학물질을 저장하고, 저장된 화학에너지를 전기에너지로 변환한다. 셀과 배터리의 주된 차이점 중 하나는 셀은 단일 유닛(single unit)이고, 배터리는 셀 그룹(cell group)이다.

4 배터리의 주요 사양(specification, 스펙)

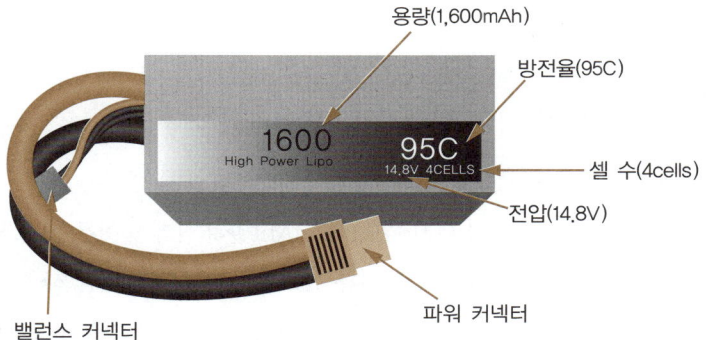

- 배터리 출력=용량×방전율
- 완충 시 최대출력=1,600×95=152,000mA(152A)
- ESC 최대전력을 '20A'로 가정 시 모터 작동 요구전력 : 20A×4개=80A(쿼드콥터)
- 잔여 배터리 절반 시 출력=800×95=76A(배터리가 절반이 남은 경우, 모터를 최대 출력으로 돌릴 수 없음)

① 전압(voltage)
- 무인멀티콥터에 사용하는 **리포(Li-Po) 배터리의 기준 전압**은 1셀당 3.7V이다.
- 완전충전(완충)하면 4.2V까지 올라가고 방전 시 3.3V까지 낮아지지만 기준전압은 3.7V이므로 배터리 스펙을 표기할 때는 3.7V로 표기한다.
- 리포(Li-Po) 배터리는 여러 개의 셀을 모아서 사용하는 경우가 많으므로 셀이 추가될수록 3.7V의 배수가 된다.
- 더 높은 전압을 요구하는 멀티콥터는 배터리를 직렬로 연결하여 요구되는 전압에 맞게 공급한다.
  (예 1셀=3.7V, 2셀=7.4V, 3셀=11.1V, 4셀=14.8V, 5셀=18.5V, 6셀=22.2V)

② 셀 수(cell count, cells)
- 드론 배터리는 3.7V를 최소 셀 단위로 하여 일반적으로 여러 **셀을 직렬 연결**하여 사용한다.
- 전압값을 알면 배터리가 몇 셀로 직렬 연결되어 있는지도 알 수 있다.
- 셀 연결 방식은 S(serial, 직렬) 및 P(parallel, 병렬)로 표기 하는데, 무인멀티콥터는 주로 S(serial, 직렬)를 사용한다.
  (예 1S=1셀=3.7V, 2S=2셀=7.4V, 3S=3셀=11.1V, 4S=4셀=14.8V, 5S=5셀=18.5V, 6S=6셀=22.2V)
- 14.8V 배터리는 '4셀' 또는 '4S' 배터리라고 불린다.

③ 용량(capacity)
- 배터리 용량(capacity)은 배터리에 **저장된 전기에너지**를 나타내는 수치로서 **한 시간에 전류를 얼마나 공급**할 수 있는가를 나타낸다.
- 배터리 용량의 단위는 **mAh(밀리 암페어 아우어)**이다.
  12,000mAh = 12Ah
- 용량이 증가하면 비행시간이 증가하지만 배터리 크기가 커지고 무게가 증가한다.
- 모터의 출력과 기체 무게의 밸런스를 고려하여 최적의 배터리 용량을 선정한다.
- 용량은 사용목적에 따라 상이하지만 보통 약 1,000~20,000mAh(밀리 암페어 아우어)가 사용된다.
  - 배터리 용량이 2,000mAh인 경우, 2,000mA로 전류를 소모하면 1시간 동안 사용 가능하다. 또한 200mA로 전류를 소모하면 10시간 동안 사용 가능하다(2,000mAh/200mA=10h).

④ 방전율(discharge rate, C-rate)
- 방전율은 보통 C라고 표시하는데, **1C는 배터리의 용량을 1시간에 방전(사용)** 한다는 의미이다.

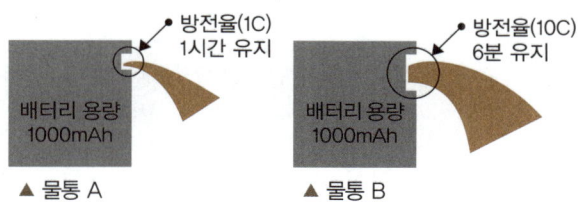

▲ 물통 A　　　　▲ 물통 B

- 물통 크기=배터리 용량(mAh), 물통 출구=방전율(C)
- 배터리 용량이 1,000mAh인 경우, 물통 A(1C 배터리)는 1,000mA(자기 용량)로 방전할 경우 1시간을 유지할 수 있으며, 물통 B(10C 배터리)는 그 10배인 10,000mA로 방전(사용) 한다는 의미이고, 1시간의 1/10인 6분 정도를 유지한다.
- 배터리가 같은 용량일 때 방전율이 높으면 높을수록 유지시간은 짧아진다.
- 방전율이 높을수록 한꺼번에 많은 전류를 쏟아낼 수 있다.
- 방전율이 높은 배터리는 보통 전류를 많이 소모하는 대형 모터에 많이 사용된다.

⑤ 배터리 출력
- **방전율과 용량을 곱한 값이** 그 배터리가 공급할 수 있는 최대 출력이다.
- 배터리 출력=용량×방전율
    - 예) 14.8V(4S) 1,600mAh 95C 배터리의 경우, 최대 1,600×95=152,000mA(152A)의 출력을 낼 수 있다.

5 배터리 취급 시 주의사항

① 배터리 사용 시
- 매번 비행 시 배터리를 **완충시켜서 사용**한다.
- 배터리의 사용온도는 제작사 및 기종에 따라 상이하지만 일반적으로 영하 10℃~영상 40℃ (−10℃~40℃)의 온도에서 사용한다.
- 배터리가 부풀거나 손상된 것이 확인되면 절대 사용해서는 안된다.

② 배터리 충전 시
- 다른 모델의 충전기와 혼용하지 않고, 정해진 모델의 충전기만 사용한다.
- 배터리 충전 시 자리를 비우지 않고 항상 주시한다.
- **과충전 혹은 과방전을 하지 않는다.**
- **셀당 전압을 일정하게 유지**해야 한다. 따라서 충전 시 셀 밸런싱(cell balancing)을 통해 셀 간 전압관리가 필요하다.
- 배터리 표면온도가 높은 경우에는 충전하면 안 된다.

③ 배터리 보관 시
- 배터리 보관 시 충전율은 제작사 및 기종에 따라 상이하지만, 일반적으로 약 **50~60% 충전(약 40~50% 방전) 시킨 후 보관**한다.
- 배터리의 적정 **보관온도**는 제작사 및 기종에 따라 상이하지만, 일반적으로 상온(18~25°C)이다.
- 기체를 장기간 미사용 시 기체와 배터리를 분리해서 보관한다.
- 낙하, 충격, 날카로운 것에 대한 손상의 경우 화재, 폭발 등이 발생할 수 있다.
- 습기가 많은 장소나 난로 등 화기 근처에서 보관하지 않는다.
  - 건조하고, 서늘하며, 환기가 잘되는 곳에 보관한다.

④ 배터리 폐기 시
- 배터리는 소모품으로서 충전과 방전을 반복하면 점점 수명이 짧아진다.
- 배터리는 완전히 방전시킨 후에 지정된 배터리 수거함에 버리거나 소금물에 전원 플러그를 담가서 방전 상태를 확인한 후 폐기한다.
- 재활용 가능 자원의 분리수거 등에 관한 지침[환경부 훈령 제1462호]에 따르면, 2차 전지는 주요 거점에 비치된 배터리 수거함에 테이핑 작업 또는 비닐팩 밀봉 후 배출하도록 규정하고 있다.

11 무선통신 방식 및 조종기/비행 모드의 종류

1 무인멀티콥터의 무선통신 방식

① 무인멀티콥터의 무선통신 방식으로 그동안 블루투스, Wi-Fi, 위성통신, 셀룰러시스템(3G) 등이 주로 사용되어 왔으며, 최근 고용량 데이터 송수신이 가능한 LTE와 5G 이동통신이 새롭게 적용되고 있다.

② 블루투스(blue tooth)는 근거리 저전력 무선통신으로 가장 보편적으로 무인멀티콥터에 적용하며, 주파수 간섭을 피하기 위해 **주파수 호핑 기법**을 적용한다. Wi-Fi에 비해 전송속도가 느리므로 고용량 데이터 전송이 곤란하다.

③ 와이파이(Wi-Fi)는 근거리통신망(LAN)을 무선화한 것으로 고속으로 데이터를 전송할 수 있고, 노트북이나 스마트폰과 연결할 수 있다. 그러나 무선 신호가 닿는 곳까지만 사용 가능하다는 **공간적인 한계**가 존재한다.

④ 위성통신은 인공위성을 활용하는 장거리 통신 방식으로 지상과의 교신 시 **시간지연**이 발생할 수 있다.

⑤ 셀룰러시스템(cellular system, 3G)은 기지국이 넓은 영역을 셀(cell)이라고 불리는 무선 구역으로 나누어 통신 서비스를 제공한다. 공중에 셀룰러 망이 개설되어 있지 않기 때문에 **고도에 제한**을 받는다.

⑥ LTE 이동통신기술(4G)은 대단위로 망이 구축되어 있어 배터리만 충분하다면 장거리 비행이 가능하여 드론의 무인택배 등에 유용하다.

⑦ 5G 이동통신기술은 빠른 데이터 속도 등 5G 이동통신의 특성을 활용할 수 있으며, 여러 사물과 실시간으로 통신할 수 있다.

2 조종기의 종류

① 무인멀티콥터를 조종하는 무선 조종기에는 2개의 조종 스틱(4개의 조종 레버) 및 GPS 모드, 자세 제어 모드 등을 결정할 수 있는 비행 모드 스위치 등이 장착되어 있다.

② 2개의 조종 스틱(4개의 조종 레버)의 역할은 다음과 같다.

　㉠ 스로틀(throttle) 레버는 드론을 **상승·하강**시키는 역할을 한다.

　㉡ 엘리베이터(elevator) 레버는 드론을 **전후로 이동**시키는 역할을 한다.

　㉢ 에일러론(aileron) 레버는 드론을 **좌우로 이동**시키는 역할을 한다.

　㉣ 러더(rudder) 레버는 드론의 기수를 **좌우로 회전**시키는 역할을 한다.

③ 무선 조종기는 4개의 조종레버 위치에 따라 모드 1 및 모드 2로 구분한다.

　㉠ 모드 1(Mode 1)

　　• 왼쪽에 엘리베이터 레버와 러더 레버가 있고, 오른쪽에 에일러론 레버와 스로틀 레버가 있다.

　㉡ 모드 2(Mode 2)

　　• Mode 1에서 **엘리베이터 레버와 스로틀 레버의 위치**가 서로 바뀐 것이다.

　　• 왼쪽에 스로틀 레버와 러더 레버가 있고 오른쪽에 엘리베이터 레버와 에일러론 레버가 있다.

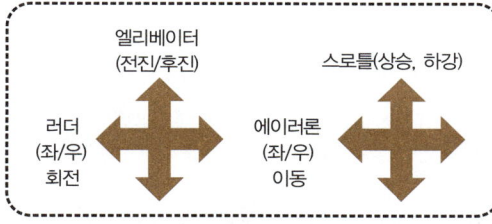

▲ 조종기 모드 1

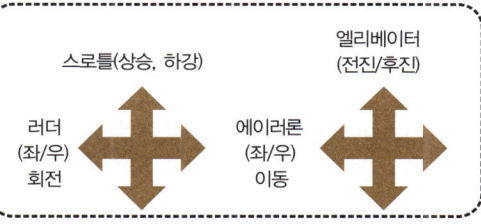
▲ 조종기 모드 2

3 비행 모드의 종류

① 무인멀티콥터에 시동을 걸기 전 조종자는 비행 모드를 선택해야 한다.

② 비행 모드는 일반적으로 GPS 모드(GPS mode), 자세 제어 모드(attitude mode), 수동 모드(manual mode) 등이 있다.

③ GPS 모드
  - GPS 신호로 기체 위치를 인식해 고도 및 위치 제어를 실행함과 동시에 각종 센서를 이용해 자동으로 수평을 유지하는 등의 자세 제어를 실시한다.

④ 자세 제어 모드(attitude mode)
  - 기체는 위치 제어가 작동하지 않는 상태에서 자동으로 자세 제어만 실시한다.

⑤ 수동 모드(manual mode)
  - 기체의 위치 제어와 자세 제어가 자동으로 작동하지 않으며, 수평 유지 등 기체의 모든 제어를 조종자가 수동으로 실시해야 한다.

⑥ 자동 복귀 모드(RTH; Return to Home mode)
  - 드론은 이륙 시 GPS 신호를 이용해 위치 정보를 저장하므로 자동 복귀 모드를 선택하면 기체가 미리 설정된 프로그램에 따라 이륙 위치로 이동해 자동 착륙하거나 제자리 비행한다.

⑦ 헤드리스 모드(headless mode)
  - 헤드리스 모드는 드론의 전후 좌우의 방향을 무시하고 드론 조종자를 기준으로 드론이 움직인다.
  - 헤드리스 모드에서 드론 조종기와 드론의 일직선 방향이 절대적인 앞뒤 방향이 된다.
  - 헤드리스 모드를 사용하면 드론이 회전해도 앞 방향은 고정되어 있다.
  - 드론 조종 시 가장 어려운 것이 방향 감각인데, 드론을 처음 비행하는 초보자는 헤드리스 모드로 비행연습을 하는 것도 바람직하다.
    - 드론의 종류에 따라서 헤드리스 모드가 있는 것도 있고, 없는 것도 있으므로 드론 구입 시 헤드리스 모드 장착에 대한 확인이 필요하다.
    - 헤드리스 모드는 코스락 모드(course lock mode), 절대 모드(absolute mode)라고도 한다.

12 무인멀티콥터에 작용하는 힘

비행기와 마찬가지로 무인멀티콥터에 작용하는 힘에는 외력(external force, 外力)과 내력(internal force, 內力)이 있다.

▲ 무인멀티콥터에 작용하는 힘

1 외력(external force)

외력은 외부로부터 비행 중인 무인멀티콥터에 작용하는 힘을 말하며 양력, 항력, 중력, 추력이 있다.

① 추력(thrust)
- 추력은 무인멀티콥터를 움직이게 하는 원동력으로 **모터에 의하여 발생**한다.
- 추력은 무인멀티콥터를 앞으로 추진시키는 힘으로서 전진을 방해하는 항력과 반대 방향의 힘이다.

② 항력(drag)
- 무인멀티콥터의 진행 방향과 반대 방향으로 발생하며, **추력을 방해하는 힘**이다.

③ 무게(weight)/중력(gravity)
- 무게(weight, 중량)는 '물체에 작용하는 중력(gravity)의 크기'이다.
- 무게는 무인멀티콥터를 중력 방향 쪽으로 잡아당기는 효과를 발생시킨다.
- 무인멀티콥터는 기체, 연료, 임무장비(payload)의 무게에 의한 중력을 받고 있다.
- 중력은 지구가 무인멀티콥터를 중심 방향으로 당기는 힘으로, **양력과 반대되는 힘**이다.

④ 양력(lift)
- 무게(weight)와 반대 방향으로 작용한다.
- 양력은 프로펠러의 회전에 의하여 생성되어 무인멀티콥터를 수직 방향 위쪽으로 잡아당기는 힘이다.
- 양력은 무인멀티콥터의 **무게를 들어 올리는 힘**이다.

2 내력(internal force)

① 내력은 무인멀티콥터 재료에 다양한 외력이 작용할 때 **내부에 생기는 반작용의 힘**을 말한다.
② 무인멀티콥터는 양력, 항력, 중력, 추력뿐만 아니라 착륙 시에 받는 충격, 새와 같은 외부 비행체에 의한 충격, 불균일한 기류에 의한 충격, 프로펠러에서 발생하는 진동 등 다양한 힘에 의하여 내력을 받고 있다.

③ 무인멀티콥터 재료에 작용하는 내력에는 **인장력, 압축력, 전단응력, 굽힘 모멘트, 비틀림 응력** 등이 있다.

13 무인멀티콥터의 비행 원리

1 프로펠러의 회전 방향과 뉴턴의 제3법칙

① 뉴턴의 제3법칙(작용과 반작용의 법칙)에 의하면 프로펠러가 회전하는 반대 방향으로 동체가 돌아가는 특성이 있는데, 이를 토크(torque) 작용이라고 한다.

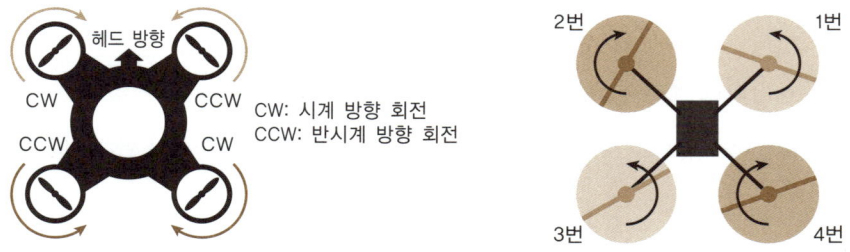

② 일반적으로 많이 사용되는 쿼드콥터의 경우 프로펠러는 그림과 같이 회전 방향이 정해져 있으며, 프로펠러의 번호는 기종에 따라 번호 부여 방법이 상이하다.

③ 전방 좌측(앞쪽 왼쪽) 및 후방 우측(뒤쪽 오른쪽)의 프로펠러는 **시계 방향(CW; ClockWise)**으로 회전(정피치 프로펠러) 하고, 전방 우측 및 후방 좌측의 프로펠러는 **반시계 방향(CCW; Counter ClockWise)**으로 회전(역피치 프로펠러) 하는데, 이렇게 회전 방향이 배치된 이유는 작용-반작용 때문이다.

④ 드론은 프로펠러 날개가 4개, 6개, 8개 등 주로 짝수로 제작되고, 이를 '짝수법칙'이라고 부르는데, 이는 뉴턴의 제3법칙(작용과 반작용 법칙)이 관련되어 있다.

2 프로펠러의 회전속도와 쿼드콥터의 이동

- 쿼드콥터(쿼드 무인멀티콥터)의 이동은 4개의 조종 레버를 사용하여 4개의 모터 속도(프로펠러 회전속도)를 조절함으로써 수행한다.
- 쿼드콥터는 전진, 후진, 상승, 하강, 회전 비행이 가능하다.

① 스로틀(throttle) 레버
- 드론을 상승·하강시키는 역할을 한다.
- 스로틀 레버를 위로 올리면 4개 프로펠러의 회전속도가 빨라지면서 기체가 상승하고, 아래로 내리면 4개 프로펠러의 회전속도가 느려지면서 하강한다.
- 모터의 분당 회전수, 즉 프로펠러의 회전속도가 빠르면 반작용력을 포함한 양력이 높아지면서 상승한다.

② 엘리베이터(elevator) 레버
- 비행체의 3축 회전운동 중 피치운동(pitching)을 통해 드론을 **전후(앞뒤)로 이동**시키는 역할을 한다.
- 레버를 위로 올리면 기체가 앞으로, 아래로 내리면 뒤로 이동한다.
- 피치 운동은 드론의 앞쪽 2개의 모터와 뒤쪽 2개의 모터 속도를 달리하여 이루어진다.
- 뒤쪽 2개 모터 속도를 빠르게 하고 앞쪽 2개 모터를 느리게 조절하면 모터 속도가 빠른 뒤쪽은 양력이 증가하여 드론 몸체가 앞쪽으로 기울면서 전진하게 된다.
- 전후좌우로 움직이는 것도 헬리콥터와 마찬가지로 이동하려는 방향으로 프로펠러를 기울이면 양력의 일부가 추력으로 작용하여 움직이게 된다.
- 프로펠러가 1~2개인 일반 헬리콥터와 달리 멀티콥터는 프로펠러가 많기 때문에 프로펠러 자체를 기울이는 것이 아니라 프로펠러의 회전수를 조절하여 기체가 기울도록 한다.

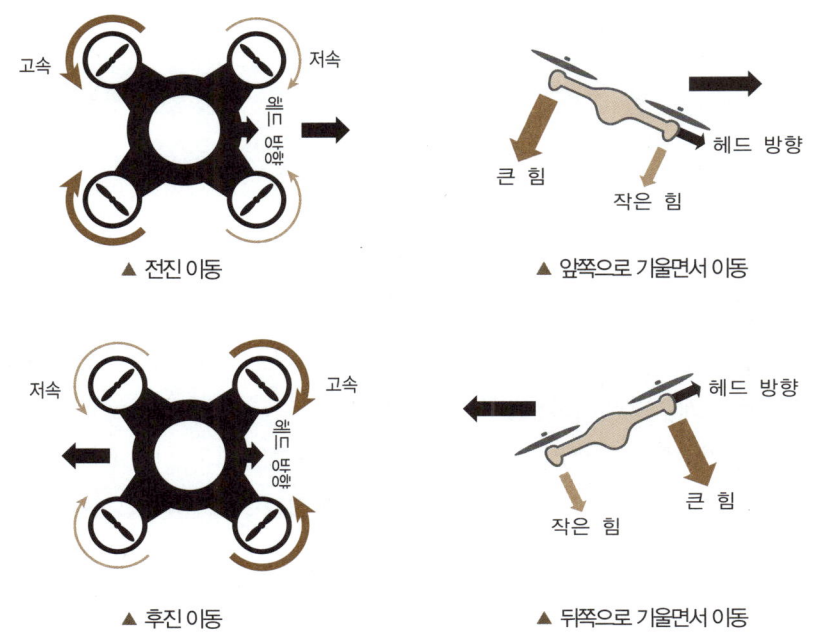

③ 에일러론(aileron) 레버

- 비행체의 3축 회전운동 중 롤운동(rolling)을 통해 드론을 **좌우로 이동**시키는 역할을 한다.
- 레버를 좌로 밀면 기체는 좌측 방향으로, 우로 밀면 우측 방향으로 이동한다.
- 롤운동(rolling)은 오른쪽 2개의 모터와 왼쪽 2개의 모터 속도 차이를 이용하여 좌측, 우측으로 기울어지면서 이루어진다.

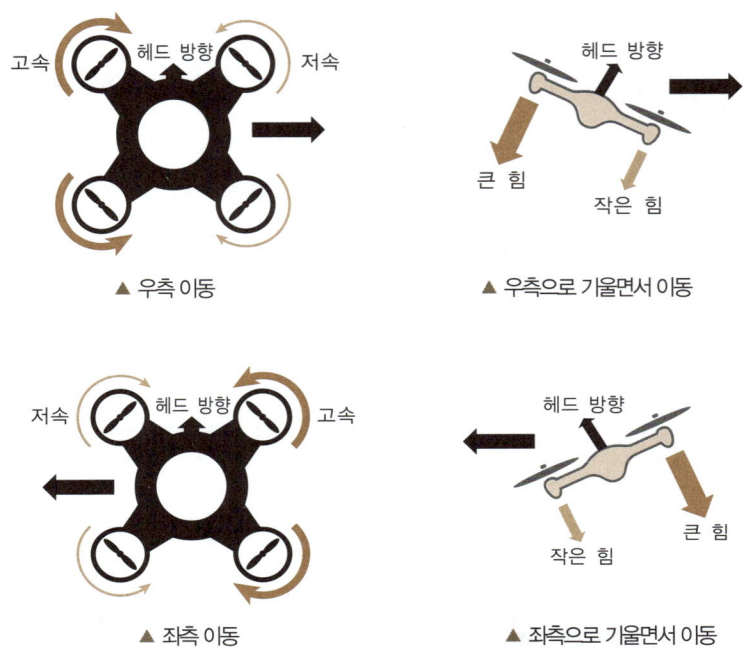

▲ 우측 이동   ▲ 우측으로 기울면서 이동

▲ 좌측 이동   ▲ 좌측으로 기울면서 이동

④ 러더(rudder) 레버

- 비행체의 3축 회전운동 중 요운동(yawing)을 통해 드론의 기수를 **좌우로 회전**시키는 역할을 한다.
- 레버를 좌로 밀면 기체의 기수는 좌측 방향으로, 우로 밀면 우측 방향으로 회전한다.
- 헬리콥터에서는 테일 로터의 힘으로 토크 작용을 상쇄시키고, 드론에서는 서로 반대 방향으로 회전하는 로터 개수를 일치시킴으로써 상쇄시킨다. 드론의 요운동(yawing)은 토크 작용에 의해 이루어진다. 기수를 돌리려는 방향과 반대 방향으로 회전하고 있는 프로펠러 속도를 증가시키고, 기수를 돌리려는 방향과 같은 방향으로 회전하고 있는 프로펠러 속도를 감소시키는 원리이다.
- 요운동(yawing)은 대각선에 위치한 모터의 속도를 조절하여 이루어진다.

예1 앞쪽-오른쪽 프로펠러(반시계 방향)와 뒤쪽-왼쪽 프로펠러(반시계 방향)가 고속회전하면, 드론 몸체는 반시계 방향으로 토크(torque)를 받아 오른쪽(우측)으로 회전한다.

예2 앞쪽-왼쪽 프로펠러(시계 방향)와 뒤쪽-오른쪽 프로펠러(시계 방향)가 고속 회전하면 드론 몸체는 반시계 방향으로 토크를 받아 왼쪽(좌측)으로 회전한다.

14 무인멀티콥터의 비행절차별 특징

무인멀티콥터의 비행 절차는 비행 전 절차, 이륙 절차, 임무 절차, 비상상황 시 절차, 비행 후 절차 등으로 구분할 수 있다.

1 비행 전 절차

① 주어진 임무에 맞는 비행 계획을 수립하면서 임무에 적합한 기체를 선택하고, 필요한 경우 드론 원스탑 민원서비스(https://drone.onestop.go.kr/)를 통하여 비행승인(지방항공청)과 항공촬영 허가(국방부)를 받는다.

② 조종자는 비행시작 전에 **제작사 또는 해당 기관이 작성한 점검표(checklist)**를 바탕으로 무인멀티콥터(기체), 조종기, 임무장비(payload) 등 무인멀티콥터 시스템의 안전한 운용을 위한 조건의 충족 여부를 판단하기 위해 육안 및 작동 점검을 수행한다.

- 조종자는 육안으로 무인멀티콥터의 손상, 마모, 균열, 연결장치 등을 점검한다.
- 조종자는 무인멀티콥터 및 조종기 기능의 정상 작동 여부를 점검한다.

③ 조종자는 비행계획에 따른 다양한 임무를 수행하는 임무장비(payload), 즉 관측 센서, 측정 센서, 매핑 센서, 카메라/짐벌(gimbal), 약제 살포장치 등의 견고한 장착 여부를 점검한다.

④ 일반적인 비행 전 점검표(checklist)는 다음과 같다.

항목		점검 사항	결과	
1	비행제한공역 및 기상	① 관제권(공항 반경 9.3 km) 등 초경량비행장치 비행제한공역에 해당 경우 비행승인(지방항공청) 여부	YES☐	NO☐
		② 인구밀집 장소의 상공 회피	YES☐	NO☐
		③ 강풍 등 기상여부 확인(야간비행 금지)	YES☐	NO☐
2	기체의 외관 및 장착물	① 프로펠러 및 모터의 장착·결속 상태와 파손 여부 확인	YES☐	NO☐
		② 기체 외관 상태 확인	YES☐	NO☐
		③ 임무장비 및 장착물 상태 확인 ＊ 임무장비(payload) : 카메라, 짐벌, 농약 살포기 등	YES☐	NO☐
3	배터리	① 배터리 장착·결속상태 확인	YES☐	NO☐
		② 배터리 충전상태 확인	YES☐	NO☐
4	전원	기체 및 조종기 전원 작동 확인	YES☐	NO☐
5	통신 상태 (Wi-Fi, GPS 등)	① 기체와 조종기 간의 통신 상태(와이파이 신호 등) 확인	YES☐	NO☐
		② GPS 신호 수신 상태 확인(Kp 지수 포함)	YES☐	NO☐
6	모터 및 프로펠러 작동	조작 명령에 따른 모터 및 프로펠러의 정상 동작 확인(GPS 모드)	YES☐	NO☐
7	컴퍼스 및 IMU 센서	컴퍼스 및 IMU 캘리브레이션(calibration)	YES☐	NO☐
8	펌웨어	최신 펌웨어 업그레이드(upgrade) 및 업데이트(update)	YES☐	NO☐
9	주변 확인	① 기체와의 안전거리(15m 이상) 확보	YES☐	NO☐
		② 보행자 등 주변 인원 및 장애물 확인	YES☐	NO☐
※ 점검 중 이상 확인 시 반드시 재점검 및 기체 정비·수리 후 비행 실시				

2 이륙 절차

① 조종자는 비행 전 육안 점검과 작동 점검을 통해 안전한 운용을 위한 조건에 충족하는 경우

② 기체의 모든 점검이 완료되면 조종자는 기체에서 **15m 이상의 안전거리가 확보**된 위치로 물러나야 한다.

③ 풍향·풍속·전방 장애물 등에 문제가 없다면 비행을 시작한다.

④ 조종기와 기체의 **바인딩(binding)을 수행**한다.
- 바인딩은 조종기(송신부)와 기체(수신부)를 무선으로 연결하는 것을 말한다.

⑤ 기체에 시동을 걸기 전 조종자는 GPS 모드(GPS mode), 자세 제어 모드(attitude mode), 수동 모드(manual mode) 등 비행 모드를 선택한다.

⑥ 기체에 시동을 건 후 이륙을 수행한다.

조종기와 기체의 전원 on/off 순서
비행 전에 조종기를 먼저 켠(on) 후 기체에 배터리를 연결하면 기체는 조종기와 바인딩(binding) 된다. 만약, 기체를 먼저 켠(on) 경우에는 외부 주파수 영향을 받아, 프로펠러가 회전하거나 비정상적인 상태를 보일 수도 있다. 비행 후에는 배터리를 분리하고 조종기를 꺼야(off) 한다. 반드시 전원의 시작과 끝은 '조종기'임을 기억하자.

3 임무수행 절차

① 조종자는 사전에 수립된 **비행계획에 따라 임무를 수행**한다.
② 무인멀티콥터의 임무에는 항공 촬영, 농약 살포, 미세먼지 측정, 택배, 시설물 점검 등 다양한 임무가 개발되고 있다.

4 비상상황 시 절차

① 조종자는 비행 중 상태표시등(LED)에서의 이상신호, 배터리 없음의 상태 표시, 무인멀티콥터의 고장과 오작동 등 비상상황이 나타나면 **즉시 가까운 곳에 기체를 착륙**시킨다.
② 비상상황은 이륙 중, 비행 중, 임무수행 중, 착륙 중에 발생할 수 있다.

5 착륙과 비행 후 절차

① 조종자는 사전에 수립된 비행계획에 따라 임무종료 시 착륙을 수행한다.
② 착륙 지역은 **사람들이나 차량의 접근이 어려운 지역, 조종자로부터 안전거리(15m 이상)가 확보된 지역, 평탄한 지역, 주변 장애물이 없는 지역** 등을 활용한다.
③ 조종자는 비행 종료 후에 제작사 또는 해당 기관이 작성한 점검표(checklist)를 바탕으로 무인멀티콥터(기체), 조종기, 임무장비(payload) 등 무인멀티콥터 시스템의 이상유무 점검을 수행한다.

지면효과(ground effect)
- 지면효과의 개념
  비행기, 무인멀티콥터, 헬리콥터, 수직이·착륙기 등이 지면 근처에서 비행할 때, 날개 아래쪽으로 향하는 유도기류(하강풍)가 지면에 의해 막히게 되며, 이로 인해 날개 아래쪽의 공기 압력이 증가하고, 위쪽의 압력과의 차이가 커지면서 양력이 증가하는 것을 지면효과라고 한다.
- 지면효과 결과
  - 양력이 증가한다.   - 유도항력이 감소한다.
  - 유도기류(하강풍)의 속도가 감소한다.   - 실속속도가 감소한다.
  - 필요한 받음각이 감소한다.
  - 장애물이 없는 평평한 지형에서 지면효과가 증가한다.

- 이륙과 착륙과정의 지면효과
  - 착륙과정에서는 조종자에게 항공기가 지면과 멀어지려는 듯한 느낌을 주고, 이륙과정에서는 일시적으로 실속속도를 감속시킨다.
  - 지면효과는 주로 이륙 및 착륙 시 발생하므로 무인멀티콥터 조종자는 항상 이·착륙 시 주의해야 한다. 만약 지면효과가 있는 상태에서 너무 빠르게 착륙을 시도하면, 착륙장소에서 무인멀티콥터가 밀려서 다른 곳으로 이동하게 되고 심각한 경우에는 뒤집어질 수도 있다.

> **문제 1** 고정익(비행기) 또는 회전익(헬리콥터·무인멀티콥터) 날개의 하강풍이 지면에 영향을 줌으로써 날개 아래쪽 압력이 증가되어 양력의 증가를 일으키는 현상은?
> ① 난류 효과 ② 측풍 효과
> ③ 지면 효과 ④ 양력 감소 효과
>
> 정답 ③
>
> **문제 2** 지면효과가 발생했을 때, 고정익이나 회전익의 날개 아랫면과 지면 사이에서 일어나는 주요한 공기 역학적 현상은?
> ① 양력이 증가한다. ② 필요한 받음각이 증가한다.
> ③ 유도항력이 증가한다. ④ 실속속도가 증가한다.
>
> 정답 ①

15 무인멀티콥터의 캘리브레이션(calibration)

1 캘리브레이션의 의미 및 중요성

① 캘리브레이션(calibration)은 무인멀티콥터에 사용된 센서의 **초기 값에 문제가 있는 경우**, 이를 **정상으로 복구해주는 교정 작업**을 말한다.

② 무인멀티콥터의 캘리브레이션을 **정상적으로 수행하지 않는 경우**, 기체의 오작동으로 인해 추락하거나 사고로 이어지기 때문에 캘리브레이션의 수행은 매우 중요하다.

2 캘리브레이션의 종류

① 무인멀티콥터의 제작사 및 기종마다 캘리브레이션의 종류와 방법이 약간씩 차이가 있다.

② 일반적으로 사용되는 캘리브레이션의 종류에는 IMU 센서 캘리브레이션, 컴퍼스(compass) 캘리브레이션, 짐벌(gimbal) 캘리브레이션, 조종기(remote controller) 캘리브레이션, 비전 센서(vision sensor) 캘리브레이션 등이 있다.

3 IMU 센서 캘리브레이션

① IMU(Inertial Measurement Unit, 관성측정장치) 센서는 **관성을 측정**하는 센서로서, 기체가 안정적으로 비행할 수 있도록 중심을 잡아주는 센서이다.

② IMU 센서에는 **가속도 센서와 자이로 센서를 포함한 6축 센서** 및 **가속도 센서, 자이로 센서, 지자기 센서를 포함한 9축 센서**가 있다.

③ IMU 캘리브레이션은 IMU 센서에 문제가 없으면 매번 수행할 필요가 없으며, 다음과 같은 경우에 수행한다.
- 해당 기체의 애플리케이션(App, 앱)에서 IMU 상태가 정상이 아니라고 표시되는 경우
- 기체에서 빨간색 LED가 점등되는 경우
- 기체를 초기화하였거나 펌웨어 업데이트를 진행한 경우
- 짐벌 카메라가 수평을 이루지 못하는 경우

④ 제조자가 제공한 매뉴얼에 따라 캘리브레이션을 실시한다.

4 컴퍼스(compass) 캘리브레이션

① 컴퍼스(compass)는 무인멀티콥터에 **탑재된 나침반**으로, 컴퍼스가 정상적으로 작동하지 않는다면 기체가 옆으로 흐르거나 호버링이 잘 안되는 등 정상적인 비행이 어렵게 된다.

② 제작사가 제공한 매뉴얼에 따라 컴퍼스 캘리브레이션을 실시해 **정확한 자북**(magnetic north)을 설정해 주면 안정적인 비행에 도움이 된다.

③ 컴퍼스 캘리브레이션은 제작사 및 기종마다 차이가 있지만, 다음과 같은 경우에 수행한다.
- 해당 기체의 모바일 애플리케이션(App, 앱)에서 컴퍼스 캘리브레이션을 진행하라는 문구가 뜨는 경우
- 기체에서 빨간색과 노란색 LED등이 점등되는 경우
- 새 제품의 첫 비행 시 또는 점검 · 수리 후 비행하는 경우
- 비행 시 오작동이 발생하거나 기체가 정면으로 이동하지 않는 경우
- 비행지역이 변경되는 경우

5 짐벌(gimbal) 캘리브레이션

① 짐벌은 **카메라를 수평으로 유지**해 흔들림 없는 촬영을 할 수 있게 도와준다.

② 짐벌 캘리브레이션은 짐벌이 정상적으로 작동하지 않거나 수평을 이루지 않는 경우에 수행한다.

6 무선조종기(remote controller) 캘리브레이션

① 조종기는 안전한 비행을 하기 위해 매우 중요하다.

② 조종기 캘리브레이션은 스로틀을 아래로 당겨도 기체가 내려오지 않는 등 **조종기가 정상적으로 작동하지 않거나** 조종기의 전원을 켰을 때 **지속적인 소리**가 발생할 때 수행한다.

16 항공안전과 인적요인(human factors)

1 인적요인(human factors)의 정의

① 인적요인은 인간(행위자)에게 작용하는 주변의 요인들을 총칭한다.

② 인간의 불안전한 행동은 인적요인에 의하여 발생한다.

③ 최근 항공사고는 기계적 결함보다는 조종자의 인적요인에 의한 인적 에러(human error)가 주 요인으로 나타나고 있다.

2 항공 분야에서의 항공사고 유형

① 항공사고의 주요 원인은 인간(조종사)의 과실·실수, 기계적 결함, 기상 악화(악천후) 등이 있다.

② 항공사고의 약 70% 이상이 인간(조종사)의 과실·실수, 즉 인적요인에 의한 인적 에러에 기인한 사고이다.

③ 따라서 지속적인 인적요인에 의한 위험요소를 제거함으로써 항공안전을 확보하는 것이 매우 중요하다.

3 유인기와 무인기의 인적요인에 의한 사고 비율

① 유인기에 비해 무인기는 인적요인에 의한 사고비율이 낮다. (유인기 : 70% 이상, 무인기 : 20%)

② 현재 무인기의 인적요인에 의한 사고비율이 낮은 이유

- 유인기와 비교할 때 무인기는 자동화율이 높기 때문이다.
- 유인기와 비교할 때 무인기는 상대적으로 인간 개입의 필요성이 적기 때문이다.

③ 하지만, 무인기 기술이 발전하면서 기계적 결함에 의한 사고는 크게 줄고, 인적 에러에 의한 사고가 증가할 것이라고 예상된다.

4 인적요인의 대표적 모델 : 쉘 모델(SHELL model)

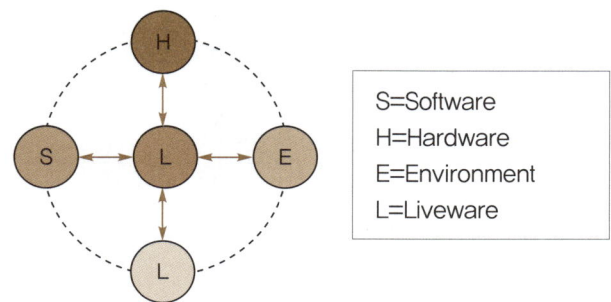

① 1975년 네덜란드의 호킨스(Hawkins) 박사가 제시한 '쉘 모델(SHELL model)'은 항공사고 원인의 이론적 근거를 제공하는 유용한 수단으로 사용되고 있다.

② 인적요인을 설명하는 대표적인 모델인 쉘 모델(SHELL model)의 구성요소는 다음과 같다.

- S(Software, 소프트웨어) : 운항 관련 법규(규정), 비행절차, 점검표, 컴퓨터 프로그램, 기호, 부호 등을 나타낸다.
- H(Hardware, 하드웨어) : 항공기의 기계적인 부분(항공기, 장비, 기계)을 나타낸다.
- E(Environment, 환경) : 기상, 날씨, 기온, 습도, 조명, 소음 등 비행기 내부 및 외부의 물리적 환경을 나타낸다.
- L(Liveware, 인간) : 중앙에 있는 L(Liveware)은 사람(조종사, 조종자)을 나타낸다.
- L(Liveware, 인간) : 아래에 있는 L(Liveware)은 조종사(조종자)와 직·간접적으로 관계되는 사람들을 나타낸다.

③ 쉘 모델(SHELL model)의 구성요소, 즉 인적요인은 직무수행과정에서 각각의 기능과 역할을 발휘할 수 있도록 항상 최적의 상태가 이루어져야 한다.

④ 인적요인들 간의 상호관계가 최적의 상태가 이루어지면 항공안전의 수준이 향상되고 사고예방이 확보되지만, 상호관계에 문제가 생기면 항공사고와 직결된다.

5 항공안전과 관련된 주요 이슈

① 눈의 광수용체(광수용기) : 추상체와 간상체

추상체(추상세포, 원추세포)	간상체(간상세포, 막대세포)
빛이 많은 곳(밝은 곳)에서 활성화됨	빛이 적은 곳(어두운 곳)에서 활성화됨
약 700만 개의 추상체가 망막에 존재 (망막의 중심부에 분포)	약 1억 개의 간상체가 망막에 존재 (망막의 주변부에 분포)

추상체(추상세포, 원추세포)	간상체(간상세포, 막대세포)
주간시	야간시
파장이 긴 빨간색의 빛에 더 잘 반응함	파장이 짧은 녹색의 빛에 더 잘 반응함 (비상구 유도등의 색 : 녹색)
색을 구분	명암을 구분

② 푸르키네 현상(Purkinje phenomenon)
- 주변 밝기의 변화에 따라 물체의 색의 명도가 다르게 보이는 현상이다.
- 밝은 상태에서 어두운 상태로 옮겨질 때 빨간색 계통의 색은 어둡게 보이고, 파란색 계통의 색은 밝게 보이는 현상이다.

③ 항공안전과 피로
- 조종사(조종자)의 피로는 항공안전에 있어서 매우 커다란 위험요소이므로 체계적인 관리가 필요하다.
- 피로의 유발 원인에는 환경적 원인(소음, 진동, 온도, 습도, 고도, 조명, 전자파 등), 생리학적 원인(생체주기, 수면, 근무시간, 취미생활 등) 및 건강악화 등이 있다.
- 피로관리와 관련하여 개인적 측면으로는 피로 유발원인에 대한 충분한 이해와 휴식이 필요하다. 또한 조직적 측면으로는 피로를 인식하고 이를 적극적으로 대응하려는 정책적이고 관리적인 노력이 필요하다.

④ 항공안전과 음주 및 약물
- 조종사(조종자)는 신체적, 정신적으로 건강한 상태에서 비행을 하는 것이 항공안전을 위한 선행 조건이다.
- 조종사(조종자)는 안전한 운행을 위하여 음주와 약물의 영향에서 완전히 벗어나야 한다.
- 질병으로 약물 복용이 필요한 경우에는 전문의 진료를 통하여 올바른 방법으로 약물을 복용한다.

17 무인수직이착륙기의 비행 원리

1 무인수직이착륙기(Unmanned VTOL)의 개념

① 무인수직이착륙기(Unmanned VTOL(Vertical Take-Off and Landing))는 고정익(fixed wing) 비행장치에 수직이착륙을 위한 회전익(rotary wing)을 함께 적용한 비행장치를 의미한다.

② 무인수직이착륙기는 고정익(fixed wing)을 이용한 순항(cruise, 전진비행)이 가능하고, 또한 회전익(rotary wing)을 이용한 수직이착륙(VTOL)이 가능하다.
③ 무인수직이착륙기는 기종마다 상이하지만, 일반적으로 회전익, 고정익, 동체(fuselage), 동력장치(power plant), 착륙장치(landing gear) 부분으로 구성된다.

2 무인수직이착륙기의 비행 특성

① 고정익을 이용한 순항과 회전익을 이용한 수직이착륙이 가능하므로 비행 중에 비행 형태의 전환(천이, transition)과정, 즉 회전익 비행 형태에서 고정익 비행 형태로의 전환과정 또는 고정익 비행 형태에서 회전익 비행 형태로의 전환과정을 수행해야 한다
② 고정익과 회전익을 함께 가진 형태로 인해 돌풍이나 측풍에 고정익이 반응하여 비행체의 자세가 변경되면 정상적인 비행이 어렵기 때문에 풍향을 고려하여 수직이착륙 및 전환과정을 짧은 시간에 수행해야 한다.

3 무인수직이착륙기의 종류 및 비행조종 모드

① 리프트 앤 크루즈(lift & cruise) 형태의 VTOL
- 고정익 비행장치에 멀티콥터를 결합하여 수직이착륙(lift, 상승 및 하강)은 멀티콥터 형태, 즉 회전익으로 수행하고, 순항(cruise, 전진비행)은 고정익의 양력과 회전익의 추력으로 수행한다.

② 틸트로터(tilt rotor, 가변로터) 형태의 VTOL
- 로터(rotor)의 회전축과 면을 직접 기울여(tilt) 수직 상태에서는 헬리콥터처럼 수직이착륙을, 수평 상태에서는 고정익기처럼 고속 비행을 할 수 있도록 만든 추진 방식이다.

③ 테일시터(tail-sitter) 형태의 VTOL
- 꼬리가 땅에 앉는(tail-sitting) 형태, 즉 동체 후미로 이착륙(수직비행, 상승 및 하강)을 한다.

4 무인수직이착륙기의 비행조종 모드

① 회전익 조종 모드
- 프로펠러의 회전에 의한 양력으로 비행하는 조종 모드이다.

② 고정익 조종 모드
- 날개의 양력을 이용해 비행하는 조종 모드이다.

③ 천이 조종 모드
- 회전익 조종 모드와 고정익 조종 모드가 전환되는 모드로, 프로펠러의 회전에 의한 양력과 고정익 날개의 양력이 공존하는 비행조종 모드이다.

PART 3 드론 운용

적중예상문제

01 현재 국제민간항공기구(ICAO)에서 사용하고 있는 무인항공기의 공식 용어는?

① 드론(drone)
② UA(Unmanned Aircraft)
③ RPAS(Remote Piloted Aircraft System)
④ UAV(Uninhabited Aerial Vehicle)

해설

무인항공기를 지칭하는 용어는 다음과 같으며, 국제민간항공기구(ICAO)에서는 RPA와 RPAS를 공식 용어로 채택하고 있다.

드론(drone)	원격제어되는 무인항공기를 통칭하는 용어로, 대중에게 널리 인식됨
UA	Unmanned Aircraft(무인항공기)
UAS	Unmanned Aircraft System(무인항공기시스템)
UAV	Unmanned Aerial Vehicle(무인비행장치)
RPA	Remotely piloted aircraft(원격조종항공기)
RPAS	Remotely Piloted Aircraft System(원격조종항공기시스템)
RPAV	Remotely Piloted Aerial Vehicle(원격조종비행장치)

02 무인멀티콥터(unmanned multicopter) 중에서 프로펠러가 4개인 것은?

① 쿼드콥터 ② 도데카콥터
③ 헥사콥터 ④ 옥타콥터

해설

- 쿼드콥터(quadcopter) : 4개의 프로펠러
- 헥사콥터(hexacopter) : 6개의 프로펠러
- 옥타콥터(octocopter) : 8개의 프로펠러
- 도데카콥터(dodecacopter) : 12개의 프로펠러

03 무인멀티콥터의 주요 구성요소가 아닌 것은?

① 테일 로터(tail rotor)
② 모터(motor)
③ 전자변속기(ESC)
④ 배터리(battery)

해설

메인 로터(main rotor, 주 로터), 테일 로터(tail rotor, 꼬리 로터)는 헬리콥터에서 사용하는 용어이다. 무인멀티콥터의 주요 구성요소는 비행제어장치(FC), 센서, 모터, 전자변속기(ESC), 프로펠러 등이다.

04 배터리를 오래 효율적으로 사용하는 방법으로 적절한 것은?

① 충전기는 정격 용량이 맞으면 여러 종류 모델 장비를 혼용해서 사용한다.
② 10일 이상 장기간 보관할 경우 100% 완충시켜서 보관한다.
③ 매 비행 시마다 배터리를 완충시켜 사용한다.
④ 충전이 다 됐어도 배터리를 계속 충전기에 걸어 놓아 자연 방전을 방지한다.

해설

배터리는 매 비행 시마다 완충시켜 사용한다. 또한, 장시간 사용하지 않을 경우 40~50%까지 방전하여 보관한다. 즉 장시간 사용하지 않을 경우 50~60%만을 충전하여 보관한다.

정답 01. ③ 02. ① 03. ① 04. ③

05 리튬-폴리머(Li-Po) 배터리 보관 시 주의사항으로 거리가 먼 것은?

① 용량이 40~50% 정도 남았을 때 충전할 것
② 고온 다습한 곳을 반드시 피해 보관할 것
③ 정격 용량 및 장비별 지정된 정품 배터리를 사용할 것
④ 배터리가 부풀거나 손상된 상태일 경우에는 수리하여 사용할 것

> **해설**
> 배터리가 부풀거나 손상된 경우에는 폐기하여야 한다.

06 컴퓨터의 중앙처리장치(CPU)와 같은 역할을 담당하며, 수신기로부터 전달받은 명령어와 센서들이 보내온 상태 추정치를 비교하여 모터의 회전속도를 계산하고 그 값들을 모터로 보내주는 역할을 하는 것은?

① 전자변속기(ESC)
② 비행제어장치(FC)
③ 프레임(frame)
④ 임무장비(payload)

> **해설**
> 비행제어장치는 컴퓨터의 중앙처리장치(CPU)와 같은 역할을 담당한다.

07 지구 위성항법시스템(GNSS; Global Navigation Satellite System) 중에서 해당 시스템과 운용 국가의 연결이 잘못된 것은?

① GPS – 미국
② 글로나스 – 러시아
③ 갈릴레오 – 인도
④ 베이더우 – 중국

> **해설**
> 갈릴레오는 유럽연합이 공동으로 구축해 운용하고 있으며, 지구 위성항법시스템(GNSS)의 종류는 다음과 같다.
> • GPS(Global Positioning System) – 미국
> • 갈릴레오(Galileo positioning system) – 유럽연합(EU)
> • 글로나스(GLONASS, global navigation satellite system) – 러시아
> • 베이더우(Beidou) – 중국
> • IRNSS 또는 NAVIC – 인도

08 무인멀티콥터의 비행자세 제어를 확인하는 센서는?

① 지자기 센서(geomagnetic sensor)
② 가속도 센서(acceleration sensor)
③ GPS(global positioning system, 지구위치결정시스템) 센서
④ 자이로 센서(gyroscope sensor)

> **해설**
> 지자기 센서는 진행 방향(방위)을 산출하는 센서이고, 가속도 센서는 수평 유지를 위한 센서이다, GPS(Global Positioning System, 지구위치결정시스템) 센서는 좌표(위치)와 속도를 계산하는 센서이다.

09 다음 중 자세를 잡기 위해 모터의 속도를 조종하는 장치는 무엇인가?

① 전자변속기(ESC)
② GPS 센서
③ 자이로 센서
④ 가속도 센서

> **해설**
> 자세를 잡기 위해 모터의 속도를 조종하는 장치는 ESC(Electronic Speed Control, 전자변속기)이다. ESC는 브러시리스 모터(BLDC 모터)의 속도 제어를 담당한다.

정답 05. ④ 06. ② 07. ③ 08. ④ 09. ①

10 무인멀티콥터의 방향을 통제하는 센서는 무엇인가?

① 지자기 센서(geomagnetic sensor)
② 가속도 센서(acceleration sensor)
③ 기압 센서(pressure sensor)
④ GPS 센서

▶ 해설
자이로 센서는 자세, 기압 센서는 고도, GPS 센서는 위치에 대한 값이다.

11 브러시드(BDC) 모터와 브러시리스(BLDC) 모터의 특징으로 맞지 않는 것은?

① 브러시리스 모터는 반영구적으로 사용 가능하다.
② 브러시리스 모터는 안전이 중요한 만큼 대형 멀티콥터에 적합하다.
③ 브러시리스 모터는 전자변속기(ESC)가 필수적이다.
④ 브러시드 모터는 브러시가 있기 때문에 반영구적으로 사용 가능하다.

▶ 해설
브러시 모터는 브러시가 있기 때문에 반영구적으로 사용이 불가능하다.

12 무인멀티콥터의 동력장치로 적합한 것은?

① 터보 엔진
② 전기모터
③ 제트 엔진
④ 왕복 엔진

▶ 해설
무인멀티콥터는 일반적으로 배터리로 구동하며 전기모터(BLDC 모터)를 사용한다.

13 무인멀티콥터에 사용하는 프로펠러의 재질이 아닌 것은?

① 카본 계열
② 나무 계열
③ 플라스틱 계열
④ 금속 계열

▶ 해설
금속 계열은 무겁고, 위험하기 때문에 프로펠러 재료로 잘 사용되지 않는다.

14 무인멀티콥터의 프로펠러 피치가 1회전 시 측정할 수 있는 것은 무엇인가?

① 속도
② 이동거리
③ 압력
④ 온도

▶ 해설
프로펠러의 피치는 프로펠러가 1회전 시 무인멀티콥터가 이동한 거리를 말한다.

15 무인멀티콥터 조종기의 테스트 방법 중 가장 올바른 것은?

① 무인멀티콥터로부터 최대한 가까이에서 테스트를 진행한다.
② 무인멀티콥터에서 30m 정도 떨어진 곳에서 테스트를 진행한다.
③ 무인멀티콥터에서 100m 정도 떨어진 곳에서 테스트를 진행한다.
④ 무인멀티콥터로부터 최대한 멀어진 곳에서 테스트를 진행한다.

▶ 해설
무인멀티콥터 실기시험 시 안전거리는 15m이며, 전진 및 후진 코스를 제외하고, 가장 멀리 위치한 12시 러버콘(rubber cone)과 조종석의 거리가 30m이므로 15~30m 내에서 테스트 하는 것이 가장 안전하고 실용적인 거리이다.

정답 : 10. ① 11. ④ 12. ② 13. ④ 14. ② 15. ②

16 무인멀티콥터의 조종기 모드(Mode 2)의 수직 하강에 대한 설명으로 옳은 것은?

① 왼쪽 조종간을 내린다.
② 왼쪽 조종간을 올린다.
③ 오른쪽 조종간을 내린다.
④ 오른쪽 조종간을 올린다.

> 해설
> 무인멀티콥터 조종기 모드에는 Mode 1 및 Mode 2가 있다. Mode 1은 스로틀(throttle)이 오른쪽에 있는 방식, Mode 2는 스로틀(throttle)이 왼쪽에 있는 방식이다. 스로틀(throttle)의 역할은 수직 상승 및 수직 하강이다.

17 다음 리튬-폴리머 배터리 보관 시 주의사항으로 올바르지 않은 것은?

① 더운 날씨에 차량에 배터리를 보관하지 않아야 한다.
② 배터리를 낙하, 충격, 파손 또는 인위적으로 합선시키지 않아야 한다.
③ 손상된 배터리나 전력 수준이 50% 이상인 상태에서 배송하지 않아야 한다.
④ 추운 겨울에는 얼지 않도록 전열기 주변에서 보관한다.

> 해설
> 리튬-폴리머 배터리를 보관하는 적정온도는 상온(18~25℃)이다.

18 드론 상승 또는 하강 시 조작해야 할 조종기의 레버는?

① 엘리베이터   ② 스로틀
③ 에일러론   ④ 러더

> 해설
> • 스로틀(throttle) 레버는 드론을 상승·하강시키는 역할을 한다.
> • 엘리베이터(elevator) 레버는 드론을 전후로 움직이는 역할을 한다.
> • 에일러론(aileron) 레버는 드론을 좌우로 움직이는 역할을 한다.
> • 러더(rudder) 레버는 드론의 기수를 좌우로 회전시키는 역할을 한다.

19 쿼드콥터가 좌측으로 이동 시 각 모터의 회전속도는?

① 좌측에 위치한 모터의 회전속도가 우측에 위치한 모터의 회전속도보다 더 빠르다.
② 우측에 위치한 모터의 회전속도가 좌측에 위치한 모터의 회전속도보다 더 빠르다.
③ 좌측 앞, 우측 뒤에 위치한 모터의 회전속도가 더 빨리 회전한다.
④ 우측 앞, 좌측 뒤에 위치한 모터의 회전속도가 더 빨리 회전한다.

> 해설
> 쿼드콥터가 움직이려고 하는 방향의 반대 쪽의 프로펠러(모터)가 더 빨리 회전해야 한다.

20 무인멀티콥터 조종 시 옆에서 바람이 불고 있을 경우 기체 위치를 일정하게 유지하기 위해 필요한 조작법으로 옳은 것은?

① 스로틀을 올린다.
② 러더를 조작한다.
③ 에일러론을 조작한다.
④ 엘리베이터를 조작한다.

> 해설
> • 스로틀(throttle) 레버는 드론을 상승·하강시키는 역할을 한다.

정답 16. ① 17. ④ 18. ② 19. ② 20. ③

- 엘리베이터(elevator) 레버는 드론을 전후로 움직이는 역할을 한다.
- 에일러론(aileron) 레버는 드론을 좌우로 움직이는 역할을 한다.
- 러더(rudder) 레버는 드론의 기수를 좌우로 회전시키는 역할을 한다.

21. 리튬-폴리머(Li-Po) 배터리 취급 및 보관 방법으로 부적절한 설명은?

① 배터리가 부풀거나 누유 또는 손상된 상태일 경우 수리하여 사용한다.
② 빗속이나 습기가 많은 장소에 보관하지 않는다.
③ 정격 용량 및 장비별 지정된 정품 배터리를 사용한다.
④ 과충전 혹은 과방전을 하지 않는다.

해설
배터리가 부풀거나 사용이 불가능한 경우에는 폐기한다.

22. 드론 조종기를 장기간 미사용 시 보관 방법으로 옳지 않은 것은?

① 조종기에서 배터리를 분리해서 보관한다.
② 상온에서 보관한다.
③ 파손 등을 예방하기 위해 전용 케이스에 보관한다.
④ 보관온도는 중요하지 않다.

해설
조종기의 보관온도는 일반적으로 상온(18~25℃)에서 보관한다.

23. 무인멀티콥터의 비행 모드가 아닌 것은 어느 것인가?

① 수동 모드(manual mode)
② GPS 모드(GPS mode)
③ 자세제어 모드(attitude Mode)
④ 고도제어 모드(altitude mode)

해설
무인멀티콥터의 비행 모드에는 수동 모드(manual mode), GPS 모드(GPS mode), 자세제어 모드(attitude mode), 자동 복귀 모드(RTH; Return to Home mode) 등이 있다.

24. 무인멀티콥터의 이착륙 지점으로 적합한 지역이 아닌 것은?

① 작물이나 시설물의 피해가 발생하지 않는 지역
② 평탄한 잔디 지역
③ 조종자로부터 안전거리(15m)가 확보된 지역
④ 사람이나 차량 등의 통행이 빈번한 지역

해설
사람이나 차량의 접근이 어려운 지역, 조종자로부터 안전거리(15m)가 확보된 지역, 평탄한 지역 등을 이착륙 지점으로 활용한다.

25. 헬리콥터, 무인멀티콥터 등이 지면 가까이에 있을 때 프로펠러(로터) 등의 유도기류(하향풍)가 지면과 충돌하면서 일시적으로 양력이 증가하는 현상은?

① 억제 효과   ② 날개 효과
③ 지면 효과   ④ 간섭 효과

해설

정답: 21. ① 22. ④ 23. ④ 24. ④ 25. ③

지면 효과(ground effect)는 헬리콥터, 무인멀티콥터 등이 지면 가까이에 있을 때 프로펠러(로터) 등의 유도기류(하향풍)가 지면과 충돌하면서 일시적으로 양력이 증가하는 현상이다. 무인멀티콥터를 운용할 때 조종자가 반드시 고려해야 할 요소가 유도기류(하강풍)로 인해 발생하는 지면 효과인데, 지면 효과가 증가하는 고도가 되면 무인멀티콥터의 하강이 지연된다.

26 무인멀티콥터의 배터리를 보관하는 방법으로 잘못된 것은?

① 장시간 사용하지 않을 경우에는 40~50%를 방전한 상태로 보관한다.
② 여름에는 직사광선을 피하고 실온에서 보관한다.
③ 언제든지 바로 사용할 수 있도록 완충해 보관한다.
④ 비행체에서 분리해 보관백에 넣어 보관한다.

해설
배터리를 바로 사용하지 않을 경우에는 100% 충전해 보관해서는 안 된다. 완충 상태로 보관할 경우에 스웰링(swelling, 배부름) 현상이 발생하거나 배터리 용량이 일부 손실되면서 배터리 수명이 짧아질 수 있기 때문이다.

27 리튬-폴리머 배터리 보관 시 주의 사항이 아닌 것은?

① 더운 날씨에 차량에 배터리를 보관하지 않는다.
② 배터리를 낙하, 충격, 파손시키지 않는다.
③ 손상된 배터리나 배터리의 전압이 50% 이상인 상태에서 배송하지 않는다.
④ 추운 겨울에는 화로나 전열기 등 열원 주변처럼 뜨거운 장소에 보관한다.

해설
적합한 보관 장소의 온도는 상온(18℃~25℃)이다.

28 무인멀티콥터의 전진 비행 시 힘의 크기에 맞는 것은?

① 추력〉항력
② 무게〉양력
③ 양력〉추력
④ 항력〉양력

해설
• 양력〉중력이면 무인멀티콥터는 상승하고, 중력〉양력이면 무인멀티콥터는 하강한다.
• 추력〉항력이면 무인멀티콥터는 전진하고, 항력〉추력이면 무인멀티콥터는 후진한다.

29 다음 중 현재 잘 사용하지 않는 배터리의 종류는 무엇인가?

① Li-Po
② Ni-CH
③ Ni-MH
④ Ni-Cd

해설
리튬-폴리머(Li-Po) 전지, 리튬이온(Li-ion) 전지, 니켈-카드뮴(Ni-Cd) 전지, 니켈-수소(Ni-MH) 전지가 드론 배터리로 사용되며, 이중 리튬 폴리머(Li-Po) 전지가 널리 사용된다.

30 무인멀티콥터의 비행 전 점검에 대한 설명으로 잘못된 것은?

① 비행 전에 일기예보를 확인한다.
② 비행 전에 배터리 충전상태를 확인한다.
③ 프로펠러의 장착상태와 파손 여부를 확인한다.
④ 무인멀티콥터는 지면으로부터 고도 100m 이내를 유지함을 확인한다.

정답 26. ③ 27. ④ 28. ① 29. ② 30. ④

> **[해설]**
항공안전법상에는 무인멀티콥터를 150m 이하의 고도에서 운용할 수 있다.

31 기체의 비행 후 점검사항으로 가장 올바른 것은?

① 바로 창고에 넣어 보관한다.
② 배터리를 방전시키기 위해 다시 비행한다.
③ 기체를 점검한다.
④ 기체를 분해한다.

> **[해설]**
비행 후에는 점검표(checklist)를 바탕으로 무인멀티콥터(기체), 조종기, 임무장비(payload) 등 무인멀티콥터 시스템의 이상 유무를 판단하기 위해 점검을 수행한다.

32 다음 중 드론의 배터리로 가장 적절하지 않은 것은?

① 니켈-카드뮴
② 리튬-폴리머
③ 납축전지
④ 니켈-수소

> **[해설]**
납축전지는 2차 전지로 주로 자동차에 많이 사용하며, 무게가 무거운 단점이 있다.

33 무인멀티콥터 비행 중 기체 이상으로 조종기 조작이 불가능할 경우 가장 먼저 해야 할 일은?

① 기체를 안전하게 착륙시키기 위해 주변을 살핀다.
② 자동 착륙 버튼을 반복하여 누른다.
③ 큰 소리를 질러 주변 사람에게 알린다.
④ 기체가 조작될 때까지 상황을 지켜본다.

> **[해설]**
기체 이상으로 조작이 불가능할 경우, 안전을 위해 사람들에게 먼저 큰소리로 알린 후 안전하게 착륙시킨다.

34 무인멀티콥터 배터리의 종류가 아닌 것은?

① 니켈-수소(Ni-MH)
② 니켈-카드뮴(Ni-Cd)
③ 리튬-폴리머(Li-Po)
④ 니켈-아연(Ni-Zn)

> **[해설]**
무인멀티콥터 배터리에 주로 사용되는 배터리(전지)에는 리튬-폴리머(Li-Po) 전지, 리튬이온(Li-ion) 전지, 니켈-카드뮴(Ni-Cd) 전지, 니켈-수소(Ni-MH) 전지 등이 있으며, 이중 리튬-폴리머(Li-Po) 전지가 널리 사용된다.

35 무인멀티콥터의 전진과 후진을 조종하는 조종기 레버는?

① 스로틀
② 러더
③ 엘리베이터
④ 에일러론

> **[해설]**
- 스로틀(throttle) 레버는 드론을 상승·하강시키는 역할을 한다.
- 엘리베이터(elevator) 레버는 드론을 전후로 움직이는 역할을 한다.
- 에일러론(aileron) 레버는 드론을 좌우로 움직이는 역할을 한다.
- 러더(rudder) 레버는 드론의 기수를 좌우로 회전시키는 역할을 한다.

36 리튬 폴리머(Li-Po) 전지에 대한 설명으로 알맞은 것은?

① 여러 번 충전이 어렵다.
② 촉매가 필요하다.
③ 용량이 작다.
④ 다양한 모양과 크기로 만들 수 있다.

> **[해설]**
리튬 폴리머(Li-Po) 전지는 재충전이 가능하며 용량이 크고 다양한 모양과 크기로 만드는 것이 가능하다.

정답 31. ③ 32. ③ 33. ③ 34. ④ 35. ③ 36. ④

37 무인멀티콥터에 사용하는 배터리의 중요 정보로서 표면에 표기되지 않는 사항은?

① 재료　　② 전압
③ 셀(cell) 수　　④ 방전율

해설
배터리의 주요 사양(specification, 스펙)에는 셀 수(cell count), 전압, 용량, 방전율 등이 있다.

38 무인멀티콥터(multicopter) 중에서 프로펠러가 12개인 것은?

① 쿼드콥터　　② 도데카콥터
③ 헥사콥터　　④ 옥타콥터

해설
- 쿼드콥터(quadcopter) : 4개의 프로펠러
- 헥사콥터(hexacopter) : 6개의 프로펠러
- 옥타콥터(octocopter) : 8개의 프로펠러
- 도데카콥터(dodecacopter) : 12개의 프로펠러

39 배터리 사용 시 주의 사항이 아닌 것은?

① 매 비행 시마다 배터리를 완충시켜 사용한다.
② 정해진 모델의 전용 충전기만 사용한다.
③ 비행 시 저전력 경고가 표시될 때 즉시 복귀 및 착륙시킨다.
④ 배부른 배터리를 깨끗이 수리해서 사용한다.

해설
스웰링(swelling, 배부름) 현상이 발생한 배터리는 폐기해야 한다.

40 무인멀티콥터의 현재 위치를 확인하는 센서는?

① 자이로 센서　　② 기압 센서
③ 지자기 센서　　④ GPS 센서

해설
GPS(Global Positioning System, 지구위치결정시스템) 센서는 지구 주변을 돌고 있는 인공위성과의 거리를 측정하여 좌표(위치)와 속도를 계산하는 센서이다.

41 리튬-폴리머 4S 배터리의 전압은?

① 11.1V　　② 14.8V
③ 18.5V　　④ 22.2V

해설
- 리튬-폴리머 배터리의 cell당 전압은 3.7V이며, 직렬 연결 수의 표기를 S(series)로 한다.
- 4S는 4개의 cell을 직렬로 연결한 것이며, 전압은 3.7V/cell×4cell =14.8V이다.

42 리튬-폴리머 배터리를 소금물을 이용한 폐기 방법 중 틀린 것은?

① 대야에 물을 받고 소금을 한두 줌 넣어 소금물을 만든다.
② 배터리의 전원 플러그가 소금물에 잠기지 않게 담근다.
③ 배터리에서 기포가 올라오면 기포는 유해하므로 환기가 잘 되는 곳에서 폐기 절차를 진행한다.
④ 하루 정도 경과한 뒤 기포가 더 이상 나오지 않으면 완전 방전된 것이므로 폐기한다.

해설
배터리의 전원 플러그가 소금물에 완전히 잠기게 한다.

43 무인멀티콥터 무게중심(CG)의 위치는?

① 기체의 중앙 부분
② 배터리 장착 부분
③ 프로펠러 장착 부분
④ GPS 안테나 부분

정답 37. ① 38. ② 39. ④ 40. ④ 41. ② 42. ② 43. ①

> **해설**
무인멀티콥터의 무게중심(CG; Center of Gravity)의 위치는 기체의 중앙 부분이다.

44 다음 중 메모리 효과(memory effect)가 있는 배터리는 어느 것인가?

① 리튬-폴리머(Li-Po) 배터리
② 납축전지
③ 니켈-카드뮴(Ni-Cd) 배터리
④ 리튬이온 배터리

> **해설**
메모리 효과(memory effect)는 이전에 충전된 또는 방전된 상태를 기억하는 효과이다. 니켈-카드뮴(Ni-Cd), 니켈-수소(Ni-MH) 등 니켈계 배터리는 메모리 효과가 있지만, 리튬-폴리머(Li-Po) 배터리는 메모리 효과가 없다.

45 무인멀티콥터의 배터리를 관리하는 방법에 대한 설명으로 올바르지 않은 것은?

① 전원이 켜진 상태에서 배터리를 탈착해도 무방하다.
② 정품 배터리를 사용하는 것이 바람직하다.
③ 비행 시 완충된 배터리를 사용하도록 한다.
④ 저전압 경고가 점등되면 신속하게 착륙시키도록 한다.

> **해설**
전원을 끈 후에 배터리를 탈착하는 것이 원칙이다.

46 멀티콥의 센서 중에 고도와 관련된 센서는?

① 지자기 센서(geomagnetic sensor)
② 가속도 센서(acceleration sensor)
③ 기압 센서(pressure sensor)
④ 자이로 센서(gyroscope sensor)

> **해설**
지자기 센서는 진행 방향(방위)을 산출하는 센서이고, 가속도 센서는 수평 유지를 위한 센서이며, 기압 센서는 대기압을 측정하여 고도를 계산하는 센서이다.

47 다음 중 리튬-폴리머 배터리에 대한 설명으로 올바르지 않은 것은?

① 리튬이온 배터리에 비해 얇고 화재 및 폭발 위험이 적다.
② 메모리효과가 없어 완전 방전이 되지 않아도 충전해도 된다.
③ 완충전압은 4.2V, 최대방전은 3.3V로 관리하는 것이 좋다.
④ 셀(cell)당 전압이 다르더라도 하나의 셀만 정상이면 사용해도 무방하다.

> **해설**
여러 개의 셀(cell) 중에서 1개의 셀 전압은 정상이지만 다른 셀의 전압이 비정상이면 재충전을 시도해 정상으로 맞춰야 한다. 재충전을 시도해도 완충전압이 4.2V가 되지 않으면 배터리가 문제가 있는 것으로 교체한다.

48 다음 중 배터리 사용 시 주의사항으로 틀린 것은?

① 비행 시마다 배터리를 완충시켜 사용한다.
② 정해진 모델의 전용 충전기만 사용한다.
③ 비행 시 저전력 경고가 표시될 때 즉시 복귀 및 착륙시킨다.
④ 배부른 배터리를 깨끗이 수리해서 사용한다.

> **해설**
배터리가 부풀어 오르면 화재 및 폭발이 발생할 수 있기 때문에 교체해야 한다.

정답: 44. ③ 45. ① 46. ③ 47. ④ 48. ④

49 다음 중 배터리를 장기 보관할 때 적절하지 않는 것은?

① 4.2V로 완전 충전해서 보관한다.
② 상온(18~25℃)에서 보관한다.
③ 밀폐된 가방에 보관한다.
④ 화로나 전열기 주변 등 뜨거운 곳에 보관하지 않는다.

해설
매번 비행 시 배터리를 완충시켜서 사용하지만, 배터리를 장기 보관할 때에는 50% 정도로 방전시킨 후 보관한다.

50 무인멀티콥터와 조종기에 사용하는 배터리의 점검 방법으로 잘못된 것은?

① 비행체 배터리와 배선의 연결 부위를 점검한다.
② 부풀어 오른 배터리도 성능은 문제 없으므로 교체하지 않는다.
③ 배터리 연결단자가 단단하게 고정됐는지 확인한다.
④ 배선이나 연결 부위에 부식이 발생했는지 확인한다.

해설
배터리가 부풀어 오르면 화재 및 폭발이 발생할 수 있기 때문에 교체해야 한다.

51 무인멀티콥터의 비행 중 조작 불능 시 가장 먼저 할 일은?

① 소리를 크게 외쳐서 주변 사람들에게 알린다.
② 조종자 가까이 이동시켜 착륙시킨다.
③ 안전하게 착륙시킨다.
④ 급하게 불시착시킨다.

해설
안전을 위해 사람들에게 먼저 알린 후 안전하게 착륙시킨다.

52 인적요인의 대표적 모델인 쉘 모델(SHELL model)의 구성요소가 아닌 것은?

① S(Software)　② H(Human)
③ E(Environment)　④ L(Liveware)

해설
쉘 모델(SHELL model)의 구성요소에는 S(Software, 소프트웨어), H(Hardware, 하드웨어), E(Environment, 환경), L(Liveware, 인간)이 있다.

53 푸르키네 현상에 따르면 다음 보기 중에서 어두운 밤에 가장 잘 보이는 색은?

① 노랑　② 파랑
③ 초록　④ 빨강

해설
푸르키네 현상(Purkinje phenomenon)은 밝은 상태에서 어두운 상태로 옮겨질 때 빨간색 계통의 색은 어둡게 보이고, 파란색 계통의 색은 밝게 보이는 현상이다.

54 광수용기에 대한 설명 중 옳은 것은?

① 추상체는 야간에 흑백을 보는 것과 관련이 있다.
② 간상체는 주간시이고, 추상체는 야간시이다.
③ 추상체는 주로 망막의 주변부에 위치한다.
④ 추상체와 비교할 때 간상체의 개수가 더 많다.

해설

추상체(추상세포, 원추세포)	간상체(간상세포, 막대세포)
빛이 많은 곳(밝은 곳)에서 활성화됨	빛이 적은 곳(어두운 곳)에서 활성화됨
약 700만 개의 추상체가 망막에 존재 (망막의 중심부에 분포)	약 1억 개의 간상체가 망막에 존재 (망막의 주변부에 분포)
주간시	야간시
파장이 긴 빨간색의 빛에 더 잘 반응함	파장이 짧은 녹색의 빛에 더 잘 반응함 (비상구 유도등의 색 : 녹색)
색을 구분	명암을 구분

정답 49. ①　50. ②　51. ①　52. ②　53. ②　54. ④

PART 4

학습목표

항공법규는 드론(drone)을 포함한 항공기의 안전, 운영·관리, 사업, 사고 조사 등과 관련된 항공안전법, 항공사업법, 공항시설법, 드론 활용의 촉진 및 기반 조성에 관한 법률(드론법) 등에 관한 것이다. 드론 조종사(drone pilot)는 드론 운용에 필요한 항공법규를 숙지하고 준수하며, 관련 법규의 테두리 내에서 드론을 운용하기 위하여 개별 법률의 목적·정의, 초경량비행장치의 신고, 안전성 인증, 조종자 증명·준수사항, 비행제한 공역, 비행승인 절차, 사용사업 등록, 보증보험 가입, 사고와 보고, 벌칙 등에 관한 내용을 배우게 된다.

항공법규
(Aviation Laws)

1. 국제 항공법규의 발달과정
2. 국내 항공법규의 발달과정
3. 주요 항공법규의 목적 및 세부 내용
4. 용어의 정의
5. 항공기, 경량항공기, 초경량비행장치의 구분
6. 초경량비행장치의 신고
7. 초경량비행장치의 안전성 인증
8. 초경량비행장치의 조종자 증명
9. 무인비행장치 조종자 전문교육기관
10. 초경량비행장치의 공역(airspace)
11. 비행승인 및 특별비행승인
12. 초경량비행장치 조종자 준수사항
13. 초경량비행장치의 사용사업
14. 초경량비행장치의 사고·조사·보고(통보)
15. 청문, 벌칙, 과태료, 행정처분

1 국제 항공법규의 발달과정

1 국제적인 항공 규제의 필요성 등장

① 1903년 라이트(Wright) 형제가 발명한 동력 추진 항공기의 출현으로 인류의 활동 무대는 본격적으로 하늘에까지 확대되었다.

② 동력 추진 항공기는 육상이나 해상의 운송수단과는 비교할 수 없이 빠른 이동속도로 인해 국제적인 규제의 필요성이 등장하였다.

2 〈1919년 국제항공협약(파리협약)〉의 채택 및 폐기

① 항공 질서의 다자간 기틀 형성을 위한 국제항공회의가 제1차 세계대전의 전승국들이 모인 가운데 프랑스 파리에서 개최되어 〈국제항공협약(파리협약)〉(Convention relating to the Regulation of Aerial Navigation)이 1919년 10월 13일에 채택, 1922년 7월 11일에 발효되었다.

② 국제항공협약(파리협약)은 체약국의 완전하고 배타적인 영공주권(sovereignty in airspace)을 인정함으로써 영공주권의 원칙을 정착시키고, 국제항공의 발전을 촉진할 것을 정한 최초의 다자간 조약이었다.

③ 국제항공협약(파리협약)은 〈1928년 하바나 협약(havana convention)〉, 〈1929년 바르샤바 협약(warsaw convention)〉, 〈1938년 브뤼셀 의정서(brussels protocol)〉 등을 거치면서 항공 관련 기초 질서를 형성하는 데 큰 역할을 하였으며, 1944년에 국제민간항공협약의 성립과 함께 폐기되었다.

3 〈1944년 국제민간항공협약(시카고협약)〉의 채택

① 미국 시카고에서 개최된 시카고회의(Chicago Conference)에서 1944년 12월 7일에 채택된 국제민간항공협약(Convention on International Civil Aviation)은 제2차 세계대전 후 국제민간항공과 관련된 문제를 협의하여 채택한 것으로서 국제민간항공 운영을 위한 기본 조약으로 우리나라는 1952년에 가입하였으며, 2025년 7월 현재 193개국이 가입하고 있다(https://www.icao.int/about-icao).

② 국제민간항공협약의 주요 내용
  ㉠ 제1부 항공(air navigation)
    • 체약국의 영공주권(제1장), 체약국 영공의 비행(제2장), 항공기 국적(제3장), 항공을 용이하게 하기 위한 조치(제4장), 항공기가 구비하여야 할 요건(제5장), 국제표준 및 권고 방식(제6장) 등을 규정하고 있다.

      ⓒ 제2부 국제민간항공기구(ICAO)
- ICAO의 설립, 조직, 임무 등을 규정하고 있다.

      ⓒ 제3부 국제항공수송(international air transport)
- 국제항공운송을 원활하게 하기 위하여 필요한 조치(정보 및 권고, 공항 기타 항행시설) 등을 규정하고 있다.

      ⓔ 제4부 최종 규정(final provisions)
- 비준, 가입, 개정 및 폐기 등을 규정하고 있다.

③ 국제민간항공협약(시카고협약)의 부속서

- 부속서(annex)의 내용은 적용상의 강제성에 따라 국제표준 및 권고사항(SARPs; Standards and Recommended Practices)과 선택사항(option)으로 구성되어 있다.
- 국제표준(standards)은 모든 체약국이 의무적으로 적용해야 하는 요구사항으로 'shall'로 표시되며 '~하여야 한다'로 번역되고, 권고사항(recommended practices)은 자국에 적용하는 다른 대안이 있는 경우를 제외하고는 가능한 한 따르도록 하는 권고사항으로 'should'로 표시되고 '~하는 것이 좋다'로 번역되며, 선택사항(option)은 체약국이 임의로 선택 여부를 결정할 수 있는 사항으로 'may(~해도 된다)' 또는 'can(~할 수 있다)'으로 표시된다.
- 2025년 7월 현재 아래와 같이 19종의 부속서(annex)가 적용되고 있다.

> 제1 부속서 : 항공 종사자의 자격증명(personnel licensing)
> 제2 부속서 : 항공규칙(rules of the air)
> 제3 부속서 : 국제항공을 위한 기상업무(meteorological service for international air navigation)
> 제4 부속서 : 항공지도(aeronautical charts)
> 제5 부속서 : 항공사용 측정 단위(units of measurement to be used in air and ground operations)
> 제6 부속서 : 항공기 운항(operation of aircraft)
> 제7 부속서 : 항공기의 국적 및 등록기호(aircraft nationality and registration marks)
> 제8 부속서 : 항공기의 감항성(airworthiness of aircraft)
> 제9 부속서 : 출입국 간소화(facilitation)
> 제10 부속서 : 항공통신(aeronautical telecommunications)
> 제11 부속서 : 항공교통 업무(air traffic services)
> 제12 부속서 : 수색 및 구조(search and rescue)
> 제13 부속서 : 항공기 사고조사(aircraft accident and incident investigation)
> 제14 부속서 : 비행장(aerodromes)
> 제15 부속서 : 항공정보 업무(aeronautical information services)
> 제16 부속서 : 환경보호(environmental protection)
> 제17 부속서 : 보안(security)
> 제18 부속서 : 위험물의 안전한 항공운송(safe transport of dangerous goods by air)
> 제19 부속서 : 안전관리(safety management)

TIP! 국제민간항공기구(ICAO)와 국제항공운송협회(IATA)의 차이는?

국제민간항공기구(ICAO)는 국제민간항공협약에 따라 설립된 정부 간 국제기구로서 UN 전문기구의 지위를 가지고 있으며, 1947년에 설립되었다. 국제항공운송협회(IATA; International Air Transport Association)는 항공사들로 구성된 순수한 민간 조직체로서 국제 간의 운임, 운항, 정비, 정산 업무 등 상업적, 기술적 활동을 하고자 1945년에 설립되었다.

2 국내 항공법규의 발달과정

1 국내 최초 제정된 〈1961년 항공법규〉

① 국내에서 1961년 3월 7일에 제정 및 1961년 6월 8일에 시행된 항공법은 항공사업, 항공안전, 공항시설 등 항공 관련 분야를 전체적으로 규정한 단일법이었다.

② 국내 최초 제정된 〈1961년 항공법〉 이전에는 조선총독부 법률로 제정(1921.4.8) 및 시행(1927.6.1) 된 일본항공법을 준용하였다.

2 3개의 분법으로 제정된 〈2016년 항공법규〉

① 1961년에 제정된 최초의 항공법은 항공사업, 항공안전, 공항시설 등 항공 관련 분야를 망라하고 있어 국제기준 변화에 신속하고 탄력적으로 대응하는 데 미흡한 측면이 있고, 여러 차례의 개정으로 법체계가 복잡하여 국민이 이해하기 어려운 문제점과 미비점이 있었다.

② 따라서 항공 관련 법규의 체계와 내용을 국제기준 변화에 신속하고 탄력적으로 대응하고 국민이 이해하기 쉽도록 하기 위하여 2016년 3월 29일에 기존 항공법을 항공사업법, 항공안전법 및 공항시설법 등 3개로 분법하여 제정하였다.

3 드론 및 드론 시스템의 정의가 포함된 〈2019년 드론법〉

① 드론 활용의 촉진 및 기반 조성에 관한 법률(약칭 드론법)은 4차 산업혁명 시대의 핵심 산업으로 부상 중인 드론산업을 체계적이고 효율적으로 육성하기 위하여 제정(2019.4.30) 및 시행(2020.5.1) 되었다.

② 드론법의 제정 및 시행으로 인하여 드론과 드론시스템의 기술 개발, 실용화 및 사업화 등을 촉진하기 위한 각종 특례 및 지원 방안에 관한 법적 기반이 마련되었다.

③ 2021년 12월 7일에 개정된 드론법은, 제3조에서 국가 및 지방자치단체는 드론산업이 소방·방재·방역·보건·측량·감시·구호 등 공공부문에서 다양하게 활용될 수 있도록 노력할 것을 신설하고, 제17조에서 국토교통부장관은 드론교통관리시스템의 원활한 구축·운영을 위하여 국방부 및 관계 기관과 긴밀히 협력하여야 함을 신설하였다.

④ 2022년 11월 15일에 개정된 드론법은, 우리나라 드론산업의 지속적인 육성과 데이터에 기반한 안전한 드론 운용 환경을 조성하기 위하여 드론 관련 사고 및 보험 정보, 드론의 기체 신고, 종사자 자격, 사업체 등록·변경 정보 등을 포함하는 정보체계를 구축·운영할 수 있는 근거를 마련하고, 정보체계의 구축·운영을 위하여 필요한 관련 정보의 제공을 요청할 수 있도록 제9조의2(드론 정보체계의 구축·운영 등)를 신설하였다.

⑤ 2024년 1월 9일에 개정된 드론법은, 드론 정보체계 정보 범위에 「군사기지 및 군사시설 보호법」에 따른 군사기지 및 군사시설 보호구역에 관한 정보를 포함할 수 있도록 제9조의2(드론 정보체계의 구축·운영 등)를 개정하였다.

⑥ 2024년 2월 13일에 개정된 드론법은, 국토교통부장관이 드론을 이용한 국민들의 취미·여가활동 등을 지원하기 위하여 시·도지사 또는 시장·군수·구청장의 신청을 받아 드론공원을 지정할 수 있도록 제11조의2(드론공원의 지정 및 관리)를 신설하였다.

3 주요 항공법규의 목적 및 세부 내용

1 주요 항공법규의 목적

항공안전법	항공사업법
제1조(목적) 국제민간항공협약 및 같은 협약의 부속서에서 채택된 표준과 권고되는 방식에 따라 항공기, 경량항공기 또는 초경량비행장치가 안전하게 항행하기 위한 방법을 정함으로써 생명과 재산을 보호하고, 항공기술 발전에 이바지함을 목적으로 한다.	제1조(목적) 항공정책의 수립 및 항공사업에 관하여 필요한 사항을 정하여 대한민국 항공사업의 체계적인 성장과 경쟁력 강화 기반을 마련하는 한편, 항공사업의 질서유지 및 건전한 발전을 도모하고 이용자의 편의를 향상시켜 국민경제의 발전과 공공복리의 증진에 이바지함을 목적으로 한다.
공항시설법	드론법
제1조(목적) 공항·비행장 및 항행안전시설의 설치 및 운영 등에 관한 사항을 정함으로써 항공산업의 발전과 공공복리의 증진에 이바지함을 목적으로 한다.	제1조(목적) 드론 활용의 촉진 및 기반 조성, 드론시스템의 운영·관리 등에 관한 사항을 규정하여 드론산업의 발전 기반을 조성하고 드론산업의 진흥을 통한 국민편의 증진과 국민경제의 발전에 이바지함을 목적으로 한다.

2 주요 항공법규의 세부 내용

항공안전법(2022. 1. 18. 개정)

제1장 총칙
- 항공기, 경량항공기, 초경량비행장치의 정의
- 관제권, 관제구, 비행정보구역의 정의
- 항공안전정책기본계획의 수립 : 5년마다 수립

제2장 항공기 등록
제3장 항공기 기술 기준 및 형식 증명
제4장 항공종사자
제5장 항공기의 운항
제6장 항공교통관리
- 공역(관제, 비관제, 통제, 주의)의 지정·공고

제7장 항공운송사업자 등에 대한 안전관리
제8장 외국항공기
제9장 경량항공기
제10장 초경량비행장치
- 신고, 조종자 증명, 전문교육기관 지정
- 비행제한 공역의 비행승인
- 무인비행장치의 특별승인
- 초경량비행장치 조종자 준수사항

제11장 보칙
제12장 벌칙

항공사업법(2025. 1. 31. 개정)

제1장 총칙
- 항공사업, 항공 운송사업, 항공기 사용사업의 정의
- 항공기 정비업, 취급업, 대여업의 정의
- 초경량비행장치 사용사업 및 사용사업자의 정의
- 항공정책 기본계획의 수립 : 5년마다 수립

제2장 항공운송사업
- 국내항공운송사업, 국제항공운송사업, 소형항공운송사업

제3장 항공기사용사업, 항공기정비업, 항공기취급업, 항공기대여업, 초경량비행장치사용사업, 항공레저스포츠사업, 상업서류송달업
- 초경량비행장치 사용사업의 등록 및 변경 신고

제4장 외국인 국제항공운송사업
제5장 항공교통이용자 보호
제6장 항공사업의 진흥
제6장의 2 항공사업발전조합
제7장 보칙
- 경량항공기, 초경량비행장치의 영리목적 사용금지

제8장 벌칙

공항시설법(2025. 1. 31. 개정)

제1장 총칙
- 공항, 공항구역, 공항시설의 정의
- 비행장, 비행장구역, 비행장시설의 정의
- 항행안전시설(항공등화, 항행안전무선시설, 항공정보통신시설)의 정의

제2장 공항 및 비행장의 개발
- 공항개발 종합계획의 수립 : 5년마다 수립

제3장 공항 및 비행장의 관리·운영
- 항공장애 표시등 및 항공장애 주간표지의 설치

제4장 항행안전시설
- 국토교통부장관이 항행안전시설을 설치함
- 국토교통부장관 외에 항행안전시설의 설치자는 허가 및 변경허가 받을 것

제5장 보칙
제6장 벌칙
제7장 범칙행위에 관한 처리의 특례

드론법(2024. 2. 13. 개정)

제1장 총칙
- 드론, 드론시스템, 드론산업의 정의
- 드론사용사업자, 드론교통관리의 정의

제2장 정책추진 체계
- 드론산업발전기본계획의 수립 : 5년마다 수립
- 드론산업 실태조사
- 드론산업협의체의 구성·운영
- 공공기관 드론 활용 등의 요청

제3장 드론산업의 육성
- 드론시스템의 연구·개발
- 드론특별자유화구역의 지정 : 국토교통부장관이 지정
- 창업의 활성화
- 드론첨단기술의 지정 및 지원
- 드론교통관리시스템의 구축 및 운영

제4장 보칙
- 전문인력의 양성
- 해외진출 및 국제협력

제5장 벌칙

4 용어의 정의

1 항공안전법상 용어의 정의(제2조)

- '항공업무'란 다음 각 목의 어느 하나에 해당하는 업무를 말한다.
  - 가. 항공기의 운항(무선설비의 조작을 포함) 업무(제46조에 따른 항공기 조종연습은 제외)
  - 나. 항공교통관제(무선설비의 조작을 포함) 업무(제47조에 따른 항공교통관제연습은 제외)
  - 다. 항공기의 운항관리 업무
  - 라. 정비·수리·개조('정비등'이라 한다)된 항공기·발동기·프로펠러('항공기등'이라 한다), 장비품 또는 부품에 대하여 안전하게 운용할 수 있는 성능('감항성'이라 한다)이 있는지를 확인하는 업무
- '항공로'(航空路)란 국토교통부장관이 항공기, 경량항공기 또는 초경량비행장치의 항행에 적합하다고 지정한 지구의 표면상에 표시한 공간의 길을 말한다.
- '항공종사자'란 제34조 제1항에 따른 항공종사자 자격증명을 받은 사람을 말한다.
- '영공'(領空)이란 대한민국의 영토와 영해 및 접속수역법에 따른 내수 및 영해의 상공을 말한다.
- '비행정보구역'이란 항공기, 경량항공기 또는 초경량비행장치의 안전하고 효율적인 비행과 수색 또는 구조에 필요한 정보를 제공하기 위한 공역(空域)으로서 국제민간항공협약 및 같은 협약 부속서에 따라 국토교통부장관이 그 명칭, 수직 및 수평 범위를 지정·공고한 공역을 말한다.
- '관제권'(管制圈)이란 비행장 또는 공항과 그 주변의 공역으로서 항공교통의 안전을 위하여 국토교통부장관이 지정·공고한 공역을 말한다.
- '관제구'(管制區)란 지표면 또는 수면으로부터 200m 이상 높이의 공역으로서 항공교통의 안전을 위하여 국토교통부장관이 지정·공고한 공역을 말한다.

2 항공사업법상 용어의 정의(제2조)

- '항공 사업'이란 이 법에 따라 국토교통부장관의 면허, 허가 또는 인가를 받거나 국토교통부장관에게 등록 또는 신고하여 경영하는 사업을 말한다.
- '항공운송사업'이란 국내항공운송사업, 국제항공운송사업 및 소형항공운송사업을 말한다.
- '소형항공운송사업'이란 타인의 수요에 맞추어 항공기를 사용하여 유상으로 여객이나 화물을 운송하는 사업으로서 국내항공운송사업 및 국제항공운송사업 외의 항공운송사업을 말한다.

- '항공기 사용사업'이란 항공운송사업 외의 사업으로서 타인의 수요에 맞추어 항공기를 사용하여 유상으로 농약 살포, 건설자재 등의 운반, 사진촬영 또는 항공기를 이용한 비행훈련 등 국토교통부령으로 정하는 업무를 하는 사업을 말한다.
- '항공기정비업'이란 타인의 수요에 맞추어 다음 각 목의 어느 하나에 해당하는 업무를 하는 사업을 말한다.
  가. 항공기, 발동기, 프로펠러, 장비품 또는 부품을 정비·수리 또는 개조하는 업무
  나. 가목의 업무에 대한 기술관리 및 품질관리 등을 지원하는 업무
- '항공기취급업'이란 타인의 수요에 맞추어 항공기에 대한 급유, 항공화물 또는 수하물의 하역과 그 밖에 국토교통부령으로 정하는 지상조업을 하는 사업을 말한다.
- '항공기대여업'이란 타인의 수요에 맞추어 유상으로 항공기, 경량항공기 또는 초경량비행장치를 대여(貸與)하는 사업(제26호 나목의 사업은 제외한다)을 말한다.

> 〈제26호 나목의 사업〉은 다음 중 어느 하나를 항공레저스포츠를 위하여 대여하여 주는 서비스
> 1) 활공기 등 국토교통부령으로 정하는 항공기, 2) 경량항공기, 3) 초경량비행장치

- '초경량비행장치 사용사업'이란 타인의 수요에 맞추어 국토교통부령으로 정하는 초경량비행장치를 사용하여 유상으로 농약 살포, 사진촬영 등 국토교통부령으로 정하는 업무를 하는 사업을 말한다.
- '항공레저스포츠'란 취미·오락·체험·교육·경기 등을 목적으로 하는 비행[공중에서 낙하하여 낙하산류를 이용하는 비행을 포함한다] 활동을 말한다.
- '항공레저스포츠사업'이란 타인의 수요에 맞추어 유상으로 다음 각 목의 어느 하나에 해당하는 서비스를 제공하는 사업을 말한다.
  가. 항공기(비행선과 활공기에 한정한다), 경량항공기 또는 국토교통부령으로 정하는 초경량비행장치를 사용하여 조종교육, 체험 및 경관조망을 목적으로 사람을 태워 비행하는 서비스
  나. 다음 중 어느 하나를 항공레저스포츠를 위하여 대여하여 주는 서비스
    1) 활공기 등 국토교통부령으로 정하는 항공기
    2) 경량항공기
    3) 초경량비행장치
  다. 경량항공기 또는 초경량비행장치에 대한 정비, 수리 또는 개조서비스
- '상업서류송달업'이란 타인의 수요에 맞추어 유상으로 우편법 제1조의2 제7호 단서에 해당하는 수출입 등에 관한 서류와 그에 딸린 견본품을 항공기를 이용하여 송달하는 사업을 말한다.
- '항공운송총대리점업'이란 항공운송사업자를 위하여 유상으로 항공기를 이용한 여객 또는 화물의 국제운송계약 체결을 대리(代理)[사증(査證)을 받는 절차의 대행은 제외한다]하는 사업을 말한다.
- '항공보험'이란 여객보험, 기체보험(機體保險), 화물보험, 전쟁보험, 제3자보험 및 승무원보험과 그 밖에 국토교통부령으로 정하는 보험을 말한다.

> **TIP! 항공 관련 사업자의 면허, 등록, 신고 요건(항공사업법 제2조)**
>
> - 면허 요건
>   - 국내항공운송사업자 : 국토교통부장관으로부터 국내항공운송사업의 면허를 받은 자
>   - 국제항공운송사업자 : 국토교통부장관으로부터 국제항공운송사업의 면허를 받은 자
> - 등록 요건
>   - 항공기사용사업자 : 국토교통부장관에게 항공기사용사업을 등록한 자
>   - 항공기정비업자 : 국토교통부장관에게 항공기정비업을 등록한 자
>   - 항공기취급업자 : 국토교통부장관에게 항공기취급업을 등록한 자
>   - 항공기대여업자 : 국토교통부장관에게 항공기대여업을 등록한 자
>   - 초경량비행장치사용사업자 : 국토교통부장관에게 초경량비행장치사용사업을 등록한 자
>   - 항공레저스포츠사업자 : 국토교통부장관에게 항공레저스포츠사업을 등록한 자
> - 신고 요건
>   - 상업서류송달업자 : 국토교통부장관에게 상업서류송달업을 신고한 자
>   - 항공운송총대리점업자 : 국토교통부장관에게 항공운송총대리점업을 신고한 자
>   - 도심공항터미널업자 : 국토교통부장관에게 도심공항터미널업을 신고한 자

3 공항시설법상 용어의 정의(제2조)

- '공항'이란 공항시설을 갖춘 공공용 비행장으로서 국토교통부장관이 그 명칭·위치 및 구역을 지정·고시한 것을 말한다.
- '공항시설'이란 공항구역에 있는 시설과 공항구역 밖에 있는 시설 중 대통령령으로 정하는 시설로서 국토교통부장관이 지정한 다음 각 목의 시설을 말한다.
  가. 항공기의 이륙·착륙 및 항행을 위한 시설과 그 부대시설 및 지원시설
  나. 항공 여객 및 화물의 운송을 위한 시설과 그 부대시설 및 지원시설
- '공항구역'이란 공항으로 사용되고 있는 지역과 공항·비행장개발예정지역 중 국토의 계획 및 이용에 관한 법률 제30조 및 제43조에 따라 도시·군계획시설로 결정되어 국토교통부장관이 고시한 지역을 말한다.
- '비행장'이란 항공기·경량항공기·초경량비행장치의 이륙(이수(離水)를 포함)과 착륙(착수(着水)를 포함)을 위하여 사용되는 육지 또는 수면(水面)의 일정한 구역으로서 대통령령으로 정하는 것을 말한다.
- '비행장시설'이란 비행장에 설치된 항공기의 이륙·착륙을 위한 시설과 그 부대시설로서 국토교통부장관이 지정한 시설을 말한다.
- '비행장구역'이란 비행장으로 사용되고 있는 지역과 공항·비행장개발예정지역 중 국토의 계획 및 이용에 관한 법률 제30조 및 제43조에 따라 도시·군계획시설로 결정되어 국토교통부장관이 고시한 지역을 말한다.

- '활주로'란 항공기 착륙과 이륙을 위하여 국토교통부령으로 정하는 크기로 이루어지는 공항 또는 비행장에 설정된 구역을 말한다.
- '이착륙장'이란 비행장 외에 경량항공기 또는 초경량비행장치의 이륙 또는 착륙을 위하여 사용되는 육지 또는 수면의 일정한 구역으로서 대통령령으로 정하는 것을 말한다.
- '항행안전시설'이란 유선통신, 무선통신, 인공위성, 불빛, 색채 또는 전파를 이용하여 항공기의 항행을 돕기 위한 시설로서 국토교통부령으로 정하는 시설을 말한다.
  - '국토교통부령으로 정하는 시설'이란 항공등화, 항행안전무선시설 및 항공정보통신시설을 말한다.
- '항행안전무선시설'이란 전파를 이용하여 항공기의 항행을 돕기 위한 시설로서 국토교통부령으로 정하는 시설을 말한다.
- '항공정보통신시설'이란 전기통신을 이용하여 항공교통업무에 필요한 정보를 제공·교환하기 위한 시설로서 국토교통부령으로 정하는 시설을 말한다.
- '항공등화'란 불빛, 색채 또는 형상(形象)을 이용하여 항공기의 항행을 돕기 위한 항행안전시설로서 국토교통부령으로 정하는 시설을 말한다.

4 드론법상 용어의 정의(제2조)

- '드론'이란 조종자가 탑승하지 아니한 상태로 항행할 수 있는 비행체로서 국토교통부령으로 정하는 기준을 충족하는 다음 각 목의 어느 하나에 해당하는 기기를 말한다.

  〈국토교통부령으로 정하는 기준〉이란 다음 각 호의 기준을 말한다.
  1. 동력을 일으키는 기계장치가 1개 이상일 것
  2. 지상에서 비행체의 항행을 통제할 수 있을 것

  가. 항공안전법 제2조 제3호에 따른 무인비행장치
  나. 항공안전법 제2조 제6호에 따른 무인항공기
  다. 그 밖에 원격·자동·자율 등 국토교통부령으로 정하는 방식에 따라 항행하는 비행체

  〈원격·자동·자율 등 국토교통부령으로 정하는 방식에 따라 항행하는 비행체〉란 다음 중 어느 하나에 해당하는 비행체를 말한다.
  1. 외부에서 원격으로 조종할 수 있는 비행체
  2. 외부의 원격 조종 없이 사전에 지정된 경로로 자동 항행이 가능한 비행체
  3. 항행 중 발생하는 비행환경 변화 등을 인식·판단하여 자율적으로 비행속도 및 경로 등을 변경할 수 있는 비행체

- '드론시스템'이란 드론의 비행이 유기적·체계적으로 이루어지기 위한 드론, 통신체계, 지상통제국(이·착륙장 및 조종인력을 포함한다), 항행관리 및 지원체계가 결합된 것을 말한다.
- '드론산업'이란 드론시스템의 개발·관리·운영 또는 활용 등과 관련된 산업을 말한다.

- '드론사용사업자'란 타인의 수요에 맞추어 드론을 사용하여 유상으로 운송, 농약 살포, 사진촬영 등의 업무를 수행할 목적으로 항공사업법 제2조 제23호에 따른 초경량비행장치사용사업 등 국토교통부령으로 정하는 사업을 영위하는 자를 말한다.

> 〈항공사업법 제2조 제23호에 따른 초경량비행장치사용사업 등 국토교통부령으로 정하는 사업〉
> 1. 항공사업법 제2조 제23호에 따른 초경량비행장치사용사업
>   ① 비료 또는 농약 살포, 씨앗 뿌리기 등 농업 지원
>   ② 사진촬영, 육상·해상 측량 또는 탐사
>   ③ 산림 또는 공원 등의 관측 또는 탐사
>   ④ 조종교육
>   ⑤ 그 밖의 업무로서 다음 각 목의 어느 하나에 해당하지 아니하는 업무
>   가. 국민의 생명과 재산 등 공공의 안전에 위해를 일으킬 수 있는 업무
>   나. 국방·보안 등에 관련된 업무로서 국가 안보를 위협할 수 있는 업무
> 2. 그 밖에 드론을 사용하는 사업으로서 다음 각 목의 어느 하나에 해당하지 않는 사업
>   가. 국민의 생명과 재산 등 공공의 안전에 위해를 일으킬 수 있는 사업
>   나. 국방·보안 등에 관련되어 국가 안보에 위협이 될 수 있는 사업

- '드론교통관리'란 드론 비행에 필요한 각종 신고·승인 등 업무의 지원 및 비행에 필요한 정보 제공, 비행경로 관리 등 드론의 이륙부터 착륙까지의 과정에서 필요한 관리 업무를 말한다.

5 항공기, 경량항공기, 초경량비행장치의 구분

1 법률적 구분

① 항공기

공기의 반작용(지표면 또는 수면에 대한 공기의 반작용은 제외)으로 뜰 수 있는 기기로서 **최대이륙중량, 좌석 수 등 국토교통부령으로 정하는 기준**에 해당하는 기기(비행기, 헬리콥터, 비행선, 활공기)와 그 밖에 대통령령으로 정하는 기기(지구 대기권 내외를 비행할 수 있는 항공우주선)를 말한다. (항공안전법 제2조 제1호)

〈최대이륙중량, 좌석 수 등 국토교통부령으로 정하는 기준 : 항공기〉

1. 비행기 또는 헬리콥터
  가. 사람이 탑승하는 경우 : 다음의 기준을 모두 충족할 것
     1) 최대이륙중량이 600kg(수상비행에 사용하는 경우에는 650kg)을 초과할 것
     2) 조종사 좌석을 포함한 탑승좌석 수가 1개 이상일 것
     3) 동력을 일으키는 기계장치('발동기')가 1개 이상일 것
  나. 사람이 탑승하지 아니하고 원격조종 등의 방법으로 비행하는 경우 : 다음의 기준을 모두 충족할 것
     1) 연료의 중량을 제외한 자체중량이 150kg을 초과할 것
     2) 발동기가 1개 이상일 것

2. 비행선
  가. 사람이 탑승하는 경우 다음의 기준을 모두 충족할 것
     1) 발동기가 1개 이상일 것
     2) 조종사 좌석을 포함한 탑승좌석 수가 1개 이상일 것
  나. 사람이 탑승하지 아니하고 원격조종 등의 방법으로 비행하는 경우 다음의 기준을 모두 충족할 것
     1) 발동기가 1개 이상일 것
     2) 연료의 중량을 제외한 자체중량이 180kg을 초과하거나 비행선의 길이가 20m를 초과할 것

3. 활공기 : 자체중량이 70kg을 초과할 것

② 경량항공기

  항공기 외에 공기의 반작용(지표면 또는 수면에 대한 공기의 반작용은 제외)으로 뜰 수 있는 기기로서 최대이륙중량, 좌석 수 등 국토교통부령으로 정하는 기준에 해당하는 비행기, 헬리콥터, 자이로플레인(gyroplane) 및 동력 패러슈트(powered parachute) 등을 말한다. (항공안전법 제2조 제2호)

〈최대이륙중량, 좌석 수 등 국토교통부령으로 정하는 기준 : 경량항공기〉
초경량비행장치에 해당하지 아니하는 것으로서 다음 각 호의 기준을 모두 충족하는 비행기, 헬리콥터, 자이로플레인 및 동력패러슈트를 말한다.

1. **최대이륙중량**이 600kg(수상비행에 사용하는 경우에는 650kg) 이하일 것
2. 최대 실속속도 또는 최소 정상 비행속도가 45노트 이하일 것
3. 조종사 좌석을 포함한 탑승 좌석이 2개 이하일 것
4. 단발(單發) 왕복발동기 또는 전기모터를 장착할 것
5. 조종석은 여압(기내 공기 압력을 지상과 가깝게 조절·유지하는 것을 말한다)이 되지 아니할 것
6. 비행 중에 프로펠러의 각도를 조정할 수 없을 것
7. 고정된 착륙장치가 있을 것. 다만, 수상비행에 사용하는 경우에는 고정된 착륙장치 외에 접을 수 있는 착륙장치를 장착할 수 있다.

③ 초경량비행장치

항공기와 경량항공기 외에 공기의 반작용(지표면 또는 수면에 대한 공기의 반작용은 제외)으로 뜰 수 있는 장치로서 자체중량, 좌석 수 등 국토교통부령으로 정하는 기준에 해당하는 동력비행장치, 행글라이더, 패러글라이더, 기구류 및 무인비행장치 등을 말한다. (항공안전법 제2조 제3호)

〈자체중량, 좌석 수 등 국토교통부령으로 정하는 기준 : 초경량비행장치〉

1. 동력비행장치 :
   - 동력을 이용하는 것으로서 다음 각 목의 기준을 모두 충족하는 고정익비행장치. 다만, 전기모터에 의한 동력을 이용하는 경우에는 나목은 적용하지 않는다.
     가. 탑승자, 연료 및 비상용 장비의 중량을 제외한 자체중량(배터리의 전원(電源)을 이용하는 초경량비행장치의 경우에는 배터리의 중량을 포함한다 이하 같다)이 115kg 이하일 것
     나. 연료의 탑재량이 19L 이하일 것
     다. 좌석이 1개일 것

2. 행글라이더 :
   - 탑승자 및 비상용 장비의 중량을 제외한 자체중량이 70kg 이하로서 체중 이동, 타면 조종 등의 방법으로 조종하는 비행장치

3. 패러글라이더 :
   - 탑승자 및 비상용 장비의 중량을 제외한 자체중량이 70kg 이하로서 날개에 부착된 줄을 이용하여 조종하는 비행장치

4. 기구류 : 기체의 성질·온도차 등을 이용하는 다음 각 목의 비행장치
     가. 유인자유기구
     나. 무인자유기구(기구 외부에 2kg 이상의 물건을 매달고 비행하는 것만 해당한다)
     다. 계류식기구

5. 무인비행장치 : 사람이 탑승하지 아니하는 것으로서 다음 각 목의 비행장치
     가. 무인동력비행장치:
        연료의 중량을 제외한 자체중량이 150kg 이하인 무인비행기, 무인헬리콥터, 무인멀티콥터 또는 무인수직이착륙기
     나. 무인비행선 :
        연료의 중량을 제외한 자체중량이 180kg 이하이고 길이가 20m 이하인 무인비행선

6. 회전익비행장치 :
   - 제1호 각 목(전기모터에 의한 동력을 이용하는 경우에는 같은 호 나목은 제외한다)의 동력비행장치의 요건을 갖춘 헬리콥터 또는 자이로플레인

7. 동력패러글라이더 :
   - 패러글라이더에 추진력을 얻는 장치를 부착한 다음 중 하나에 해당하는 비행장치
     가. 착륙장치가 없는 비행장치
     나. 착륙장치가 있는 것으로서 제1호 각 목(전기모터에 의한 동력을 이용하는 경우에는 같은 호 나목은 제외한다)의 동력비행장치의 요건을 갖춘 비행장치

8. 낙하산류 :
   • 항력을 발생시켜 대기 중을 낙하하는 사람 또는 물체의 속도를 느리게 하는 비행장치
9. 그 밖에 국토교통부장관이 종류, 크기, 중량, 용도 등을 고려하여 정하여 고시하는 비행장치

2 항공기, 경량항공기, 초경량비행장치의 주요 항목 비교

	항공기	경량항공기	초경량비행장치
중량(무게) 기준	최대이륙중량 600kg 초과	최대이륙중량 600kg 이하	자체중량 180kg/115kg/70kg 이하
좌석 수	1인승 이상	2인승 이하	1인승

> **TIP! 인력활공기와 동력활공기**
>
> 인력활공기는 사람이 매달려서 기류를 이용하여 공중을 날 수 있게 되어 있는 활공기로서 행글라이더와 패러글라이더를 말하고, 동력활공기는 동력장치를 장착하고 활공을 주로 하는 비행체로서 동력 패러글라이더를 말하는데, 동력장치는 주로 이륙, 상승 시에만 사용하고 일정 고도에서 활공에 들어갈 때는 정지하는 것이 일반적이다.

> **TIP! 무인멀티콥터의 자체중량(BEW) 및 최대이륙중량(MTOW)**
>
> • 무인멀티콥터의 자체중량(BEW; Basic Empty Weight) : 표준 물품들이 반영된 무인멀티콥터 자체의 중량으로, 배터리와 기체의 무게는 포함되지만, 연료와 임무장비(payload)의 무게는 제외된다.
> • 무인멀티콥터의 최대이륙중량(MTOW) : 이륙을 시작할 때의 허용 가능한 최대 무인멀티콥터 중량으로, '(배터리/연료)+기체+임무장비(payload)'의 무게가 모두 포함된다.

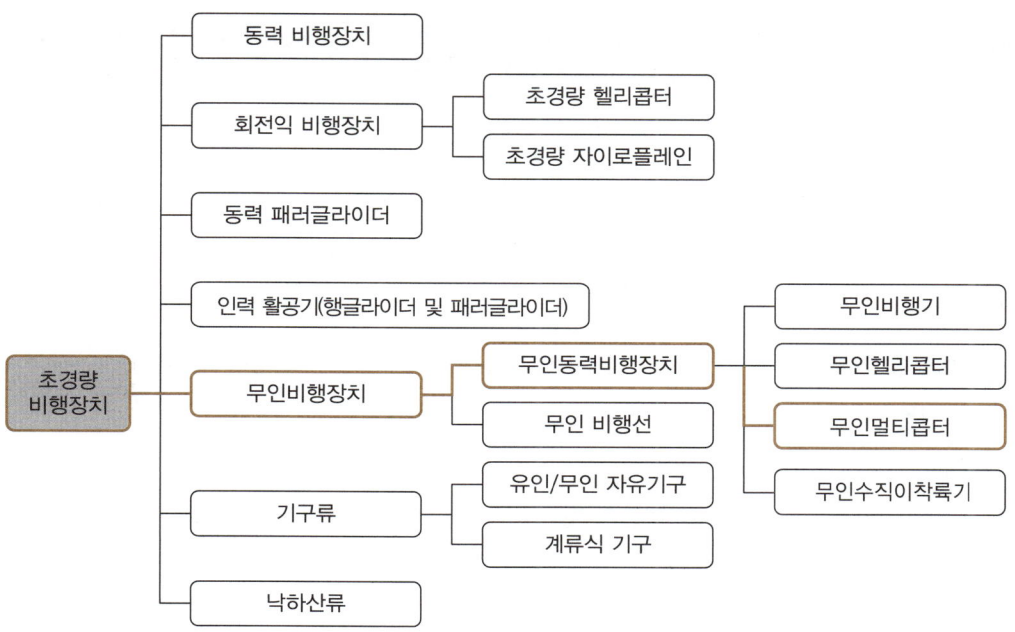

▲ 초경량비행장치의 항공안전법상 분류

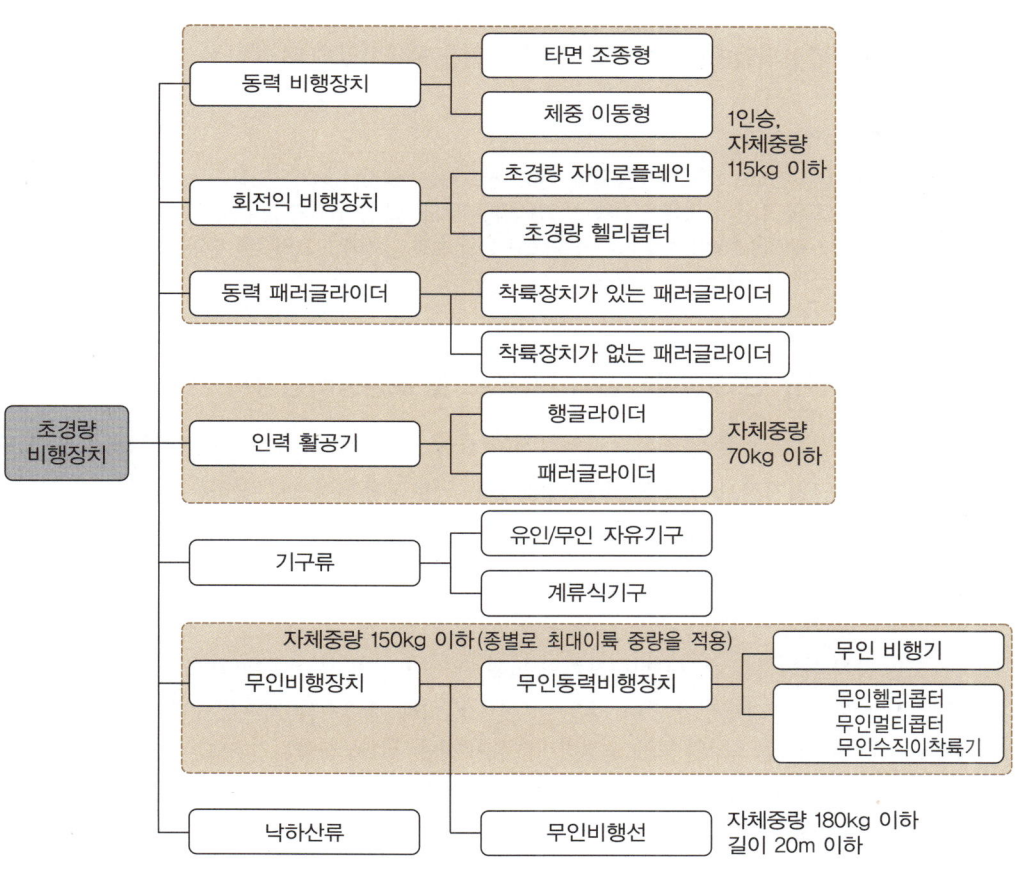

▲ 초경량비행장치의 좌석수·자체 중량 등에 의한 구분

초경량비행장치의 신고

1 초경량비행장치 신고의 종류

① 초경량비행장치의 신고는 항공안전법 제122조, 제123조 및 항공안전법 시행규칙 제301조부터 제303조까지에 따른 신규신고, 변경신고, 이전신고, 말소신고를 말한다.

② 신규신고 :

초경량비행장치를 소유하거나 사용할 수 있는 권리가 있는 자(이하 "초경량비행장치 소유자등"이라 한다)가 **최초로 행하는** 신고

③ 변경신고 :

초경량비행장치의 용도, 초경량비행장치 소유자 등의 성명이나 명칭 또는 주소, 초경량비행장치의 보관처 등이 **변경된 경우** 행하는 신고

④ 이전신고 :

초경량비행장치의 **소유권이 이전된 경우** 행하는 신고

⑤ 말소신고 :

초경량비행장치가 **멸실되었거나 해체되는 등의 사유**가 발생되었을 때 행하는 신고

> **2021.1.1부터 드론 실명제의 도입**
>
> 국내에서 '드론 실명제'라고 하는 무인동력비행장치 신고제를 2021.1.1부터 도입하여 시행하므로, 최대이륙중량 2kg을 넘는 드론 소유자 등에게 기체 신고를 의무화하고 있다. 해외의 경우 미국·중국·독일·호주는 250g 초과 기체, 스웨덴은 1.5kg 초과 기체, 프랑스는 2kg 초과 기체에 신고의무를 부과하고 있다.

2 초경량비행장치의 신규 신고(항공안전법 제122조 및 초경량비행장치 신고 업무 운영세칙)

① 초경량비행장치 소유자 등은 초경량비행장치의 종류, 용도, 소유자의 성명, 제129조 ④에 따른 개인정보 및 개인위치정보의 수집 가능 여부 등을 국토교통부령으로 정하는 바에 따라 국토교통부장관(한국교통안전공단이사장에게 위탁)에게 신고하여야 한다. **다만, 대통령령으로 정하는 초경량비행장치는 그러하지 아니하다.**

> 〈신고를 필요로 하지 아니하는 초경량비행장치의 범위〉(항공안전법 시행령 제24조)
> "대통령령으로 정하는 초경량비행장치"란 다음 중 어느 하나에 해당하는 것으로서 항공사업법에 따른 항공기대여업·항공레저스포츠사업 또는 초경량비행장치 사용사업에 사용되지 아니하는 것을 말한다.
> 1. 행글라이더, 패러글라이더 등 동력을 이용하지 아니하는 비행장치
> 2. **기구류**(사람이 탑승하는 것은 제외한다)

3. 계류식 무인비행장치
4. 낙하산류
5. 무인동력비행장치 중에서 최대이륙중량이 2kg 이하인 것
6. 무인비행선 중에서 연료의 무게를 제외한 자체무게가 12kg 이하이고, 길이가 7m 이하인 것
7. 연구기관 등이 시험·조사·연구 또는 개발을 위하여 제작한 초경량비행장치
8. 제작자 등이 판매를 목적으로 제작하였으나 판매되지 아니한 것으로서 비행에 사용되지 아니하는 초경량비행장치
9. 군사 목적으로 사용되는 초경량비행장치
10. 군용·경찰용·세관용 무인비행장치(초경량비행장치 신고업무 운영세칙, 2021.12.31. 개정)

〈신고대상 초경량비행장치〉(초경량비행장치 신고업무 운영세칙, 2021.12.31 개정)
1. 「항공사업법」에 따른 항공기대여업·항공레저스포츠사업 또는 초경량비행장치 사용사업에 사용되는 초경량비행장치
2. 행글라이더, 패러글라이더 등 동력을 이용하는 비행장치
3. 사람이 탑승하는 기구류
4. 무인동력비행장치 중에서 최대이륙중량이 2kg을 초과하는 것
5. 무인비행선 중에서 연료의 무게를 제외한 자체무게가 12kg를 초과하고, 길이가 7m를 초과하는 것

"계류식 기구류"에서 "기구류"만 남은 이유

신고를 필요로 하지 아니하는 초경량비행장치의 범위 중에서 '계류식 기구류'의 '계류식'을 삭제하고 '기구류'만 남게 한 이유(항공안전법 시행령 제24조, 2020.12.10 시행)
그간 동력을 이용하지 아니하는 비행장치에 대해서 신고를 필요로 하지 아니하는 비행장치로 정하고 있었으나, 동력을 이용하지 아니하는 무인자유기구의 포함 여부에 대해서는 해석이 불명확하였다. 따라서 '계류식 기구류'로 한정했던 것을 동력을 이용하지 아니하는 '기구류' 전체로 의미를 명확히 하였다.

② 초경량비행장치 소유자 등은 법 제124조에 따른 안전성 인증을 받기 전(안전성 인증 대상이 아닌 초경량비행장치인 경우에는 초경량비행장치를 소유하거나 사용할 권리가 있는 날부터 30일 이내를 말한다)까지 별지 제1호 서식의 초경량비행장치신고서에 다음 각 호의 서류를 첨부하여 한국교통안전공단 이사장에게 제출하여야 한다.

1. 초경량비행장치를 소유하거나 사용할 수 있는 권리가 있음을 증명하는 서류
2. 초경량비행장치의 제원 및 성능표
3 초경량비행장치의 측면사진(가로 15cm × 세로 10cm)
  ※ 무인비행장치의 경우에는 기체제작번호 전체를 촬영한 사진을 함께 제출한다.

■ [별지 제1호 서식] 초경량비행장치신고서 〈2021.12.31. 개정〉

초경량비행장치 [ ] 신 규
[ ] 변경·이전 신고서
[ ] 말 소

※ 색상이 어두운 난은 신청인이 작성하지 아니하며, [ ]에는 해당되는 곳에 √표를 합니다.

접수번호	접수일시	처리기간 7일

비행장치	종류		신고번호	
	형식		용도	[ ] 영리 [ ] 비영리
	제작자		제작번호	
	보관처		제작연월일	
	자체중량		최대이륙중량	
	카메라 등 탑재여부*			

소유자	성명·명칭	
	주소	
	생년월일	전화번호

변경·이전 사항	변경·이전 전	변경·이전 후

말소 사유	

항공안전법 제122조 제1항·제123조 제1항·제2항 및 같은 법 시행규칙   [ ] 제301조 제1항
[ ] 제302조 제2항   에 따라
[ ] 제303조 제1항

초경량비행장치의   [ ] 신규
[ ] 변경이전   을(를) 신고합니다.
[ ] 말소

년   월   일

신고인   (서명 또는 인)

한국교통안전공단 이사장   귀하

첨부 서류	1. 초경량비행장치를 소유하거나 사용할 수 있는 권리가 있음을 증명하는 서류 2. 초경량비행장치의 제원 및 성능표 3. 가로 15cm×세로 10cm의 초경량비행장치 측면사진(다만, 무인비행장치의 경우, 기체 제작번호 전체를 촬영한 사진을 함께 제출한다.) – 이전·변경 시에는 각 호의 서류 중 해당 서류만 제출하며, 말소 시에는 제외합니다.	수수료 없음

유의사항

신청서 * 표시 항목에는 개인정보 보호법에 따른 개인정보 및 위치정보의 보호 및 이용 등에 관한 법률에 따른 개인위치정보 수집 가능(카메라 등 탑재) 여부를 기입합니다.

처리절차

신고서 작성	➡	접수	➡	검토	➡	접수처리	➡	통보
신고인		한국교통안전공단 (신고 담당부서)		한국교통안전공단 (신고 담당부서)		한국교통안전공단 (신고 담당부서)		

3 초경량비행장치의 변경·이전·말소신고(항공안전법 제123조 및 초경량비행장치 신고 업무 운영세칙)

① 변경신고

초경량비행장치소유자 등은 초경량비행장치의 용도, 소유자 등의 성명·명칭, 주소, 보관처 등이 변경된 경우, **그 변경일로부터 30일 이내**에 별지 제1호 서식의 초경량비행장치 신고서에 그 사유를 증명할 수 있는 서류를 첨부하여 한국교통안전공단 이사장에게 제출하여야 한다.

② 이전신고

초경량비행장치소유자 등은 초경량비행장치의 소유권이 이전된 경우 **소유권이 이전된 날로부터 30일 이내**에 별지 제1호 서식의 초경량비행장치 신고서에 그 사유를 증명할 수 있는 서류를 첨부하여 한국교통안전공단 이사장에게 제출하여야 한다.

③ 말소신고

- 초경량비행장치소유자 등은 신고된 초경량비행장치에 대하여 다음 각 호에 해당되는 사유가 발생될 경우 **그 사유가 있는 날로부터 15일 이내**에 별지 제1호 서식의 초경량비행장치 신고서에 말소 사유를 기재하여 한국교통안전공단 이사장에게 제출하여야 한다.

  1. 초경량비행장치가 멸실되었거나 해체된 경우
  2. 초경량비행장치의 존재 여부가 2개월 이상 불분명한 경우
  3. 초경량비행장치가 외국에 매도된 경우
  4. 신고 대상 기체가 소유자 변경 등으로 인하여 미신고 대상이 된 경우
  5. 신고 대상 기체의 개조 등으로 인하여 신고된 기체의 신고번호 최대이륙중량 구간(C0~C4)을 벗어난 경우 〈2021.12.31. 개정〉

- 초경량비행장치 소유자 등이 제1항에 따른 말소신고를 하지 아니하면 이사장은 30일 이상의 기간을 정하여 말소신고를 할 것을 해당 초경량비행장치의 소유자 등에게 최고(催告)하여야 한다. 다만, 최고(催告)를 할 해당 초경량비행장치 소유자 주소 또는 거소를 알 수 없는 경우에는 말소신고를 할 것을 공단 홈페이지에 30일 이상 공고하여야 한다.
- 제2항에 따른 최고(催告)를 한 후에도 해당 초경량비행장치의 소유자가 말소신고를 하지 아니하면 한국교통안전공단 이사장은 직권으로 그 신고번호를 말소할 수 있으며, 신고번호가 말소된 때에는 7일 이내에 그 사실을 해당 초경량비행장치의 소유자 및 그 밖의 이해관계인에게 알려야 한다.

4 초경량비행장치의 신고접수 및 신고번호의 표시 방법(초경량비행장치 신고업무 운영세칙)

① 신고접수 창구

초경량비행장치 소유자 등은 신규·변경·이전·말소 신고 시 신고서 및 첨부서류를 전산시스템 또는 e-mail, 팩스, 우편, 방문을 통하여 제출할 수 있다.

② 신고수리

- 한국교통안전공단 이사장은 신규·변경·이전 신고를 받은 경우, 신고를 받은 날부터 7일 이내에 신고수리 여부를 신고인에게 통지하여야 한다.
- 신고서류의 기재 내용에 조롱·비난·욕설 등 혐오감을 줄 수 있는 단어가 포함된 경우 또는 신고서류가 사실과 다르거나 내용이 불충분한 경우에는 보완 요청을 할 수 있으며, 이사장은 보완서류가 제출된 날부터 7일 이내 신고수리 여부를 재통지하여야 한다. 〈2021.12.31. 개정〉
- 한국교통안전공단 이사장이 신고를 받은 날부터 7일 이내에 신고 수리 여부 또는 민원 처리 관련 법령에 따른 처리기간의 연장을 신고인에게 통지하지 아니하면 그 기간(민원 처리 관련 법령에 따라 처리기간이 연장 또는 재연장된 경우에는 해당 처리기간을 말한다)이 끝난 날의 다음 날에 신고를 수리한 것으로 본다.
- 말소신고가 신고서의 기재사항 및 첨부서류에 흠이 없고, 법령 등에 규정된 형식상의 요건을 충족하는 경우에는 신고서가 접수기관에 도달된 때에 신고된 것으로 본다.

③ 신고증명서의 번호

별지 제3호 서식의 초경량비행장치 신고증명서(이하 "신고증명서"라 한다)의 번호는 해당 연도 다음에 영문 알파벳(무인비행장치 U, 기타 초경량비행장치 M) 및 접수번호(예: 2020-U000001, 2020-M000001)를 연속하여 표기한다.

[별지 제3호 서식] 초경량비행장치 신고증명서

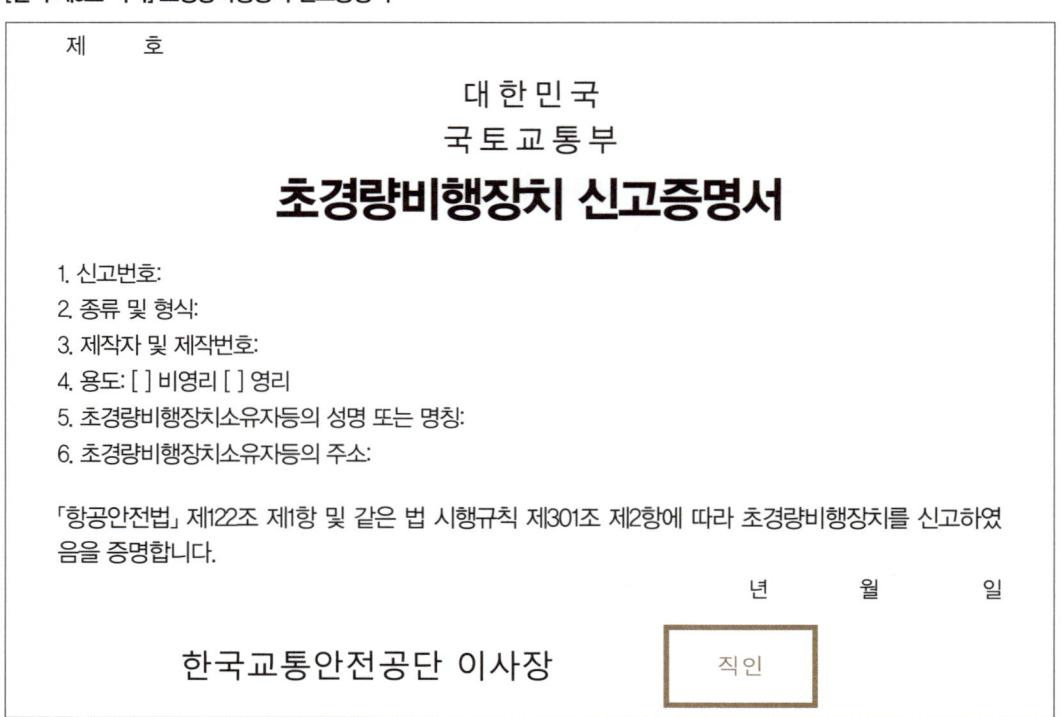

④ 신고번호의 부여 방법

- 한국교통안전공단 이사장은 신고를 받은 경우 그 초경량비행장치소유자 등에게 신고번호를 부여하고 신고번호가 기재된 별지 제3호 서식의 신고증명서를 발급하여야 한다.
- 초경량비행장치의 신고번호는 별표 1의 초경량비행장치의 신고번호 부여 방법에 따라 부여한다. 다만, 변경 또는 이전신고는 기존 신고번호를 유지하고, 말소신고 된 번호는 재사용하지 않는다.
- 신고번호는 장식체가 아닌 알파벳 대문자와 아라비아 숫자로 표시하여야 한다.

[별표 1] 초경량비행장치의 신고번호 부여 방법

⟨초경량비행장치-무인비행장치⟩

1. 신고번호는 전체 11자리로 구성한다.
2. 신고번호 구성 순서는 최대이륙중량 분류부호 2자리, 영리여부 분류부호 1자리, 장치종류 분류부호 1자리, 장치 종류별 일련번호 7자리를 차례대로 연결한다.
3. 신고번호 표기부호의 구성은 다음과 같다.

⟨신고번호 표기부호⟩

구분		부호			부호
최대 이륙중량	최대이륙중량 250g 이하	C0	영리여부	영리	C (Commercial)
	최대이륙중량 250g 초과 2kg 이하	C1		비영리	N (Nonprofit)
	최대이륙중량 2kg 초과 7kg 이하	C2	장치 종류	무인비행기	P (Unmanned airPlane)
	최대이륙중량 7kg 초과 25kg 이하	C3		무인헬리콥터	H (Unmanned Helicopter)
	최대이륙중량 25kg 초과	C4		무인멀티콥터	M (Unmanned Multicopter)
				무인비행선	S (Unmanned airShip)
				무인수직이착륙기	V (Unmanned VTOL)

※ VTOL : Vertical Take-off and Landing

⟨초경량비행장치-기타⟩

1. 장치종류별 신고번호 앞에 SA~SZ까지 순차적으로 부여
2. 장치종류별 신고번호는 다음과 같다.

장치 종류		신고번호
동력비행장치	체중이동형	SA1001 - SZ1999
	조종형	SA2001 - SZ2999
회전익비행장치	초경량자이로플레인	SA3001 - SZ3999
	초경량헬리콥터	SA6001 - SZ6999
동력패러글라이더		SA4001 - SZ4999
기구류		SA5001 - SZ5999
패러글라이더, 낙하산, 행글라이더		SA9001 - SZ9999

⑤ 신고번호의 표시 방법
- 초경량비행장치 소유자 등은 신고번호를 내구성이 있는 방법으로 선명하게 표시하여야 한다.
- 신고번호의 색은 신고번호를 표시하는 장소의 색과 선명하게 구분되어야 한다.
- 신고번호의 표시 위치는 별표 2의 신고번호의 표시 위치(예시)와 같다.
- 신고번호의 각 문자 및 숫자의 크기는 별표 3의 신고번호의 각 문자 및 숫자의 크기와 같다.
- 위의 규정에도 불구하고 사유가 있다고 인정하는 경우에는 신고번호의 표시 방법 등을 국토교통부 장관의 승인을 받아 한국교통안전공단 이사장이 별도로 정할 수 있다.

[별표 2] 신고번호의 표시 위치

구분			표시 위치	비고
동력비행장치 - 체중이동형 - 조종형			• 오른쪽 날개의 상면과 왼쪽날개의 하면에, 날개의 앞전과 뒷전으로부터 같은 거리 * 다만, 조종면에 표시되어서는 아니 된다.	1. 신고번호는 왼쪽에서 오른쪽으로 배열함을 원칙으로 한다. 2. 신고번호를 날개에 표시하는 경우에는 신고번호의 가로 부분이 비행장치의 진행 방향을 향하게 표시하여야 한다. 3. 신고번호를 동체 등에 표시하는 경우에는 신고번호의 가로 부분이 지상과 수평하게 표시하여야 한다. 다만, 회전익비행장치의 동체 아랫면에 표시하는 경우에는 동체의 최대횡단면 부근에, 신고번호의 윗부분이 동체 좌측을 향하게 표시한다. 4. 기구류의 신고번호는 측면과 지상에서 모두 볼 수 있도록 표시하여야 한다. 5. 신고번호의 표시위치를 준수할 수 없는 경우에는 공단과 협의한다.
행글라이더			• 오른쪽 날개의 상면과 왼쪽날개의 하면에, 날개의 앞전과 뒷전으로부터 같은 거리 • 하네스에 표시	
회전익비행장치 - 초경량자이로플레인 - 초경량헬리콥터			• 동체 아랫면, 동체 옆면 또는 수직꼬리날개 양쪽면	
동력패러글라이더, 패러글라이더, 낙하산			• 캐노피 하판 중앙부 및 하네스에 표시	
기구류	구형		• 선체(Balloon 등)의 최대횡단면 부근의 대칭되는 곳의 양쪽면	
	비구형		• 리깅 밴드 또는 바스켓 서스펜션 케이블의 부착 지점 바로 위 선체(Balloon 등)의 최대단면 근처 양쪽면	
무인비행장치	무인동력비행장치	무인비행기	• 오른쪽 날개의 상면과 왼쪽날개의 하면에, 날개의 앞전과 뒷전으로부터 같은 거리 • 동체 옆면 또는 수직꼬리날개 양쪽면 * 다만, 조종면에 표시되어서는 아니 된다.	
		무인헬리콥터	• 동체 옆면 또는 수직꼬리날개 양쪽면	
		무인멀티콥터	• 좌우 대칭을 이루는 두 개의 프레임 암 * 다만, 동체가 있는 형태인 경우 동체에 부착	
		무인수직이착륙기	• 무인비행기의 표시위치를 준용한다. * 다만, 무인수직이착륙기의 형태가 무인비행기 형태가 아닌 경우, 무인동력비행장치 중 유사한 종류의 표시 위치를 따른다.	
	무인비행선		• 동체 옆면 또는 수직꼬리날개 양쪽면	

[별표 2의2] 신고번호의 표시위치 예시

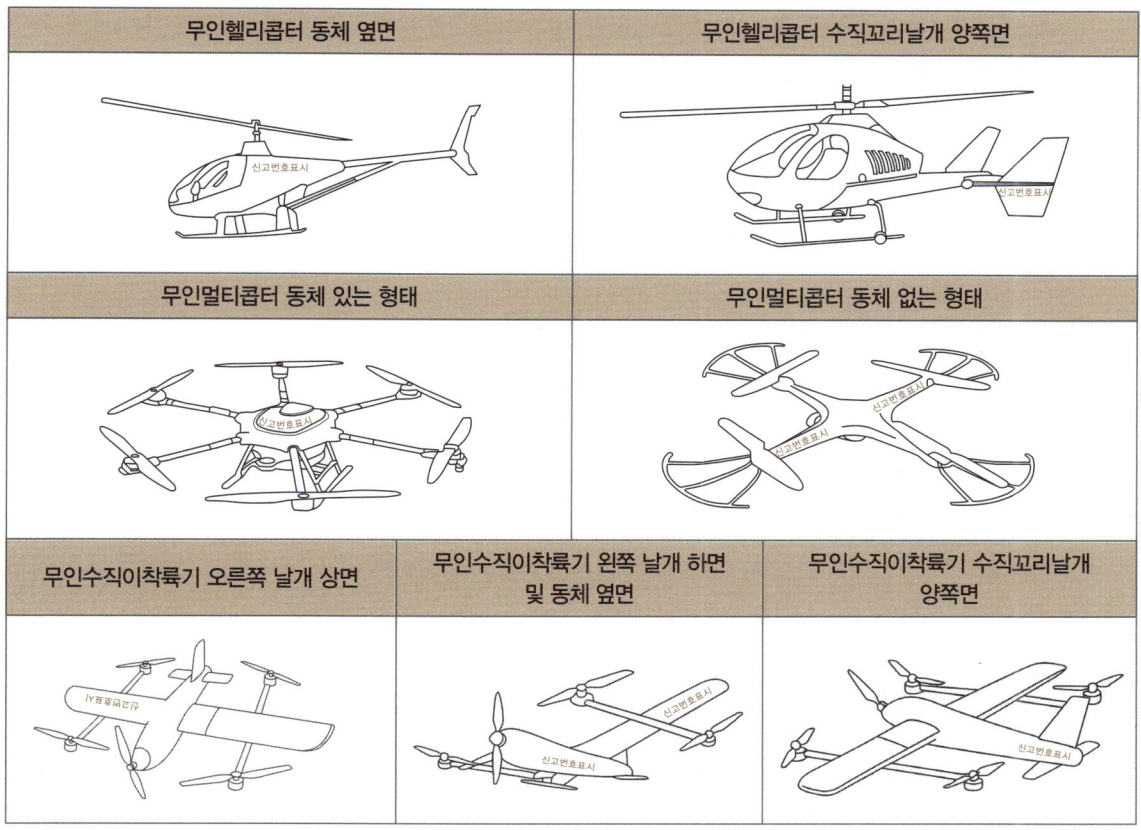

[별표 3] 신고번호의 각 문자 및 숫자의 크기

구분		규격	비고
가로세로비		2:3의 비율	아라비아 숫자 1은 제외
세로 길이	주 날개에 표시하는 경우	20cm 이상	
	동체 또는 수직꼬리날개에 표시하는 경우	15cm 이상	회전익비행장치의 동체 아랫면에 표시하는 경우에는 20cm 이상
선의 굵기		세로 길이의 1/6	
간격		가로 길이의 1/4 이상, 1/2 이하	

* 장치의 형태 및 크기로 인해 신고번호를 규격대로 표시할 수 없을 경우 배터리, 프로펠러, 착륙장치, 송수신기 등 기타 탈부착이 가능한 장치를 제외한 가장 크게 부착할 수 있는 부위에 최대 크기로 표시할 수 있다.

⑥ 신고증명서의 폐기 및 재교부
- 초경량비행장치 소유자 등은 변경신고 또는 이전신고를 하여 신고증명서를 재교부 받거나 말소신고를 한 경우 기존 신고증명서를 폐기하여야 한다.
- 초경량비행장치 소유자 등이 신고증명서를 훼손 및 분실하여 재교부를 받고자 할 경우에는 별지 제4호 서식의 초경량비행장치 신고증명서 재교부 신청서를 작성하여 한국교통안전공단 이사장에게 제출하여야 한다. 다만, 전산시스템을 통해 직접 재발급 받는 경우에는 제외한다.

⑦ 신고업무 실태점검
- 한국교통안전공단 이사장은 초경량비행장치신고업무 운영세칙 준수여부 확인을 위해 현장 실태점검을 분기 1회 이상 시행하여야 한다.

5 초경량비행장치의 신고대장(초경량비행장치 신고업무 운영세칙)

- 한국교통안전공단 이사장은 시행규칙 제301조에 의한 비행장치 신고증명서를 발급하였을 때에는 별지 제5호 서식의 초경량비행장치 신고대장(이하 "신고대장"이라 한다)을 작성하여야 한다.
- 한국교통안전공단 이사장은 제4조에서 제7조까지에 따른 신규·변경·이전·말소신고를 수리한 경우, 신고대장에 신고자 성명·명칭, 주소, 신고원인, 신고연월일 등을 기재하여야 한다.
- 신고대장은 전자적 처리가 불가능한 특별한 사유가 없으면 전자적 처리가 가능한 방법으로 작성·관리하여야 한다.
- 신고대장을 포함한 비행장치 신고 관련 서류의 보존기간은 다음 각 호와 같다.

> 1. 신고대장 : 말소 신고한 날부터 10년
> 2. 신고서 및 부속서류 : 신고서 접수일부터 5년

[별지 제5호 서식] 초경량비행장치 신고대장

초경량비행장치 신고대장

(앞 쪽)

신고번호 및 신고연월일		접수번호	
종류 및 형식		제작자	
제작번호 및 제작연월일		소유자	
용도		보관처	
주요제원	최고속도		엔진형식	
	순항속도		자체중량	
	실속속도		최대이륙중량	
	길이×폭×높이		연료중량	
	탑승인원		카메라 등 탑재여부	
사진:			

7. 초경량비행장치의 안전성 인증

1 안전성 인증의 개념 및 법적 취지

① 안전성 인증은 초경량비행장치가 '초경량비행장치의 비행안전을 확보하기 위한 기술상의 기준(국토교통부 고시)'에 적합함을 확인하여 인증하는 것이다.

② 안전성 인증은 초경량비행장치의 설계, 제작 및 정비 관련 기록과 초경량비행장치의 상태 및 비행성능 등을 확인하여 비행안전을 확보하기 위하여 도입되었다.

❷ 초경량비행장치의 안전성 인증(항공안전법 제124조)

> (a) **시험비행 등 국토교통부령으로 정하는 경우로서 국토교통부장관의 허가를 받은 경우를 제외하고는**
> (b) 동력비행장치 등 국토교통부령으로 정하는 초경량비행장치를 사용하여 비행하려는 사람은
> (c) 국토교통부령으로 정하는 기관 또는 단체의 장으로부터 그가 정한 안정성 인증의 유효기간 및 절차·방법 등에 따라
> (d) 그 초경량비행장치가 국토교통부장관이 정하여 고시하는 비행안전을 위한 기술상의 기준에 적합하다는 안전성 인증을 받지 아니하고 비행하여서는 아니 된다. 이 경우 안전성 인증의 유효기간 및 절차·방법 등에 대해서는 국토교통부장관의 승인을 받아야 하며, 변경할 때에도 또한 같다.
> (a), (b), (c), (d)에 대한 추가적인 설명은 아래와 같다.

(a) 안전성 인증의 예외

- **시험비행 등 국토교통부령으로 정하는 경우로서 국토교통부장관의 허가를 받은 초경량비행장치**는 안전성 인증을 받지 아니하고 비행할 수 있다.

> 항공안전법 시행규칙 제304조(초경량비행장치의 시험비행 허가)
> ① 법 제124조 전단에서 "**시험비행 등 국토교통부령으로 정하는 경우**"란 제305조 제1항에 따른 초경량비행장치 안전성 인증 대상으로서 다음 각 호의 어느 하나에 해당하는 경우를 말한다.
>   1. 연구·개발 중에 있는 초경량비행장치의 안전성 여부를 평가하기 위하여 시험비행을 하는 경우
>   2. 안전성 인증을 받은 초경량비행장치의 성능 개량을 수행하고 안전성 여부를 평가하기 위하여 시험비행을 하는 경우
>   3. 그 밖에 국토교통부장관이 필요하다고 인정하는 경우
> ② 법 제124조 전단에 따른 시험비행 등을 위한 허가를 받으려는 자는 별지 제119호 서식의 초경량비행장치 시험비행허가 신청서에 해당 초경량비행장치가 같은 조 전단에 따라 국토교통부장관이 정하여 고시하는 초경량비행장치의 비행안전을 위한 기술상의 기준(이하 "초경량비행장치 기술기준"이라 한다)에 적합함을 입증할 수 있는 다음 각 호의 서류를 첨부하여 국토교통부장관에게 제출하여야 한다.
>   1. 해당 초경량비행장치에 대한 소개서
>   2. 초경량비행장치의 설계가 초경량비행장치 기술기준에 충족함을 입증하는 서류
>   3. 설계도면과 일치되게 제작되었음을 입증하는 서류
>   4. 완성 후 상태, 지상 기능점검 및 성능시험 결과를 확인할 수 있는 서류
>   5. 초경량비행장치 조종절차 및 안전성 유지를 위한 정비방법을 명시한 서류
>   6. 초경량비행장치 사진(전체 및 측면사진을 말하며, 전자파일로 된 것을 포함한다) 각 1매
>   7. 시험비행계획서
> ③ 국토교통부장관은 제2항에 따른 신청서를 접수받은 경우 초경량비행장치 기술기준에 적합한지의 여부를 확인한 후 적합하다고 인정하면 신청인에게 시험비행을 허가하여야 한다.

ⓑ 안전성 인증대상 초경량비행장치

> 항공안전법 시행규칙 제305조(초경량비행장치 안전성 인증 대상)
> 법 제124조 전단에서 "동력비행장치 등 국토교통부령으로 정하는 초경량비행장치"란 다음 각 호의 어느 하나에 해당하는 초경량비행장치를 말한다.
> 1. 동력비행장치
> 2. 행글라이더, 패러글라이더 및 낙하산류(항공레저스포츠사업에 사용되는 것만 해당한다)
> 3. 기구류(사람이 탑승하는 것만 해당한다)
> 4. 다음 각 목의 어느 하나에 해당하는 무인비행장치
>   가. 무인동력비행장치 중에서 최대이륙중량이 25kg을 초과하는 것
>   나. 무인비행선 중에서 연료의 중량을 제외한 자체중량이 12kg을 초과하거나 길이가 7m를 초과하는 것
> 5. 회전익비행장치
> 6. 동력패러글라이더

ⓒ 초경량비행장치의 안전성 인증기관
- 현재의 초경량비행장치 안전성 인증기관은 **항공안전기술원**이다.
- 동력비행장치 등 국토교통부령으로 정하는 초경량비행장치를 사용하여 비행하려는 사람은 국토교통부령으로 정하는 기관 또는 단체(항공안전기술원)의 장으로부터 안정성 인증을 받아야 한다.

ⓓ 초경량비행장치 안정성 인증의 기술기준
- 초경량비행장치가 국토교통부장관이 정하여 고시하는 비행안전을 위한 기술상의 기준(초경량비행장치 기술기준, 국토교통부 고시)에 적합하다는 안전성 인증을 받지 아니하고 비행하여서는 아니 된다.

3 안전성 인증의 종류(초경량비행장치 안전성 인증 업무 운영세칙, 항공안전기술원)

① 초도인증 : 국내에서 설계·제작하거나 외국에서 국내로 도입한 초경량비행장치의 안전성 인증을 받기 위하여 **최초로 실시**하는 인증

② 정기인증 : 안전성 인증의 **유효기간 만료일이 도래**되어 새로운 안전성 인증을 받기 위하여 실시하는 인증

③ 수시인증 : 초경량비행장치의 비행안전에 영향을 미치는 **대수리 또는 대개조 후** 기술기준에 적합한지를 확인하기 위하여 실시하는 인증

④ 재인증 : 초도, 정기 또는 수시인증에서 기술기준에 **부적합한 사항에 대하여 정비한 후** 다시 실시하는 인증

4 안전성 인증 신청 시 제출서류 및 안전성 인증의 유효기간

① 안전성 인증의 신청자는 아래의 안전성 인증신청서와 해당 인증에 필요한 구비서류를 첨부하여 **항공안전기술원장**에게 제출한다.

② **안전성 인증의 유효기간은 영리용 및 비영리용에 관계없이 모두** 발급일로부터 **2년**으로 한다(초경량비행장치 안전성 인증 업무 운영세칙, 2023.3.10 개정, 항공안전기술원).

[별지 제2호 서식]

초경량비행장치 안전성 인증 신청서
(□초도 · □정기 · □수시 · □재인증)

소유자	① 성 명(명 칭)			
초경량 비행장치	② 종 류		③ 신 고 번 호	
	④ 형 식		⑤ 발 동 기 형 식	
	⑥ 제 작 번 호		⑦ 제 작 일 자	
	⑧ 제 작 자			
	⑨ 설 계 자			
	⑩ 인 증 희 망 장 소			

위의 초경량비행장치는 항공안전법 제124조 및 같은 법 시행규칙 제305조에 따라 초경량비행장치 안전성 인증을 받고자 관계서류를 첨부하여 신청합니다.

년   월   일

신청자 :   (서명 또는 인)

연락처 :

항공안전기술원장 귀하

구비서류	수수료
1. 초도인증 　가. 초경량비행장치 설계서 또는 설계도면 　나. 초경량비행장치 부품표 　다. 비행 및 주요정비 현황(해당 시 별지 제3호 또는 제4호 서식) 　라. 성능검사표(별지 제5호부터 제11호 서식 중 해당되는 서식) 　마. 초경량비행장치 기술기준 이행완료제출문(별지 제12호 서식) 　바. 작업 지시서(별지 제13호 서식) 　사. 성능 개량을 위한 변경 항목 목록표(해당 시 별지 제13호의2서식) 　아. 초경량비행장치 운용자 매뉴얼(비행교범 및 정비교범) 　자. 초경량비행장치 기술기준에 충족함을 입증하는 서류(해당 시) 2. 정기인증 　가. 제1호 중 다목, 라목, 사목(해당 시) 및 아목(해당 시)의 서류 　나. 정시점검, 주요 정비 및 수리 · 개조 수행에 관한 상세 기록 3. 수시인증 　가. 제1호 중 다목을 제외한 해당 되는 서류 4. 재인증 　가. 제1호 중 라목, 바목 및 사목(해당시)의 서류	초경량비행장치 안전성 인증 업무 운영세칙 제20조

8 초경량비행장치의 조종자 증명

1 초경량비행장치 조종자 증명(항공안전법 제125조)

① 동력비행장치 등 국토교통부령으로 정하는 초경량비행장치를 사용하여 비행하려는 사람은 국토교통부령으로 정하는 기관 또는 단체의 장으로부터 그가 정한 해당 초경량비행장치별 자격기준 및 시험의 절차·방법에 따라 해당 초경량비행장치의 조종을 위하여 발급하는 증명('초경량비행장치 조종자 증명'이라 한다)을 받아야 한다. 이 경우 해당 초경량비행장치별 자격기준 및 시험의 절차·방법 등에 관하여는 국토교통부령으로 정하는 바에 따라 국토교통부장관의 승인을 받아야 하며, 변경할 때에도 또한 같다.

② 초경량비행장치 조종자 증명을 받은 사람은 다른 사람에게 자기의 성명을 사용하여 초경량비행장치 조종을 수행하게 하거나 초경량비행장치 조종자 증명을 빌려 주어서는 아니 된다. 〈신설 2021. 5. 18.〉

③ 누구든지 다른 사람의 성명을 사용하여 초경량비행장치 조종을 수행하거나 다른 사람의 초경량비행장치 조종자 증명을 빌려서는 아니 된다. 〈신설 2021. 5. 18.〉

④ 누구든지 제2항이나 제3항에서 금지된 행위를 알선하여서는 아니 된다. 〈신설 2021. 5. 18.〉

2 조종자 증명이 필요한 초경량비행장치의 종류(항공안전법 시행규칙 제306조)

항공안전법 제125조 제1항 전단에서 "동력비행장치 등 국토교통부령으로 정하는 초경량비행장치"란 다음 각 호의 어느 하나에 해당하는 초경량비행장치를 말한다. 〈개정 2020. 5. 27.〉

> 1. 동력비행장치
> 2. 행글라이더, 패러글라이더 및 낙하산류(항공레저스포츠사업에 사용되는 것만 해당한다)
> 3. 유인자유기구
> 4. 무인비행장치. 다만 다음 각 목의 어느 하나에 해당하는 것은 제외한다.
>   가. 무인동력비행장치 중에서 연료의 중량을 포함한 최대이륙중량이 250g 이하인 것
>   나. 무인비행선 중에서 연료의 중량을 제외한 자체중량이 12kg 이하이고, 길이가 7m 이하인 것
> 5. 회전익비행장치
> 6. 동력패러글라이더

3 초경량비행장치 조종자 증명기관(항공안전법 시행규칙 제306조)

항공안전법 제125조 제1항 전단에서 "국토교통부령으로 정하는 기관 또는 단체"란 한국교통안전공단 및 별표 44의 기준을 충족하는 기관 또는 단체 중에서 국토교통부장관이 정하여 고시하는 기관 또는 단체('초경량비행장치 조종자 증명기관'이라 한다)를 말한다.

4 무인비행장치 조종자의 자격 및 조종자 증명의 종류와 업무 범위(무인비행장치 조종자의 자격 및 전문교육기관 지정 기준, 국토교통부 고시, 2025.5.14 개정)

① 무인비행장치 조종자의 자격(제4조)

> 항공안전법 제125조 제1항 및 시행규칙 제306조 ①제4호의 규정에 의한 **무인비행장치 조종자 자격 기준은 연령이 만 14세 이상인** 자로서, 한국교통안전공단 이사장이 발급한 무인비행장치 조종자 증명을 소지한 자를 말한다. 다만, 시행규칙 제306조 ④제4호 **4종 무인동력비행장치**(무인비행기, 무인헬리콥터, 무인멀티콥터, 무인수직이착륙기를 말한다) 자격 기준은 연령이 만 10세 이상인 자로서, 한국교통안전공단 이사장이 정한 이러닝교육을 이수한 사람을 말한다.

② 무인비행장치 조종자 증명의 종류(제5조)

> 무인비행장치 조종자 증명의 종류는 다음과 같이 구분된다.
> 1. 1종 무인동력비행장치: **최대이륙중량이 25kg을 초과하고 연료의 중량을 제외한 자체중량이 150kg 이하인** 무인동력비행장치
> 2. 2종 무인동력비행장치: **최대이륙중량이 7kg을 초과하고 25kg 이하인** 무인동력비행장치
> 3. 3종 무인동력비행장치: **최대이륙중량이 2kg을 초과하고 7kg 이하인** 무인동력비행장치
> 4. 4종 무인동력비행장치: **최대이륙중량이 250g을 초과하고 2kg 이하인** 무인동력비행장치
> 5. 무인비행선: 연료의 중량을 제외한 **자체중량이 12kg을 초과하고 180kg 이하이고 길이가 20m 이하인** 무인비행선

③ 무인비행장치 조종자 증명의 업무범위(제6조)

> 1. 1종 무인동력비행장치의 업무범위는 해당 비행장치의 1종부터 4종까지 조종하는 행위
> 2. 2종 무인동력비행장치의 업무범위는 해당 비행장치의 2종부터 4종까지 조종하는 행위
> 3. 3종 무인동력비행장치의 업무범위는 해당 비행장치의 3종부터 4종까지 조종하는 행위
> 4. 4종 무인동력비행장치의 업무범위는 해당 비행장치의 4종을 조종하는 행위
> 5. 무인비행선의 업무범위는 해당 무인비행선을 조종하는 행위

5 무인비행장치 조종자 증명 운영세칙(한국교통안전공단 규정 제1507호, 2025.4.21 개정)

제1조(목적)

이 세칙은 「항공안전법」("법") 제125조 제1항 및 같은 법 시행규칙("규칙") 제306조 제1항 제4호, 제306조 제4항에 따른 초경량비행장치(무인비행장치에 한정한다) 조종자 증명을 위한 자격 기준 및 시험의 절차·방법 등 세부사항을 규정함을 목적으로 한다.

제2조(정의)

- "조종자증명(자격)시험"이란 한국교통안전공단에서 시행하는 학과시험과 실기시험을 말한다.
- "전문교육기관"이란 법 제126조 및 규칙 제307조에 따라 국토교통부장관이 지정한 초경량비행장치(무인비행장치) 교육기관을 말한다.
- "사설교육기관"이란 「항공사업법」 제48조 제1항에 따른 초경량비행장치사용사업을 등록하고 같은 법 시행규칙 제6조 제2항 제4호의 조종교육 사업을 하는 기관을 말한다.
- "**전문교관**"이란 제11조에 따라 공단에 등록된 **지도조종자 또는 실기평가조종자**를 말한다.
- "이러닝(e-Learning) 교육"이란 공단에서 제공하는 시스템에 접속해 진행되는 교육과정을 말한다.

제5조(조종자 증명의 종류)

① 규칙 제306조 제4항에 따른 조종자 증명의 종류는 다음 각 호와 같다.

1. 무인비행기(UNMANNED AIRPLANE)
   - 가. 1종(1st CLASS)
   - 나. 2종(2nd CLASS)
   - 다. 3종(3rd CLASS)
   - 라. 4종(4th CLASS)
2. 무인헬리콥터(UNMANNED HELICOPTER)
   - 가. 1종(1st CLASS)
   - 나. 2종(2nd CLASS)
   - 다. 3종(3rd CLASS)
   - 라. 4종(4th CLASS)
3. 무인멀티콥터(UNMANNED MULTICOPTER)
   - 가. 1종(1st CLASS)
   - 나. 2종(2nd CLASS)
   - 다. 3종(3rd CLASS)
   - 라. 4종(4th CLASS)
4. 무인수직이착륙기(UNMANNED VTOL(Vertical Take-off and Landing))
   - 가. 1종(1st CLASS)
   - 나. 2종(2nd CLASS)
   - 다. 3종(3rd CLASS)
   - 라. 4종(4th CLASS)
   〈신설 2025. 4. 21.〉
5. 무인비행선(UNMANNED AIRSHIP)

② 제1항 각 호의 조종자 증명 중 4종에 해당하는 조종자 증명을 받으려는 사람은 한국교통안전공단 이사장이 정하는 별표 8의 이러닝(e-Learning) 교육을 이수하고 별지 제1호 서식의 교육이수증명서(전자적인 형태의 교육이수증명서를 포함한다)를 발급받아야 한다. 〈개정 2025. 4. 21.〉

제6조(조종자 증명의 업무범위)

제5조에 따른 조종자 증명의 종류별 업무범위는 별표 1의 조종자 증명 종류별 업무범위와 같다.

[별표 1] 무인멀티콥터 및 무인수직이착륙기 조종자 증명의 종류별 업무범위

종류		무게범위 등	업무범위
무인멀티콥터	1종	최대이륙중량이 25kg을 초과하고 연료의 중량을 제외한 자체중량이 150kg 이하인 무인멀티콥터	해당 종류의 1종 무인멀티콥터(2종부터 4종까지의 업무범위를 포함)를 조종하는 행위
	2종	최대이륙중량이 7kg을 초과하고 25kg 이하인 무인멀티콥터	해당 종류의 2종 무인멀티콥터(3종부터 4종까지의 업무범위를 포함)를 조종하는 행위
	3종	최대이륙중량이 2kg을 초과하고 7kg 이하인 무인멀티콥터	해당 종류의 3종 무인멀티콥터(4종에 대한 업무범위를 포함)를 조종하는 행위
	4종	최대이륙중량이 250g을 초과하고 2kg 이하인 무인멀티콥터	해당 종류의 4종 무인멀티콥터를 조종하는 행위
무인수직이착륙기	1종	최대이륙중량이 25kg을 초과하고 연료의 중량을 제외한 자체중량이 150kg 이하인 무인수직이착륙기	해당 종류의 1종 무인수직이착륙기(2종부터 4종까지의 업무범위를 포함)를 조종하는 행위
	2종	최대이륙중량이 7kg을 초과하고 25kg 이하인 무인수직이착륙기	해당 종류의 2종 무인수직이착륙기(3종부터 4종까지의 업무범위를 포함)를 조종하는 행위
	3종	최대이륙중량이 2kg을 초과하고 7kg 이하인 무인수직이착륙기	해당 종류의 3종 무인수직이착륙기(4종에 대한 업무범위를 포함)를 조종하는 행위
	4종	최대이륙중량이 250g을 초과하고 2kg 이하인 무인수직이착륙기	해당 종류의 4종 무인수직이착륙기를 조종하는 행위

제7조(응시자격)

제5조에 따른 조종자 증명을 받으려는 사람은 제37조 제1항 각 호의 어느 하나에 해당되지 아니하는 사람으로서 별표 2의 조종자 증명 종류별 응시기준에 따른 경력을 가진 사람이어야 한다.

[별표 2] 무인멀티콥터 및 무인수직이착륙기 조종자 증명의 종류별 응시기준

종류	무게범위 등	응시기준
공통	-	14세 이상인 사람 (다만, 4종의 무인비행기, 무인헬리콥터, 무인멀티콥터, 무인수직이착륙기는 만 10세 이상인 사람)

종류		무게범위 등	응시기준
무인 멀티콥터	1종	**최대이륙중량**이 25kg을 초과하고 연료의 중량을 제외한 **자체중량**이 150kg 이하인 비행장치	다음 각 호의 어느 하나에 해당하는 사람 1. 1종 무인멀티콥터를 조종한 시간이 총 **20시간 이상**인 사람 2. 2종 무인멀티콥터 조종자 증명(2종 무인멀티콥터로 조종한 시간이 10시간 이상인 사람에 한함)을 취득한 후 1종 무인멀티콥터를 조종한 시간이 **15시간 이상**인 사람 3. 3종 무인멀티콥터 조종자 증명(2종 또는 3종 무인멀티콥터로 조종한 시간이 6시간 이상인 사람에 한함)을 취득한 후 1종 무인멀티콥터를 조종한 시간이 **17시간 이상**인 사람 4. 1종 무인헬리콥터 조종자 증명을 취득한 후 1종 무인멀티콥터를 조종한 시간이 10시간 이상인 사람 5. 1종 무인수직이착륙기 조종자 증명을 취득한 후 1종 무인멀티콥터를 조종한 시간이 **14시간 이상**인 사람
	2종	**최대이륙중량**이 7kg을 초과하고 25kg 이하인 비행장치	다음 각 호의 어느 하나에 해당하는 사람 1. 1종 또는 2종 무인멀티콥터를 조종한 시간이 총 **10시간 이상**인 사람 2. 3종 무인멀티콥터 조종자 증명(3종 무인멀티콥터로 조종한 시간이 6시간 이상인 사람에 한함)을 취득한 후 2종 무인멀티콥터를 조종한 시간이 **7시간 이상**인 사람 3. 2종 무인헬리콥터 조종자 증명을 취득한 후 2종 무인멀티콥터를 조종한 시간이 **5시간 이상**인 사람 4. 2종 무인수직이착륙기 조종자 증명을 취득한 후 2종 무인멀티콥터를 조종한 시간이 **7시간 이상**인 사람
	3종	**최대이륙중량**이 2kg을 초과하고 7kg 이하인 비행장치	다음 각 호의 어느 하나에 해당하는 사람 1. 1종, 2종, 3종 무인멀티콥터 중 어느 하나를 조종한 시간이 총 **6시간 이상**인 사람 2. 3종 무인헬리콥터 조종자 증명을 취득한 후 3종 무인멀티콥터를 조종한 시간이 **3시간 이상**인 사람 3. 3종 무인수직이착륙기 조종자 증명을 취득한 후 3종 무인멀티콥터를 조종한 시간이 **4시간 이상**인 사람
	4종	**최대이륙중량**이 250g을 초과하고 2kg 이하인 비행장치	응시기준 없음
무인수직 이착륙기	1종	**최대이륙중량**이 25kg을 초과하고 연료의 중량을 제외한 **자체중량**이 150kg 이하인 비행장치	다음 각 호의 어느 하나에 해당하는 사람 1. 1종 무인수직이착륙기를 조종한 시간이 총 **20시간 이상**인 사람 2. 2종 무인수직이착륙기 조종자 증명(2종 무인수직이착륙기로 조종한 시간이 10시간 이상인 사람에 한함)을 취득한 후 1종 무인수직이착륙기를 조종한 시간이 **15시간 이상**인 사람 3. 3종 무인수직이착륙기 조종자 증명(2종 또는 3종 무인수직이착륙기로 조종한 시간이 6시간 이상인 사람에 한함)을 취득한 후 1종 무인수직이착륙기를 조종한 시간이 **17시간 이상**인 사람

종류		무게범위 등	응시기준
무인수직이착륙기	1종	최대이륙중량이 25kg을 초과하고 연료의 중량을 제외한 자체중량이 150kg 이하인 비행장치	4. 1종 무인비행기 조종자 증명을 취득한 후 1종 무인수직이착륙기를 조종한 시간이 12시간 이상인 사람 5. 1종 무인헬리콥터 또는 1종 무인멀티콥터 조종자 증명을 취득한 후 1종 무인수직이착륙기를 조종한 시간이 14시간 이상인 사람 6. 1종 무인비행기 및 1종 무인헬리콥터 조종자 증명을 모두 취득한 후 1종 무인수직이착륙기를 조종한 시간이 6시간 이상인 사람 7. 1종 무인비행기 및 1종 무인멀티콥터 조종자 증명을 모두 취득한 후 1종 무인수직이착륙기를 조종한 시간이 6시간 이상인 사람
	2종	최대이륙중량이 7kg을 초과하고 25kg 이하인 비행장치	다음 각 호의 어느 하나에 해당하는 사람 1. 1종 또는 2종 무인수직이착륙기를 조종한 시간이 총 10시간 이상인 사람 2. 3종 무인수직이착륙기 조종자 증명(3종 무인수직이착륙기로 조종한 시간이 6시간 이상인 사람에 한함)을 취득한 후 2종 무인수직이착륙기를 조종한 시간이 7시간 이상인 사람 3. 2종 무인비행기 조종자 증명을 취득한 후 2종 무인수직이착륙기를 조종한 시간이 6시간 이상인 사람 4. 2종 무인멀티콥터 또는 2종 무인헬리콥터 조종자 증명을 취득한 후 2종 무인수직이착륙기를 조종한 시간이 7시간 이상인 사람 5. 2종 무인비행기 및 2종 무인헬리콥터 조종자 증명을 모두 취득한 후 2종 무인수직이착륙기를 조종한 시간이 3시간 이상인 사람 6. 2종 무인비행기 및 2종 무인멀티콥터 조종자 증명을 모두 취득한 후 2종 무인수직이착륙기를 조종한 시간이 3시간 이상인 사람
	3종	최대이륙중량이 2kg을 초과하고 7kg 이하인 비행장치	다음 각 호의 어느 하나에 해당하는 사람 1. 1종, 2종, 3종 무인수직이착륙기 중 어느 하나를 조종한 시간이 총 6시간 이상인 사람 2. 3종 무인비행기 조종자 증명을 취득한 후 3종 무인수직이착륙기를 조종한 시간이 3시간 이상인 사람 3. 3종 무인헬리콥터 또는 3종 무인멀티콥터 조종자 증명을 취득한 후 3종 무인수직이착륙기를 조종한 시간이 4시간 이상인 사람 4. 3종 무인비행기 및 3종 무인헬리콥터 조종자 증명을 모두 취득한 후 3종 무인수직이착륙기를 조종한 시간이 1시간 이상인 사람 5. 3종 무인비행기 및 3종 무인멀티콥터 조종자 증명을 모두 취득한 후 3종 무인수직이착륙기를 조종한 시간이 1시간 이상인 사람
	4종	최대이륙중량이 250g을 초과하고 2kg 이하인 비행장치	응시기준 없음

제8조(시험의 일부 면제기준)
응시자가 다음 각 호의 어느 하나에 해당하는 경우에는 시험의 일부를 면제할 수 있다.

> 1. 전문교육기관의 교육과정을 이수한 사람이 교육 이수일로부터 2년 이내에 교육받은 것과 같은 종류의 무인비행장치에 관한 조종자증명시험에 응시하는 경우에는 학과시험을 면제한다.
> 2. 무인헬리콥터 조종자 증명을 받은 사람이 조종자 증명을 받은 날로부터 2년 이내에 무인멀티콥터 조종자증명시험에 응시하는 경우 학과시험을 면제한다.
> 3. 무인멀티콥터 조종자 증명을 받은 사람이 조종자 증명을 받은 날로부터 2년 이내에 무인헬리콥터 조종자증명시험에 응시하는 경우 학과시험을 면제한다.
> 4. 무인수직이착륙기 조종자 증명을 받은 사람이 조종자 증명을 받은 날로부터 2년 이내에 무인비행기, 무인헬리콥터 및 무인멀티콥터 조종자 증명시험에 응시하는 경우 학과시험을 면제한다. 〈신설 2025. 4. 21.〉
> 5. 다음 각 목의 어느 하나에 해당하는 사람이 해당 조종자 증명을 받은 날(가장 최근에 조종자 증명을 받은 날을 말한다)로부터 2년 이내에 무인수직이착륙기 조종자 증명시험에 응시하는 경우 학과시험을 면제한다. 〈신설 2025. 4. 21.〉
>   가. 무인비행기 및 무인헬리콥터 조종자 증명을 모두 받은 사람
>   나. 무인비행기 및 무인멀티콥터 조종자 증명을 모두 받은 사람

제9조(비행경력의 증명 등)
① 제7조에 따른 경력 중 비행시간(이하 "비행경력")은 다음 각 호의 구분에 따라 증명된 것이어야 한다.

> 1. 전문교육기관: 해당 전문교육기관 소속의 지도조종자가 확인하고 전문교육기관의 대표가 증명한 것
> 2. 사설교육기관: 해당 사설교육기관 소속의 지도조종자가 확인하고 사설교육기관의 대표(초경량비행장치사용사업자)가 증명한 것

② 제5조에 따른 조종자 증명을 취득한 이후 같은 종류의 무인비행장치로 비행한 경력은 다음 각 호의 구분에 따라 증명된 것이어야 한다.

> 1. 전문교육기관의 대표가 증명한 것
> 2. 「항공사업법」 제48조 제1항에 따라 등록된 초경량비행장치사용사업자가 증명한 것

③ 제1항 및 제2항에 따른 비행경력의 증명은 별지 제2호 서식의 비행경력증명서에 따른다.

제10조(비행시간의 산정)
① 제9조에 따른 비행경력은 1대의 무인비행장치를 비행하기 위해 원격조종장치로 조종한 다음 각 호의 시간을 말한다.

1. 기장시간 : 해당 무인비행장치 조종자 증명이 없는 사람이 조종교육을 위해 지도조종자 감독하에 단독으로 비행한 시간 또는 해당 무인비행장치 조종자 증명을 받은 사람이 단독으로 비행한 시간
2. 훈련시간 : 해당 무인비행장치 조종자 증명이 없는 사람이 조종교육을 위해 지도조종자의 원격조종장치와 연결된 비행훈련용 원격조종장치로 비행한 시간
3. 교관시간 : 지도조종자가 제2호에 따라 비행한 시간

② 제1항에 의한 비행경력은 다음 각 호의 어느 하나에 해당하는 비행장치로 비행한 경력을 말한다.

1. 국토교통부 고시 "무인비행장치 조종자의 자격 및 전문교육기관 지정기준" 제15조 제2항에 따라 지정된 훈련용 비행장치 〈개정 2025. 4. 21.〉
2. 「항공사업법」 제48조 제1항에 따라 등록된 초경량비행장치사용사업자가 법 제122조 제1항에 따라 영리목적으로 신고한 비행장치

제11조(전문교관의 등록)

① 전문교관으로 등록하고자 하는 사람은 다음 각 호의 어느 하나에 해당하지 않는 사람으로서 **별표 3의 전문교관 등록기준**을 충족해야 한다.

1. 법 제125조 제2항에 따른 처분을 받은 경우, **처분을 받은 날로부터 2년이 경과하지 않은 사람**
2. 제12조 제1항에 따른 전문교관 **등록이 취소된 날로부터 2년이 지나지 않은 사람** 〈개정 2025. 4. 21.〉

② 전문교관으로 등록하고자 하는 사람은 다음 각 호의 서류를 한국교통안전공단 이사장에게 제출하여야 한다.

1. 별지 제3호 서식에 따른 전문교관 등록신청서
2. 별지 제2호 서식에 따른 비행경력증명서
3. 규칙 제307조 제2항 제1호 가목에 따른 해당 분야 조종교육교관과정 이수증명서(지도조종자 등록신청자에 한함)
4. 규칙 제307조 제2항 제1호 나목에 따른 해당 분야 실기평가과정 이수증명서(실기평가조종자 등록신청자에 한함)

③ 한국교통안전공단 이사장은 제2항에 따라 전문교관 등록신청서를 제출한 사람이 제1항 및 제2항에 따른 전문교관 등록기준을 충족하는 경우 전산시스템에 지도조종자 또는 실기평가조종자로 등록해야 한다.

④ 한국교통안전공단 이사장은 제3항에 따라 전문교관으로 등록된 사람에게 그 등록 사실을 통지하여야 한다.

[별표 3] 전문교관 등록기준

1. 지도조종자 등록기준

종류	업무범위	등록기준
공통	-	만 18세 이상인 사람
무인멀티콥터 지도조종자	무인멀티콥터의 비행시간 확인 및 조종교육	다음 요건을 모두 충족하는 사람 - 초경량비행장치 조종자 증명(1종 무인멀티콥터)를 취득한 사람 - 1종 무인멀티콥터를 조종한 시간이 총 100시간 이상인 사람
무인수직이착륙기 지도조종자	무인수직이착륙기의 비행시간 확인 및 조종교육	다음 요건을 모두 충족하는 사람 - 초경량비행장치 조종자 증명(1종 무인수직이착륙기)을 취득한 사람 - 1종 무인수직이착륙기를 조종한 시간이 총 100시간 이상인 사람

2. 실기평가조종자 등록기준

종류	업무범위	등록기준
공통	-	만 18세 이상인 사람
무인비행기 실기평가 조종자	무인비행기의 비행시간 확인, 조종교육, 전문교육기관 교육생에 대한 자체 실기평가	다음 요건을 모두 충족하는 사람 - 초경량비행장치 조종자 증명(1종 무인비행기)을 취득한 사람 - 공단에 무인비행기 지도조종자로 등록된 사람 - 1종 무인비행기를 조종한 시간이 총 150시간 이상인 사람
무인헬리콥터 실기평가 조종자	무인헬리콥터의 비행시간 확인, 조종교육, 전문교육기관 교육생에 대한 자체 실기평가	다음 요건을 모두 충족하는 사람 - 초경량비행장치 조종자 증명(1종 무인헬리콥터)를 취득한 사람 - 공단에 무인헬리콥터 지도조종자로 등록된 사람 - 1종 무인헬리콥터를 조종한 시간이 총 150시간 이상인 사람
무인멀티콥터 실기평가 조종자	무인멀티콥터의 비행시간 확인, 조종교육, 전문교육기관 교육생에 대한 자체 실기평가	다음 요건을 모두 충족하는 사람 - 초경량비행장치 조종자 증명(1종 무인멀티콥터)을 취득한 사람 - 공단에 무인멀티콥터 지도조종자로 등록된 사람 - 1종 무인멀티콥터를 조종한 시간이 총 150시간 이상인 사람
무인수직이착륙기 실기평가 조종자	무인수직이착륙기의 비행시간 확인, 조종교육, 전문교육기관 교육생에 대한 자체 실기평가	다음 요건을 모두 충족하는 사람 - 초경량비행장치 조종자 증명(1종 무인수직이착륙기)을 취득한 사람 - 공단에 무인수직이착륙기 지도조종자로 등록된 사람 - 1종 무인수직이착륙기를 조종한 시간이 총 150시간 이상인 사람

제12조(전문교관 등록 취소 등)

① 한국교통안전공단 이사장은 제11조에 따라 전문교관으로 등록된 사람이 다음 각 호의 어느 하나에 해당되는 경우에는 전문교관 등록을 취소하여야 한다.

> 1. 법 제125조 제5항에 따른 행정처분(효력정지 30일 이하인 경우에는 제외)을 받은 경우 〈개정 2025. 4. 21.〉
> 2. 허위로 작성된 비행경력증명서를 확인하지 아니하고 서명 날인한 경우
> 3. 비행경력증명서(비행경력을 확인하기 위해 제출된 자료를 포함한다)를 허위로 제출한 경우
> 4. 실기시험위원이 부정한 방법으로 실기시험을 진행한 경우 〈개정 2025. 4. 21.〉
> 5. 거짓이나 그 밖의 부정한 방법으로 전문교관으로 등록된 경우

② 한국교통안전공단 이사장은 제1항에 따라 전문교관 등록을 취소하려는 경우 그 사실을 당사자에게 통지하여야 한다. 〈개정 2025. 4. 21.〉

③ 제2항에 따라 전문교관 등록취소 결과에 이의가 있는 사람은 그 결과를 통보받은 날로부터 근무일수 30일 이내에 별지 제4호 서식의 전문교관 등록 취소에 관한 이의신청서를 공단에 제출하여야 한다.

④ 한국교통안전공단 이사장은 제3항에 따른 이의신청을 받으면 신청일로부터 근무일수 30일 이내에 이를 심사하고 그 결과를 신청인에게 문서로 통지하여야 한다.

⑤ 제1항에 따라 취소된 사람이 다시 전문교관으로 등록하고자 하는 경우에는 취소된 날로부터 2년이 경과하여야 하며, 규칙 제307조 제2항 제1호에 따른 해당 분야 조종교육교관과정 또는 실기평가과정을 다시 이수하여야 한다.

제13조(신체검사증명)

① 조종자 증명 시험에 응시하고자 하는 사람은 다음 각 호의 어느 하나에 해당하는 신체검사증명서류를 제출하여야 한다.

> 1. 법 제40조에 따른 항공종사자 신체검사증명서
> 2. 「도로교통법」에 의하여 지방경찰청장이 발행한 제2종 보통 이상의 자동차운전면허증
> 3. 제2호에 따른 자동차운전면허를 받지 아니한 사람은 제2종 보통 이상의 자동차 운전면허를 발급받는 데 필요한 신체검사증명서

② 제1항에 따른 **신체검사증명의 유효기간**은 각 신체검사증명서류에 기재된 유효기간으로 하며 제1항 제3호의 경우 검사 받은 날로부터 **2년이 지나지 않아야 한다.**

제26조(시험장 준비)

① 한국교통안전공단 이사장은 학과시험장을 공단 본사 및 지역본부에 설치하여야 한다. 다만, 응시자의 편의성을 고려하여 공단 본사 및 지역본부 외에 추가로 학과시험장을 설치할 수 있으며, 이 경우 보안 설비를 확보하여야 한다.

② 한국교통안전공단 이사장은 학과시험장에 상시원격시험시스템을 설치하여 활용하여야 하며, 전산오류발생 등 부득이한 경우 상시원격시험시스템 외 방법을 정하여 학과시험을 시행할 수 있다.

③ 학과시험 감독위원은 시험의 부정행위 방지 등을 위해 영상기록장치(CCTV) 등을 활용하여 철저히 감독하여야 한다.

④ 한국교통안전공단 이사장은 별표 5의 기준을 충족하는 시설을 실기시험장으로 설치·운영하여야 한다. 다만, 실기시험장을 직접 설치하지 못하는 경우에는 공개모집 또는 전문교육기관과 협의하여 실기시험장을 지정·운영할 수 있다. 〈개정 2025. 4. 21.〉

[별표 5] 무인비행장치 조종자 증명 실기시험장 조건

1. 공통사항
   가. 실기시험장이 있는 토지의 소유, 임대 또는 적법한 절차에 의해 사용할 권한이 있을 것(이 경우 「농지법」 등 타 법률에서 정하는 제한사항이 없을 것)
   나. 법 제127조에 따른 초경량비행장치 비행승인을 받는 데 문제가 없을 것
   다. 실기시험장에 시험을 방해할 수 있는 장애물 또는 불법 건축물이 없을 것
   라. 실기시험장의 노면은 해당 분야 실기시험 평가에 지장을 주지 아니하도록 평탄하게 유지되고 배수상태가 양호할 것(무인비행기의 경우에는 지상활주가 가능한 노면상태를 갖출 것)
   마. 실기시험장과 외부와의 차단을 위한 안전펜스가 있을 것(다만, 외부 인원의 실기시험장 침입을 통제하기 위한 인력이 상주하거나 개활지인 경우에는 제외한다.)
   바. 화장실 등 위생시설(남녀 구분)이 있을 것
   사. 응시자가 대기하는 장소에 냉·난방기가 설치되어 있을 것
   아. 풍향, 풍속을 감지할 수 있는 시설물이 설치되어 있을 것
   자. 실기시험장 출입구에 목적과 주의사항을 안내하는 시설물이 설치되어 있을 것
   차. 비상시 응급조치에 필요한 의료물품이 구비되어 있을 것
   카. 인접한 의료기관의 명칭, 장소의 약도 및 연락처 등 비상시 의료조치를 위하여 필요한 물품이 비치되어 있을 것

2. 무인비행장치 종류별 비행장 최소 기준

종류	규격
무인비행기	길이 150m 이상×폭 40m 이상
무인멀티콥터	길이 80m 이상×폭 35m 이상×높이 20m 이상
무인헬리콥터	길이 80m 이상×폭 35m 이상×높이 20m 이상
무인수직이착륙기	길이 150m 이상×폭 20m 이상
무인비행선	길이 50m 이상×폭 20m 이상

* 무인비행기, 무인수직이착륙기 및 무인비행선의 실기시험장 규격은 이착륙을 위한 시설(활주로 기준)의 규격이 며, 실기시험을 위한 비행장치의 기동과 안전사고를 예방할 수 있는 공간은 별도로 확보되어야 함
* 실기시험장 규격은 단일 실기시험장 규격으로 여러 개인 경우에는 서로 중첩되지 않아야 함

제27조(응시원서의 제출 등)

① 학과시험 또는 실기시험에 응시하고자 하는 사람은 별지 제9호 서식의 무인비행장치 조종자 증명 응시원서를 작성하여 공단에 방문하거나 공단 홈페이지를 통해 제출하여야 한다.

② 실기시험에 응시하고자 하는 사람은 해당 무인비행장치의 학과시험이 유효기간 이내이어야 하며, 제7조에 따른 경력을 충족하여야 한다.

③ 제2항에 따라 실기시험에 응시하고자 하는 사람은 다음 각 호의 서류를 첨부하여 한국교통안전공단 이사장에게 제출하여야 한다.

> 1. 별지 제2호 서식의 비행경력증명서
> 2. 제13조에 따른 신체검사증명서
> 3. 제8조 제1호에 따라 학과시험 전부를 면제받으려는 사람은 전문교육기관 수료증명서

④ 한국교통안전공단 이사장은 제3항에 따라 제출된 서류를 근무일수 7일 이내에 검토하고 서류를 제출한 사람에게 검토 결과를 알려주어야 한다.

⑤ 한국교통안전공단 이사장은 제3항에 따라 제출된 서류가 불충분한 경우에는 보완 요청을 할 수 있으며, 한국교통안전공단 이사장은 보완 서류가 제출된 날부터 근무일수 7일 이내 검토 결과를 재통지하여야 한다. 〈개정 2025. 4. 21.〉

⑥ 한국교통안전공단 이사장은 제1항 및 제3항에 따라 응시원서를 접수할 경우에는 응시표를 신청인에게 교부하여야 하고, 응시번호 등 응시자 인적사항을 전산으로 작성·보관하여야 한다. [제27조 제5항에서 이동 〈2025. 4. 21.〉]

⑦ 한국교통안전공단 이사장은 접수된 응시원서 및 수수료는 반환하지 않는 것을 원칙으로 한다. [제27조 제6항에서 이동 〈2025. 4. 21.〉]

⑧ 한국교통안전공단 이사장은 학과시험에 응시하고자 하는 사람에 대해 제3항에 따른 제출된 서류의 검토 결과와 관계없이 학과시험에 한하여 응시할 수 있도록 하여야 한다. [제27조 제7항에서 이동 〈2025. 4. 21.〉]

■ 무인비행장치 조종자 증명 운영세칙 [별지 제9호 서식] 〈개정 2025. 4. 21.〉

초경량비행장치(무인비행장치) 조종자 증명 시험 응시원서

본인은   년도 제   차 초경량비행장치(무인비행장치) 조종자 증명의 학과시험/실기시험에 응시하고자 원서를 제출합니다.

※ 아래 작성사항은 사실과 다름이 없으며, 만약 시험 합격 후에 허위 또는 부실작성 사실이 발견되었을 때에는 합격의 취소처분에도 이의를 제기하지 아니할 것을 서약합니다.

년   월   일

응시자   (서명 또는 인)

한국교통안전공단이사장 귀하

① 신청인 성명	한글		② 주민등록번호 (여권번호)	
	영문			
③ 주소 및 연락처	한글	우편번호( )	전화번호	
	영문		이메일	
④ 응시종류	□ 무인비행기 ([ ]1종 [ ]2종 [ ]3종) □ 무인헬리콥터 ([ ]1종 [ ]2종 [ ]3종) □ 무인멀티콥터 ([ ]1종 [ ]2종 [ ]3종) □ 무인비행선 □ 무인수직이착륙기 ([ ]1종 [ ]2종 [ ]3종)			
⑤ 응시구분	□ 학과시험 □ 실기시험			
⑥ 면제구분	□ 학과시험 □ 실기시험			
⑦ 면제근거	□ 관련자격취득 □ 전문교육기관이수 □ 기타			
⑧ 응시번호	학과*	실기*	⑨구비 서류	비행경력증명서 1부 신체검사증명서류 1부 전문교육기관이수증명서 1부
⑩ 시험장소			⑪ 시험일시	. . . .

┄┄┄┄┄┄┄┄┄┄┄┄┄┄┄┄┄┄┄┄┄ 자르는 선 ┄┄┄┄┄┄┄┄┄┄┄┄┄┄┄┄┄┄┄

응 시 표				
⑩ 시험장소		⑪ 시험일시		. . . .
⑧ 응시번호	학과*		실기*	
① 신청인 성명	한글		② 주민등록번호 (여권번호)	( )
	영문			

년   월   일

한국교통안전공단이사장   직인

제28조(시험 과목 및 범위) 조종자 증명 시험의 과목 및 범위는 별표 6과 같다.

[별표 6] 무인멀티콥터 조종자 증명 시험과목 및 범위

1. 학과시험

종류별	과목	범위
무인멀티콥터	항공법규	당해 업무에 필요한 항공법규
	항공기상	1. 항공기상의 기초지식 2. 항공에 활용되는 일반기상의 이해
	비행이론 및 운용	1. 무인멀티콥터의 비행 기초원리에 관한 사항 2. 무인멀티콥터의 구조와 기능에 관한 사항 3. 무인멀티콥터 지상활주(지상활동)에 관한 사항 4. 무인멀티콥터 이·착륙에 관한 사항 5. 무인멀티콥터 공중조작에 관한 사항 6. 무인멀티콥터 안전관리에 관한 사항 7. 공역 및 인적요소에 관한 사항 8. 무인멀티콥터 비정상절차에 관한 사항

2. 실기시험

종류별	과목	범위
무인멀티콥터	구술시험	1. 무인멀티콥터의 기초원리에 관한 사항 2. 기상·공역 및 비행장소에 관한 사항 3. 일반지식 및 비정상절차에 관한 사항
	실기시험	1. 비행계획 및 비행 전 점검 2. 지상활주 (또는 이륙과 상승 또는 이륙동작) 3. 공중조작 (또는 비행동작) 4. 착륙조작 (또는 착륙동작) 5. 비행 후 점검 6. 비정상절차 및 응급조치 등

제31조(학과시험의 합격자 결정 등)

① 한국교통안전공단 이사장은 **70% 이상을 합격점수**로 하고, 학과시험 성적을 집계한 후 합격자를 결정한다.

② 한국교통안전공단 이사장은 학과시험의 합격여부 등 결과를 공단 홈페이지를 통해 해당 학과시험 응시자에게 통보하여야 한다. 다만, 공단 홈페이지를 사용할 수 없는 경우에는 전자우편 또는 유선 등으로 통보하여야 한다.

③ **학과시험 합격의 유효기간**은 제2항에 따른 **통보가 있는 날로부터 2년 이내**이다.

④ 제3항에 따른 유효기간 내에 동일한 종류의 무인동력비행장치 조종자 증명 시험에 응시하는 경우 해당 조종자 증명 학과시험은 합격한 것으로 본다.

제32조(실기시험의 실시 등)

① 한국교통안전공단 이사장은 응시자 1인에 대하여 실기 시험위원 1인을 지정하여야 한다.

② 실기시험 시간은 20분 이상으로 함을 원칙으로 하며, 한국교통안전공단 이사장이 필요하다고 인정할 때에는 그 시간을 조정할 수 있다.

③ 실기시험은 응시자가 신청한 조종자 증명시험에 해당하는 무인비행장치의 종류, 종(Class)으로 실시하여야 한다. 〈개정 2025. 4. 21.〉

④ 실기시험에 필요한 기체 및 제반장비, 비행승인 등은 실기시험을 신청한 응시자가 준비하여야 하며, 응시자는 실기시험 당일에 다음 각 호의 사항을 준비하여 실기시험위원에게 제시하여야 한다.

> 1. 응시자의 신분증
> 2. 응시자격부여를 받기위해 제출한 서류
> 3. 실기시험에 사용할 무인비행장치의 신고증명서, 보험증서, 제작사의 제원표(최대이륙중량, 운용이 가능한 한계 풍속을 포함하여야 한다)
> 4. 비행승인이 필요한 장소에서 실기시험에 응시할 경우 비행승인을 받은 서류

⑤ 실기시험 위원은 조종자 증명별로 한국교통안전공단 이사장이 정하는 실기시험표준서(부록)를 기준으로 별지 제10호 서식부터 별지 제18호 서식까지의 채점표에 따라 평가하여야 한다. 〈개정 2025. 4. 21.〉

⑥ 실기시험위원은 평가 시 한국교통안전공단 이사장이 지정한 자동채점시스템을 활용할 수 있다.

제33조(실기시험의 채점)

① 한국교통안전공단 이사장은 자격별 실기시험 채점표를 해당 실기 시험위원 및 응시자에게 제공하여야 하며, 실기시험위원은 조종자 증명별 실기시험 채점표에 "S(만족)" 또는 "U(불만족)"로 등급을 기재하여야 한다.

② 실기시험위원은 채점표를 작성한 후 한국교통안전공단 이사장이 지정한 보안이 강구된 전산망으로 채점표를 전송하거나 실기시험 감독위원에게 직접 또는 등기우편으로 제출하여야 한다.

제34조(실기시험의 합격자 결정 등)

① 한국교통안전공단 이사장은 실기시험위원이 제출한 채점표를 확인하여 위원별로 모든 항목이 "S" 등급을 받은 사람을 합격자로 결정한다.

② 한국교통안전공단 이사장은 실기시험의 합격여부 등 결과를 공단 홈페이지를 통해 해당 실기시험 응시자에게 통보하여야 한다. 다만, 공단 홈페이지를 사용할 수 없는 경우에는 전자우편 등으로 통보할 수 있다.

제35조(이의 신청)

① 제31조 제2항 또는 제34조 제2항에 따라 통보받은 결과에 대하여 이의가 있는 사람은 그 결과를 통보받은 날부터 근무일수 7일 이내에 별지 제19호서식의 합격 결정에 관한 이의신청서를 공단 이사장에게 제출하여야 한다. 〈개정 2025. 4. 21.〉

② 한국교통안전공단 이사장은 제1항에 따른 이의 신청을 받은 경우 받은 날부터 근무일수 14일 이내에 이를 심사하고 그 결과를 해당 신청인에게 통지하여야 한다.

제36조(조종자 증명서의 발급)

① 한국교통안전공단 이사장은 조종자 증명 학과시험 및 실기시험을 합격한 사람이 별지 제20호 서식의 초경량비행장치 조종자 증명서 (재)발급신청서(전자문서로 된 신청서를 포함한다)를 제출한 경우 제13조에 따른 신체검사증명서를 제출받아 이를 확인한 후 별지 제21호 서식의 초경량비행장치 조종자 증명서를 발급하여야 한다. 〈개정 2025. 4. 21.〉

② 초경량비행장치 조종자 증명서를 발급받은 사람은 초경량비행장치 조종자 증명서를 잃어버리거나 조종자 증명서가 헐어 못 쓰게 된 경우 또는 그 기재사항을 변경하려는 경우에는 별지 제20호 서식의 조종자 증명서 (재)발급신청서(전자문서로 된 신청서를 포함한다)를 한국교통안전공단 이사장에게 제출하여야 한다. 〈개정 2025. 4. 21.〉

③ 제2항에 따라 재발급 신청을 받은 한국교통안전공단 이사장은 그 신청 사유가 적합하다고 인정되면 별지 제21호 서식의 초경량비행장치 조종자 증명서를 재발급하여야 한다. 〈개정 2025. 4. 21.〉

④ 한국교통안전공단 이사장은 제1항 및 제3항에 따라 초경량비행장치 조종자 증명서를 발급하거나 재발급할 때 신청인의 신청이 있으면 전자문서로 된 조종자 증명서를 추가로 발급할 수 있다.

⑤ 한국교통안전공단 이사장은 제1항 및 제3항에 따라 초경량비행장치 조종자 증명서를 발급 또는 재발급한 경우에는 별지 제22호서식의 초경량비행장치(무인비행장치) 조종자 증명서 발급대장을 작성하여 갖춰 두거나, 컴퓨터 등 전산정보처리장치에 초경량비행장치(무인비행장치) 조종자 증명서 교부대장의 내용을 작성·보관하고 이를 관리하여야 한다. 〈개정 2025. 4. 21.〉

⑥ 한국교통안전공단 이사장은 제11조에 따라 공단에 전문교관으로 등록된 사람에게 제1항 및 제3항에 따라 초경량비행장치 조종자 증명서를 발급할 경우 제한사항에 지도조종자(instructor) 또는 실기평가조종자(evaluator) 관련 사항을 기재하여 발급하여야 한다. 〈개정 2025. 4. 21.〉

제37조(부정행위자에 대한 처분 및 응시제한)

① 한국교통안전공단 이사장은 조종자 증명 시험에 합격한 사람이 다음 각 호의 어느 하나에 해당하는 부정행위를 한 사실을 발견한 경우에는 당해 합격을 취소하여야 한다.

1. 거짓이나 그 밖의 부정한 방법으로 시험에 응시한 경우
2. 거짓이나 그 밖의 부정한 방법으로 제5조 제1항 제1호부터 제4호까지 중 4종에 해당하는 교육이수증명서를 받은 경우 〈개정 2025. 4. 21.〉
3. 제27조 제3항 각 호의 어느 하나에 해당하는 서류를 허위로 제출한 경우 [제37조 제1항 제2호에서 이동 〈2025. 4. 21.〉]

② 다음 각 호에 따라 조종자 증명이 취소된 사람은 취소일로부터 2년간 이 세칙에 의한 조종자 증명 시험에 응시할 수 없다.

1. 법 제125조 제5항에 따라 조종자 증명이 취소된 자 〈개정 2025. 4. 21.〉
2. 제1항에 따른 부정행위를 한 자 [제37조 제2항 제1호에서 이동 〈2025. 4. 21.〉]

③ 한국교통안전공단 이사장은 제2항에 따라 조종자 증명 시험 응시를 제한하고자 하는 경우 그 사실을 당사자에게 통지하여야 한다. 〈개정 2025. 4. 21.〉

④ 제3항에 따라 조종자 증명 시험의 응시제한 통지를 받은 사람은 통지를 받은 날로부터 근무일수 7일 이내에 이의신청을 할 수 있으며, 이 경우 별지 제23호서식의 응시제한에 대한 이의신청서를 작성하여 한국교통안전공단 이사장에게 제출하여야 한다. 〈개정 2025. 4. 21.〉

⑤ 한국교통안전공단 이사장은 제4항에 따른 이의신청을 받으면 신청일로부터 근무일수 14일 이내에 이를 심사하고 그 결과를 신청인에게 통지하여야 한다.

제38조(조종자 증명의 취소 등)

① 한국교통안전공단 이사장은 법 제125조 제5항에 따른 조종자 증명의 취소(제5조 제2항에 따른 교육이수증명서 취소를 포함한다) 등의 사유를 발견한 경우에는 국토교통부장관에게 즉시 보고하여야 한다. 〈개정 2025. 4. 21.〉

② 한국교통안전공단 이사장은 규칙 제306조 제5항에 따라 초경량비행장치 조종자 등 행정처분 사실에 관한 통지를 받은 경우에는 상시원격시험시스템에 등록·관리하여야 한다.

> **TIP! 조종사(pilot)와 조종자(operator)의 차이**
>
> 무인멀티콥터 등 초경량비행장치에서는 조종자의 용어를 사용하고 항공기와 경량항공기에서는 조종사라는 용어를 사용하고 있다. 일반적으로 조종자(operator)는 규모가 작은 비행체에 탑승하지 않고 외부에서 조종하는 사람을 말하며, 조종사(pilot)는 규모가 큰 비행체에 탑승하여 조종하는 사람을 말한다.

9 무인비행장치 조종자 전문교육기관

1 초경량비행장치 조종자 전문교육기관의 지정 신청(항공안전법 제126조 및 시행규칙 제307조 ①)

초경량비행장치 조종자 전문교육기관으로 지정받으려는 자는 별지 제120호 서식의 초경량비행장치 조종자 전문교육기관 지정신청서에 다음 각 호의 사항을 적은 서류를 첨부하여 한국교통안전공단에 제출하여야 한다.
1. 전문교관의 현황
2. 교육시설 및 장비의 현황
3. 교육훈련계획 및 교육훈련규정
4. 출결 사항을 전자적으로 처리·관리하기 위한 단말기 1대 이상

2 초경량비행장치 전문교육기관의 지정 기준(항공안전법 시행규칙 제307조 ②)

1. 다음 각 목의 전문교관이 있을 것
   가. 비행시간이 200시간(무인비행장치의 경우 조종경력이 100시간) 이상이고, 국토교통부장관이 인정한 조종교육 교관(지도조종자)과정을 이수한 지도조종자 1명 이상
   나. 비행시간이 300시간(무인비행장치의 경우 조종경력이 150시간) 이상이고, 국토교통부장관이 인정하는 실기평가과정을 이수한 실기평가조종자 1명 이상
2. 다음 각 목의 시설 및 장비(시설 및 장비에 대한 사용권을 포함한다)를 갖출 것
   가. 강의실 및 사무실 각 1개 이상
   나. 이륙·착륙 시설
   다. 훈련용 비행장치 1대 이상
3. 교육과목, 교육시간, 평가 방법 및 교육훈련 규정 등 교육훈련에 필요한 사항으로서 국토교통부장관이 정하여 고시하는 기준(무인비행장치조종자의 자격 및 전문교육기관 지정기준)을 갖출 것

3 초경량비행장치 전문교육기관의 지정 및 지정서 교부

한국교통안전공단은 초경량비행장치 조종자 전문교육기관 지정신청서를 제출한 자가 지정 기준에 적합하다고 인정하는 경우에는 초경량비행장치 조종자 전문교육기관 지정서를 발급하여야 한다(항공안전법 시행규칙 제307조 ③).

4 초경량비행장치 조종자 전문교육기관의 취소

국토교통부장관은 초경량비행장치 전문교육기관으로 지정받은 자가 다음 각 호의 어느 하나에 해당하는 경우에는 그 지정을 취소할 수 있다. 다만, 제1호에 해당하는 경우에는 그 지정을 취소하여야 한다(항공안전법 126조 ④).

1. 거짓이나 그 밖의 부정한 방법으로 초경량비행장치 전문교육기관으로 지정받은 경우
2. 초경량비행장치 전문교육기관의 지정기준 중 국토교통부령으로 정하는 기준(전문교육기관의 지정기준)에 미달하는 경우

5 무인멀티콥터 조종자 전문교육기관의 지정현황

전국에 소재하는 무인멀티콥터 조종자 전문교육기관의 지정현황(2025. 5. 기준)은 다음과 같다.

수도권	강원권	충청권	경상권	전라권	제주권	합계
52	14	38	66	62	6	238

(전문교육기관 관련 정보, https://www.kaa.atims.kr)

6 무인비행장치 조종자의 자격 및 전문교육기관 지정기준(국토교통부 고시, 2025.5.14 시행)

제1조(목적)

이 고시는 항공안전법 제125조 제1항, 제126조 제1항, 제3항 및 같은 법 시행규칙 제306조 제1항 제4호, 제306조 제4항, 제307조 제2항에 따른 초경량비행장치(무인비행장치에 한정한다) 조종자의 자격기준 및 전문교육기관 지정에 필요한 세부사항 및 절차 등을 규정함을 목적으로 한다.

제2조(정의)

1. "전자출결시스템"이란 객관적인 출결관리를 위하여 출결정보의 수집·저장·검색 등을 처리하는데 필요한 제반 시스템을 말한다.
2. "단말기"란 근거리 무선통신기술을 기반으로 전자출결 이용자의 스마트폰과 통신하는 장치를 말한다.
3. "이러닝교육"이란 항공안전법 시행규칙("규칙") 제306조 제4항 제4호에 따라 한국교통안전공단에서 운영하는 4종 무인동력비행장치 온라인 교육과정을 말한다.

제7조(무인비행장치 조종자의 전문교육기관의 지정 신청 및 심사방법)

① 법 제126조 ① 및 제135조 ⑤ 제12호에 따라 전문교육기관으로 지정을 받고자하는 자는 규칙 별지 제120호 서식을 한국교통안전공단 이사장에게 제출하여야 한다.

② 한국교통안전공단 이사장은 심사방법의 세부사항을 수립하여 국토교통부장관의 승인을 받아야 한다.

제8조(지정심사)

전문교육기관 지정을 위한 심사는 서류심사와 현장심사로 구분하여 실시한다.

> 1. **서류심사**는 지정신청서에 첨부된 사항의 적정성을 심사한다.
> 2. **현장심사**는 실기교육에 필요한 시설 및 장비의 확보상태 및 활용가능상태 등을 심사한다.

제9조(전문교육기관의 지정)

① 제8조에 따른 지정심사의 결과가 합격으로 판정되었을 경우에는 법 제126조 ③의 규정에 의하여 전문교육기관으로 지정한다.

② 제1항에 따라 전문교육기관으로 지정된 자에게 한국교통안전공단 이사장은 규칙 별지 제121호 서식의 초경량비행장치 조종자 전문교육기관 지정서를 교부하여야 한다.

③ 한국교통안전공단 이사장은 제1항 및 제2항에 따른 지정 결과를 국토교통부장관에게 보고하여야 한다.

제10조(전문교육기관 지정 변경심사)

① 전문교육기관의 장은 제9조의 지정사항에 다음 각 호의 **변경사항이 발생한 경우, 90일 이내 변경승인**을 요청하여야 한다.

> 1. 설치자의 성명·주소의 변경
> 2. 전문교육기관의 명칭 변경
> 3. 전문교육기관의 주소
> 4. 교육과정명의 변경

② 한국교통안전공단 이사장은 제8조를 준용하여 변경승인을 하여야 한다. 다만, 현장 확인이 필요하지 않는 경우에는 현장심사는 생략할 수 있다.

③ 한국교통안전공단 이사장은 제1항 및 제2항에 따른 승인 결과를 국토교통부장관에게 보고하여야 한다.

제11조(전문교육기관의 재심사)

① 지정 전문교육기관이 규칙 제307조 제2항 및 이 고시에서 정한 기준에 적합하게 운영하지 않을 우려가 있다고 판단되는 경우에 제8조의 규정을 준용하여 재심사하여야 한다.

② 한국교통안전공단 이사장은 제1항에 따른 재심사결과를 국토교통부장관에게 보고하여야 한다.

③ 국토교통부장관은 제1항의 규정에 의한 재심사결과 전문교육기관 지정기준에 부적합하다고 판단될 경우에 전문교육기관 지정을 취소하여야 한다.

제12조(전문교육기관의 교육과목 및 교육방법 등)

전문교관, 시설 및 장비, 교육과목 등은 별표1에서 별표4까지의 규정에 따른다.

[별표 2] 무인비행장치 조종자(무인헬리콥터 또는 무인멀티콥터) 과정 훈련기준

1. 교관
   가. 지도조종자
      (1) 연령이 만 18세 이상일 것
      (2) 초경량비행장치 조종자(1종 무인헬리콥터 또는 무인멀티콥터) 증명을 취득한 사람일 것
      (3) 규칙 제307조 제2항 제1호 가목에서 정한 1종 무인헬리콥터 또는 무인멀티콥터에 대한 조종경력이 100시간 이상이고 국토교통부장관이 인정한 조종교육교관과정을 이수한 사람일 것
      (4) 학과 및 실기교육을 실시하는 데 필요한 지식과 능력이 있는 사람일 것
   나. 실기평가조종자
      (1) 연령이 만 18세 이상일 것
      (2) 규칙 제307조 제2항 제1호 가목에서 정한 1종 무인헬리콥터 또는 무인멀티콥터에 대한 조종경력이 100시간 이상이고 국토교통부장관이 인정한 조종교육교관과정을 이수한 사람일 것
      (3) 규칙 제307조 제2항 제1호 나목에서 정한 1종 무인헬리콥터 또는 무인멀티콥터에 대한 조종경력이 150시간 이상이고 국토교통부장관이 인정한 실기평가과정을 이수한 사람일 것
      (4) 실기교육에 대한 평가를 실시하는 데 필요한 지식과 능력이 있는 사람일 것

2. 교재, 장비 및 시설
   가. 학과교육 교재
      (1) 기본 교과서(참고서 포함)
      (2) 비행규정(무인비행장치 제작사에서 발간한 매뉴얼) : 조종자 피교육생 각자가 사용 가능한 비행규정 1부
   나. 교육훈련장비
      인가 받은 교육과정별 훈련용 무인비행장치(무인헬리콥터 또는 무인멀티콥터) 1·2·3종 및 모의비행훈련장치 각 1대 이상 보유
   다. 학과교육 훈련시설
      (1) 교육환경 및 보건위생상 적합한 장소에 설립하되, 그 목적을 실현함에 필요한 다음 각 호의 시설을 갖추어야 한다.
         – 강의실 또는 열람실, 사무실
         – 채광시설, 조명시설, 환기시설, 냉난방시설, 위생시설
         – 실습, 실기 등을 요하는 경우에는 이에 필요한 시설 및 설비

(2) 단위시설의 기준
- 강의실 : 면적은 3m² 이상이며 1m²당 1.2명 이하가 되도록 할 것이며, 학생 수에 따라 충분한 면적을 갖추고, 책상·의자·흑판 등 필요한 시설을 갖출 것
- 사무실: 면적은 3m² 이상일 것
- 채광시설, 조명시설, 환기시설 및 냉난방시설은 보건 위생적으로 적절한 것이어야 할 것
- 위생시설은 남녀 구분하여 설치하고, 보건 위생적으로 적절할 것

(3) 피교육생의 편의 제공에 필요한 상담실, 기타 편의시설을 둘 것
(4) 제반 학과교육 훈련시설은 건축 관계 법규에 적합할 것

라. 실기교육 훈련시설
(1) 실기교육 훈련시설이 있는 토지의 소유, 임대 또는 적법한 절차에 의해 사용할 권한이 있을 것(이 경우 「농지법」 등 타 법률에서 정하는 제한사항이 없을 것)
(2) 법 제127조에 따른 초경량비행장치 비행승인을 받는 데 문제가 없을 것
(3) 실기교육 훈련시설에 교육 및 훈련을 방해할 수 있는 장애물 또는 불법 건축물이 없을 것
(4) 실기교육 훈련시설의 노면은 해당 분야 비행장치 이·착륙 등 비행훈련에 지장을 주지 아니하도록 평탄하게 유지되고 배수상태가 양호할 것
(5) 비행훈련 중 교관과 교육생을 보호할 수 있는 조종자 안전펜스가 설치되어 있을 것
(6) 위생시설은 남녀 구분하여 설치하고, 보건 위생적으로 적절할 것
(7) 풍향, 풍속을 감지할 수 있는 시설물이 설치되어 있을 것
(8) 실기교육 훈련시설 출입구에 목적과 주의사항을 안내하는 시설물이 설치되어 있을 것
(9) 인접한 의료기관의 명칭, 장소의 약도 및 연락처 등 비상시 의료조치를 위하여 필요한 물품이 비치되어 있을 것

3. 교육과목 및 교육시간
가. 학과교육 : **학과교육시간은 20시간 이상**이어야 하며, 교육과목 및 과목별 교육시간을 다음과 같이 정하여 학과교육을 실시하여야 한다.

교육과목	교육시간
1. 항공법규	2
2. 항공기상	2
3. 항공역학(비행이론)	5
4. 비행운용 이론	11
계	20시간

나. 모의비행교육 : 실기교육 전까지 지정받은 교육과정의 종류(1·2·3종)에 따라 무인헬리콥터 및 무인멀티콥터 **모의비행 시뮬레이터를 이용한 비행교육**을 실시하여야 하며, 교육시간은 다음과 같다.

구분	교육시간	비고
1종	20	
2종	10	
3종	6	

다. 실기교육 : 지정받은 교육과정의 종류(1·2·3종)에 따라 실기교육의 과목 및 교목별 교육시간은 다음과 같으며, 교관의 동반 또는 감독 하에 교육을 실시하여야 한다.

과목	교관동반 비행시간			단독 비행시간		
	1종	2종	3종	1종	2종	3종
1. 이착륙	2	1	0.5	3	2	1
2. 공중 조작	2	1	0.5	3	2	1
3. 지표 부근에서의 조작	3	1	0.5	6	2	2
4. 비정상 및 비상절차	1	1	0.5	–	–	–
계	8시간	4시간	2시간	12시간	6시간	4시간

[별표 4] 전문교육기관 실기교육 훈련시설 규격 및 안전펜스 설치

1. 전문교육기관의 설치자는 다음과 같이 실기교육 훈련시설의 규격을 갖추어야 한다.

종류	규격
무인비행기	길이 150m 이상×폭 20m 이상
무인멀티콥터	길이 80m 이상×폭 35m 이상
무인헬리콥터	길이 80m 이상×폭 35m 이상
무인수직이착륙기	길이 150m 이상×폭 20m 이상
무인비행선	길이 50m 이상×폭 20m 이상

 가. 실기교육 훈련시설 규격은 단일 규격으로 여러 개인 경우에는 서로 중첩되지 않아야 함
 나. 무인비행기와 무인비행선의 실기교육 훈련시설 규격은 이·착륙을 위한 시설의 규격이며 비행훈련을 위해 비행장치의 기동에 필요한 공간(비행공역)은 별도로 확보되어야 하며, 실비행을 통해 정상비행이 가능함을 심사자에게 증명하여야 한다.
 다. 무인비행기 조종자 안전펜스 : 조종자 위치 전방에 높이 1.3m 이상, 폭 2m 이상의 조종자 안전펜스를 설치한다. 조종자 안전펜스는 기체가 충돌 시 쓰러지지 않고 충분히 견딜 수 있게 설치되어야 한다.

2. **무인멀티콥터 및 무인헬리콥터 실기교육 훈련시설의 안전펜스 설치**
 가. 안전펜스의 용도 : 실기 교육장에서 교육장 내외를 구분하는 안전시설물로 실기 교육 중 불특정인이 교육장 내로 진입하는 것을 방지하거나 경우에 따라 실기 기동 중 기체가 교육장 밖으로 이탈하는 것을 최소한으로 막아주는 안전시설물
 나. 안전펜스 설치 기준 : 펜스는 기본적인 실기교육장의 울타리로 교육장 외부 경계선이 모두 포함되도록 빠짐없이 설치하여야 한다.
 다. 안전펜스 규격 : 안전펜스는 다음과 같은 기준으로 높이를 결정한다.
  (1) 하천 부지와 같이 외부인의 접근이 거의 없는 장소 – 1.5m 이상
  (2) 학교 운동장처럼 외부인의 왕래가 다소 있는 장소 – 1.5m 이상
  (3) 도심지 등 외부인의 왕래가 잦은 장소 – 2.5m 이상
  (4) 교육장 인근에 전철, 병원, 학교, 차량의 통행이 빈번한 도로 등 주요 시설물과 인구밀집시설이 있는 장소 – 6.5m 이상

라. 안전펜스의 재질 : 안전펜스는 기둥과 망으로 구성한다.
  (1) 기둥은 비행하던 교육기체가 충돌할 경우 부러지거나 꺾이지 않는 철 등의 재질로 추돌 시 쓰러지지 않고 충분히 지탱할 수 있도록 설치하여야 한다.
  (2) 망은 철재, 나일론 등의 재질로 비행하던 교육기체에 부딪히는 경우 찢어지거나 뚫어지지 않도록 설치하여야 한다.
마. 조종자 안전펜스 : 조종자 위치 전방에 높이 1.3m 이상, 폭 2m 이상의 조종자 안전펜스를 설치한다. 조종자 안전펜스는 기체가 충돌 시 쓰러지지 않고 충분히 견딜 수 있게 설치되어야 한다.

제13조(교육훈련규정)

규칙 제307조 제1항 제3호에 따른 교육훈련규정에는 별표5에서 정한 내용을 포함하여야 한다.

[별표 5] 전문교육기관의 교육훈련규정

1. 교육훈련규정에는 전문교육기관으로 지정을 받고자 하는 무인비행장치 조종자 자격별로 다음의 사항을 포함하여야 한다.
   가. 총칙
   나. 학사운영
   다. 교육기관의 명칭, 소재지
   라. 지정을 받고자 하는 초경량비행장치 조종자 과정별 교육명
   마. 교육 목표 및 목적
2. 제1호 나목에서 정한 학사운영에는 다음의 사항을 포함하여야 한다.
   가. 입과기준 : 피교육생이 될 수 있는 자격, 피교육생의 선발방법 등을 기재하여야 한다.
   나. 교육정원(연간 최대교육인원) : 최대 교육인원은 동시에 교육훈련을 실시할 수 있는 피교육생수로서 지정을 받고자 하는 교육기관의 교육시설, 교관 등의 수요를 종합적으로 고려하여 교육훈련을 실시하는 데 적당하다고 판단되는 인원을 기재하여야 한다.
   다. 편입기준
     (1) 해당과정 입과 전 다른 교육과정에 재적경력이 있는 학생을 해당과정에 편입시키는 경우 입과 전 과정의 교육받은 과목(동일과목에 한함) 및 재적 중의 성적에 따라 해당과정에 있어서의 학과교육 또는 실기교육 일부를 이수한 것으로 볼 수 있다. 단, 입과 예정 교육기간의 3분의 2를 초과할 수 없다.
     (2) 다른 지정전문교육기관에서 해당과정과 동일한 과정에 재적경력이 있는 피교육생을 해당과정에 편입시키는 경우 그 교육기관에서 이수한 교육내용을 해당과정에 있어서도 이수한 것으로 인정할 수 있다. 단, 성적불량 등의 이유로 그 교육기관을 퇴학당한 자 또는 질병 등의 이유로 교육을 중단한 자는 제외한다.
     (3) 학과교육 또는 실기교육만을 받고자 하는 자에 대한 교육도 실시할 수 있다.(다만, 이 경우 인가받은 정원에 포함한 인원으로 간주한다.)

라. 학과교육과 모의비행교육은 실기교육 시작 전에 교육을 완료하여야 한다.
마. 수료증명서 발급
  (1) 전문교육기관은 해당 교육과정을 수료한 피교육생에게는 수료증명서를 발급하여야 한다.
  (2) 수료증명서에는 최소한 다음 사항이 기재되어야 한다.
    (가) 전문교육기관의 명칭
    (나) 수료증명서 발급 일련번호
    (다) 수료자의 성명, 생년월일(외국인의 경우 국적 및 생년월일) 및 현주소
    (라) 수료한 교육과정명(학과교육, 모의교육 및 실기교육 수료를 명기할 것, 단 무인비행선은 모의비행교육 생략)
    (마) 교육과정을 만족하게 수료했다는 내용의 진술
    (바) 수료증명서 발급 연월일
    (사) 수료증명서 발급자의 직책·성명 및 직인
바. 기록 및 보관
  (1) 전문교육기관은 해당 교육과정에 입과한 학생의 출석, 교육훈련 내용 및 결과 등에 대하여 피교육생별, 교육과정별로 기록·유지하여야 하며, 그 기록 내용은 다음의 사항이 포함되어야 한다.
    (가) 교육과정명
    (나) 피교육생의 성명, 주민등록번호(외국인의 경우 국적 및 생년월일) 및 현주소
    (다) 피교육생의 출석기록부
    (라) 교육훈련 수료과목 및 내용
    (마) 교육훈련 평가결과
    (바) 수료일자 등
    (사) 출결관리대장
    (아) 교육입과 동의서
    (자) 조종자 비행기록부
  (2) 전문교육기관은 해당 교육과정에 사용된 기체에 대한 증명서를 유지해야 하며, 그 목록은 다음의 사항이 포함되어야 한다.
    (가) 기체 신고증명서
    (나) 기체 비행기록부
    (다) 초경량비행장치 안전성인증서(필요시)
  (3) 전문교육기관은 제1항의 규정에 의한 각 피교육생의 기록을 그 교육과정을 수료한 날로부터 최소한 10년간 보관하여야 한다. 단, 요약본은 준영구 보관하여야 한다.

제14조(지정신청 및 심사방법)

지정전문교육기관을 운영하고자 하는 자는 별표6에서 정한 자격요건을 갖추어야 한다.

[별표 6] 전문교육기관의 설치자 자격 요건

1. 전문교육기관의 설치자는 다음 각 목의 사항을 구비하여야 한다.
   가. **연령이 만 25세 이상인 자**로서 전문교육기관을 적정하게 운영할 수 있다고 인정되는 자
   나. 항공 관련 법을 위반하여 벌금 이상의 형을 받아 그 집행이 종료되었거나 집행을 받지 아니하기로 한 날부터 2년을 경과하지 아니한 자가 아닐 것

제15조(훈련기준)

① 전문교육기관은 규칙 제307조 제3항에 따라 별표1에서 별표3까지 정한 교육과정을 운영하는 경우 해당 교육과정의 훈련기준을 준수하여야 한다.

② 전문교육기관의 교육과정별 훈련기준은 별표1에서 별표3까지와 같다.

제16조(훈련지침)

전문교육기관은 별표1에서 별표3까지의 기준에 의한 과정을 운영할 경우 별표7에서 정한 훈련지침을 준수하여야 한다.

[별표 7] 전문교육기관의 교육훈련지침

1. 비행실기교관은 조종피교육생에 대하여 조종연습을 감독할 경우 다음 각목의 사항을 준수하여야 한다.
   가. 실기교관은 조종연습을 시작하기 전에 다음 각 호의 사항을 확인하여야 한다.
      (1) 연습계획의 내용이 적절할 것
      (2) 조종피교육생이 조종연습을 하는 데 필요한 지식 및 능력이 있을 것
      (3) 비행하고자 하는 공역에서 기상상태가 조종연습을 하는 데 적절할 것
      (4) 사용하는 무인비행장치가 연습을 하는 데 필요한 성능 및 장치를 갖추고 있을 것
   나. 실기교관은 조종피교육생을 비행교육할 경우 조종피교육생이 조종을 하고 있을 때에는 그 조종업무에 대하여 계속 주시하여야 한다.
   다. 실기교관은 조종피교육생이 처음으로 그 형식의 무인비행장치를 사용하여 단독비행에 의한 조종연습을 하고자 할 때에는 다음 각 호의 사항을 확인하여야 한다.
      (1) 조종피교육생이 그 비행에 의한 조종연습을 하는 데 필요한 경험을 가지고 있을 것
      (2) 조종피교육생 단독으로 이륙 및 착륙을 할 수 있을 것
      (3) 조종피교육생이 그 연습에 필요한 지식 및 정보를 숙지할 것
      (4) 조종피교육생이 그 연습을 하는 데 필요한 용구를 휴대하고 그 용구의 사용방법을 숙지하고 있을 것

2. **실기교육을 실시할 경우 다음 각 목의 사항을 준수**하여야 한다.
   가. 갑작스런 기상상태를 대비한 대책 수립
   나. 비행승인이 필요한 무인비행장치는 사전에 관할 지방항공청 또는 관할 부대에 사전 승인을 득하여야 한다.

제17조(보고)

① 전문교육기관의 장은 **조종자 교육계획을 매년 연말까지 수립**하여야 한다.

② 제1항에 의한 교육계획은 **다음년도 1월 15일까지 당해 기관 홈페이지 등에 게재**하여야 한다.

제18조(전자출결시스템 구축 등)

① 법 제126조 제1항 및 규칙 제306조 제1항 제4호에 해당하는 초경량비행장치 전문교육기관 및 항공사업법 제48조 제1항에 따라 등록된 사업체로서 같은 법 시행규칙 제6조 제2항 제4호의 사업을 하는 자는 교관 및 교육생의 출결관리를 위하여 단말기를 이용한 전자출결시스템을 구축하여야 한다.

제19조(출결관리 방법 등)

① 제18조에 따라 교관 및 교육생은 모바일 앱 등을 이용하여 교육 시작과 종료 시에 출결관리를 하여야 한다.

② 제18조에 따라 사업을 하는 자는 다음 각 호의 사유로 인하여 제1항에 따른 방식으로 출결관리를 할 수 없는 경우, 그 사유가 발생한 날의 다음 날까지 전자출결시스템 등을 이용하여 해당 사유에 대한 증빙자료를 첨부하여 출결 요청을 하여야 한다.

> 1. 단말기가 고장 또는 파손된 경우
> 2. 통신장애, 시스템 장애 등으로 인하여 전자출결시스템을 사용할 수 없는 경우
> 3. 그 밖에 한국교통안전공단 이사장이 인정하는 사유가 발생한 경우

③ 제2항에 따라 한국교통안전공단 이사장에게 출결 요청을 하는 때에는 별지 제3호 서식의 출결관리 대장을 작성·관리하여야 한다.

④ 출결관리 방법 등에 관한 세부사항은 한국교통안전공단 이사장이 별도로 정하여 운영하여야 한다.

10 초경량비행장치의 공역(airspace)

1 비행정보구역 및 공역의 정의

① 비행정보구역(FIR; Flight Information Region)이란 항공기, 경량항공기 또는 초경량비행장치의 안전하고 효율적인 비행과 수색 또는 구조에 필요한 정보를 제공하기 위한 공역(空域)으로서 국제민간항공협약 및 같은 협약 부속서에 따라 국토교통부장관이 그 명칭, 수직 및 수평 범위를 지정·공고한 공역을 말한다.

② 공역(空域, airspace)이란 항공기, 경량항공기, 초경량비행장치 등의 안전한 활동을 보장하기 위하여 지표면 또는 해수면으로부터 일정 높이의 특정 범위로 정해진 공간이다(공역관리규정 제5조, 국토교통부 고시).

2 공역의 지정기준 및 공역지정 내용의 공고(항공안전법 시행규칙 제221조)

① 공역의 지정기준
- 국가안전보장과 항공안전을 고려할 것
- 항공교통에 관한 서비스의 제공 여부를 고려할 것
- 이용자의 편의에 적합하게 공역을 구분할 것
- 공역이 효율적이고 경제적으로 활용될 수 있을 것

② 공역 지정 내용의 공고는 항공정보간행물 또는 항공고시보에 따른다.

3 공역의 구분

국토교통부장관은 공역을 체계적이고 효율적으로 관리하기 위하여 비행정보구역을 다음의 공역으로 구분한다(항공안전법 제78조).

① 관제 공역 : 항공교통의 안전을 위하여 항공기의 비행 순서·시기 및 방법 등에 관하여 국토교통부장관 또는 항공교통업무증명을 받은 자의 지시를 받아야 할 필요가 있는 공역으로서 관제권 및 관제구를 포함하는 공역

② 비관제 공역 : 관제 공역 외의 공역으로서 항공기의 조종사에게 비행에 관한 조언, 비행정보 등을 제공할 필요가 있는 공역

③ 통제 공역 : 항공교통의 안전을 위하여 항공기의 비행을 금지하거나 제한할 필요가 있는 공역

④ 주의 공역 : 항공기의 조종사가 비행 시 특별한 주의·경계·식별 등이 필요한 공역

4 제공하는 항공교통업무에 따른 공역의 구분(공역관리 규정, 국토교통부 고시)

구분		내용
관제 공역	A등급	모든 항공기가 계기비행을 해야 하는 공역
	B등급	계기비행 및 시계비행을 하는 항공기가 비행 가능하고, 모든 항공기에 분리를 포함한 항공교통관제업무가 제공되는 공역
	C등급	모든 항공기에 항공교통관제업무가 제공되나, 시계비행을 하는 항공기 간에는 교통정보만 제공되는 공역
	D등급	모든 항공기에 항공교통관제업무가 제공되나, 계기비행을 하는 항공기와 시계비행을 하는 항공기 및 시계비행을 하는 항공기 간에는 교통정보만 제공되는 공역
	E등급	계기비행을 하는 항공기에 항공교통관제업무가 제공되고, 시계비행을 하는 항공기에 교통정보가 제공되는 공역

구분		내용
비관제 공역	F등급	계기비행을 하는 항공기에 비행정보업무와 항공교통조언업무가 제공되고, 시계비행항공기에 비행정보업무가 제공되는 공역
	G등급	모든 항공기에 비행정보업무만 제공되는 공역

5 사용목적에 따른 공역의 구분(공역관리 규정, 국토교통부 고시)

구분		내용
관제 공역	관제권	항공안전법 제2조 제25호에 따른 공역으로서 비행정보구역 내의 B, C 또는 D등급 공역 중에서 시계 및 계기비행을 하는 항공기에 대하여 항공교통관제업무를 제공하는 공역
	관제구	항공안전법 제2조 제26호에 따른 공역(항공로 및 접근관제구역을 포함한다)으로서 비행정보구역 내의 A, B, C, D 및 E등급 공역에서 시계 및 계기비행을 하는 항공기에 대하여 항공교통관제업무를 제공하는 공역
	비행장 교통구역	항공안전법 제2조 제25호에 따른 공역 외의 공역으로서 비행정보구역 내의 D등급에서 시계비행을 하는 항공기 간에 교통정보를 제공하는 공역
비관제 공역	조언구역	항공교통조언업무가 제공되도록 지정된 비관제 공역
	정보구역	비행정보업무가 제공되도록 지정된 비관제 공역
통제 공역	비행금지구역	안전, 국방상, 그 밖의 이유로 항공기의 비행을 금지하는 공역
	비행제한구역	항공사격·대공사격 등으로 인한 위험으로부터 항공기의 안전을 보호하거나 그 밖의 이유로 비행허가를 받지 않은 항공기의 비행을 제한하는 공역
	초경량비행장치 비행제한구역	초경량비행장치의 비행안전을 확보하기 위하여 초경량비행장치의 비행활동에 대한 제한이 필요한 공역
주의 공역	훈련구역	민간항공기의 훈련 공역으로서 계기비행항공기로부터 분리를 유지할 필요가 있는 공역
	군작전구역	군사작전을 위하여 설정된 공역으로서 계기비행항공기로부터 분리를 유지할 필요가 있는 공역
	위험구역	항공기의 비행 시 항공기 또는 지상시설물에 대한 위험이 예상되는 공역
	경계구역	대규모 조종사의 훈련이나 비정상 형태의 항공활동이 수행되는 공역
	초경량비행장치 비행구역	초경량비행장치의 비행 활동이 수행되는 공역으로, 그 주변을 비행하는 자의 주의가 필요한 공역

11 비행승인 및 특별비행승인

1 초경량비행장치 비행제한 공역에서의 비행승인(항공안전법 제127조 ②)

① 동력비행장치 등 국토교통부령으로 정하는 초경량비행장치를 사용하여 국토교통부장관이 고시하는 초경량비행장치 비행제한 공역에서 비행하려는 사람은 국토교통부령으로 정하는 바에 따라 미리 국토교통부장관(지방항공청장에게 위임)으로부터 비행승인을 받아야 한다. 다만, 비행장 및 이

착륙장의 주변 등 대통령령으로 정하는 제한된 범위에서 비행하려는 경우는 제외한다(즉, **비행승인을 받을 필요가 없다**).

> 〈초경량비행장치 **비행승인 제외 범위**(항공안전법 시행령 제25조)〉
> 1. 비행장(군 비행장은 제외한다)의 중심으로부터 반지름 3km 이내 지역의 고도 500ft(150m) 이내의 범위(해당 비행장에서 법 제83조에 따른 항공교통업무를 수행하는 자와 사전에 협의가 된 경우에 한정한다)
> 2. 이착륙장의 중심으로부터 반지름 3km 이내 지역의 고도 500ft(150m) 이내의 범위(해당 이착륙장을 관리하는 자와 사전에 협의가 된 경우에 한정한다)

② 비행승인을 받아야 하는 초경량비행장치의 종류(항공안전법 시행규칙 제5조)

> 1. 동력비행장치 :
>   - 동력을 이용하는 것으로서 다음 각 목의 기준을 모두 충족하는 고정익비행장치. 다만, 전기모터에 의한 동력을 이용하는 경우에는 나목은 적용하지 않는다.
>   가. 탑승자, 연료 및 비상용 장비의 중량을 제외한 자체중량(배터리의 전원(電源)을 이용하는 초경량비행장치의 경우에는 배터리의 중량을 포함한다. 이하 같다)이 115kg 이하일 것
>   나. 연료의 탑재량이 15L 이하일 것
>   다. 좌석이 1개일 것
> 2. 행글라이더 :
>   - 탑승자 및 비상용 장비의 중량을 제외한 자체중량이 70kg 이하로서 체중 이동, 타면 조종 등의 방법으로 조종하는 비행장치
> 3. 패러글라이더 :
>   - 탑승자 및 비상용 장비의 중량을 제외한 자체중량이 70kg 이하로서 날개에 부착된 줄을 이용하여 조종하는 비행장치
> 4. 기구류 : 기체의 성질·온도차 등을 이용하는 다음 각 목의 비행장치
>   가. 유인자유기구
>   나. 무인자유기구(기구 외부에 2kg 이상의 물건을 매달고 비행하는 것만 해당한다)
>   다. 계류식기구
> 5. 무인비행장치 : 사람이 탑승하지 아니하는 것으로서 다음 각 목의 비행장치
>   가. 무인동력비행장치 : 연료의 중량을 제외한 자체중량이 150kg 이하인 무인비행기, 무인헬리콥터, 무인멀티콥터 또는 무인수직이착륙기
>   나. 무인비행선 : 연료의 중량을 제외한 자체중량이 180kg 이하이고 길이가 20m 이하인 무인비행선
> 6. 회전익비행장치 :
>   - 제1호 각 목(전기모터에 의한 동력을 이용하는 경우에는 같은 호 나목은 제외한다)의 동력비행장치의 요건을 갖춘 헬리콥터 또는 자이로플레인
> 7. 동력패러글라이더 :
>   - 패러글라이더에 추진력을 얻는 장치를 부착한 다음 중 하나에 해당하는 비행장치
>   가. 착륙장치가 없는 비행장치
>   나. 착륙장치가 있는 것으로서 제1호 각 목(전기모터에 의한 동력을 이용하는 경우에는 같은 호 나목은 제외한다)의 동력비행장치의 요건을 갖춘 비행장치
> 8. 낙하산류 :
>   - 항력을 발생시켜 대기 중을 낙하하는 사람 또는 물체의 속도를 느리게 하는 비행장치

> 9. 그 밖에 국토교통부장관이 정하여 고시하는 비행장치

③ 비행승인을 받지 않아도 되는(비행승인이 면제되는) 초경량비행장치의 종류(항공안전법 시행규칙 제308조 ①)

> 1. 항공안전법 시행령 제24조 제1호부터 제4호까지의 규정에 해당하는 초경량비행장치(항공기대여업, 항공레저스포츠사업 또는 초경량비행장치 사용사업에 사용되지 아니하는 것으로 한정한다)
> 2. 제199조 제1호 나목에 따른 최저비행고도(150m) 미만의 고도에서 운영하는 계류식 기구
> 3. 항공사업법 시행규칙 제6조 제2항 제1호에 사용하는 무인비행장치로서 다음 각 목의 어느 하나에 해당하는 무인비행장치
>   가. 제221조 제1항 및 별표 23에 따른 관제권, 비행금지구역 및 비행제한구역 외의 공역에서 비행하는 무인비행장치
>   나. 가축전염병 예방법 제2조 제2호에 따른 가축전염병의 예방 또는 확산 방지를 위하여 소독·방역업무 등에 긴급하게 사용하는 무인비행장치
> 3의2. 「항공사업법 시행규칙」 제6조 제2항 제5호의 업무에 사용하는 무인비행장치로서 「수산생물질병 관리법」 제2조 제5호에 따른 수산생물전염병의 예방 또는 확산 방지를 위하여 소독·방역 업무 등에 긴급하게 사용하는 무인비행장치
> 4. 다음 각 목의 어느 하나에 해당하는 무인비행장치
>   가. 최대이륙중량이 25kg 이하인 무인동력비행장치
>   나. 연료의 중량을 제외한 자체중량이 12kg 이하이고 길이가 7m 이하인 무인비행선
> 5. 그 밖에 국토교통부장관이 정하여 고시하는 초경량비행장치

④ 비행승인 대상이 아니더라도 비행승인을 받아야 하는 경우(항공안전법 제127조 ③)

> 비행승인 대상이 아닌 경우라 하더라도 다음 각 호의 어느 하나에 해당하는 경우에는 국토교통부장관의 비행승인을 받아야 한다.
> 1. 제68조 제1호에 따른 국토교통부령으로 정하는 고도, 즉 아래의 고도 이상에서 비행하는 경우
> • 사람 또는 건축물이 밀집된 지역 : 해당 초경량비행장치를 중심으로 수평거리 150m(500ft) 범위 안에 있는 가장 높은 장애물의 상단에서 150m
> • 제1호 외의 지역 : 지표면·수면 또는 물건의 상단에서 150m
> 2. 제78조 제1항에 따른 관제 공역·통제 공역·주의 공역 중 국토교통부령으로 정하는 구역, 즉 아래의 구역에서 비행하는 경우
> • 관제 공역 중 관제권과 통제 공역 중 비행금지구역에서 비행하는 경우

❷ 초경량비행장치 비행제한 공역에서의 비행승인절차(항공안전법 시행규칙 제308조 ②)

> 초경량비행장치를 사용하여 비행제한 공역을 비행하려는 사람은 별지 제122호 서식의 초경량비행장치 비행승인신청서를 지방항공청장에게 제출하여야 한다. 이 경우 비행승인신청서는 서류, 팩스 또는 정보통신망을 이용하여 제출할 수 있다.

■ 항공안전법 시행규칙 [별지 제122호 서식] 〈개정 2023. 9. 12.〉

초경량비행장치 비행승인신청서

※ 색상이 어두운 란은 신청인이 작성하지 아니하며, [ ]에는 해당되는 곳에 √표를 합니다. (앞 쪽)

접수번호		접수일시		처리기간	3일
신 청 인	성명/명칭		생년월일		
	주소		연락처		
비행장치	종류/형식		용도		
	소유자		(전화 :)		
	신고번호		안전성 인증서번호 (유효만료기간) (. .)		
비행계획	일시 또는 기간(최대 12개월)		구역		
	비행목적/방식		보험 [ ] 가입 [ ] 미가입		
	경로/고도				
조 종 자	성명		생년월일		
	주소		연락처		
	자격번호 또는 비행경력				
동 승 자	성명		생년월일		
	주소				
탑재장치	무선전화송수신기				
	2차감시레이더용트랜스폰더				

「항공안전법」 제127조 제2항 및 같은 법 시행규칙 제308조 제2항에 따라 비행승인을 신청합니다.

년 월 일

신고인 (서명 또는 인)

지방항공청장 귀하

작 성 방 법

1. 「항공안전법 시행령」 제24조에 따른 신고를 필요로 하지 않는 초경량비행장치 또는 「항공안전법 시행규칙」 제305조 제1항에 따른 안전성 인증의 대상이 아닌 초경량비행장치의 경우에는 비행장치란 중 신고번호 또는 안전성 인증서번호를 적지 않아도 됩니다.
2. 항공레저스포츠사업에 사용되는 초경량비행장치이거나 무인비행장치인 경우에는 동승자란을 적지 않아도 됩니다.

3 비행승인 신청 및 승인 조건(항공안전법 시행규칙 제308조 ⑦)

① 지방항공청장(국토교통부장관이 위임)은 제출된 비행승인신청서를 검토한 결과 비행안전에 지장을 주지 아니한다고 판단되는 경우에는 이를 승인하여야 한다. 이 경우 동일지역에서 반복적으로 이루어지는 비행에 대해서는 12개월의 범위에서 비행기간을 명시하여 승인할 수 있다.

② 승인 신청이 다음 각 호의 요건을 모두 충족하는 경우에는 6개월의 범위에서 비행기간을 명시하여 승인할 수 있다.

> 1. 교육목적을 위한 비행일 것
> 2. 무인비행장치는 최대이륙중량이 7킬로그램 이하일 것
> 3. 비행구역은 초·중등교육법 제2조 각 호에 따른 학교의 운동장일 것
> 4. 비행시간은 정규 및 방과 후 활동 중일 것
> 5. 비행고도는 지표면으로부터 고도 20m 이내일 것
> 6. 비행방법 등이 안전·국방 등 비행금지구역의 지정 목적을 저해하지 않을 것

③ 지방항공청장은 비행승인을 하는 경우에는 다음 각 호의 조건을 붙일 수 있다.

> 1. 탑승자에 대한 안전점검 등 안전관리에 관한 사항
> 2. 비행장치 운용한계치에 따른 기상요건에 관한 사항(항공레저스포츠사업에 사용되는 기구류 중 계류식으로 운영되지 않는 기구류만 해당한다)
> 3. 비행경로에 관한 사항

내가 비행하려는 곳이 드론 비행금지구역인지 아는 방법은?
V World 지도(http://map.vworld.kr/map/maps.do)
V World 지도(브이월드 지도)는 국가가 보유한 다양한 공간 정보를 누구나 활용할 수 있도록 지원하는 공간정보 오픈플랫폼으로서, 비행금지구역은 도로/교통/물류 > 항공·공항 카테고리에서 확인할 수 있다.

지방항공청별 관할 지역
① 서울지방항공청 관할 : 서울특별시, 경기도, 인천광역시, 강원도, 대전광역시, 충청남도, 충청북도, 세종특별자치시, 전라북도
② 부산지방항공청 관할 : 부산광역시, 대구광역시, 울산광역시, 광주광역시, 경상남도, 경상북도, 전라남도
③ 제주지방항공청 관할 : 제주특별자치도

TIP! 전국의 관제권 및 비행금지구역 현황

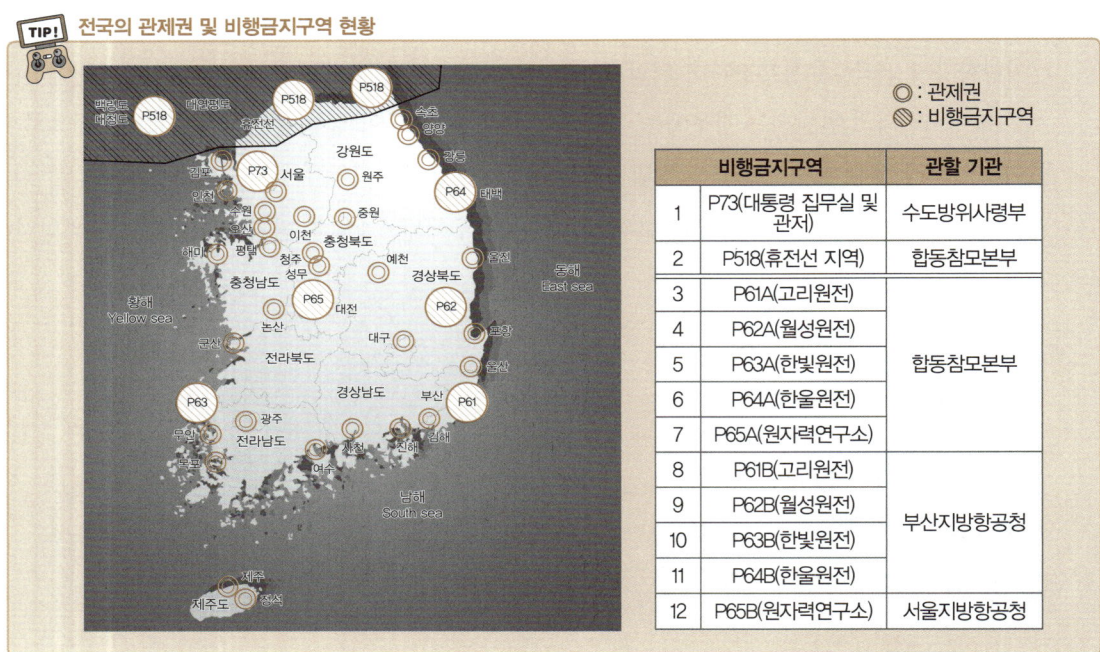

	비행금지구역	관할 기관
1	P73(대통령 집무실 및 관저)	수도방위사령부
2	P518(휴전선 지역)	합동참모본부
3	P61A(고리원전)	합동참모본부
4	P62A(월성원전)	
5	P63A(한빛원전)	
6	P64A(한울원전)	
7	P65A(원자력연구소)	
8	P61B(고리원전)	부산지방항공청
9	P62B(월성원전)	
10	P63B(한빛원전)	
11	P64B(한울원전)	
12	P65B(원자력연구소)	서울지방항공청

4 무인비행장치의 특별비행승인

〈관련 법령〉
항공안전법 제129조 ⑤, 항공안전법 시행규칙 제312조의2 ① 및 ③, 무인비행장치 특별비행을 위한 안전기준 및 승인절차에 관한 기준(국토교통부 고시)

① 무인비행장치 특별비행승인의 개념
  • "특별비행"이란 야간 비행 및 가시권 밖 비행 관련 전문검사기관의 검사 결과 국토교통부장관이 고시하는 무인비행장치 특별비행을 위한 안전기준('특별비행 안전기준')에 적합하다고 판단되는 경우에 국토교통부장관이 그 범위를 정하여 승인하는 비행을 말한다.
  • "야간 비행"이란 일몰 후부터 일출 전까지의 야간에 비행하는 행위를 말한다.
  • "가시권 밖 비행"이란 무인비행장치 조종자가 해당 무인비행장치를 육안으로 확인할 수 있는 범위의 밖에서 조종하는 행위를 말한다.

② 무인비행장치 특별비행승인의 절차
  • 야간 비행 또는 가시권 밖 비행에서 비행하려는 자는 무인비행장치 특별비행승인 신청서에 다음 각 호의 서류를 첨부하여 지방항공청장에게 제출하여야 한다.

1. 무인비행장치의 종류·형식 및 제원에 관한 서류
2. 무인비행장치의 성능 및 운용한계에 관한 서류
3. 무인비행장치의 조작방법에 관한 서류
4. 무인비행장치의 비행절차, 비행지역, 운영인력 등이 포함된 비행계획서
5. 안전성 인증서(초경량비행장치 안전성 인증 대상에 해당하는 무인비행장치에 한정한다)
6. 무인비행장치의 안전한 비행을 위한 무인비행장치 조종자의 조종 능력 및 경력 등을 증명하는 서류
7. 해당 무인비행장치 사고에 따른 제3자 손해 발생 시 손해배상 책임을 담보하기 위한 보험 또는 공제 등의 가입을 증명하는 서류(항공사업법 제70조 제4항에 따라 보험 또는 공제에 가입하여야 하는 자로 한정한다)
8. 초경량비행장치 비행승인신청서(법 제129조 제6항에 따라 비행승인 신청을 함께 하려는 경우에 한정한다)
   ※ 무인비행장치 특별비행승인 신청은 초경량비행장치 비행승인 신청과 함께 할 수 있다.
9. 그 밖에 국토교통부장관이 정하여 고시하는 서류

- 지방항공청장(국토교통부장관이 위임)은 특별비행승인 신청서를 제출받은 날부터 30일(새로운 기술에 관한 검토 등 특별한 사정이 있는 경우에는 90일) 이내에 법 제129조 제5항에 따른 무인비행장치 특별비행을 위한 안전기준에 적합한지 여부를 검사한 후 적합하다고 인정하는 경우에는 무인비행장치 특별비행승인서를 발급하여야 한다. 이 경우 지방항공청장은 항공안전의 확보 또는 인구밀집도, 사생활 침해 및 소음 발생 여부 등 주변 환경을 고려하여 필요하다고 인정되는 경우 비행일시, 장소, 방법 등을 정하여 승인할 수 있다.
- 특별비행승인의 유효기간 : 신청자가 제출한 비행계획서 상의 기간으로 하되, **최대 6개월의 범위 내로 한다.**

③ 무인비행장치 특별비행승인을 위한 특별비행 안전기준(2023.6.30. 개정)

구분		특별비행 안전기준
공통사항		• 이/착륙장 및 비행경로에 있는 장애물이 비행 안전에 영향을 미치지 않아야 한다. • **자동안전장치(Fail-Safe)를 장착**한다. • **충돌 방지 기능을 탑재**한다. • 추락 시 기체의 위치를 파악할 수 있는 **위치 발신 기능**을 갖추어야 한다. • 비상절차, 비상연락망, 교육훈련계획, 사고보고체계 등을 포함한 **비상대응 매뉴얼**을 갖추어야 한다.
개별사항	야간비행	• 조종자가 무인비행장치를 지속적으로 주시할 수 없을 경우(촬영, 고글 FPV 비행 등) **한 명 이상의 관찰자를 배치**해야 한다. • **5km 밖에서 인식 가능한 정도의 충돌방지등**(지속 또는 점멸방식)을 장착하여 **전후좌우 식별**이 가능하여야 한다. • **자동 비행 기능**을 갖추어야 한다. • 시각보조장치(적외선 카메라 등) 등을 장착하여 비행 중 주변 환경(장애물 등)을 확인할 수 있어야 한다(다만, 지오펜스 및 지상통제시스템(GCS)을 통해 자동제어에 의해 비행하거나, 건물 등 간접 조명으로 시야가 확보된 경우에는 제외할 수 있다). • **이/착륙장 주변**에 일반인의 접근을 통제하거나 조명시설을 갖추어 안전을 확보하여야 한다.

개별 사항	비가시비행	
		• 조종자의 **가시권을 벗어나는 범위의 비행 시**, 계획된 비행경로에 무인비행장치를 확인할 수 있는 관찰자를 한 명 이상 배치해야 한다(다만, 나대지, 하천 등 피해 위험이 없는 지역에서 비상 상황 시 대응 수단(낙하산, 비상착륙지 등)을 마련한 경우에는 관찰자 배치를 제외할 수 있다).
		• **관찰자를 배치하는 경우**, 조종자와 관찰자 사이에 무인비행장치의 원활한 조작이 가능할 수 있도록 통신이 가능해야 한다.
		• 조종자는 미리 계획된 비행과 경로를 확인해야 하며, 해당 무인비행장치는 수동/자동/반자동 비행이 가능하여야 한다.
		• 조종자는 CCC(Command and Control, Communication) 장비가 계획된 비행 범위 내에서 사용 가능한지 사전에 확인해야 한다.
		• 비행 중 무인비행장치와 항상 통신을 유지하여야 한다(통신 이중화 등).
		• 지상통제시스템(GCS)을 갖추고 무인비행장치의 상태 표시 및 이상 발생 시 해당 내용을 조종자 등에게 알릴 수 있어야 한다.
		• **비행 상태를 확인할 수 있는 장치**(FPV 등)를 장착하여야 한다.

※ 지방항공청장은 특별비행승인 신청서를 접수하면 항공안전기술원장에게 특별비행 안전기준 검사 의뢰를 한다.

> **TIP!** **시각보조장치(First Person View) 및 자동안전장치(Fail-Safe)**
> - '시각보조장치(First Person View, 1인칭 시점)'란 무인비행장치(드론 등)의 시점에서 촬영한 영상을 해당 무인비행장치의 조종자 등이 실시간으로 확인할 수 있도록 하는 장치를 말한다.
> - '자동안전장치(Fail-Safe, 페일 세이프 : 오작동을 위한 안전설계)'란 무인비행장치 비행 중 통신 두절, 낮은 배터리량, 시스템 이상 등이 발생하는 경우에 해당 무인비행장치가 안전하게 귀환(return to home) 하거나 낙하(낙하산·에어백 등) 할 수 있게 하는 장치를 말한다.

12 초경량비행장치 조종자 준수사항

1 항공안전법 상의 초경량비행장치 조종자 준수사항(항공안전법 제129조)

① 초경량비행장치의 조종자는 초경량비행장치로 인하여 인명이나 재산에 피해가 발생하지 아니하도록 국토교통부령(항공안전법 시행규칙)으로 정하는 준수사항을 지켜야 한다.

② 초경량비행장치 조종자는 무인자유기구를 비행시켜서는 아니 된다. 다만, 국토교통부령으로 정하는 바에 따라 국토교통부장관의 허가를 받은 경우에는 그러하지 아니하다.

③ 초경량비행장치 조종자는 초경량비행장치사고가 발생하였을 때에는 국토교통부령으로 정하는 바에 따라 지체 없이 국토교통부장관에게 그 사실을 보고하여야 한다. 다만, 초경량비행장치 조종자가 보고할 수 없을 때에는 그 초경량비행장치 소유자 등이 초경량비행장치 사고를 보고하여야 한다.

④ 무인비행장치 조종자는 무인비행장치를 사용하여 개인정보보호법 제2조 제1호에 따른 개인정보 또는 위치정보의 보호 및 이용 등에 관한 법률 제2조 제2호에 따른 개인위치정보 등 개인의 공적·사적 생활과 관련된 정보를 수집하거나 이를 전송하는 경우 타인의 자유와 권리를 침해하지 아니하도록 하여야 하며 형식, 절차 등 세부적인 사항에 관하여는 각각 해당 법률에서 정하는 바에 따른다.

⑤ 제1항에도 불구하고 초경량비행장치 중 무인비행장치 조종자로서 야간에 비행 등을 위하여 국토교통부령으로 정하는 바에 따라 국토교통부장관(지방항공청장에게 위임)의 승인을 받은 자는 그 승인 범위 내에서 비행할 수 있다.

2 항공안전법 시행규칙 상의 초경량비행장치 조종자 준수사항(항공안전법 시행규칙 제310조)

① 초경량비행장치 조종자는 다음 각 호의 어느 하나에 해당하는 행위를 하여서는 아니 된다. 다만, 무인비행장치의 조종자에 대해서는 제4호 및 제5호를 적용하지 아니한다.

> 1. 인명이나 재산에 위험을 초래할 우려가 있는 낙하물을 투하(投下) 하는 행위
> 2. 주거지역, 상업지역 등 인구가 밀집된 지역이나 그 밖에 사람이 많이 모인 장소의 상공에서 인명 또는 재산에 위험을 초래할 우려가 있는 방법으로 비행하는 행위
> 2의2. 사람 또는 건축물이 밀집된 지역의 상공에서 건축물과 충돌할 우려가 있는 방법으로 근접하여 비행하는 행위
> 3. 관제 공역·통제 공역·주의 공역에서 비행하는 행위. 다만, 법 제127조에 따라 비행승인을 받은 경우와 다음 각 목의 행위는 제외한다.
>   가. 군사 목적으로 사용되는 초경량비행장치를 비행하는 행위
>   나. 다음의 어느 하나에 해당하는 비행장치를 관제권 또는 비행금지구역이 아닌 곳에서 최저비행고도(150m) 미만의 고도에서 비행하는 행위
>   1) 제5조 제5호 가목에 따른 무인동력비행장치 중 최대이륙중량이 25킬로그램 이하인 것
>   2) 무인비행선 중 연료의 무게를 제외한 자체 무게가 12kg 이하이고, 길이가 7m 이하인 것
> 4. 안개 등으로 인하여 지상목표물을 육안으로 식별할 수 없는 상태에서 비행하는 행위
> 5. 별표 24에 따른 비행시정 및 구름으로부터의 거리기준을 위반하여 비행하는 행위
> 6. 일몰 후부터 일출 전까지의 야간에 비행하는 행위. 다만, 최저비행고도 (150m) 미만의 고도에서 운영하는 계류식 기구 또는 법 제124조 전단에 따른 허가를 받아 비행하는 초경량비행장치는 제외한다.
> 7. 주세법 제3조 제1호에 따른 주류, 마약류 관리에 관한 법률 제2조 제1호에 따른 마약류 또는 화학물질관리법 제22조 제1항에 따른 환각물질 등("주류 등"이라 한다)의 영향으로 조종업무를 정상적으로 수행할 수 없는 상태에서 조종하는 행위 또는 비행 중 주류 등을 섭취하거나 사용하는 행위
> 8. 비행 승인 조건을 위반하여 비행하는 행위
> 8의2. 지표면 또는 장애물과 가까운 상공에서 360도 선회하는 등 조종자의 인명에 위험을 초래할 우려가 있는 방법으로 패러글라이더를 비행하는 행위
> 9. 그 밖에 비정상적인 방법으로 비행하는 행위

② 초경량비행장치 조종자는 항공기 또는 경량항공기를 육안으로 식별하여 미리 피할 수 있도록 주의하여 비행하여야 한다.

③ 동력을 이용하는 초경량비행장치 조종자는 모든 항공기, 경량항공기 및 동력을 이용하지 아니하는 초경량비행장치에 대하여 진로를 양보하여야 한다.

④ 무인비행장치 조종자는 해당 무인비행장치를 육안으로 확인할 수 있는 범위에서 조종하여야 한다. 다만, 법 제124조 전단에 따라 안전성 여부를 평가하기 위하여 허가를 받아 비행하는 경우는 제외한다.

⑤ 항공사업법 제50조에 따른 항공레저스포츠사업에 종사하는 초경량비행장치 조종자는 다음 각 호의 사항을 준수하여야 한다.

> 1. 비행 전에 해당 초경량비행장치의 이상 유무를 점검하고, 이상이 있을 경우에는 비행을 중단할 것
> 2. 비행 전에 비행안전을 위한 주의사항에 대하여 동승자에게 충분히 설명할 것
> 3. 해당 초경량비행장치의 제작자가 정한 최대이륙중량 및 풍속 기준을 초과하지 아니하도록 비행할 것
> 4. 다음 각 목의 사항(다목부터 마목까지의 사항은 기구류 중 계류식으로 운영되지 않는 기구류의 조종자에게만 해당한다)을 기록하고 유지할 것
>   가. 탑승자의 인적사항(성명, 생년월일 및 주소)
>   나. 사고 발생 시 비상연락·보고체계 등에 관한 사항
>   다. 해당 초경량비행장치의 제작사 매뉴얼에 따른 비행 전·후 점검결과 및 조치에 관한 사항
>   라. 기상정보에 관한 사항
>   마. 비행 시작·종료시간, 이륙·착륙장소, 비행경로 등 비행에 관한 사항
> 5. 기구류 중 계류식으로 운영되지 않는 기구류의 조종자는 다음 각 목의 구분에 따른 사항을 관할 항공교통업무기관에 통보할 것
>   가. 비행 전 : 비행 시작시간 및 종료예정시간
>   나. 비행 후 : 비행 종료시간

3 국가기관 등 무인비행장치의 적용 특례(항공안전법 제131조의2)

① 군용·경찰용 또는 세관용 무인비행장치와 이에 관련된 업무에 종사하는 사람에 대하여는 항공안전법을 적용하지 아니한다.

② 국가, 지방자치단체, 공공기관의 운영에 관한 법률에 따른 공공기관으로서 대통령령으로 정하는 공공기관이 소유하거나 임차한 무인비행장치를 재해·재난 등으로 인한 수색·구조, 화재의 진화, 응급환자 후송, 그 밖에 국토교통부령으로 정하는 공공목적으로 긴급히 비행(훈련을 포함한다) 하는 경우(국토교통부령으로 정하는 바에 따라 안전관리 방안을 마련한 경우에 한정한다)에는 제129조 제1항, 제2항, 제4항 및 제5항(조종자 등의 준수사항)을 적용하지 아니한다.

13 초경량비행장치의 사용사업

1 초경량비행장치 사용사업의 정의

① '초경량비행장치 사용사업'이란 타인의 수요에 맞추어 국토교통부령으로 정하는 초경량비행장치(무인비행장치)를 사용하여 유상으로 농약 살포, 사진촬영 등 국토교통부령으로 정하는 업무를 하는 사업을 말한다(항공사업법 제2조).

② '농약 살포, 사진촬영 등 국토교통부령으로 정하는 업무'란 다음 각 호의 어느 하나에 해당하는 업무를 말한다(항공사업법 시행규칙 제6조).

> 1. 비료 또는 농약 살포, 씨앗 뿌리기 등 농업 지원
> 2. 사진촬영, 육상·해상 측량 또는 탐사
> 3. 산림 또는 공원 등의 관측 또는 탐사
> 4. 조종교육
> 5. 그 밖의 업무로서 다음 각 목의 어느 하나에 해당하지 아니하는 업무
>   가. 국민의 생명과 재산 등 공공의 안전에 위해를 일으킬 수 있는 업무
>   나. 국방·보안 등에 관련된 업무로서 국가 안보를 위협할 수 있는 업무

2 초경량비행장치 사용사업의 등록 및 등록요건(항공사업법 제48조)

① 초경량비행장치 사용사업을 경영하려는 자는 국토교통부령으로 정하는 바에 따라 신청서에 사업계획서와 그 밖에 국토교통부령으로 정하는 서류를 첨부하여 국토교통부장관(지방항공청장에게 위탁)에게 등록하여야 한다.

> 〈사업계획서의 포함사항(항공사업법 시행규칙 제47조)〉
> 가. 사업목적 및 범위
> 나. 초경량비행장치의 안전성 점검 계획 및 사고 대응 매뉴얼 등을 포함한 안전관리대책
> 다. 자본금
> 라. 상호·대표자의 성명과 사업소의 명칭 및 소재지
> 마. 사용시설·설비 및 장비 개요
> 바. 종사자 인력의 개요
> 사. 사업 개시 예정일

② 초경량비행장치 사용사업을 등록하려는 자는 다음 각 호의 요건을 갖추어야 한다.

> 1. 자본금 또는 자산평가액이 3천만 원 이상으로서 대통령령으로 정하는 금액 이상일 것. 다만, 최대이륙중량이 25kg 이하인 무인비행장치만을 사용하여 초경량비행장치 사용사업을 하려는 경우는 제외한다.
> 2. 초경량비행장치 1대 이상 등 대통령령으로 정하는 기준에 적합할 것
>
> ■ 항공사업법 시행령 [별표 9] 초경량비행장치 사용사업의 등록요건
>
> | 구분 | 기준 |
> |---|---|
> | 1. 자본금 또는 자산평가액 | 가. 법인 : 납입자본금 3천만 원 이상
나. 개인 : 자산평가액 3천만 원 이상 |
> | 2. 조종자 | 1명 이상 |
> | 3. 장치 | 초경량비행장치(무인비행장치로 한정한다) 1대 이상 |
> | 4. 보험(해당 보험에 상응하는 공제를 포함한다) | 제3자보험에 가입할 것 |

③ 초경량비행장치 사용사업 변경신고(항공사업법 시행규칙 제48조 ①,②)

- 등록한 사항 중 국토교통부령으로 정하는 사항을 변경하려는 경우에는 변경 사유가 발생한 날부터 30일 이내에 별지 제13호 서식의 변경신고서에 변경 사실을 증명할 수 있는 서류를 첨부하여 국토교통부장관(지방항공청장에게 위임)에게 제출하여야 한다.
- 변경신고 기한 : 변경신고 사유가 발생한 날로부터 30일 이내

> 〈변경신고 사항〉
> 1. 자본금의 감소
> 2. 사업소의 신설 또는 변경
> 3. 대표자 변경
> 4. 대표자의 대표권 제한 및 그 제한의 변경
> 5. 상호의 변경
> 6. 사업 범위의 변경

④ 초경량비행장치 사용사업을 등록할 수 없는 자(등록 결격 사유)(항공사업법 제48조 ③)

> 1. 대한민국 국민이 아닌 사람, 외국 정부, 외국의 공공단체, 외국의 법인 또는 단체
> 2. 피성년후견인, 피한정후견인 또는 파산선고를 받고 복권되지 아니한 사람
> 3. 항공사업법, 항공안전법, 공항시설법, 항공보안법, 항공·철도 사고조사에 관한 법률을 위반하여 금고 이상의 실형을 선고받고 그 집행이 끝난 날 또는 집행을 받지 아니하기로 확정된 날부터 3년이 지나지 아니한 사람

4. 항공사업법, 항공안전법, 공항시설법, 항공보안법, 항공·철도 사고조사에 관한 법률을 위반하여 금고 이상의 형의 집행유예를 선고받고 그 유예기간 중에 있는 사람
5. 국내항공운송사업, 국제항공운송사업, 소형항공운송사업 또는 항공기사용사업의 면허 또는 등록의 취소처분을 받은 후 2년이 지나지 아니한 자
6. 초경량비행장치 사용사업 등록의 취소처분을 받은 후 2년이 지나지 아니한 자

5 초경량비행장치의 영리 목적 사용금지(항공사업법 제71조)

누구든지 경량항공기 또는 초경량비행장치를 사용하여 비행하려는 자는 **다음 각 호의 어느 하나에 해당하는 경우를 제외하고는** 경량항공기 또는 초경량비행장치를 영리 목적으로 사용해서는 아니 된다.

1. 항공기대여업에 사용하는 경우
2. 초경량비행장치 사용사업에 사용하는 경우
3. 항공레저스포츠사업에 사용하는 경우

6 초경량비행장치 사용사업자에 대한 안전개선명령(항공안전법 제130조, 시행규칙 제313조)

국토교통부장관은 초경량비행장치 사용사업의 안전을 위하여 필요하다고 인정되는 경우에는 초경량비행장치 사용사업자에게 다음 각 호의 사항을 명할 수 있다.

1. 초경량비행장치 및 그 밖의 시설의 개선
2. 초경량비행장치사용사업자가 운용 중인 초경량비행장치에 장착된 안전성이 검증되지 아니한 장비의 제거
3. 초경량비행장치 제작자가 정한 정비·비행 절차의 이행
4. 법 제125조 제1항에 따른 초경량비행장치 조종자 증명을 받아야 하는 사람에 대한 그 증명의 발급·효력 여부에 대한 확인
5. 초경량비행장치 조종자에 대한 다음 각 목의 사항의 교육
   가. 제310조에 따른 초경량비행장치 조종자의 준수사항
   나. 초경량비행장치 제작자가 정한 정비·비행 절차
   다. 그 밖에 초경량비행장치사용사업의 안전을 위하여 국토교통부장관이 필요하다고 인정하여 고시하는 사항

7 항공보험 등의 가입의무(항공사업법 제70조)

① 초경량비행장치를 초경량비행장치 사용사업, 항공기대여업 및 항공레저스포츠사업에 사용하려는 자와 무인비행장치 등 국토교통부령으로 정하는 초경량비행장치를 소유한 국가, 지방자치단체, 「공공기관의 운영에 관한 법률」 제4조에 따른 공공기관은 국토교통부령으로 정하는 보험 또는 공제에 가입하여야 한다.

> '국토교통부령으로 정하는 보험 또는 공제'란 「자동차손해배상 보장법 시행령」 제3조 제1항 각 호에 따른 금액 이상을 보장하는 보험 또는 공제를 말하며, 동승한 사람에 대하여 보장하는 보험 또는 공제를 포함한다.

② 보험 또는 공제에 가입한 자는 국토교통부령으로 정하는 바에 따라 보험가입신고서 등 보험가입 등을 확인할 수 있는 자료를 국토교통부장관에게 제출하여야 한다.

> 항공보험 등에 가입한 자는 항공보험 등에 가입한 날부터 7일 이내에 다음 각 호의 사항을 적은 보험가입신고서 또는 공제가입신고서에 보험증서 또는 공제증서 사본을 첨부하여 국토교통부장관에게 제출하여야 한다. 가입사항을 변경하거나 갱신하였을 때에도 또한 같다(항공사업법 시행규칙 제70조).
> 1. 가입자의 주소, 성명(법인인 경우에는 그 명칭 및 대표자의 성명)
> 2. 가입된 보험 또는 공제의 종류, 보험료 또는 공제료 및 보험금액 또는 공제금액
> 3. 보험 또는 공제의 종류별 발효 및 만료일
> 4. 보험증서 또는 공제증서의 개요

14 초경량비행장치의 사고 · 보고(통보)

1 초경량비행장치 사고의 정의

'초경량비행장치사고'란 초경량비행장치를 사용하여 비행을 목적으로 이륙(이수(離水)를 포함) 하는 순간부터 착륙(착수(着水)를 포함) 하는 순간까지 발생한 다음 각 목의 어느 하나에 해당하는 것으로서 국토교통부령으로 정하는 것을 말한다.

가. 초경량비행장치에 의한 사람의 사망, 중상 또는 행방불명
나. 초경량비행장치의 추락, 충돌 또는 화재 발생
다. 초경량비행장치의 위치를 확인할 수 없거나 초경량비행장치에 접근이 불가능한 경우

2 사망·중상·행방불명의 적용기준 및 범위

① 사망·중상의 적용기준(항공안전법 시행규칙 제6조)

> • 사람의 사망 또는 중상에 대한 적용기준은 다음 각 호와 같다.
>   1. 초경량비행장치에 탑승한 사람이 사망하거나 중상을 입은 경우. 다만, 자연적인 원인 또는 자기 자신이나 타인에 의하여 발생된 경우는 제외한다.
>   2. 비행 중이거나 비행을 준비 중인 초경량비행장치로부터 이탈된 부품이나 그 초경량비행장치와의 직접적인 접촉 등으로 인하여 사망하거나 중상을 입은 경우
> • 사람의 행방불명은 초경량비행장치 안에 있던 사람이 초경량비행장치 사고로 1년간 생사가 분명하지 아니한 경우에 적용한다.

② 사망·중상의 범위(항공안전법 시행규칙 제7조)

> • 사람의 사망은 초경량비행장치 사고가 발생한 날부터 30일 이내에 그 사고로 사망한 경우를 포함한다.
> • 중상의 범위는 다음 각 호와 같다.
>   1. 초경량비행장치 사고로 부상을 입은 날부터 7일 이내에 48시간을 초과하는 입원치료가 필요한 부상
>   2. 골절(코뼈, 손가락, 발가락 등의 간단한 골절은 제외한다)
>   3. 열상(찢어진 상처)으로 인한 심한 출혈, 신경·근육 또는 힘줄의 손상
>   4. 2도나 3도의 화상 또는 신체 표면의 5%를 초과하는 화상(화상을 입은 날부터 7일 이내에 48시간을 초과하는 입원치료가 필요한 경우만 해당한다)
>   5. 내장의 손상
>   6. 전염물질이나 유해방사선에 노출된 사실이 확인된 경우

3 사고발생 보고(통보) 절차

① 항공안전법의 규정

  ㉠ 초경량비행장치 조종자는 초경량비행장치 사고가 발생하였을 때에는 국토교통부령으로 정하는 바에 따라 지체 없이 **국토교통부장관에게** 그 사실을 보고하여야 한다. 다만, 초경량비행장치 조종자가 보고할 수 없을 때에는 그 초경량비행장치 소유자 등이 초경량비행장치 사고를 보고하여야 한다.(항공안전법 제129조 ③)

  ㉡ 초경량비행장치 사고를 일으킨 조종자 또는 그 초경량비행장치 소유자 등은 다음 각 호의 사항을 **지방항공청장에게** 보고하여야 한다.(즉 사고 발생 보고 관련 절차는 국토교통부장관이 지방항공청장에게 위임, 항공안전법 시행규칙 제312조)

> 1. 조종자 및 그 초경량비행장치 소유자 등의 성명 또는 명칭
> 2. 사고가 발생한 일시 및 장소
> 3. 초경량비행장치의 종류 및 신고번호
> 4. 사고의 경위
> 5. 사람의 사상(死傷) 또는 물건의 파손 개요
> 6. 사상자의 성명 등 사상자의 인적사항 파악을 위하여 참고가 될 사항

② 항공·철도 사고조사에 관한 법률의 규정
  ㉠ 초경량비행장치 사고가 발생한 것을 알게 된 초경량비행장치 조종자(조종자가 통보할 수 없는 경우에는 그 초경량비행장치의 소유자)는 발생 사실을 항공·철도사고조사위원회에 통보하여야 한다.
  ㉡ 사고발생 시 통보사항(항공·철도 사고조사에 관한 법률 시행규칙 제3조)

> - 항공기 사고의 유형
> - 발생 일시 및 장소
> - 기종(통보자가 알고 있는 경우만 해당한다)
> - 발생 경위(통보자가 알고 있는 경우만 해당한다)
> - 사상자 등 피해상황(통보자가 알고 있는 경우만 해당한다)
> - 통보자의 성명 및 연락처
> - 기타 사고조사에 필요한 사항

  ㉣ 사고 발생 통보 방법 및 절차(항공·철도 사고조사에 관한 법률 시행규칙 제5조)
   • 초경량비행장치 사고 발생 통보는 구두, 전화, 팩스, 인터넷 홈페이지 등의 방법 중 가장 신속한 방법을 이용하여야 한다.
   • 통보에 필요한 전화번호, 팩스번호, 인터넷 홈페이지 주소 등은 위원회가 정하여 고시한다.
  ㉤ 사고 발생 접수 방법 및 절차(항공·철도사고조사위원회 운영규정 제22조, 2023. 6. 13. 개정)
   • 국내외에서 발생한 항공·철도사고 등 및 조사가 필요한 항공안전장애는 구두, 전화(휴대전화 포함), 팩스, 인터넷 홈페이지, 이메일 등의 방법으로 접수한다.
   • 접수에 필요한 전화번호, 팩스번호, 인터넷 홈페이지 및 이메일 주소 등은 위원회의 인터넷 홈페이지에 게재하며, 24시간 접수 체계가 유지될 수 있도록 전화번호 등의 연락처를 상시 현행화해야 한다.

15 청문, 벌칙, 과태료, 행정처분

1 청문

① 항공안전법 상의 청문(항공안전법 제134조)

> 국토교통부장관은 다음에 해당하는 처분을 하려면 청문을 하여야 한다.
> - 초경량비행장치 조종자 증명의 취소
> - 초경량비행장치 전문교육기관 지정의 취소

② 항공사업법 상의 청문(항공사업법 제74조)

> 국토교통부장관은 다음에 해당하는 처분을 하려면 청문을 하여야 한다.
> - 초경량비행장치 사용사업 등록의 취소
> - 항공기대여업 등록의 취소
> - 항공레저스포츠사업 등록의 취소
> - 이착륙장 설치 및 관리에 관한 허가·승인의 취소

> **TIP!** 청문(hearing, 聽聞)이란?
> 청문은 행정기관이 행정처분을 행하기에 앞서 이해관계인 등의 의견을 듣거나 사실조사를 하는 행정절차이다. 청문을 위한 모임을 청문회라고 한다.

2 벌칙(징역 또는 벌금)

① 사람이 현존하는 항공기, 경량항공기 또는 초경량비행장치를 항행 중에 추락 또는 전복시키거나 파괴한 사람은 **사형, 무기징역 또는 5년 이상의 징역**

〈항공안전법 제138조(항행 중 항공기 위험 발생의 죄)〉

② 비행장, 이착륙장, 공항시설 또는 항행안전시설을 파손하거나 그 밖의 방법으로 항공상의 위험을 발생시킨 사람은 **10년 이하의 징역**

〈항공안전법 제140조(항공상 위험 발생 등의 죄)〉

③ 과실로 항공기·경량항공기·초경량비행장치·비행장·이착륙장·공항시설 또는 항행안전시설을 파손하거나, 그 밖의 방법으로 항공상의 위험을 발생시키거나 항행 중인 항공기를 추락 또는 전복시키거나 파괴한 사람은 **1년 이하의 징역 또는 1천만 원 이하의 벌금**

〈항공안전법 제149조(과실에 따른 항공상 위험 발생 등의 죄)〉

④ 초경량비행장치 불법 사용이 다음의 어느 하나에 해당하는 자는 **3년 이하의 징역 또는 3천만 원 이하의 벌금**

- 주류 등의 영향으로 초경량비행장치를 사용하여 비행을 정상적으로 수행할 수 없는 상태에서 초경량비행장치를 사용하여 비행을 한 사람
- 초경량비행장치를 사용하여 비행하는 동안에 주류 등을 섭취하거나 사용한 사람
- 국토교통부장관의 주류 등의 측정 요구에 따르지 아니한 사람
- 등록을 하지 아니하고 항공기대여업을 경영한 자
- 명의대여 등의 금지를 위반한 항공기대여업자
- 등록을 하지 아니하고 초경량비행장치 사용사업을 경영한 자
- 명의대여 등의 금지를 위반한 초경량비행장치 사용사업자
- 등록을 하지 아니하고 항공레저스포츠사업을 경영한 자
- 명의대여 등의 금지를 위반한 항공레저스포츠사업자

〈항공안전법 제161조(초경량비행장치 불법 사용 등의 죄)〉, 항공사업법 제78조(항공사업자의 업무 등에 관한 죄)〉

⑤ 초경량비행장치 불법 사용이 다음에 해당하는 자는 **1년 이하의 징역 또는 1천만 원 이하의 벌금**

- 안전성 인증을 받지 아니한 초경량비행장치(안전성 인증 대상인 경우)를 사용하여 초경량비행장치조종자 증명(조종증명 대상인 경우)을 받지 아니하고 비행을 한 사람

〈항공안전법 제161조(초경량비행장치 불법 사용 등의 죄)〉

⑥ 사업용으로 등록하지 아니한 초경량비행장치를 영리 목적으로 사용한 자는 **6개월 이하의 징역 또는 500만 원 이하의 벌금**

항공사업법 제80조(경량항공기 등의 영리목적 사용에 관한 죄)

⑦ 초경량비행장치의 신고 또는 변경신고를 하지 아니하고 비행을 한 사람은 **6개월 이하의 징역 또는 500만 원 이하의 벌금**

〈항공안전법 제161조(초경량비행장치 불법사용 등의 죄)〉

⑧ 국토교통부장관의 이착륙장 사용의 중지에 따른 명령을 위반한 자는 1년 이하의 징역 또는 1천만 원 이하의 벌금

〈공항시설법 제66조(명령 등의 위반 죄)〉

3 벌칙(벌금)

① 다음의 어느 하나에 해당하는 자는 1천만 원 이하의 벌금
- 국토교통부장관의 사업개선 명령을 위반한 항공기대여업자
- 국토교통부장관의 사업개선 명령을 위반한 초경량비행장치 사용사업자
- 국토교통부장관의 사업개선 명령을 위반한 항공레저스포츠사업자

〈항공사업법 제78조(항공사업자의 업무 등에 관한 죄)〉

② 초경량비행장치 사용사업의 안전을 위한 국토교통부의 안전개선 명령을 이행하지 아니한 초경량비행장치 사용사업자는 1천만 원 이하의 벌금

〈항공안전법 제162조(명령 위반의 죄)〉

③ 다음의 어느 하나에 해당하는 자는 500만 원 이하의 벌금
- 국토교통부장관의 승인을 받지 아니하고 초경량비행장치 비행제한공역을 비행한 사람
- 국토교통부장관의 승인을 받지 아니하고 초경량비행장치를 이용하여 관제권에서 비행함으로써 항공기 이착륙을 지연시키거나 회항하게 하는 등 비행장 운영에 지장을 초래한 사람
- 국토교통부장관의 허가를 받지 아니하고 무인자유기구를 비행시킨 사람

〈항공안전법 제161조(초경량비행장치 불법사용 등의 죄)〉

④ 초경량비행장치 사고가 발생한 것을 알고도 정당한 사유 없이 통보를 하지 아니하거나 거짓으로 통보한 경우에는 500만 원 이하의 벌금

〈항공·철도 사고조사에 관한 법률 제36조의2(사고발생 통보 위반의 죄)〉

4 과태료 부과(항공안전법 제166조)

① 500만 원 이하의 과태료를 부과한다.
- 초경량비행장치의 비행안전을 위한 기술상의 기준에 적합하다는 안전성 인증을 받지 아니하고 비행한 사람
- 국토교통부장관의 항공안전 활동에 따른 보고 등을 하지 아니하거나 거짓 보고 등을 한 사람
- 국토교통부장관의 항공안전 활동에 따른 질문에 대하여 거짓 진술을 한 사람
- 국토교통부장관의 항공안전 활동에 따른 운항정지, 운용정지 또는 업무정지를 따르지 아니한 자
- 국토교통부장관의 항공안전 활동에 따른 시정조치 등의 명령에 따르지 아니한 자
- 400만 원 이하의 과태료를 부과한다.
  초경량비행장치 조종자 증명을 받지 아니하고 초경량비행장치를 사용하여 비행한 사람(제161조 제2항이 적용되는 경우는 제외한다)

② **300만 원 이하의 과태료**를 부과한다.
- ㉠ 다른 사람에게 자기의 성명을 사용하여 초경량비행장치 조종을 수행하게 하거나 초경량비행장치 조종자 증명을 빌려 준 사람
- ㉡ 다른 사람의 성명을 사용하여 초경량비행장치 조종을 수행하거나 다른 사람의 초경량비행장치 조종자 증명을 빌린 사람
- ㉢ '㉠' 및 '㉡'의 행위를 알선한 사람

③ **100만 원 이하의 과태료**를 부과한다.
- 신고번호를 해당 초경량비행장치에 표시하지 아니하거나 거짓으로 표시한 초경량비행장치 소유자 등
- 국토교통부령으로 정하는 장비를 장착하거나 휴대하지 아니하고 초경량비행장치를 사용하여 비행을 한 자

④ **30만 원 이하의 과태료**를 부과한다.
- 초경량비행장치의 말소신고를 하지 아니한 초경량비행장치 소유자 등
- 초경량비행장치 사고에 관한 보고를 하지 아니하거나 거짓으로 보고한 초경량비행장치 조종자 또는 그 초경량비행장치 소유자 등

5 과태료의 부과기준(일반기준과 개별기준) (항공안전법 시행령 제30조, 별표 5)

① 일반기준

가. 위반행위의 횟수에 따른 과태료의 가중된 부과기준은 최근 5년간 같은 위반행위로 과태료 부과처분을 받은 경우에 적용한다. 이 경우 기간의 계산은 위반행위에 대하여 과태료 부과처분을 받은 날과 그 처분 후 다시 같은 위반행위를 하여 적발된 날을 기준으로 한다.

나. 가목에 따라 가중된 부과처분을 하는 경우 가중처분의 적용 차수는 그 위반행위 전 부과처분 차수(가목에 따른 기간 내에 과태료 부과처분이 둘 이상 있었던 경우에는 높은 차수를 말한다)의 다음 차수로 한다.

다. 부과권자는 다음의 어느 하나에 해당하는 경우에는 아래 기술한 ② 개별기준에 따른 과태료 금액의 2분의 1 범위에서 그 금액을 줄일 수 있다. 다만, 과태료를 체납하고 있는 위반행위자의 경우에는 그렇지 않다.

1) 위반행위가 사소한 부주의나 오류로 인한 것으로 인정되는 경우
2) 위반행위자가 법 위반상태를 시정하거나 해소하기 위하여 노력한 사실이 인정되는 경우
3) 그 밖에 위반행위의 정도, 위반행위의 동기와 그 결과 등을 고려하여 감경할 필요가 있다고 인정되는 경우

라. 부과권자는 다음의 어느 하나에 해당하는 경우에는 아래 기술한 ② 개별기준에 따른 과태료 금액의 2분의 1 범위에서 그 금액을 늘릴 수 있다. 다만, 법 제166조에 따른 과태료 금액의 상한을 넘을 수 없다.

1) 위반의 내용·정도가 중대하여 공중에 미치는 영향이 크다고 인정되는 경우
2) 법 위반상태의 기간이 6개월 이상인 경우
3) 그 밖에 위반행위의 정도, 위반행위의 동기와 그 결과 등을 고려하여 가중할 필요가 있다고 인정되는 경우

② 개별기준

위반행위	근거 법조문 (항공안전법)	과태료 금액(단위: 만 원)		
		1차 위반	2차 위반	3차 이상 위반
1. 초경량비행장치 소유자 등이 법 제122조 제5항을 위반하여 신고번호를 해당 초경량비행장치에 표시하지 않거나 거짓으로 표시한 경우	법 제166조 제5항 제4호	50	75	100
2. 초경량비행장치 소유자 등이 법 제123조 제4항을 위반하여 초경량비행장치의 말소신고를 하지 않은 경우	법 제166조 제7항 제1호	15	22.5	30
3. 법 제124조를 위반하여 초경량비행장치의 비행안전을 위한 기술상의 기준에 적합하다는 안전성 인증을 받지 않고 비행한 경우(법 제161조 제2항이 적용되는 경우는 제외한다)	법 제166조 제1항 제10호	250	375	500
4. 법 제125조 제1항을 위반하여 초경량비행장치 조종자 증명을 받지 않고 초경량비행장치를 사용하여 비행을 한 경우(법 제161조 제2항이 적용되는 경우는 제외한다)	법 제166조 제2항	200	300	400
5. 법 제125조 제2항부터 제4항까지의 규정을 위반한 사람으로서 다음의 어느 하나에 해당되는 경우 1) 다른 사람에게 자기의 성명을 사용하여 초경량비행장치 조종을 수행하게 하거나 초경량비행장치 조종자 증명을 빌려준 경우 2) 다른 사람의 성명을 사용하여 초경량비행장치 조종을 수행하거나 다른 사람의 초경량비행장치 조종자 증명을 빌린 경우 3) 1) 및 2)의 행위를 알선한 경우	법 제166조 제3항 제4호	150	225	300
6. 법 제127조 제3항을 위반하여 국토교통부장관의 승인을 받지 않고 초경량비행장치를 이용하여 비행한 경우(법 제161조 제4항 제2호가 적용되는 경우는 제외한다)	법 제166조 제3항 제5호	150	225	300
7. 법 제128조를 위반하여 국토교통부령으로 정하는 장비를 장착하거나 휴대하지 않고 초경량비행장치를 사용하여 비행한 경우	법 제166조 제5항 제5호	50	75	100

위반행위	근거 법조문 (항공안전법)	과태료 금액(단위: 만 원)		
		1차 위반	2차 위반	3차 이상 위반
9. 초경량비행장치 조종자 또는 그 초경량비행장치 소유자 등이 법 제129조 제3항을 위반하여 초경량비행장치 사고에 관한 보고를 하지 않거나 거짓으로 보고한 경우	법 제166조 제7항 제2호	15	22.5	30
10. 법 제129조 제5항을 위반하여 국토교통부장관이 승인한 범위 외에서 비행한 경우	법 제166조 제3항 제7호	150	225	300
11. 법 제132조 제1항에 따른 보고 등을 하지 않거나 거짓 보고 등을 한 경우	법 제166조 제1항 제11호	250	375	500
12. 법 제132조 제2항에 따른 질문에 대하여 거짓 진술을 한 경우	법 제166조 제1항 제12호	250	375	500
13. 법 제132조 제8항에 따른 운항정지, 운용정지 또는 업무정지를 따르지 않은 경우	법 제166조 제1항 제13호	250	375	500
14. 법 제132조 제9항에 따른 시정조치 등의 명령에 따르지 않은 경우	법 제166조 제1항 제14호	250	375	500

6 초경량비행장치 조종자 등에 대한 행정처분(항공안전법 제125조〈2022. 6. 10. 개정〉, 항공안전법 시행규칙 제306조 별표44의 2〈2022. 6. 8. 개정〉)

① 행정처분 사유(항공안전법 제125조, 항공안전법 시행규칙 제306조 별표 44의 2)

국토교통부장관은 초경량비행장치 조종자 증명을 받은 사람이 다음 각 호의 어느 하나에 해당하는 경우에는 초경량비행장치 조종자 증명을 취소하거나 1년 이내의 기간을 정하여 그 효력의 정지를 명할 수 있다. 다만, 제1호, 제 3호의2, 제 3호의3, 제7호 또는 제8호의 어느 하나에 해당하는 경우에는 초경량비행장치 조종자 증명을 취소하여야 한다.

1. 거짓이나 그 밖의 부정한 방법으로 초경량비행장치 조종자 증명을 받은 경우
2. 이 법을 위반하여 벌금 이상의 형을 선고받은 경우
3. 초경량비행장치의 조종자로서 업무를 수행할 때 고의 또는 중대한 과실로 초경량비행장치 사고를 일으켜 인명피해나 재산피해를 발생시킨 경우
3의2. 제2항을 위반하여 다른 사람에게 자기의 성명을 사용하여 초경량비행장치 조종을 수행하게 하거나 초경량비행장치 조종자 증명을 빌려 준 경우
3의3. 제4항을 위반하여 다음 각 목의 어느 하나에 해당하는 행위를 알선한 경우
　가. 다른 사람에게 자기의 성명을 사용하여 초경량비행장치 조종을 수행하게 하거나 초경량비행장치 조종자 증명을 빌려 주는 행위

나. 다른 사람의 성명을 사용하여 초경량비행장치 조종을 수행하거나 다른 사람의 초경량비행장치 조종자 증명을 빌리는 행위
4. 제129조 제1항에 따른 초경량비행장치 **조종자의 준수사항을 위반한 경우**
5. 제131조에서 준용하는 제57조 제1항을 위반하여 주류 등의 영향으로 초경량비행장치를 사용하여 **비행을 정상적으로 수행할 수 없는 상태**에서 초경량비행장치를 사용하여 비행한 경우
6. 제131조에서 준용하는 제57조 제2항을 위반하여 초경량비행장치를 사용하여 비행하는 동안에 같은 조 제1항에 따른 **주류 등을 섭취하거나 사용한 경우**
7. 제131조에서 준용하는 제57조 제3항을 위반하여 같은 조 제1항에 따른 **주류 등의 섭취 및 사용 여부의 측정 요구**에 따르지 아니한 경우
8. 이 조에 따른 초경량비행장치 **조종자 증명의 효력정지** 기간에 초경량비행장치를 사용하여 비행한 경우

② 초경량비행장치 조종자 등에 대한 행정처분(일반기준)

1. 처분의 구분
　　가. 조종자 증명 취소 : 초경량비행장치 조종자 증명을 취소하는 것을 말한다.
　　나. 효력 정지 : 일정 기간 초경량비행장치를 조종할 수 있는 자격을 정지하는 것을 말한다.
2. 1개의 위반행위나 사유가 2개 이상의 처분기준에 해당되는 경우와 고의 또는 중대한 과실로 인명 및 재산피해가 동시에 발생한 경우에는 그중 무거운 처분기준을 적용한다.
3. 위반행위의 차수에 따른 행정처분의 기준은 최근 1년간 같은 위반행위로 행정처분을 받은 경우에 적용한다. 이 경우 기간의 계산은 같은 위반행위에 대하여 행정처분을 받은 날과 그 처분 후 다시 같은 위반행위를 하여 적발된 날을 기준으로 한다.
4. 다음 각 목의 사유를 고려하여 행정처분의 2분의 1의 범위에서 가중하거나 감경할 수 있다.
　　가. 가중할 수 있는 경우
　　　　1) 위반의 내용·정도가 중대하여 공중에 미치는 영향이 크다고 인정되는 경우
　　　　2) 위반행위가 고의나 중대한 과실에 의한 것으로 인정되는 경우
　　　　3) 과거 효력정지 처분이 있는 경우
　　나. 감경할 수 있는 경우
　　　　1) 위반행위가 고의성이 없는 사소한 부주의나 오류로 인한 것으로 인정되는 경우
　　　　2) 위반행위가 처음 발생한 경우
　　　　3) 위반행위자가 법 위반상태를 시정하거나 해소하기 위하여 노력한 사실이 인정되는 경우

③ 초경량비행장치 조종자 등에 대한 행정처분(개별기준)

위반행위 또는 사유	해당 법 조문 (항공안전법)	처분 내용
1. 거짓이나 그 밖의 부정한 방법으로 자격증명 등을 받은 경우	법 제125조 제5항 제1호	조종자 증명 취소
2. 이 법을 위반하여 벌금 이상의 형을 선고받은 경우	법 제125조 제5항 제2호	가. 벌금 100만 원 미만 : 효력정지 30일 나. 벌금 100만 원 이상 200만 원 미만 : 효력정지 50일 다. 벌금 200만 원 이상 : 조종 증명 취소
3. 초경량비행장치의 조종자로서 업무를 수행할 때 고의 또는 중대한 과실로 초경량비행장치 사고를 일으켜 다음 각 목의 인명피해를 발생시킨 경우 　가. 사망자가 발생한 경우 　나. 중상자가 발생한 경우 　다. 중상자 외의 부상자가 발생한 경우	법 제125조 제5항 제3호	 조종자 증명 취소 효력 정지 90일 효력 정지 30일
4. 초경량비행장치의 조종자로서 업무를 수행할 때 고의 또는 중대한 과실로 초경량비행장치 사고를 일으켜 다음 각 목의 재산피해를 발생시킨 경우 　가. 초경량비행장치 또는 제3자의 재산피해가 100억 원 이상인 경우 　나. 초경량비행장치 또는 제3자의 재산피해가 10억 원 이상 100억 원 미만인 경우 　다. 초경량비행장치 또는 제3자의 재산피해가 10억 원 미만인 경우	법 제125조 제5항 제3호	 효력 정지 180일 효력 정지 90일 효력 정지 30일
5. 법 제125조 제2항을 위반하여 다른 사람에게 자기의 성명을 사용하여 초경량비행장치 조종을 수행하게 하거나 초경량비행장치 조종자 증명을 빌려 준 경우	법 제125조 제5항 제3호의2	조종자 증명 취소
6. 법 제125조 제4항을 위반하여 다음 각 목에 해당하는 행위를 알선한 경우 　가. 다른 사람에게 자기의 성명을 사용하여 초경량비행장치 조종을 수행하게 하거나 초경량비행장치 조종자 증명을 빌려주는 행위 　나. 다른 사람의 성명을 사용하여 초경량비행장치 조종을 수행하거나 다른 사람의 초경량비행장치 조종자 증명을 빌리는 행위	법 제125조 제5항 제3호의3	조종자 증명 취소

위반행위 또는 사유	해당 법 조문 (항공안전법)	처분 내용
7. 법 제129조 제1항에 따른 초경량비행장치 조종자의 준수사항을 위반한 경우	법 제125조 제5항 제4호	1차 위반 : 효력 정지 30일 2차 위반 : 효력 정지 60일 3차 이상 위반 : 효력 정지 180일

8. 법 제131조에서 준용하는 법 제57조 제1항을 위반하여 주류 등의 영향으로 초경량비행장치를 사용하여 비행을 정상적으로 수행할 수 없는 상태에서 초경량비행장치를 사용하여 비행한 경우	법 제125조 제5항 제5호	가. 주류의 경우
		  – 혈중 알코올 농도 0.02% 이상 0.06% 미만 : 효력 정지 60일
		  – 혈중 알코올 농도 0.06% 이상 0.09% 미만 : 효력 정지 120일
		  – 혈중 알코올 농도 0.09% 이상 : 효력 정지 180일
		나. 마약류 또는 환각물질의 경우
		  – 1차 위반 : 효력 정지 60일
		  – 2차 위반 : 효력 정지 120일
		  – 3차 이상 위반 : 효력 정지 180일

9. 법 제131조에서 준용하는 법 제57조 제2항을 위반하여 초경량비행장치를 사용하여 비행하는 동안에 주류 등을 섭취하거나 사용한 경우	법 제125조 제5항 제6호	가. 주류의 경우
		  – 혈중 알코올 농도 0.02% 이상 0.06% 미만 : 효력 정지 60일
		  – 혈중 알코올 농도 0.06% 이상 0.09% 미만 : 효력 정지 120일
		  – 혈중 알코올 농도 0.09% 이상 : 효력 정지 180일
		나. 마약류 또는 환각물질의 경우
		  – 1차 위반 : 효력 정지 60일
		  – 2차 위반 : 효력 정지 120일
		  – 3차 이상 위반 : 효력 정지 180일

10. 법 제131조에서 준용하는 법 제57조 제3항을 위반하여 주류 등의 섭취 및 사용 여부의 측정 요구에 따르지 않은 경우	법 제125조 제5항 제7호	조종자 증명 취소
11. 조종자 증명의 효력정지기간에 초경량비행장치를 사용하여 비행한 경우	법 제125조 제5항 제8호	조종자 증명 취소

PART 4 항공법규
적중예상문제

01 현행 국내 항공안전법의 기본이 되는 국제협약은?

① 국제민간항공협약
② 파리협약
③ 하바나협약
④ 바르샤바협약

해설

항공안전법은 제1조(목적)에서 「국제민간항공협약」 및 같은 협약의 부속서에서 채택된 표준과 권고되는 방식에 따라 항공기, 경량항공기 또는 초경량비행장치가 안전하게 항행하기 위한 방법을 정함으로써 생명과 재산을 보호하고, 항공기술 발전에 이바지함을 목적으로 한다.'라고 규정하여 현행 국내 항공안전법이 「국제민간항공협약(Convention on International Civil Aviation)」을 기본으로 하고 있음을 나타내고 있다.

02 국내 항공안전법의 목적으로 잘못된 것은?

① 항공기, 경량항공기 또는 초경량비행장치가 안전하게 항행하기 위한 방법을 정한다.
② 생명과 재산을 보호한다.
③ 항공 기술 발전에 이바지한다.
④ 항공사업의 질서 유지 및 건전한 발전을 도모한다.

해설

④는 항공사업법의 목적이다(항공안전법 제1조).

03 항공안전법에서 규정하는 '항공업무'가 아닌 것은?

① 항공기의 운항(무선설비의 조작을 포함) 업무
② 항공교통관제(무선설비의 조작을 포함) 업무
③ 항공기의 운항관리 업무
④ 항공기 조종 연습 및 항공교통관제 연습

해설

항공기 조종 연습 및 항공교통관제 연습은 항공업무에서 제외된다(항공안전법 제2조 제5호).

04 항공사업법에서 항공 관련 사업자의 면허, 등록, 신고 요건이 잘못된 것은?

① 국제항공운송사업자 : 국토교통부장관으로부터 국내/국제항공운송사업의 면허를 받은 자
② 항공기대여업자 : 국토교통부장관에게 항공기대여업의 면허를 받은 자
③ 초경량비행장치 사용사업자 : 국토교통부장관에게 초경량비행장치 사용사업을 등록한 자
④ 상업서류송달업자 : 국토교통부장관에게 상업서류송달업을 신고한 자

해설

항공기대여업자 : 국토교통부장관에게 항공기대여업을 등록한 자(항공사업법 제2조 제22호)

정답: 01. ① 02. ④ 03. ④ 04. ②

05 공항시설법에서 규정하는 용어의 정의가 잘못된 것은?

① '활주로'란 항공기 착륙과 이륙을 위하여 국토교통부령으로 정하는 크기로 이루어지는 공항 또는 비행장에 설정된 구역을 말한다.
② '이착륙장'이란 비행장 외에 경량항공기 또는 초경량비행장치의 이륙 또는 착륙을 위하여 사용되는 육지 또는 수면의 일정한 구역으로서 대통령령으로 정하는 것을 말한다.
③ '항행안전시설'이란 유선통신, 무선통신, 인공위성, 불빛, 색채 또는 전파(電波)를 이용하여 항공기의 항행을 돕기 위한 시설로서 국토교통부령으로 정하는 시설을 말한다.
④ 항행안전시설에는 항공정보통신시설이 포함되지 않는다.

◦해설
항행안전시설에는 항공등화, 항행안전무선시설 및 항공정보통신시설이 있다(공항시설법 시행규칙 제5조).

06 공항시설법에서 항행안전시설에 속하지 않는 시설은?

① 항공등화
② 항행안전무선시설
③ 항공정보통신시설
④ 비행장시설

◦해설
항행안전시설에는 항공등화, 항행안전무선시설 및 항공정보통신시설이 있다(공항시설법 시행규칙 제5조).

07 드론법에서 규정하는 드론의 정의가 잘못된 것은?

① '드론'이란 조종자가 탑승한 상태로 항행할 수 있는 비행체이다.
② 국토교통부령으로 정하는 기준을 충족하는 「항공안전법」 제2조 제3호에 따른 무인비행장치
③ 원격·자동·자율 등 국토교통부령으로 정하는 방식에 따라 항행하는 비행체
④ 국토교통부령으로 정하는 기준을 충족하는 「항공안전법」 제2조 제6호에 따른 무인항공기

◦해설
'드론'이란 조종자가 탑승하지 아니한 상태로 항행할 수 있는 비행체이다(드론 활용의 촉진 및 기반 조성에 관한 법률 제2조).

08 항공사업법에서 규정하는 사업자의 정의가 잘못된 것은?

① 항공기대여업자는 국토교통부장관에게 항공기대여업을 등록한 자를 말한다.
② 상업서류송달업자는 국토교통부장관에게 상업서류송달업을 신고한 자를 말한다.
③ 초경량비행장치 사용사업자는 국토교통부장관에게 초경량비행장치 사용사업을 신고한 자를 말한다.
④ 국제항공운송사업자는 국토교통부장관으로부터 국제항공운송사업의 면허를 받은 자를 말한다.

◦해설
초경량비행장치 사용사업자는 국토교통부장관에게 초경량비행장치 사용사업을 등록한 자를 말한다.
(항공사업법 제2조 제24호)

정답 05. ④ 06. ④ 07. ① 08. ③

09 항공안전법에서 초경량비행장치에 해당하는 인력활공기의 자체중량 기준은?

① 70kg 초과
② 70kg 이하
③ 100kg 초과
④ 100kg 이하

▶ 해설

자체중량 70kg 이하의 기준은 초경량비행장치인 인력활공기(행글라이더, 패러글라이더)에 적용된다(항공안전법 시행규칙 제5조).

10 항공안전법에서 규정하는 항공기의 정의로 잘못된 것은?

① 공기의 반작용으로 뜰 수 있는 기기이다.
② 공기의 반작용 중에서 지표면 또는 수면에 대한 공기의 반작용은 제외한다.
③ 지구 대기권 내외를 비행할 수 있는 항공우주선은 제외한다.
④ 최대이륙중량, 좌석 수 등 국토교통부령으로 정하는 기준에 해당하는 비행기, 헬리콥터, 비행선, 활공기를 말한다.

▶ 해설

항공안전법상 항공기에는 지구 대기권 내외를 비행할 수 있는 항공우주선도 포함된다(항공안전법 시행령 제2조).

11 행글라이더와 패러글라이더가 초경량비행장치가 되기 위한 기준은?

① 자체중량 70kg 이하
② 최대이륙중량 70kg 이하
③ 자체중량 150kg 이하
④ 최대이륙중량 180kg 이하

▶ 해설

행글라이더와 패러글라이더가 초경량비행장치가 되기 위해서는 탑승자 및 비상용 장비의 중량을 제외한 자체중량이 70kg 이하가 되어야 한다(항공안전법 시행규칙 제5조).

12 초경량비행장치를 소유한 자가 초경량비행장치를 신고 시 누구에게 신고하는가?

① 지방항공청장
② 한국교통안전공단 이사장
③ 항공안전기술원장
④ 조종자 전문교육기관장

▶ 해설

초경량비행장치를 소유하거나 사용할 수 있는 권리가 있는 자('초경량비행장치 소유자 등')는 초경량비행장치의 종류, 용도, 소유자의 성명, 개인정보 및 개인위치정보의 수집 가능 여부 등을 국토교통부장관(한국교통안전공단에게 위탁)에게 신고하여야 한다(항공안전법 제122조 및 시행규칙 제301조).

13 항공안전법상 초경량비행장치 소유자 등의 성명이나 주소의 변경신고 기한은?

① 10일
② 15일
③ 30일
④ 60일

▶ 해설

초경량비행장치 소유자 등은 초경량비행장치 소유자 등의 성명, 명칭, 주소 등을 변경하려는 경우에는 그 사유가 있는 날부터 30일 이내에 국토교통부장관(한국교통안전공단에 위탁)에게 변경신고하여야 한다(항공안전법 제123조 및 시행규칙 제302조).

〈변경신고 사항〉 1. 초경량비행장치의 용도, 2. 초경량비행장치 소유자 등의 성명, 명칭 또는 주소, 3. 초경량비행장치의 보관 장소

14 초경량비행장치의 멸실, 해체 등의 사유로 신고를 말소할 경우에 그 사유가 발생한 날부터 며칠 이내에 한국교통안전공단 이사장에게 말소신고서를 제출하여야 하는가?

① 5일
② 10일
③ 15일
④ 30일

정답 : 09. ② 10. ③ 11. ① 12. ② 13. ③ 14. ③

> 해설

초경량비행장치 소유자 등은 신고한 초경량비행장치가 멸실되었거나 그 초경량비행장치를 해체한 경우에는 그 사유가 발생한 날부터 15일 이내에 국토교통부장관(한국교통안전공단에게 위탁)에게 말소신고를 하여야 한다(항공안전법 제123조 및 시행규칙 제303조).

15 신고를 필요로 하지 않는 초경량비행장치에 해당하지 않는 것은?

① 동력을 이용하지 아니하는 비행장치
② 기구류(사람이 탑승하는 것은 포함한다)
③ 군사 목적으로 사용되는 초경량비행장치
④ 연구기관 등이 시험·조사·연구 또는 개발을 위하여 제작한 초경량비행장치

> 해설

② 기구류(사람이 탑승하는 것은 제외한다)(항공안전법 시행령 제24조)

16 초경량비행장치 소유자 등은 초경량비행장치의 종류, 용도, 소유자의 성명 등을 국토교통부장관(한국교통안전공단이사장에게 위탁)에게 신고하여야 한다. 이때 첨부 서류가 아닌 것은?

① 초경량비행장치를 소유하거나 사용할 수 있는 권리가 있음을 증명하는 서류
② 초경량비행장치의 제원 및 성능표
③ 초경량비행장치의 사진(가로 15cm, 세로 10cm의 측면사진)
④ 비행안전을 확보하기 위한 기술상의 기준에 적합함을 증명하는 서류

> 해설

〈항공안전법 시행규칙 제301조(초경량비행장치 신고 시 첨부 서류)〉
1. 초경량비행장치를 소유하거나 사용할 수 있는 권리가 있음을 증명하는 서류
2. 초경량비행장치의 제원 및 성능표
3. 초경량비행장치의 사진(가로 15cm, 세로 10cm의 측면사진)

17 초경량비행장치의 신고번호는 누가 발급하는가?

① 항공안전기술원장
② 한국교통안전공단 이사장
③ 한국항공협회장
④ 지방항공청장

> 해설

국토교통부장관(한국교통안전공단 이사장에게 위탁) 초경량비행장치의 신고를 받은 경우 그 초경량비행장치소유자 등에게 신고번호를 발급하여야 한다(항공안전법 제122조 제4항).

18 초경량비행장치 말소신고의 설명 중 틀린 것을 고르시오.

① 사유발생일로부터 15일 이내에 하여야 한다.
② 초경량비행장치가 멸실된 경우에 신고한다.
③ 초경량비행장치의 정비, 수송 또는 보관하기 위한 해체의 경우에 신고한다
④ 초경량비행장치를 해체한 경우에 신고한다.

> 해설

항공기 말소등록(항공안전법 제123조)
초경량비행장치 소유자 등은 신고한 초경량비행장치가 멸실되었거나 그 초경량비행장치를 해체(정비, 수송 또는 보관하기 위한 해체는 제외한다)한 경우에는 그 사유가 발생한 날부터 15일 이내에 국토교통부장관(한국교통안전공단 이사장에게 위탁)에게 말소신고를 하여야 한다.

19 비행안전을 위한 기술상의 기준에 적합하다는 안전성 인증을 받지 않아도 되는 것은?

① 최대이륙중량이 25kg 이하인 무인멀티콥터
② 동력비행장치
③ 항공레저스포츠사업에 사용되는 행글라이더
④ 회전익비행장치

정답: 15. ② 16. ④ 17. ② 18. ③ 19. ①

- 해설

항공안전법 시행규칙 제305조(초경량비행장치 안전성 인증 대상)
1. 동력비행장치
2. 행글라이더, 패러글라이더 및 낙하산류(항공레저스포츠사업에 사용되는 것만 해당한다)
3. 기구류(사람이 탑승하는 것만 해당한다)
4. 다음 각 목의 어느 하나에 해당하는 무인비행장치
    가. 무인동력장치(무인비행기, 무인헬리콥터, 무인멀티콥터, 무인수직이착륙기) 중에서 최대이륙중량이 25kg을 초과하는 것
    나. 무인비행선 중에서 연료의 중량을 제외한 자체중량이 12kg을 초과하거나 길이가 7m를 초과하는 것
5. 회전익비행장치
6. 동력패러글라이더

20 안전성 인증의 종류 중에서 국내에서 설계·제작하거나 외국에서 국내로 도입한 초경량비행장치의 안전성 인증을 받기 위하여 최초로 실시하는 인증은?

① 초도인증
② 정기인증
③ 수시인증
④ 재인증

- 해설

〈안전성 인증의 종류〉(초경량비행장치 안전성 인증 업무 운영세칙, 2023.3.10. 개정, 항공안전기술원)
① 초도인증 : 국내에서 설계·제작하거나 외국에서 국내로 도입한 초경량비행장치의 안전성 인증을 받기 위하여 최초로 실시하는 인증
② 정기인증 : 안전성 인증의 유효기간 만료일이 도래되어 새로운 안전성 인증을 받기 위하여 실시하는 인증
③ 수시인증 : 초경량비행장치의 비행안전에 영향을 미치는 대수리 또는 대개조 후 기술기준에 적합한지를 확인하기 위하여 실시하는 인증
④ 재인증 : 초도, 정기 또는 수시인증에서 기술기준에 부적합한 사항에 대하여 정비한 후 다시 실시하는 인증

21 초경량비행장치의 안정성 여부를 평가하기 위한 시험비행 허가 신청 시 첨부 서류에 포함되지 않는 것은?

① 시험비행계획서
② 항공안전관리시스템 매뉴얼
③ 해당 초경량비행장치에 대한 소개서
④ 초경량비행장치 사진

- 해설

초경량비행장치의 안정성 여부를 평가하기 위한 시험비행 허가 신청 시 첨부 서류(항공안전법 시행규칙 제304조)
1. 해당 초경량비행장치에 대한 소개서
2. 초경량비행장치의 설계가 초경량비행장치 기술기준에 충족함을 입증하는 서류
3. 설계도면과 일치되게 제작되었음을 입증하는 서류
4. 완성 후 상태, 지상 기능점검 및 성능시험 결과를 확인할 수 있는 서류
5. 초경량비행장치 조종절차 및 안전성 유지를 위한 정비방법을 명시한 서류
6. 초경량비행장치 사진(전체 및 측면사진을 말하며, 전자파일로 된 것을 포함한다) 각 1매
7. 시험비행계획서

22 영리 목적으로 사용하는 초경량비행장치의 안전성 인증의 유효기간은?

① 6개월
② 1년
③ 2년
④ 3년

- 해설

안전성 인증의 유효기간은 영리용 및 비영리용에 관계없이 모두 발급일로부터 2년으로 한다(초경량비행장치 안전성 인증 업무 운영세칙, 2023.3.10. 개정, 항공안전기술원).

23 다음 중 무인비행장치 조종자의 자격기준 연령은?

① 만 14세 이상
② 만 15세 이상
③ 만 16세 이상
④ 만 18세 이상

정답 20. ① 21. ② 22. ③ 23. ①

해설

무인비행장치 조종자 자격기준은 연령이 만 14세 이상이다. 다만, 4종 무인동력비행장치(무인비행기, 무인헬리콥터, 무인멀티콥터, 무인수직이착륙기)의 자격기준은 만 10세 이상이다(무인비행장치 조종자의 자격 및 전문교육기관 지정기준 제4조).

24 다음의 초경량비행장치 중 조종자 증명이 필요하지 않는 것은?

① 동력비행장치
② 항공레저스포츠사업에 사용되는 낙하산류
③ 계류식 기구
④ 유인자유기구

해설

조종자 증명이 필요한 초경량비행장치의 종류(항공안전법 시행규칙 제306조)
1. 동력비행장치
2. 행글라이더, 패러글라이더 및 낙하산류(항공레저스포츠사업에 사용되는 것만 해당한다)
3. 유인자유기구
4. 초경량비행장치 사용사업에 사용되는 무인비행장치. 다만, 다음 각 목의 어느 하나에 해당하는 것은 제외한다.
   가. 무인동력장치(무인비행기, 무인헬리콥터, 무인멀티콥터, 무인수직이착륙기) 중에서 연료의 중량을 포함한 최대이륙중량이 250g 이하인 것
   나. 무인비행선 중에서 연료의 중량을 제외한 자체중량이 12kg 이하이고, 길이가 7m 이하인 것
5. 회전익비행장치
6. 동력패러글라이더

25 다음 중 무인동력비행장치별 자격의 종류에 대한 기준이 잘못된 것은?

① 1종 무인동력비행장치 : 최대이륙중량이 25kg을 초과하고 150kg 이하인 무인동력비행장치
② 2종 무인동력비행장치 : 최대이륙중량이 7kg을 초과하고 25kg 이하인 무인동력비행장치
③ 3종 무인동력비행장치 : 최대이륙중량이 2kg을 초과하고 7kg 이하인 무인동력비행장치
④ 4종 무인동력비행장치 : 최대이륙중량이 250g을 초과하고 2kg 이하인 무인동력비행장치

해설

무인동력비행장치별 자격의 종류(항공안전법 시행규칙 제306조)
〈2021.3.1 시행〉
1. 1종 무인동력비행장치 : 최대이륙중량이 25kg을 초과하고 연료의 중량을 제외한 자체중량이 150kg 이하인 무인동력비행장치
2. 2종 무인동력비행장치 : 최대이륙중량이 7kg을 초과하고 25kg 이하인 무인동력비행장치
3. 3종 무인동력비행장치 : 최대이륙중량이 2kg을 초과하고 7kg 이하인 무인동력비행장치
4. 4종 무인동력비행장치 : 최대이륙중량이 250g을 초과하고 2kg 이하인 무인동력비행장치

26 초경량비행장치 조종자 전문교육기관의 지정기준 중 무인비행장치의 경우 실기평가 조종자의 조종경력 시간은?

① 100시간 이상
② 150시간 이상
③ 200시간 이상
④ 300시간 이상

해설

초경량비행장치 전문교육기관의 지정기준(항공안전법 시행규칙 제307조 제2항)
〈다음 각 목의 전문교관이 있을 것〉
가. 비행시간이 200시간(무인비행장치의 경우 조종경력이 100시간) 이상이고, 국토교통부장관이 인정한 조종교육교관(지도조종자) 과정을 이수한 지도조종자 1명 이상
나. 비행시간이 300시간(무인비행장치의 경우 조종경력이 150시간) 이상이고, 국토교통부장관이 인정하는 실기평가과정을 이수한 실기평가 조종자 1명 이상

정답 : 24. ③ 25. ① 26. ②

27 무인멀티콥터의 지도 조종자 등록기준으로 잘못된 것은?

① 만 18세 이상인 사람
② 무인멀티콥터의 조종자 증명을 받은 사람
③ 무인멀티콥터를 조종한 시간이 총 100시간 이상인 사람
④ 1종 무인멀티콥터를 조종한 시간이 총 15시간 이상인 사람

> 해설
〈무인멀티콥터의 지도 조종자 등록기준〉
1. 만 18세 이상인 사람
2. 초경량비행장치의 조종자 증명(1종 무인멀티콥터)을 취득한 사람
3. 1종 무인멀티콥터를 조종한 시간이 총 100시간 이상인 사람

28 초경량비행장치 조종자 전문교육기관의 지정에 관한 설명 중 잘못된 것은?

① 전문교육기관 지정을 위한 심사는 서류심사와 현장심사로 구분하여 실시한다.
② 국토교통부장관은 거짓이나 그 밖의 부정한 방법으로 초경량비행장치 전문교육기관으로 지정받은 경우 지정을 취소하여야 한다.
③ 전문교육기관의 학과교육시간은 20시간 이상이고, 실기교육시간은 지정받은 교육과정의 종류(1종, 2종, 3종)에 관계없이 30시간 이상이어야 한다.
④ 국토교통부장관은 초경량비행장치 전문교육기관의 지정기준 중 국토교통부령으로 정하는 기준에 미달 시 지정을 취소할 수 있다.

> 해설
전문교육기관의 학과교육 시간은 20시간 이상이고, 실기교육 시간은 지정받은 교육과정의 종류(1종, 2종, 3종)에 따라 다르며, 교관의 동반 또는 감독하에 교육을 실시하여야 한다 (무인비행장치 조종자의 자격 및 전문교육기관 지정기준, 국토교통부 고시, 2025.5.14).

29 초경량비행장치 조종자 전문교육기관의 지정기준으로 잘못된 것은?

① 강의실 1개 이상
② 이륙·착륙 시설
③ 훈련용 비행장치 2대 이상
④ 사무실 1개 이상

> 해설
초경량비행장치 전문교육기관의 지정기준(항공안전법 시행규칙 제307조 제2항)
③ 훈련용 비행장치 1대 이상

30 초경량비행장치 조종자 전문교육기관의 지정을 위해 한국교통안전공단에 제출할 서류가 아닌 것은?

① 전문교관의 현황
② 교육시설 및 장비의 현황
③ 교육훈련계획 및 교육훈련규정
④ 교육비용

> 해설
초경량비행장치 조종자 전문교육기관의 지정 시 제출서류 (항공안전법 시행규칙 제307조 제1항)
1. 전문교관의 현황
2. 교육시설 및 장비의 현황
3. 교육훈련계획 및 교육훈련규정

31 다음 공역 중 관제 공역이 아닌 것은?

① 관제권 ② 관제구
③ 비행장교통구역 ④ 정보구역

정답: 27. ④ 28. ③ 29. ③ 30. ④ 31. ④

> 해설

사용 목적에 따른 공역의 구분(항공안전법 시행규칙 별표 23)
- 관제 공역 : 관제권, 관제구, 비행장교통구역
- 비관제 공역 : 조언구역, 정보구역
- 통제 공역 : 비행금지구역, 비행제한구역, 초경량비행장치 비행제한구역
- 주의 공역 : 훈련구역, 군작전구역, 위험구역, 경계구역

32 다음 중 비관제 공역 설명이 맞는 것은?

① 항공교통의 안전을 위하여 항공기의 비행 순서·시기 및 방법 등에 관하여 국토교통부장관 또는 항공교통업무증명을 받은 자의 지시를 받아야 할 필요가 있는 공역으로서 관제권 및 관제구를 포함하는 공역

② 항공교통의 안전을 위하여 항공기의 비행을 금지하거나 제한할 필요가 있는 공역

③ 관제 공역 외의 공역으로서 항공기의 조종사에게 비행에 관한 조언·비행정보 등을 제공할 필요가 있는 공역

④ 항공기의 조종사가 비행 시 특별한 주의·경계·식별 등이 필요한 공역

> 해설

(항공안전법 제78조)
① 관제 공역, ② 통제 공역, ③ 비관제 공역, ④ 주의 공역

33 다음 공역 중 비행승인 없이 초경량비행장치의 비행이 가능한 공역은?

① P518　　　　② R75
③ P61A　　　　④ UA38

> 해설

- P518(휴전선 지역), R75(수도권지역), P61A(고리원전), UA38 (울주)
- P(Prohibited) : 비행금지구역

- R(Restricted) : 비행제한구역
- UA(Ultralight Vehicle Flight Areas) : 초경량비행장치 비행구역

34 초경량비행장치 비행제한 공역에서 비행하려는 사람은 누구로부터 비행승인을 받아야 하는가?

① 지방항공청장　　② 항공안전기술원장
③ 국방부장관　　　④ 지방경찰청장

> 해설

초경량비행장치 비행제한 공역에서 비행하려는 사람은 미리 국토교통부장관(지방항공청장에게 위임)으로부터 비행승인을 받아야 한다(항공안전법 제127조 제2항).

35 초경량비행장치 비행승인신청서에 포함되지 않는 것은?

① 비행경로/고도, 보험
② 동승자의 소지 자격
③ 조종자의 비행경력
④ 비행장치의 종류/형식, 용도

> 해설

〈초경량비행장치 비행승인신청서의 포함사항〉(항공안전법 시행규칙 별지 제122호 서식)
1. 신청인 : 성명/명칭, 생년월일, 주소, 연락처
2. 비행장치 : 종류/형식, 용도, 소유자, 신고번호, 안전성 인증서번호
3. 비행계획 : 일시 또는 기간(최대 6개월), 구역, 비행목적/방식, 보험, 경로/고도
4. 조종자 : 성명, 생년월일, 주소, 연락처, 자격번호 또는 비행경력
5. 동승자 : 성명, 생년월일, 주소

※ 신고를 필요로 하지 않는 초경량비행장치 또는 안전성 인증의 대상이 아닌 초경량비행장치의 경우에는 비행장치란 중 신고번호 또는 안전성 인증서 번호를 적지 않아도 되며, 항공레저스포츠사업에 사용되는 초경량비행장치이거나 무인비행장치인 경우에는 동승자란을 적지 않아도 된다.

정답 : 32. ③　33. ④　34. ①　35. ②

36 다음 중 존재하지 않는 지방항공청은?

① 제주지방항공청
② 서울지방항공청
③ 부산지방항공청
④ 전주지방항공청

- 해설 -
현재 서울지방항공청, 제주지방항공청, 부산지방항공청이 있다.

37 야간비행 또는 가시권 밖에서 비행하려는 자는 무인비행장치 특별비행승인 신청서에 관련 서류를 첨부하여 지방항공청장에게 제출하여야 한다. 첨부하여야 할 필수적인 관련 서류가 아닌 것은?

① 무인비행장치의 종류·형식 및 제원에 관한 서류
② 무인비행장치의 성능 및 운용 한계에 관한 서류
③ 무인비행장치의 조작 방법에 관한 서류
④ 안전성 인증서

- 해설 -
〈무인비행장치 특별비행승인 신청서의 첨부 서류〉
1. 무인비행장치의 종류·형식 및 제원에 관한 서류
2. 무인비행장치의 성능 및 운용 한계에 관한 서류
3. 무인비행장치의 조작 방법에 관한 서류
4. 무인비행장치의 비행절차, 비행지역, 운영인력 등이 포함된 비행계획서
5. 안전성 인증서(초경량비행장치 안전성 인증 대상에 해당하는 무인비행장치에 한정한다.)
6. 무인비행장치의 안전한 비행을 위한 무인비행장치 조종자의 조종 능력 및 경력 등을 증명하는 서류

38 초경량비행장치 소유자 등 또는 초경량비행장치를 사용하여 비행하려는 사람이 업무를 정상적으로 수행할 수 없는 혈중 알코올 농도의 기준은?

① 0.02% 이상   ② 0.03% 이상
③ 0.05% 이상   ④ 0.5% 이상

- 해설 -
초경량비행장치 소유자, 초경량비행장치를 사용하여 비행하려는 사람 등 항공종사자가 업무를 정상적으로 수행할 수 없는 혈중 알코올 농도의 기준은 0.02% 이상이다(항공안전법 제57조 및 제131조).

39 초경량비행장치 조종자의 준수사항으로 잘못된 것은?

① 초경량비행장치 조종자는 항공기 또는 경량항공기를 육안으로 식별하여 미리 피할 수 있도록 주의하여 비행하여야 한다.
② 무인비행장치 조종자는 원칙적으로 해당 무인비행장치를 육안으로 확인할 수 있는 범위에서 조종하여야 한다.
③ 동력을 이용하지 않는 초경량비행장치 조종자는 모든 항공기, 경량항공기 및 동력을 이용하는 초경량비행장치에 대하여 진로를 양보하여야 한다.
④ 항공레저스포츠사업에 종사하는 초경량비행장치 조종자는 비행 전에 비행안전을 위한 주의사항에 대하여 동승자에게 충분히 설명하여야 한다.

- 해설 -
〈초경량비행장치 조종자의 준수사항〉(항공안전법 시행규칙 제310조)
동력을 이용하는 초경량비행장치 조종자는 모든 항공기, 경량항공기 및 동력을 이용하지 아니하는 초경량비행장치에 대하여 진로를 양보하여야 한다.

정답: 36. ④ 37. ④ 38. ① 39. ③

40 초경량비행장치의 사용사업의 범위가 아닌 것은?

① 조종교육

② 사진촬영, 육상·해상 측량 또는 탐사

③ 산림 또는 공원 등의 관측 또는 탐사

④ 국민의 생명과 재산 등 공공의 안전에 위해를 일으킬 수 있는 업무

해설

〈초경량비행장치의 사용사업의 범위(항공사업법 시행규칙 제6조)〉
1. 비료 또는 농약 살포, 씨앗 뿌리기 등 농업 지원
2. 사진촬영, 육상·해상 측량 또는 탐사
3. 산림 또는 공원 등의 관측 또는 탐사
4. 조종교육
5. 그 밖의 업무로서 다음 각 목의 어느 하나에 해당하지 아니하는 업무
   가. 국민의 생명과 재산 등 공공의 안전에 위해를 일으킬 수 있는 업무
   나. 국방·보안 등에 관련된 업무로서 국가 안보를 위협할 수 있는 업무

41 초경량비행장치의 사용사업의 등록 시 제출하는 사업계획서의 포함사항이 아닌 것은?

① 사업목적 및 범위

② 자본금 및 안전관리 대책

③ 종사자 인력의 개요

④ 사업등록 예정일

해설

〈사업계획서의 포함사항(항공사업법 시행규칙 제47조)〉
가. 사업 목적 및 범위
나. 초경량비행장치의 안전성 점검 계획 및 사고 대응 매뉴얼 등을 포함한 안전관리 대책
다. 자본금
라. 상호·대표자의 성명과 사업소의 명칭 및 소재지
마. 사용시설·설비 및 장비 개요
바. 종사자 인력의 개요
사. 사업 개시 예정일

42 초경량동력비행장치를 사용하면서 보험 또는 공제에 가입 의무자가 아닌 것은?

① 초경량비행장치의 제작자

② 항공기대여업에 사용하려는 자

③ 항공레저스포츠사업에 사용하려는 자

④ 초경량비행장치 사용사업에 사용하려는 자

해설

초경량비행장치를 초경량비행장치 사용사업, 항공기대여업 및 항공레저스포츠사업에 사용하려는 자와 무인비행장치 등 국토교통부령으로 정하는 초경량비행장치를 소유한 국가, 지방자치단체, 「공공기관의 운영에 관한 법률」 제4조에 따른 공공기관은 국토교통부령으로 정하는 보험 또는 공제에 가입하여야 한다(항공사업법 제70조).

43 초경량비행장치 사고의 범주가 아닌 것은?

① 초경량비행장치에 의한 사람의 사망, 중상 또는 행방불명

② 초경량비행장치의 추락, 충돌 또는 화재 발생

③ 초경량비행장치의 위치를 확인할 수 없거나 초경량비행장치에 접근이 불가능한 경우

④ 초경량비행장치가 순간 돌풍으로 인해 비상착륙한 경우

해설

〈항공안전법 제2조 제8호〉
'초경량비행장치사고'란 초경량비행장치를 사용하여 비행을 목적으로 이륙(이수(離水)를 포함) 하는 순간부터 착륙(착수(着水)를 포함) 하는 순간까지 발생한 다음 각 목의 어느 하나에 해당하는 것으로서 국토교통부령으로 정하는 것을 말한다.
가. 초경량비행장치에 의한 사람의 사망, 중상 또는 행방불명
나. 초경량비행장치의 추락, 충돌 또는 화재 발생
다. 초경량비행장치의 위치를 확인할 수 없거나 초경량비행장치에 접근이 불가능한 경우

정답 40. ④　41. ④　42. ①　43. ④

44 다음 중 초경량비행장치 사고 발생 시 사고조사 담당기관은?

① 항공·철도사고조사위원회
② 항공교통본부
③ 한국교통안전공단
④ 항공기술연구원

• 해설
항공·철도사고조사위원회의 설치(항공·철도사고 조사에 관한 법률 제4조)
항공·철도사고 등의 원인 규명과 예방을 위한 사고 조사를 독립적으로 수행하기 위하여 국토교통부에 항공·철도사고조사위원회를 둔다.

45 초경량비행장치 불법 사용으로 3년 이하의 징역 또는 3천만 원 이하의 벌금에 처하는 경우가 아닌 것은?

① 주류 등의 영향으로 초경량비행장치를 사용하여 비행을 정상적으로 수행할 수 없는 상태에서 초경량비행장치를 사용하여 비행을 한 사람
② 초경량비행장치를 사용하여 비행하는 동안에 주류 등을 섭취하거나 사용한 사람
③ 초경량비행장치의 신고 또는 변경신고를 하지 아니하고 비행을 한 사람
④ 국토교통부장관의 주류 등의 측정 요구에 따르지 아니한 사람

• 해설
③ 초경량비행장치의 신고 또는 변경신고를 하지 아니하고 비행을 한 사람은 6개월 이하의 징역 또는 500만 원 이하의 벌금에 처한다(항공안전법 제161조).

46 500만 원 이하의 과태료를 부과하는 경우가 아닌 것은?

① 안전성 인증 대상인 초경량비행장치를 초경량비행장치의 비행안전을 위한 기술상의 기준에 적합하다는 안전성 인증을 받지 아니하고 비행한 사람
② 보험 또는 공제 가입 대상인 초경량비행장치를 보험 또는 공제에 가입하지 아니하고 초경량비행장치를 사용하여 비행한 자
③ 무인비행장치 특별비행을 위반하여 국토교통부장관이 승인한 범위 외에서 비행한 사람
④ 준공확인증명서를 받기 전에 이착륙장을 사용하거나 사용허가를 받지 아니하고 이착륙장을 사용한 자

• 해설
③ 200만 원 이하의 과태료를 부과한다.

47 다음 과태료 부과금액 중 잘못된 것은?

① 초경량비행장치의 말소신고를 하지 아니한 초경량비행장치 소유자는 30만 원 이하의 과태료
② 신고번호를 해당 초경량비행장치에 표시하지 아니하거나 거짓으로 표시한 초경량비행장치소유자는 100만 원 이하의 과태료
③ 안전성 인증을 받지 아니하고 비행한 사람은 1,000만 원 이하의 과태료
④ 초경량비행장치의 조종자 준수사항을 따르지 아니하고 초경량비행장치를 이용하여 비행한 사람은 300만 원 이하의 과태료

정답: 44. ① 45. ③ 46. ③ 47. ③

> **해설**
>
> ③ 안전성 인증을 받지 아니하고 비행한 사람은 500만 원 이하의 과태료(항공안전법 제166조)

48 초경량비행장치의 조종자는 초경량비행장치로 인하여 인명이나 재산에 피해가 발생하지 아니하도록 국토교통부령으로 정하는 준수사항을 지켜야 한다. 이를 위반하여 초경량비행장치를 이용하여 비행한 경우 1차 과태료 금액은?

① 100만 원　　② 150만 원
③ 200만 원　　④ 500만 원

> **해설**
>
> 초경량비행장치 조종자 준수사항을 위반한 경우 과태료의 부과기준(항공안전법 시행령 별표 5)
>
> | 1차 위반 | 2차 위반 | 3차 이상 위반 |
> |---|---|---|
> | 150만 원 | 225만 원 | 300만 원 |

49 초경량비행장치의 조종자로서 업무를 수행할 때 고의 또는 중대한 과실로 초경량비행장치 사고를 일으켜 초경량비행장치 또는 제3자의 재산피해가 100억 원 이상인 경우, 행정처분 내용으로 맞는 것은?

① 조종자 증명 취소　② 효력정지 90일
③ 효력정지 30일　　④ 효력정지 180일

> **해설**
>
> (항공안전법 시행규칙 [별표 44의2])
>
> | 위반 사유 | 행정처분 내용 |
> |---|---|
> | 가. 초경량비행장치 또는 제3자의 재산피해가 100억 원 이상인 경우 | 효력 정지 180일 |
> | 나. 초경량비행장치 또는 제3자의 재산피해가 10억 원 이상 100억 원 미만인 경우 | 효력 정지 90일 |
> | 다. 초경량비행장치 또는 제3자의 재산피해가 10억 원 미만인 경우 | 효력 정지 30일 |

50 항공안전법에서 규정하는 용어의 정의가 잘못된 것은?

① '관제권(管制圈)'이란 비행장 또는 공항과 그 주변의 공역으로서 항공교통의 안전을 위하여 국토교통부장관이 지정·공고한 공역을 말한다.

② '관제구(管制區)'란 지표면 또는 수면으로부터 100m 이상 높이의 공역으로서 항공교통의 안전을 위하여 국토교통부장관이 지정·공고한 공역을 말한다.

③ '영공(領空)'이란 대한민국의 영토와 「영해 및 접속수역법」에 따른 내수 및 영해의 상공을 말한다.

④ '항공로(航空路)'란 국토교통부장관이 항공기, 경량항공기 또는 초경량비행장치의 항행에 적합하다고 지정한 지구의 표면상에 표시한 공간의 길을 말한다.

> **해설**
>
> ② '관제구(管制區)'란 지표면 또는 수면으로부터 200m 이상 높이의 공역으로서 항공교통의 안전을 위하여 국토교통부장관이 지정·공고한 공역을 말한다(항공안전법 제2조 제26호).

정답 : 48. ②　49. ④　50. ②

PART 5

기출복원문제

1회 기출복원문제

2회 기출복원문제

3회 기출복원문제

4회 기출복원문제

5회 기출복원문제

1회 기출복원문제

1과목 항공기상

01 1PS(국제마력)는 몇 kgf · m/s인가?
① 30kgf · m/s   ② 50kgf · m/s
③ 75kgf · m/s   ④ 90kgf · m/s

해설
1PS(국제마력)=75kgf · m/s

02 대기권은 고도 상승에 따른 기온 변화를 기준으로 4개의 권역으로 구분하는데, 지표면으로부터 순서대로 나열하면?
① 대류권-성층권-중간권-열권
② 대류권-중간권-성층권-열권
③ 성층권-중간권-대류권-열권
④ 대류권-성층권-열권-중간권

해설
대기권은 4개의 권역으로 구분하며, 구분 기준은 고도 상승에 따른 기온 변화이다. 지표부터 '대류권-성층권-중간권-열권'으로 구분된다.

03 어떤 물질 1g을 1℃ 올리는 데 필요한 열량은?
① 잠열   ② 열량
③ 비열   ④ 현열

해설
비열은 어떤 물질 1g의 온도를 1℃ 만큼 올리는 데 필요한 열량이다.

04 강수의 구분 중 성격이 다른 하나는?
① 가랑비   ② 우박
③ 눈싸라기   ④ 눈

해설
가랑비는 액체이고 우박, 눈싸라기, 눈은 고체이다.

05 현재의 지상 기온이 31℃일 때 3,000ft 상공의 기온은? (단 조건은 ICAO의 국제표준대기(ISA)를 기준으로 한다.)
① 25℃   ② 28℃
③ 30℃   ④ 34℃

해설
ICAO의 국제표준대기 기준으로 기온감률은 −2.0℃/1,000ft=−6.5℃/km

06 등압선이 좁은 곳은 어떤 현상이 발생하는가?
① 무풍 지역   ② 태풍 지역
③ 강한 바람   ④ 약한 바람

해설
등압선의 간격이 좁으면 기압차가 크고, 간격이 넓으면 기압차가 작다. 바람은 기압이 높은 쪽에서 낮은 쪽으로 불게 되는데, 등압선의 간격이 좁을수록 기압차가 크므로 바람의 세기는 강하다.

정답 01. ③   02. ①   03. ③   04. ①   05. ①   06. ③

07 나뭇잎과 작은 가지가 끊임없이 흔들리고, 깃발이 가볍게 나부낄 때 나타나는 풍속은 어느 정도인가?

① 0.3~1.5m/sec ② 1.6~3.3m/sec
③ 3.4~5.4m/sec ④ 5.5~7.9m/sec

해설

풍속은 보퍼트 풍력 계급(Beaufort wind force scale, 13개의 풍력 계급(0부터 12까지))으로 구분하며, '나뭇잎과 작은 가지가 끊임없이 흔들리고, 깃발이 가볍게 나부낄 때 나타나는 풍속'은 풍력 계급 3에 관한 내용이다.

08 3/8~4/8 운량의 표기 내용이 의미하는 것은?

① FEV   ② SCT
③ BKN   ④ OVC

해설

운량이 0/8일 때 SKC(Sky Clear)
1/8~2/8일 때 Few
3/8~4/8일 때 SCT(Scattered)
5/8~7/8일 때 BKN(Broken)
8/8일 때 OVC(Overcast)

09 국내에서 발생하는 높새바람에 대한 설명으로 옳은 것을 〈보기〉에서 고르면?

> ㄱ. 영서 지방에서는 냉해가 발생한다.
> ㄴ. 바람이 산을 넘으면서 습도가 낮아진다.
> ㄷ. 영동 지방의 기온이 영서 지방보다 높다.
> ㄹ. 오호츠크해 기단이 발달할 때 발생한다.

① ㄷ, ㄹ   ② ㄱ, ㄷ
③ ㄴ, ㄷ   ④ ㄴ, ㄹ

해설

높새바람은 늦봄~초여름에 오호츠크해 기단에서 발생한 북동풍이 동해를 거치면서 습기를 흡수하여 영동 지방에 비를 뿌린 후, 영서 지방에서 고온 건조한 형태로 부는 바람을 말한다. 높새바람은 산지를 넘으면서 건조단열변화를 통해 고온 건조한 바람이 된다.

10 다음 뇌우에 관한 것 중 옳은 것은?

① 뇌우를 만나면 통과할 때까지 직진으로 빨리 빠져나가야만 한다.
② 뇌우 속에서는 엔진 출력을 최대로 하고 수평 자세를 끝까지 유지해야 한다.
③ 뇌우는 반드시 회피해야 한다.
④ 뇌우는 큰 소나기구름이므로 옆을 살짝 피해 가면 된다.

해설

뇌우는 국지적으로 발달한 상승 기류에 의해 적란운이 발달하여 번개와 천둥을 동반한 강한 소나기가 내리는 현상으로, 비행 중 뇌우는 반드시 회피해야 한다.

2과목 비행이론

11 비행기가 일정고도에서 등속 수평비행을 하는 조건은?

① 양력=항력, 추력=중력
② 양력=중력, 추력=항력
③ 추력〉항력, 양력〉중력
④ 추력=항력, 양력〈중력

해설

비행기에 작용하는 힘에는 4가지의 힘(추력, 항력, 양력, 중력)이 있다.
등속비행은 일정속도 비행, 즉 추력=항력
수평비행은 고도변화가 없는 비행, 즉 양력=중력
따라서 등속 수평비행은 양력=중력, 추력=항력

정답: 07. ③ 08. ② 09. ④ 10. ③ 11. ②

12 비행기가 정상선회를 하기 위해서는 어떻게 하여야 하는가?

① 원심력과 구심력은 크기가 같고 방향도 같아야 한다.
② 원심력과 구심력은 크기가 다르고 방향이 반대이어야 한다.
③ 원심력과 구심력은 크기가 다르고 방향이 같아야 한다.
④ 원심력과 구심력은 크기가 같고 방향이 반대이어야 한다.

해설
비행기가 정상선회를 할 때 비행기에 작용하는 원심력과 구심력은 크기가 같고 방향이 반대이다.

13 선회경사계는 자이로스코프의 무슨 특성을 이용한 것인가?

① 강직성   ② 섭동성
③ 회전성   ④ 자기성

해설
- 자이로(gyroscope, 자이로스코프)의 특성에는 섭동성과 강직성이 있다.
- 강직성(rigidity)은 외력을 가하지 않는 한, 그 자세를 계속 유지하려는 성질(예 비행 자세계, 방향 지시계에서 이용)
- 섭동성(precession)은 회전 방향으로 90° 진행된 곳에서 힘이 작용해 기울어지는 성질(예 선회 경사계에서 이용)

14 흐름이 없는 유체, 즉 정지된 유체에 대한 설명으로 옳은 것은?

① 동압의 크기는 영(0)이 된다.
② 정압과 동압의 크기가 같다.
③ 전압의 크기는 영(0)이 된다.
④ 정압의 크기는 영(0)이 된다.

해설
- 정압은 유체가 움직이지 않을 때 받는 압력이고, 동압은 유체가 움직일 때 받는 압력으로 속도압이라고 한다.
- 정지된 유체의 동압의 크기는 영(0)이 된다.

15 비행기의 승강키(elevator)에 대한 설명으로 옳은 것은?

① 비행기의 수직축(vertical axis)을 중심으로 비행기의 운동(yawing), 즉 좌우 방향 전환에 사용하는 것이 주목적이다.
② 비행기의 세로축(longitudinal axis)을 중심으로 비행기의 운동(rolling)을 조종하는 데 주로 사용되는 조종면이다.
③ 이륙이나 착륙 시 비행기의 양력을 증가시켜 주는 데 목적이 있다.
④ 비행기의 가로축(lateral axis)을 중심으로 비행기의 운동(pitching)을 조종하는 데 주로 사용되는 조종면이다.

해설
- x축-세로축-옆놀이(rolling)-도움날개(aileron)
- y축-가로축-키놀이(pitching)-승강키(elevator)
- z축-수직축-빗놀이(yawing)-방향키(rudder)

16 평형상태를 벗어난 비행기가 이동한 위치에서 새로운 평형상태가 되는 것을 무엇이라고 하는가?

① 정적 중립(neutral static stability)
② 동적 안정(dynamic stability)
③ 정적 안정(positive static stability)
④ 정적 불안정(negative static stability)

해설
정적 중립은 평형상태에서 벗어난 뒤 원래의 평형상태로도 복귀하지도 않고, 벗어난 방향으로도 이동하지 않는 경향이다.

정답 12. ④ 13. ② 14. ① 15. ④ 16. ①

17 항공기 이륙거리를 줄이기 위한 방법이 아닌 것은?

① 엔진의 추력을 작게 하여 이륙활주 중 가속도를 증가시킨다.
② 항공기의 무게를 가볍게 한다.
③ 플랩과 같은 고양력장치를 사용한다.
④ 맞바람을 받으면서 이륙하여 바람의 속도만큼 항공기의 속도를 증가시킨다.

● 해설
〈이륙거리를 줄이는 방법〉
- 엔진의 추력을 크게 한다.
- 비행기 무게를 가볍게 한다.
- 슬랫, 플랩과 같은 고양력장치를 사용한다.
- 정풍비행(맞바람)을 활용한다.
- 마찰계수를 작게 한다.

18 비행기의 날개에 작용하는 양력의 크기에 대한 설명으로 틀린 것은?

① 양력계수에 비례한다.
② 날개의 면적에 비례한다.
③ 공기 밀도의 크기에 비례한다.
④ 비행 속도에 반비례한다.

● 해설
속도에 제곱에 비례한다.
$L = \frac{1}{2}\rho V^2 C_L S$

양력은 양력계수(C_L)가 커지면 증가하고, 공기 밀도(ρ)가 커지면 증가하고, 날개 면적(S)이 커지면 증가하고, 비행 속도(V)가 커지면 속도의 제곱으로 증가한다.

19 헬리콥터의 운동 중 동시피치레버(collective pitch lever)로 조종하는 운동은?

① 수직 방향운동　② 전·후진운동
③ 방향조종운동　④ 좌·우운동

● 해설
동시(콜렉티브) 피치레버는 피치를 동시에 증가 또는 감소시켜 양력을 조절하는 조종장치로서 수직 상승 및 하강운동을 수행한다.

20 왕복엔진의 윤활계통에서 엔진오일의 기능이 아닌 것은?

① 밀폐작용　② 윤활작용
③ 청결작용　④ 보온작용

● 해설
왕복엔진의 엔진오일의 기능은 밀폐(기밀)작용, 윤활작용, 냉각작용, 청결작용, 방청작용, 소음방지 기능이다.

3과목　드론 운용

21 무인멀티콥터(unmanned multicopter) 중에서 프로펠러가 6개인 것은?

① 쿼드콥터　② 도데카콥터
③ 헥사콥터　④ 옥타콥터

● 해설
- 쿼드콥터(quadcopter) : 4개의 프로펠러
- 헥사콥터(hexacopter) : 6개의 프로펠러
- 옥타콥터(octocopter) : 8개의 프로펠러
- 도데카콥터(dodecacopter) : 12개의 프로펠러

22 무인멀티콥터 기체의 기울어진 각도를 측정하는 센서는?

① GPS 센서　② 전자변속기(ESC)
③ 가속도 센서　④ 자이로 센서

● 해설
- 가속도 센서는 센서에 가해지는 가속도(단위시간당 속도의 변화)를 측정한다.
- 자이로 센서는 각속도(단위시간당 회전 각도의 변화)를 측정하여 드론의 기울기 정보를 제공한다.

정답 : 17. ①　18. ④　19. ①　20. ④　21. ③　22. ④

23 일반적으로 무인멀티콥터의 동력장치로 사용되는 것은?

① 전기모터　② 가솔린 엔진
③ 터보 엔진　④ 제트 엔진

해설

무인멀티콥터는 일반적으로 배터리로 구동하며 전기모터(BLDC 모터)를 사용한다.

24 브러시드(BDC) 모터와 브러시리스(BLDC) 모터에 대한 설명으로 올바른 것은?

① 브러시드 모터는 영구적으로 사용할 수 없다.
② 브러시드 모터는 전자속도제어기(ESC)가 필요하다.
③ 브러시리스 모터는 수명이 짧지만 저렴한 편이다.
④ 브러시리스 모터는 전력 손실이 많고 열이 발생한다.

해설

브러시드(BDC) 모터는 수명이 짧지만 저렴해 많이 사용한다. 브러시리스(BLDC) 모터는 수명이 반영구적이고, 큰 출력이 가능하다는 장점이 있다. 브러시리스 모터는 속도를 제어하기 위해 전자변속기(ESC)가 필수적이다.

25 다음 중 무인멀티콥터가 좌우 회전 비행을 할 때 모터의 회전수 변화에 대해 바르게 설명한 것은?

① 멀티콥터가 좌로 회전하면 모든 모터가 빠르게 회전한다.
② 멀티콥터가 우로 회전하면 좌로 회전하는 모터의 회전수가 빨라진다.
③ 멀티콥터가 우로 회전하면 우로 회전하는 모터의 회전수가 빨라진다.
④ 멀티콥터가 좌로 회전하면 우측에 장착된 모터의 회전수가 빨라진다.

해설

토크작용에 의해 반대쪽 모터가 빨리 회전해야 하므로 우로 회전하려면 좌로 회전하는 모터가 빨라진다.

26 무인멀티콥터의 기체를 내리려는 경우 조종기의 조작 방법은?

① 엘리베이터를 전진한다.
② 엘리베이터를 후진한다.
③ 스로틀을 내린다.
④ 스로틀을 올린다.

해설

- 스로틀(throttle) 레버는 드론을 상승·하강시키는 역할을 한다.
- 엘리베이터(elevator) 레버는 드론을 전후로 움직이는 역할을 한다.
- 에일러론(aileron) 레버는 드론을 좌우로 움직이는 역할을 한다.
- 러더(rudder) 레버는 드론의 기수를 좌우로 회전시키는 역할을 한다.

27 무인멀티콥터의 비행 중 일부 모터가 정지 시 대처법은?

① 모터가 정상적으로 작동할 때까지 기다린다.
② 숙련된 조종기술을 활용해 비행을 유지한다.
③ 소리를 크게 외쳐서 주변 사람들에게 알린 후 신속하게 안전지역에 착륙한다.
④ 최초 이륙지점으로 이동시켜 착륙을 시도한다.

해설

모터가 정지하면 추락할 수 있으므로 소리를 크게 외쳐서 주변 사람들에게 알린 후 신속하게 안전지역에 착륙한다.

정답 23. ① 24. ① 25. ② 26. ③ 27. ③

28 비행 후 점검사항이 아닌 것은?

① 배터리의 충전상태
② 프로펠러의 고정나사 풀림 여부
③ 박리, 깨짐 등의 육안검사
④ 모터의 손상 여부 및 냄새 여부 확인

해설
배터리의 충전상태는 비행 전 점검사항이다.

29 다음 중 리튬폴리머 배터리 보관 시 주의사항으로 올바르지 않은 것은?

① 더운 날씨에 차량에 배터리를 보관하지 않아야 한다.
② 배터리를 낙하, 충격, 파손 또는 인위적으로 합선시키지 않아야 한다.
③ 손상된 배터리나 전력 수준이 50% 이상인 상태에서 배송하지 않아야 한다.
④ 추운 겨울에 얼지 않도록 전열기 주변에서 보관한다.

해설
리튬폴리머 배터리를 보관하는 적정온도는 18~25℃이다.

30 다음 중 초경량비행장치(드론)에 탑재될 배터리로 적절하지 않은 것은?

① Ni-H
② Ni-MH
③ Li-ion
④ Ni-cd

해설
Li-ion은 리튬이온 전지를 말한다. 무인멀티콥터 배터리에 주로 사용되는 배터리(전지)에는 리튬-폴리머(Li-Po) 전지, 리튬이온(Li-ion) 전지, 니켈-카드뮴(Ni-Cd) 전지, 니켈-수소(Ni-MH) 전지 등이 있으며, 이중 리튬-폴리머(Li-Po) 전지가 널리 사용된다.

4과목 항공법규

31 국제민간항공협약에 따라 설립된 정부 간 국제기구는?

① 국제항공운송협회(IATA)
② 국제민간항공기구(ICAO)
③ 국제공항협의회(ACI)
④ 미국항공운송협회(ATA)

해설
국제민간항공협약(통칭, 시카고 협약)에 의하여 국제민간항공기구(ICAO; International Civil Aviation Organization)가 1947년에 설립되었다.

32 항공안전법에서 규정하는 용어의 정의가 잘못된 것은?

① '비행정보구역'이란 항공기, 경량항공기 또는 초경량비행장치의 안전하고 효율적인 비행과 수색 또는 구조에 필요한 정보를 제공하기 위한 공역이다.
② '항공종사자'란 제34조 제1항에 따른 항공종사자 자격증명을 받은 사람을 말한다.
③ 항공업무에는 항공교통관제연습이 포함된다.
④ '관제권(管制圈)'이란 비행장 또는 공항과 그 주변의 공역이다.

해설
항공업무에는 항공교통관제연습이 제외된다(항공안전법 제2조 제5호).

정답: 28. ① 29. ④ 30. ① 31. ② 32. ③

33 드론법에서 규정하는 드론의 정의가 잘못된 것은?

① 동력을 일으키는 기계장치가 2개 이상이고, 지상에서 비행체의 항행을 통제할 수 있을 것
② 외부에서 원격으로 조종할 수 있는 비행체
③ 외부의 원격조종 없이 사전에 지정된 경로로 자동 항행이 가능한 비행체
④ 항행 중 발생하는 비행환경 변화 등을 인식·판단하여 자율적으로 비행속도 및 경로 등을 변경할 수 있는 비행체

해설
'드론'은 동력을 일으키는 기계장치가 1개 이상이고, 지상에서 비행체의 항행을 통제할 수 있어야 한다(드론법 시행규칙 제2조).

34 신고를 필요로 하지 아니하는 초경량비행장치는?

① 사람이 탑승하는 기구류
② 무인동력비행장치 중에서 최대이륙중량이 5kg 이하인 것
③ 무인비행선 중에서 자체무게가 12kg 이상이고, 길이가 7m 이상인 것
④ 제작자 등이 판매를 목적으로 제작하였으나 판매되지 아니한 것으로서 비행에 사용되지 아니하는 초경량비행장치

해설
항공안전법 시행령 제24조(신고 대상 초경량비행장치)
① 기구류(사람이 탑승하는 것은 제외한다)
② 무인동력비행장치 중에서 최대이륙중량이 2kg 이하인 것
③ 무인비행선 중에서 연료의 무게를 제외한 자체무게가 12kg 이하이고, 길이가 7m 이하인 것

35 자체중량이 70kg 이하로서 날개에 부착된 줄을 이용하여 조종하는 비행장치는 무엇인가?

① 행글라이더 ② 무인동력비행장치
③ 패러글라이더 ④ 자이로 플레인

해설
패러글라이더는 탑승자 및 비상용 장비의 중량을 제외한 자체중량이 70kg 이하로서 날개에 부착된 줄을 이용하여 조종하는 비행장치이다(항공안전법 시행규칙 제5조).

36 초경량비행장치 조종자 전문교육기관의 지정기준 중 무인비행장치의 경우 지도조종자의 조종경력 시간은?

① 100시간 이상 ② 150시간 이상
③ 200시간 이상 ④ 300시간 이상

해설
초경량비행장치 전문교육기관의 지정기준(항공안전법 시행규칙 제307조 제2항)
〈다음 각 목의 전문교관이 있을 것〉
가. 비행시간이 200시간(무인비행장치의 경우 조종경력이 100시간) 이상이고, 국토교통부장관이 인정한 조종교육교관(지도조종자) 과정을 이수한 지도조종자 1명 이상
나. 비행시간이 300시간(무인비행장치의 경우 조종경력이 150시간) 이상이고, 국토교통부장관이 인정하는 실기평가과정을 이수한 실기평가조종자 1명 이상

37 초경량비행장치를 초경량비행장치 제한 공역에서 비행하고자 하는 자는 초경량비행장치 비행승인 신청서를 누구에게 제출해야 하는가?

① 항공기술연구원장
② 한국교통안전공단 이사장
③ 국방부장관
④ 지방항공청장

정답 : 33. ① 34. ④ 35. ③ 36. ① 37. ④

> **해설**
>
> 초경량비행장치 비행제한 공역에서 비행하려는 사람은 미리 국토교통부장관(지방항공청장에게 위임)으로부터 비행승인을 받아야 한다(항공안전법 제127조 제2항).

38 항공종사자의 혈중 알코올 농도가 0.02% 이상 0.06% 미만인 경우의 행정처분은?

① 조종자 증명 취소
② 조종자격의 효력 정지 60일
③ 조종자격의 효력 정지 120일
④ 조종자격의 효력 정지 180일

> **해설**
>
> 〈항공안전법 제125조, 항공안전법 시행규칙 제306조 별표 44의 2〉
> - 혈중 알코올 농도 0.02% 이상 0.06% 미만 : 효력 정지 60일
> - 혈중 알코올 농도 0.06% 이상 0.09% 미만 : 효력 정지 120일
> - 혈중 알코올 농도 0.09% 이상 : 효력 정지 180일

39 초경량비행장치 조종자의 준수사항으로 잘못된 것은?

① 관제 공역·통제 공역·주의 공역에서 군사 목적으로 사용되는 초경량비행장치를 비행하는 행위
② 초경량비행장치 조종자는 원칙적으로 무인자유기구를 비행시켜서는 아니 된다.
③ 무인비행장치 조종자는 무인비행장치를 사용하여 개인정보 또는 개인위치정보 등 개인의 공적·사적 생활과 관련된 정보를 수집하거나 이를 전송하는 경우 타인의 자유와 권리를 침해하지 아니하도록 하여야 한다.
④ 무인비행장치 특별비행승인을 신청하고자 하는 자는 초경량비행장치 비행승인 신청을 함께 할 수 없다.

> **해설**
>
> 무인비행장치 특별비행승인을 신청하고자 하는 자는 초경량비행장치 비행승인 신청을 함께 할 수 있다(항공안전법 제129조).

40 초경량비행장치 관련 벌칙에 대한 내용 중 잘못된 것은?

① 국토교통부장관의 승인을 받지 아니하고 초경량비행장치 비행제한 공역을 비행한 사람은 500만 원 이하의 벌금에 처한다.
② 초경량비행장치 사고가 발생한 것을 알고도 정당한 사유 없이 통보를 하지 아니하거나 거짓으로 통보한 경우에는 500만 원 이하의 벌금에 처한다.
③ 초경량비행장치 사용사업의 안전을 위한 국토교통부의 안전개선 명령을 이행하지 아니한 초경량비행장치사용사업자는 700만 원 이하의 벌금에 처한다.
④ 국토교통부장관의 사업개선 명령을 위반한 초경량비행장치 사용사업자는 1천만 원 이하의 벌금에 처한다.

> **해설**
>
> 초경량비행장치 사용사업의 안전을 위한 국토교통부의 안전개선 명령을 이행하지 아니한 초경량비행장치 사용사업자는 1천만 원 이하의 벌금에 처한다(항공안전법 제162조).

정답 38. ② 39. ④ 40. ③

2회 기출복원문제

1과목 항공기상

01 다음 중 압력의 단위가 아닌 것은?

① Pa ② bar
③ Torr ④ kg

해설
파스칼(Pa), 바(bar), 토르(Torr)는 압력의 단위이고, 킬로그램(kg)은 질량의 단위이다.

02 대기권 중에서 대류현상이 일어나는 곳은?

① 성층권, 중간권
② 대류권, 중간권
③ 중간권, 열권
④ 열권, 성층권

해설
대류권은 기상현상과 대류현상이 있으며, 중간권은 대류현상이 있으나 기상현상이 없다.

03 유체(기체나 액체)가 부분적으로 가열되면 가열된 부분이 팽창하면서 밀도가 작아져 위로 올라가고, 위에 있던 밀도가 큰 부분은 내려오게 되는데, 이런 과정이 되풀이되면서 유체 전체가 고르게 가열되는 현상은?

① 역전현상 ② 대류현상
③ 이류현상 ④ 푄현상

해설
차가운 방이 난로에 의해 따뜻해질 때도 대류현상이 나타난다. 난로는 방 아랫부분의 공기를 따뜻하게 하며, 따뜻한 공기는 팽창하여 밀도가 낮아지고 부력에 의해 천정으로 올라가서 원래 있던 차가운 공기를 아래로 밀어내게 된다. 이와 같은 공기의 순환이 되풀이 되면서 방 전체가 따뜻해진다.

04 공기 밀도는 습도와 기압이 변화하면 어떻게 되는가?

① 공기 밀도는 기압에 비례하고 습도에 반비례한다.
② 공기 밀도는 기압과 습도에 비례하며 온도에 반비례한다.
③ 공기 밀도는 온도에 비례하고 기압에 반비례한다.
④ 온도와 기압의 변화는 공기 밀도와는 무관하다.

해설
공기 밀도는 기압에 비례하고, 습도에 반비례한다.

05 국제표준대기 상태에서 해수면 상공 1000ft당 기온은 몇 도씩 감소하는가?

① 1℃ ② 2℃
③ 3℃ ④ 4℃

해설
ICAO의 국제표준대기 기준으로 기온감률은
−2.0℃/1,000ft=−6.5℃/km

정답 01. ④ 02. ② 03. ② 04. ① 05. ②

06 이슬비란 무엇인가?

① 빗방울 크기가 직경 0.5mm 이하일 때
② 빗방울 크기가 직경 0.7mm 이하일 때
③ 빗방울 크기가 직경 0.9mm 이하일 때
④ 빗방울 크기가 직경 1mm 이하일 때

해설

이슬비는 빗방울 크기가 직경(지름) 0.5mm 이하인 것을 말한다.
(응결핵 : 0.0002mm, 구름 : 0.02mm, 안개 : 0.2mm, 이슬비 : 0.5mm)

07 북반구의 고기압과 저기압에서 바람의 회전 방향은?

① 고기압-시계 방향 , 저기압-시계 방향
② 고기압-시계 방향 , 저기압-반시계 방향
③ 고기압-반시계 방향 , 저기압-시계 방향
④ 고기압-반시계 방향 , 저기압-반시계 방향

해설

- 북반구에서 고기압은 시계 방향으로, 저기압은 반시계 방향으로 회전한다.
- 남반구에서 고기압은 반시계 방향으로, 저기압은 시계 방향으로 회전한다.
- 북반구와 남반구는 반대이다.

08 진고도(True Altitude)의 설명으로 맞는 것은?

① 항공기와 지표면의 실측 높이이며 'AGL' 단위를 사용한다.
② 고도계 수정치를 표준 대기압(29.92" Hg)에 맞춘 상태에서 고도계가 지시하는 고도
③ 평균 해수면으로부터 항공기까지의 실제 높이
④ 고도계를 해당 지역이나 인근 공항의 고도계 수정치 값에 수정했을 때 고도계가 지시하는 고도

해설

진고도는 평균해수면(MSL; Mean Sea Level)으로부터 항공기까지의 수직 높이를 말한다.

09 대기의 기온이 0℃ 이하에서도 물방울이 액체로 존재하는 것은?

① 응결수   ② 과냉각수
③ 수증기   ④ 용해수

해설

과냉각수(supercooling water droplet)는 0℃ 이상의 물을 냉각시켜 0℃ 이하로 온도가 내려가도 응결되지 않고 액체 상태로 남아 있는 것을 말한다.

10 대기 중에 수증기의 양을 나타내는 것을 무엇이라 하는가?

① 기온   ② 습도
③ 밀도   ④ 기압

해설

습도는 공기 가운데 수증기가 들어 있는 정도로서, 공기가 포함할 수 있는 최대 수증기의 양은 온도에 따라 다르다. 습도에는 절대 습도와 상대 습도가 있다.

2과목 비행이론

11 양력(lift)의 발생 원리를 직접적으로 설명할 수 있는 원리는?

① 관성의 법칙   ② 파스칼의 정리
③ 베르누이의 정리   ④ 에너지 보존 법칙

해설

양력 발생의 원리는 베르누이 정리와 뉴턴의 제3법칙(작용-반작용의 법칙)으로 설명된다.

정답 06. ① 07. ② 08. ③ 09. ② 10. ② 11. ③

12 상승 가속도 비행을 하고 있는 항공기에 작용하는 힘의 크기를 옳게 비교한 것은?

① 양력 〉 중력, 추력 〈 항력
② 양력 〈 중력, 추력 〉 항력
③ 양력 〈 중력, 추력 〈 항력
④ 양력 〉 중력, 추력 〉 항력

> **해설**
> 상승비행은 '양력 〉 중력, 가속도비행은 추력 〉 항력'이다.

13 이륙거리에 포함되지 않는 거리는?

① 상승거리(climb distance)
② 전이거리(transition distance)
③ 지상활주거리(ground run distance)
④ 자유활주거리(free roll distance)

> **해설**
> 이륙거리=지상활주거리+전이거리+상승거리

14 수직축(z축)을 중심으로 빗놀이(yawing) 모멘트를 주기 위해 필요한 조종면은?

① 승강키(elevator) ② 방향키(rudder)
③ 도움날개(aileron) ④ 스포일러(spoiler)

> **해설**
> • x축—세로축—x축—옆놀이(rolling)—도움날개(aileron)
> • y축—가로축—키놀이(pitching)—승강키(elevator)
> • z축—수직축—빗놀이(yawing)—방향키(rudder)

15 피토(pitot)관을 이용한 대기 속도계의 원리를 설명한 것이다. 바른 것은?

① 속도=(정압+동압)−정압
② 속도=(동압+정압)+정압
③ 속도=전압−동압
④ 속도=(동압−정압)−전압

> **해설**
> 대기속도계는 '전압과 정압의 차이'인 동압을 이용하여 속도를 측정한다.

16 비행기가 돌풍이나 조종에 의해 평형상태에서 벗어난 뒤에 다시 평형상태로 돌아가려는 초기의 경향을 가장 옳게 설명한 것은?

① 동적 안정성이 있다. [양(+)의 동적 안정성]
② 정적으로 불안정하다. [음(−)의 정적 안정성]
③ 정적 안정성이 있다. [양(+)의 정적 안정성]
④ 동적으로 불안정하다. [음(−)의 동적 안정성]

> **해설**
> 정적 안정성(static stability)은 시간의 개념을 포함하지 않고, 평형상태에서 교란된 후에 다시 원래의 평형상태로 복귀하려는 초기 경향만을 가진 안정성이다.

17 4행정 왕복기관의 각 과정이 순서대로 나열된 것은?

① 흡입→팽창→압축→배기
② 흡입→배기→압축→팽창
③ 흡입→배기→팽창→압축
④ 흡입→압축→팽창→배기

> **해설**
> 왕복엔진의 4행정 중 팽창(폭발)행정에서 동력을 발생시킨다.

18 자이로를 이용한 계기가 아닌 것은?

① 비행자세계
② 제빙압력계
③ 방향지시계
④ 선회경사계

정답 : 12. ④ 13. ④ 14. ② 15. ① 16. ③ 17. ④ 18. ②

> **해설**
> - 자이로(gyroscope, 자이로스코프)의 특성에는 섭동성과 강직성이 있다.
> - 강직성(rigidity)은 외력을 가하지 않는 한 그 자세를 계속 유지하려는 성질(예 비행 자세계, 방향 지시계에서 이용)
> - 섭동성(precession)은 회전 방향으로 90° 진행된 곳에서 힘이 작용해 기울어지는 성질(예 선회 경사계에서 이용)

19 헬리콥터에서 주회전날개의 피치를 동시에 크게 하거나 적게 해서 수직으로 상승, 하강시키는 조종장치는?

① 꼬리날개
② 방향키 페달
③ 동시 피치레버
④ 주기 피치레버

> **해설**
> - 동시(콜렉티브) 피치레버 : 피치를 동시에 증가 또는 감소시켜 양력을 조절하여 수직으로 상승, 하강시킨다.
> - 주기(사이클릭) 피치레버 : 헬리콥터의 회전면을 전, 후, 좌, 우로 기울여서 헬리콥터의 비행 방향을 조절한다.

20 날개끝에서 발생하는 유도항력을 줄이기 위한 장치는?

① 플랩(flap)　② 슬롯(slot)
③ 윙렛(winglet)　④ 슬랫(slat)

> **해설**
> 유도항력은 양력을 만들면 필연적으로 유도(induced)되는 항력으로 보통 날개끝에서 실속으로 생기는 와류(vortex, 소용돌이) 때문에 생기는 항력이다. 비행기의 진행을 방해하므로 유도항력은 날개 끝에 윙렛(winglet)을 설치하여 줄인다.

3과목　드론 운용

21 무인항공기를 날개 형태에 따라 분류하는 경우, 고정익기와 회전익기의 특성을 동시에 보유하고 있는 것은?

① 쿼드콥터
② 헥사콥터
③ 수직 이착륙 비행기(VTOL)
④ 옥타콥터

> **해설**
> 무인항공기는 날개 형태에 따라 고정익기, 회전익기, 수직 이착륙 비행기(VTOL; Vertical Take-off and Landing)로 구분한다. 수직 이착륙 비행기(VTOL)의 예로는 '틸트로터(tilt rotor, 가변로터)'가 있다.

22 무인멀티콥터나 드론의 현재 위치를 확인하는 센서는?

① 지자기 센서(geomagnetic sensor)
② 가속도 센서(acceleration sensor)
③ 자이로 센서(gyroscope sensor)
④ GPS(Global Positioning System, 지구위치결정시스템) 센서

> **해설**
> 지자기 센서는 진행 방향(방위)을 산출하는 센서이고, 가속도 센서는 수평 유지를 위한 센서이며, 자이로 센서는 자세 유지를 위한 센서이다.

23 무인멀티콥터에 탑재되는 센서가 아닌 것은?

① 지자기 센서(geomagnetic sensor)
② 가속도 센서(acceleration sensor)
③ 기압 센서(pressure sensor)
④ 유량 센서(flow sensor)

정답 19. ③　20. ③　21. ③　22. ④　23. ④

해설
유량 센서(flow sensor)는 공기나 연료량 등을 측정하는 데 사용되는 센서로서 배터리로 운용되는 무인멀티콥터에는 사용되지 않는다.

24 드론에 사용되는 브러시리스(BLDC) 모터에 대한 설명 중 틀린 것은?

① 3상 전류를 사용하기 때문에 전자변속기(ESC)가 필요하다.
② 브러시드 모터에 비해 수명이 길며 반영구적이다.
③ 모터의 수명에 영향을 미치는 브러시가 없는 모터이다.
④ 브러시드 모터에 비해 저가이기 때문에 많이 활용된다.

해설
브러시드(BDC) 모터에 비해 고가이지만 수명이 길고 높은 출력이 가능해 많이 활용된다.

25 무인멀티콥터의 기체를 착륙시키려면?

① 엘리베이터를 전진한다.
② 엘리베이터를 후진한다.
③ 스로틀을 내린다.
④ 스로틀을 올린다.

해설
- 스로틀(throttle) 레버는 드론을 상승·하강시키는 역할을 한다.
- 엘리베이터(elevator) 레버는 드론을 전후로 움직이는 역할을 한다.
- 에일러론(aileron) 레버는 드론을 좌우로 움직이는 역할을 한다.
- 러더(rudder) 레버는 드론의 기수를 좌우로 회전시키는 역할을 한다.

26 무인멀티콥터 비행 중 비상사태 발생 시 가장 먼저 해야 할 조치사항은?

① 육성으로 주위 사람들에게 큰 소리로 위험을 알린다.
② 애티 모드로 전환하여 조종을 한다.
③ 가장 가까운 곳으로 비상 착륙을 한다.
④ 사람이 없는 안전한 곳에 착륙을 한다.

해설
안전을 위해 사람들에게 먼저 알린 후 안전하게 착륙시킨다.

27 리튬-폴리머(Li-Po) 배터리 사용 시 주의사항과 거리가 먼 것은?

① 완전 충전해서 보관한다.
② 충전 시간을 지켜 충전한다.
③ 오랫동안 사용하지 않을 때는 배터리를 기기에서 분리해 놓는다.
④ 약 18~25℃의 상온에서 보관한다.

해설
배터리는 50~60%로 충전하여 보관한다.

28 배터리 보관 방법으로 틀린 것은?

① 비행체에서 분리하여 보관한다.
② 장시간 사용하지 않을 경우 40~50%까지 방전하여 보관한다.
③ 장시간 사용하지 않더라도 완충하여 보관한다.
④ 겨울철에는 상온에서 보관한다.

해설
장시간 사용하지 않을 경우 40~50%까지 방전하여 보관한다. 즉 장시간 사용하지 않을 경우 50~60%만을 충전하여 보관한다.

정답: 24. ④ 25. ③ 26. ① 27. ① 28. ③

29 리튬-폴리머(Li-Po) 배터리의 장점으로 틀린 것은

① 큰 용량의 배터리를 제작할 수 있다.
② 방전율이 높다.
③ 인체에 유해한 중금속을 사용한다.
④ 다양한 형태와 크기로 제작이 가능하다.

> **해설**

〈리튬-폴리머(Li-Po) 배터리의 장점〉
- Ni-Cd. Ni-MH 등에 비해 높은 전압을 가지고 있다.
- 큰 용량의 배터리를 제작할 수 있다.
- 방전율이 높다.
- 메모리 효과(memory effect), 즉 기억 효과가 없다.
  - 니켈-카드뮴(Ni-Cd), 니켈-수소(Ni-MH) 등 니켈계 배터리는 메모리 효과가 있다.
  - 메모리 효과는 방전이 충분하지 않은 상태에서 다시 충전하면, 전지의 실제 용량이 줄어드는 효과를 말한다. 즉 이전에 충전된 또는 방전된 상태를 기억하는 효과이다.
- 리튬이온 배터리보다 에너지 효율이 높다.
- 무게가 가볍고, 전해질이 젤(gel) 타입이어서 다양한 형태와 크기로 제작이 가능하다.
- 인체에 유해한 중금속(카드뮴 등)을 사용하지 않는다.

〈리튬-폴리머(Li-Po) 배터리의 단점〉
- 과충전과 과방전에 취약하다.
- 과충전, 과방전, 고열, 충격, 내부 파손, 완충 상태로 장기보관 시 스웰링(swelling, 배부름) 현상이 발생하여 화재, 폭발 등이 야기될 수 있다.

30 다음 중 무인멀티콥터에 사용하는 2차 전지에 포함되지 않는 것은?

① 니켈-카드뮴 전지
② 니켈-수소 전지
③ 리튬-이온 전지
④ 알카라인 전지

> **해설**

알카라인 전지는 알칼리 전지라고도 하며 수은전지, 망간전지 등과 같이 1차 전지에 속한다.

4과목 항공법규

31 항공사업법에서 규정하는 용어의 정의가 잘못된 것은?

① '항공사업'이란 국토교통부장관의 면허, 허가 또는 인가를 받거나 국토교통부장관에게 등록 또는 신고하여 경영하는 사업을 말한다.
② '항공운송사업'이란 국내항공운송사업, 국제항공운송사업 및 소형항공운송사업을 말한다.
③ '소형항공운송사업'이란 타인의 수요에 맞추어 항공기를 사용하여 유상으로 여객이나 화물을 운송하는 사업이다.
④ '소형항공운송사업'은 국내항공운송사업 및 국제항공운송사업을 포함한 항공운송사업을 말한다.

> **해설**

소형항공운송사업은 국내항공운송사업 및 국제항공운송사업 외의 항공운송사업을 말한다(항공사업법 제2조 13호).

32 항공사업법에서 항공 관련 사업자의 등록 또는 신고 요건이 잘못된 것은?

① 초경량비행장치 사용사업자 : 국토교통부장관에게 초경량비행장치 사용사업을 등록한 자
② 항공기정비업자 : 국토교통부장관에게 항공기정비업을 등록한 자
③ 항공레저스포츠사업자 : 국토교통부장관에게 항공레저스포츠사업을 신고한 자
④ 도심공항터미널업자 : 국토교통부장관에게 도심공항터미널업을 신고한 자

> **해설**

항공레저스포츠사업자 : 국토교통부장관에게 항공레저스포츠사업을 등록한 자(항공사업법 제2조)

정답 : 29. ③ 30. ④ 31. ④ 32. ③

33 초경량비행장치의 분류기준을 잘못 설명한 것은?

① 무인동력비행장치는 연료의 중량을 포함한 자체중량이 150kg 이하인 무인비행기, 무인헬리콥터, 무인멀티콥터, 무인수직이착륙기를 말한다.
② 행글라이더는 탑승자 및 비상용 장비의 중량을 제외한 자체중량이 70kg 이하로서 체중 이동, 타면 조종 등의 방법으로 조종하는 비행장치를 말한다.
③ 회전익비행장치는 동력비행장치의 요건을 갖춘 헬리콥터 또는 자이로플레인을 말한다.
④ 무인비행선은 연료의 중량을 제외한 자체중량이 180kg 이하이고, 길이가 20m 이하인 무인비행선을 말한다.

• 해설
무인동력비행장치는 연료중량을 제외한 자체중량이 150kg 이하인 무인비행기, 무인헬리콥터, 무인멀티콥터, 무인수직이착륙기를 말한다(항공안전법 시행규칙 제5조).

34 초경량비행장치의 신고 후 신고증명서의 발급자는?

① 국토교통부장관
② 한국교통안전공단 이사장
③ 한국항공협회장
④ 지방항공청장

• 해설
한국교통안전공단 이사장은 초경량비행장치의 신고를 받으면 초경량비행장치 신고증명서를 초경량비행장치 소유자 등에게 발급하여야 하며, 초경량비행장치 소유자 등은 비행 시 이를 휴대하여야 한다(항공안전법 시행규칙 제301조).

35 다음 중 무인비행장치 조종자의 자격기준 연령은?

① 연령이 만12세 이상
② 연령이 만14세 이상
③ 연령이 만18세 이상
④ 연령이 만20세 이상

• 해설
무인비행장치 조종자 자격기준은 연령이 만 14세 이상, 지도조종사는 만 18세 이상, 실기평가조종자는 만 18세 이상이다. 다만, 4종 무인동력비행장치(무인비행기, 무인헬리콥터, 무인멀티콥터, 무인수직이착륙기)의 자격기준은 만 10세 이상이다(무인비행장치 조종자의 자격 및 전문교육기관 지정기준 제4조, 국토교통부 고시, 2025.5.14).

36 초경량비행장치 조종자 전문교육기관의 지정기준으로 맞는 것은 무엇인가?

① 무인비행장치 비행시간이 100시간 이상인 지도조종자 2명 이상 보유
② 무인비행장치 비행시간이 200시간 이상인 지도조종자 2명 이상 보유
③ 무인비행장치 비행시간이 150시간 이상인 실기평가조종자 1명 이상 보유
④ 무인비행장치 비행시간이 300시간 이상인 실기평가조종자 2명 이상 보유

• 해설
초경량비행장치 전문교육기관의 지정기준(항공안전법 시행규칙 제307조 제2항)
〈다음 각 목의 전문교관이 있을 것〉
가. 비행시간이 200시간(무인비행장치의 경우 조종경력이 100시간) 이상이고, 국토교통부장관이 인정한 조종교육교관(지도조종자) 과정을 이수한 지도조종자 1명 이상
나. 비행시간이 300시간(무인비행장치의 경우 조종경력이 150시간) 이상이고, 국토교통부장관이 인정하는 실기평가 과정을 이수한 실기평가 조종자 1명 이상

정답 33. ① 34. ② 35. ② 36. ③

37 항공레저스포츠사업에 사용되는 무인비행장치의 초경량비행장치 비행승인신청서에 포함되지 않아도 되는 것은?

① 비행경로와 고도 ② 조종자의 비행경력
③ 동승자 ④ 비행장치의 소유자

해설

〈초경량비행장치 비행승인신청서의 포함사항〉(항공안전법 시행규칙 별지 제122호 서식)
1. 신청인 : 성명/명칭, 생년월일, 주소, 연락처
2. 비행장치 : 종류/형식, 용도, 소유자, 신고번호, 안전성 인증서번호
3. 비행계획 : 일시 또는 기간(최대 6개월), 구역, 비행목적/방식, 보험, 경로/고도
4. 조종자 : 성명, 생년월일, 주소, 연락처, 자격번호 또는 비행경력
5. 동승자 : 성명, 생년월일, 주소

※ 신고를 필요로 하지 않는 초경량비행장치 또는 안전성 인증의 대상이 아닌 초경량비행장치의 경우에는 비행장치란 중 신고번호 또는 안전성 인증서번호를 적지 않아도 되며, 항공레저스포츠사업에 사용되는 초경량비행장치이거나 무인비행장치인 경우에는 동승자란을 적지 않아도 된다.

38 항공종사자의 혈중 알코올 농도가 0.09% 이상인 경우의 행정처분은?

① 조종자 증명 취소
② 조종자격의 효력 정지 60일
③ 조종자격의 효력 정지 120일
④ 조종자격의 효력 정지 180일

해설

〈항공안전법 제125조, 항공안전법 시행규칙 제306조 별표 44의 2〉
- 혈중 알코올 농도 0.02% 이상 0.06% 미만 : 효력 정지 60일
- 혈중 알코올 농도 0.06% 이상 0.09% 미만 : 효력 정지 120일
- 혈중 알코올 농도 0.09% 이상 : 효력 정지 180일

39 초경량비행장치의 불법사용으로 1년 이하의 징역 또는 1천만 원 이하의 벌금에 처하는 경우가 아닌 것은?

① 안전성 인증을 받지 아니한 초경량비행장치(안전성 인증 대상인 경우)를 사용하여 초경량비행장치조종자 증명(조종증명 대상인 경우)을 받지 아니하고 비행을 한 사람
② 명의대여 등의 금지를 위반한 초경량비행장치 사용사업자
③ 사업용으로 등록하지 아니한 초경량비행장치를 영리 목적으로 사용한 자
④ 등록을 하지 아니하고 초경량비행장치 사용사업을 경영한 자

해설

사업용으로 등록하지 아니한 초경량비행장치를 영리 목적으로 사용한 자는 6개월 이하의 징역 또는 500만 원 이하의 벌금에 처한다(항공사업법 제80조).

40 안전성 인증을 받지 아니하고 비행한 사람에게 부과되는 과태료는?

① 200만 원 이하의 과태료
② 300만 원 이하의 과태료
③ 400만 원 이하의 과태료
④ 500만 원 이하의 과태료

해설

〈항공안전법 제166조〉
안전성 인증 대상인 초경량비행장치를 초경량비행장치의 비행안전을 위한 기술상의 기준에 적합하다는 안전성 인증을 받지 아니하고 비행한 사람은 500만 원 이하의 과태료를 부과한다.

정답 37. ③ 38. ④ 39. ③ 40. ④

3회 기출복원문제

1과목 항공기상

01 다음 중 스칼라양이 아닌 것은?
① 질량 ② 온도
③ 에너지 ④ 항력

해설
벡터는 크기와 방향을 동시에 나타내고(중력, 추력, 양력, 항력, 속도, 가속도, 힘), 스칼라는 크기만을 나타낸다(온도, 압력, 밀도, 길이, 넓이(면적), 시간, 질량, 에너지, 속력).

02 대기권 중 기상 변화가 일어나는 곳으로 고도가 상승할수록 온도가 강하되는 곳은?
① 성층권 ② 중간권
③ 열권 ④ 대류권

해설
대류권은 대기권의 제일 아래층에 위치하며, 대류권에서는 고도가 1km 높아짐에 따라 기온이 6.5℃씩 내려간다. 대류권의 높이는 고위도 지방에서는 7~8km, 중위도 지방에서는 10~13km, 열대 지방에서는 15~16km인데, 이는 열대 지방일수록 대류를 일으키는 에너지가 많기 때문이다.

03 공기는 고기압에서 저기압으로 흐르는데, 이러한 공기의 흐름, 즉 바람을 직접적으로 방해하는 힘은?
① 구심력 ② 원심력
③ 전향력 ④ 마찰력

해설
전향력은 '코리올리 힘' 또는 '편향력'이라고도 하는데, 전향력은 자전에 의한 관성력을 설명하는 가상의 힘이다. 북반구에서는 물체의 진행 방향에 대해 오른쪽으로 작용하는 힘, 남반구에서는 진행 방향의 왼쪽으로 작용하는 힘이다. 전향력의 크기는 극지방에서 최대이고, 적도 지방에서는 최소이다.

04 산바람과 골바람에 대한 설명 중 맞는 것은?
① 산악지역에서 낮에 형성되는 바람은 골바람으로 산 아래에서 산 정상으로 부는 바람이다.
② 산바람은 산 정상 부분으로 불고, 골바람은 산 정상에서 아래로 부는 바람이다.
③ 산바람과 골바람 모두 산의 경사 정도에 따라 가열되는 정도에 따른 바람이다.
④ 산바람은 낮에, 그리고 골바람은 밤에 형성된다.

해설
산곡풍(山谷風, 산바람, 골바람)은 산간 지방에서 하루 주기로 부는 바람이다.

05 겨울에는 대륙에서 해양으로, 여름에는 해양에서 대륙으로 부는 바람은?
① 편서풍 ② 계절풍
③ 해풍 ④ 대륙풍

해설
계절풍은 대륙과 해양의 경계에서 1년을 주기로 풍향이 바뀌는 바람으로, 겨울과 여름의 대륙과 해양의 비열 차이로 발생되는데, 육지는 바다보다 비열이 적어서 빨리 가열되고, 빨리 냉각되기 때문이다.

정답 01. ④ 02. ④ 03. ③ 04. ① 05. ②

06 바람이 피부에 느껴지고, 나뭇잎이 흔들리며, 풍향계가 움직이기 시작한다. 이때의 풍속은 대략 어느 정도인가?

① 1.6~3.3m/s ② 3.4~5.4m/s
③ 5.5~7.9m/s ④ 8.0~10.7m/s

해설
풍속은 보퍼트 풍력 계급(Beaufort wind force scale, 13개의 풍력 계급(0부터 12까지))으로 구분하며, '바람이 피부에 느껴지고, 나뭇잎이 흔들리며, 풍향계가 움직이기 시작할 때 나타나는 풍속'은 풍력 계급 2에 관한 내용이다.

07 태풍에 관한 설명으로 옳지 않은 것은?

① 열대지방의 해양을 발원지로 하고 폭풍우를 동반한 저기압을 총칭해서 열대성 저기압이라고 한다.
② 태풍은 코리올리 힘의 영향으로 북반구에서 반시계 방향으로 회전한다.
③ 발생 수는 7월경부터 증가하여 8월에 가장 왕성하고 9~10월에 서서히 줄어든다.
④ 북반구에서 태풍 진행 방향의 왼쪽이 더 피해가 크다.

해설
북반구에서 태풍이 이동하는 진로의 오른쪽을 위험반원이라고 한다.
태풍의 진행 방향에 대해 오른쪽 반원은 풍속이 강하고 비도 많이 내려 위험반원이라 하며, 왼쪽 반원은 바람이 상대적으로 약하므로 안전반원이라고 한다.

08 안개가 발생하기 적합한 조건이 아닌 것은?

① 대기의 성층이 안정할 것
② 냉각작용이 있을 것
③ 강한 난류가 존재할 것
④ 바람이 없을 것

해설
안개는 대기에 떠다니는 작은 물방울의 모임 중에서 지표면과 접촉하며 가시거리가 1000m 이하가 되게 만든다. 안개는 습도가 높고, 기온이 이슬점 이하일 때 형성되며, 흡습성의 작은 입자인 응결핵이 있으면 잘 형성된다. 하층운이 지표면까지 하강하여 생기기도 한다.

09 시정 장애물의 종류가 아닌 것은?

① 황사 ② 안개
③ 스모그 ④ 강한 비

해설
시정 장애물에는 안개, 황사, 연무, 연기, 먼지, 화산재 등이 있다.

10 NOTAM 유효기간으로 적당한 것은?

① 1개월 ② 3개월
③ 6개월 ④ 1년

해설
NOTAM 유효기간은 원칙적으로 3개월이다.

2과목 비행이론

11 비행기의 자세 조종에 사용되는 주조종면 또는 1차 조종면으로 나열된 것은?

① 승강타, 방향타, 플랩
② 도움날개, 스포일러, 플랩
③ 도움날개, 방향타, 스포일러
④ 도움날개, 승강타, 방향타

해설
비행기의 주조종면 또는 1차 조종면에는 도움날개(aileron, 보조익), 승강키(elevator, 승강타), 방향키(rudder, 방향타)가 있다.

정답: 06.① 07.④ 08.③ 09.④ 10.② 11.④

12 다음 중 정압 또는 동압에 영향을 받지 않는 계기는?

① 대기속도계
② 선회경사계
③ 고도계
④ 승강계

• 해설
- 대기속도계 : '전압과 정압의 차이'인 동압을 이용한다.
- 고도계, 승강계(수직속도계) : 정압(대기압)을 이용한다.

13 항공기 이륙거리를 줄이기 위한 방법이 아닌 것은?

① 항공기의 무게를 가볍게 한다.
② 바람을 등지고 이륙하여 바람의 저항을 줄인다.
③ 플랩과 같은 고양력장치를 사용한다.
④ 엔진의 추력을 증가하여 이륙활주 중 가속도를 증가시킨다.

• 해설
〈이륙거리를 줄이는 방법〉
- 엔진의 추력을 크게 한다.
- 비행기 무게를 가볍게 한다.
- 슬랫, 플랩과 같은 고양력장치 사용한다.
- 정풍비행(맞바람)을 활용한다.
- 마찰계수를 작게 한다.

14 비행기가 비행 중 속도를 2배로 증가시킨다면 다른 모든 조건이 같을 때 양력과 항력은 어떻게 달라지는가?

① 양력과 항력 모두 2배로 증가한다.
② 양력은 2배로 증가하고 항력은 1/2로 감소한다.
③ 양력과 항력 모두 4배로 증가한다.
④ 양력은 4배로 증가하고 항력은 1/4로 감소한다.

• 해설

$$L = \frac{1}{2}\rho V^2 C_L S$$

양력은 양력계수(C_L)가 커지면 증가하고, 공기 밀도(ρ)가 커지면 증가하고, 날개 면적(S)이 커지면 증가하고, 비행 속도(V)가 커지면 속도의 제곱으로 증가한다.
항력도 비행속도(V)가 커지면 속도의 제곱으로 증가한다.

15 가스터빈기관의 기본 구성요소로 옳은 것은?

① 압축기, 연소실, 기어박스
② 흡입 부분, 확산 부분, 배기 부분
③ 압축 부분, 배기 부분, 구동 부분
④ 압축기, 연소실, 터빈

• 해설
가스터빈기관(엔진)은 공기를 흡입하여 압축하고, 연소실에서 연료와 공기를 연소한 뒤 배출되는 고온·고압의 열에너지가 터빈을 회전시켜 추력을 발생한다.

16 날개 길이가 10m, 평균시위 길이가 1.8m인 항공기 날개의 가로세로비(AR; Aspect Ratio)는 약 얼마인가?

① 1.6
② 3.8
③ 5.6
④ 9.8

• 해설
가로세로비(AR)=날개길이/날개시위=10m/1.8m=5.6

17 정상 흐름의 베르누이 정리에서 일정한 것은?

① 정압
② 동압
③ 전압과 동압의 합
④ 전압

• 해설
베르누이 정리에서 전압(정압과 동압의 합)은 항상 일정하다.

정답 : 12. ② 13. ② 14. ③ 15. ④ 16. ③ 17. ④

18 비행기의 3축 운동과 관계된 조종면을 옳게 연결한 것은?

① 옆놀이(rolling)−방향키(rudder)
② 빗놀이(yawing)−승강키(elevator)
③ 키놀이(pitching)−승강키(elevator)
④ 옆놀이(rolling)−승강키(elevator)

> 해설
- x축−세로축−옆놀이(rolling)−도움날개(aileron)
- y축−가로축−키놀이(pitching)−승강키(elevator)
- z축−수직축−빗놀이(yawing)−방향키(rudder)

19 항공기의 동적 안정성이 양(+)인 상태에서의 설명으로 옳은 것은?

① 운동의 진폭이 시간에 따라 점차 감소한다.
② 운동의 주기가 시간에 따라 일정하다.
③ 운동의 주기가 시간에 따라 점차 감소한다.
④ 운동의 고유진동수가 시간에 따라 점차 감소한다.

> 해설
양의 동적 안정성은 평형상태에서 벗어난 뒤 원래의 평형상태로 복귀하려 하기 때문에, 시간이 경과되면서 비행기 운동(진동)의 진폭이 감소된다. 즉 운동(진동)의 진폭이 시간이 지남에 따라 감소되는 것을 양(+)의 동적 안정이라고 하며, 시간이 지남에 따라 진폭이 커진다면 음(−)의 동적 안정성 또는 동적 불안정이라고 한다.

20 다음 중 헬리콥터의 수직 상승 비행과 관련이 없는 것은?

① 연료의 분출량이 증가되어 출력이 증가된다.
② 주회전날개의 모든 블레이드(blade)의 피치각이 동시에 증가된다.
③ 동시(콜렉티브) 피치 조종레버를 들어 올리는 조작을 통해 이루어진다.
④ 주회전날개의 회전면이 전면 방향으로 기운다.

> 해설
주기(사이클릭) 피치레버를 이용하여 주회전날개의 회전면이 전면 방향으로 기울이면 헬리콥터는 전진한다.

3과목 드론 운용

21 무인항공기를 지칭하는 용어가 아닌 것은?

① UAV   ② RPAS
③ UGV   ④ Drone

> 해설
UGV는 Unmanned Ground Vehicle(무인지상차량)의 약자이다. 무인항공기를 지칭하는 용어는 다음과 같으며, 국제민간항공기구(ICAO)에서는 RPA와 RPAS를 공식 용어로 채택하고 있다.

드론(drone)	원격제어되는 무인항공기를 통칭하는 용어로, 대중에게 널리 인식됨
UA	Unmanned Aircraft(무인항공기)
UAS	Unmanned Aircraft System(무인항공기시스템)
UAV	Unmanned Aerial Vehicle(무인비행장치)
RPA	Remotely Piloted Aircraft(원격조종항공기)
RPAS	Remotely Piloted Aircraft System(원격조종항공기시스템)
RPAV	Remotely Piloted Aerial Vehicle(원격조종비행장치)

22 무인멀티콥터의 주요 구성요소가 아닌 것은?

① 클러치(clutch)
② 전자변속기(ESC)
③ 모터(motor)
④ 프로펠러(propeller)

정답: 18. ③ 19. ① 20. ④ 21. ③ 22. ①

해설

클러치(clutch)는 엔진의 동력을 잠시 끊거나 이어주는 축 이음 장치로서 엔진이 장착된 비행체에서 사용된다. 무인멀티콥터의 주요 구성요소는 비행제어장치(FC), 센서, 모터, 전자변속기(ESC), 프로펠러 등이다.

23 무인멀티콥터 기체의 좌우 흔들림을 잡아주는 센서는?

① 지자기 센서 ② GPS 센서
③ 기압 센서   ④ 자이로 센서

해설

무인멀티콥터 기체의 좌우 흔들림, 즉 기체의 수평을 유지해 주는 센서는 자이로 센서 및 가속도 센서이다. 기압 센서는 대기압을 측정하여 고도를 계산하는 센서이다.

24 비행제어장치(FC)로부터 명령 신호를 받아서 브러시리스 모터의 출력(회전속도)을 조절하는 장치는?

① 전자변속기(ESC) ② 지자기 센서
③ 프레임   ④ 가속도 센서

해설

전자변속기(ESC)는 비행제어장치(FC)로부터 명령 신호를 받아서 브러시리스(BLDC) 모터의 출력(회전속도)을 조절한다.

25 비행 전 점검사항에 해당되지 않는 것은?

① 조종기 외부 깨짐을 확인한다.
② 스로틀을 상승하여 비행해 본다.
③ 배터리 충전상태를 확인한다.
④ 기체 각 부품의 상태 및 파손 여부를 확인한다.

해설

비행 전에는 조종기의 레버를 작동하지 않아야 한다.

26 무인멀티콥터의 프로펠러 피치(pitch)는 무엇을 의미하는가?

① 프로펠러의 길이
② 프로펠러의 직경
③ 프로펠러가 회전하는 속도
④ 프로펠러가 1회전 시 이동한 거리

해설

프로펠러의 피치는 프로펠러가 1회전 시 무인멀티콥터가 이동한 거리를 말한다.

27 무인멀티콥터의 등속도 수평비행을 하고 있을 때 작용하는 힘으로 맞는 조건은?

① 추력=항력, 양력=무게
② 추력=양력+항력
③ 추력=양력+항력+중력
④ 추력=양력+중력

해설

- 비행 중에 작용하는 힘에는 4가지의 힘(추력, 항력, 양력, 중력)이 있다.
- 등속비행은 일정속도 비행, 즉 추력=항력
- 수평비행은 고도변화가 없는 비행, 즉 양력=중력

따라서 등속수평비행이란 양력=중력, 추력=항력일 경우의 비행이다.

28 무인멀티콥터의 하강 비행 시 조종기의 조작 방법은?

① 스로틀을 내린다.
② 스로틀을 올린다.
③ 에일러론을 우측으로 한다.
④ 에일러론을 좌측으로 한다.

정답 : 23. ④ 24. ① 25. ② 26. ④ 27. ① 28. ①

> **해설**
- 스로틀(throttle) 레버는 드론을 상승·하강시키는 역할을 한다.
- 엘리베이터(elevator) 레버는 드론을 전후로 움직이는 역할을 한다.
- 에일러론(aileron) 레버는 드론을 좌우로 움직이는 역할을 한다.
- 러더(rudder) 레버는 드론의 기수를 좌우로 회전시키는 역할을 한다.

29 쿼드콥터가 우측으로 이동 시 각 프로펠러 회전은?

① 좌측 앞뒤 2개의 프로펠러가 더 빨리 회전한다.
② 우측 앞뒤 2개의 프로펠러가 더 빨리 회전한다.
③ 좌측 앞, 우측 뒤 프로펠러가 더 빨리 회전한다.
④ 우측 앞, 좌측 뒤 프로펠러가 더 빨리 회전한다.

> **해설**
쿼드콥터가 움직이려고 하는 방향의 반대 쪽의 프로펠러(모터)가 더 빨리 회전해야 한다.

30 리튬-폴리머 배터리 보관 시 주의사항이 아닌 것은?

① 과충전/방전하지 않는다.
② 배터리를 낙하, 충격, 합선시키지 않는다.
③ 손상된 배터리나 전력 수준이 50% 이상인 상태에서 배송하지 않는다.
④ 상온의 장소에서 보관하면 안 된다.

> **해설**
리튬-폴리머 배터리 보관온도는 상온(18~25°C)이 적당하다.

4과목 항공법규

31 항공사업법에서 규정하는 용어의 정의가 잘못된 것은?

① '항공기 사용사업'이란 항공운송사업 외의 사업으로서 타인의 수요에 맞추어 항공기를 사용하여 유상으로 농약 살포, 건설자재 등의 운반, 사진촬영 또는 항공기를 이용한 비행훈련 등 국토교통부령으로 정하는 업무를 하는 사업을 말한다.
② '항공기정비업'이란 타인의 수요에 맞추어 항공기 등을 정비·수리 또는 개조하는 업무와 이에 대한 기술관리 및 품질관리 등을 지원하는 업을 하는 사업을 말한다.
③ '항공기취급업'이란 타인의 수요에 맞추어 항공기에 대한 급유, 항공화물 또는 수하물의 하역과 그 밖에 국토교통부령으로 정하는 지상조업을 하는 사업을 말한다.
④ '항공기대여업'이란 타인의 수요에 맞추어 유상으로 항공기, 경량항공기 또는 초경량비행장치를 대여(貸與)하는 사업(항공레저스포츠를 위하여 대여하여 주는 서비스 사업을 포함한다)을 말한다.

> **해설**
항공기대여업은 항공레저스포츠를 위하여 활공기 등 국토교통부령으로 정하는 항공기, 경량항공기 또는 초경량비행장치를 대여하여 주는 서비스 사업은 제외한다(항공사업법 제2조 제21호).

정답: 29. ① 30. ④ 31. ④

32 공항시설법에서 규정하는 용어의 정의가 잘못된 것은?

① '항행안전시설'이란 유선통신, 무선통신, 인공위성, 불빛, 색채 또는 전파(電波)를 이용하여 항공기의 항행을 돕기 위한 시설로서 대통령령으로 정하는 시설을 말한다.
② '항행안전무선시설'이란 전파를 이용하여 항공기의 항행을 돕기 위한 시설로서 국토교통부령으로 정하는 시설을 말한다.
③ '항공정보통신시설'이란 전기통신을 이용하여 항공교통업무에 필요한 정보를 제공·교환하기 위한 시설로서 국토교통부령으로 정하는 시설을 말한다.
④ '항공등화'란 불빛, 색채 또는 형상(形象)을 이용하여 항공기의 항행을 돕기 위한 항행안전시설로서 국토교통부령으로 정하는 시설을 말한다.

해설
항행안전시설에는 항공등화, 항행안전무선시설 및 항공정보통신시설이 있다(공항시설법 시행규칙 제5조). 항행안전시설은 국토교통부령으로 정하는 시설을 말한다(공항시설법 제2조 제15호).

33 항공안전법의 초경량비행장치라고 할 수 없는 것은?

① 항공기와 경량항공기 외에 공기의 반작용(지표면 또는 수면에 대한 공기의 반작용은 제외)으로 뜰 수 있는 장치이다.
② 자체중량이 50kg 이하로서 체중 이동, 타면 조종 등의 방법으로 조종하는 행글라이더
③ 항력을 발생시켜 대기 중을 낙하하는 사람 또는 물체의 속도를 느리게 하는 낙하산류
④ 기체의 성질과 온도차 등을 이용하는 계류식 기구

해설
행글라이더는 자체중량이 70kg 이하로서 체중 이동, 타면 조종 등의 방법으로 조종하는 비행장치이다(항공안전법 시행규칙 제5조).

34 다음 중 신고하지 않아도 되는 초경량비행장치가 아닌 것은?

① 동력을 이용하지 않는 패러글라이더
② 무인동력비행장치 중에서 최대이륙중량이 2kg 이하인 것
③ 자이로플레인
④ 계류식 무인비행장치

해설
자이로플레인은 신고를 필요로 한다(항공안전법 시행령 제24조).

35 초경량비행장치 안전성 인증기관은?

① 항공안전기술원   ② 항공연수원
③ 지방항공청   ④ 국토교통부

해설
현재의 초경량비행장치 안전성 인증기관은 항공안전기술원이다.

36 다음의 초경량비행장치 중 조종자 증명이 필요하지 않는 것은?

① 초경량비행장치 사용사업에 사용되는 무인멀티콥터 중에서 연료의 중량을 포함한 자체중량 250g 이하인 것
② 항공레저스포츠사업에 사용되는 행글라이더
③ 동력패러글라이더
④ 항공레저스포츠사업에 사용되는 패러글라이더

정답: 32. ① 33. ② 34. ③ 35. ① 36. ①

> 해설

조종자 증명이 필요한 초경량비행장치의 종류(항공안전법 시행규칙 제306조)
① 초경량비행장치 사용사업에 사용되는 무인비행장치. 다만, 다음 각 목의 어느 하나에 해당하는 것은 제외한다.
  가. 무인동력장치(무인비행기, 무인헬리콥터, 무인멀티콥터, 무인수직이착륙기) 중에서 연료의 중량을 포함한 최대이륙중량이 250g 이하인 것
  나. 무인비행선 중에서 연료의 중량을 제외한 자체중량이 12kg 이하이고, 길이가 7m 이하인 것

37 초경량비행장치의 운용시간은 언제부터 언제까지인가?

① 일출부터 일몰 30분 전까지
② 일출부터 일몰까지
③ 일몰부터 일출까지
④ 일출 30분 후부터 일몰 30분 전까지

> 해설

야간비행(일몰 후부터 일출 전까지의 비행)은 원칙적으로 금지되어 있으나 예외적으로 특별비행승인 등을 받은 경우에는 야간비행도 가능하다.

38 항공레저스포츠사업에 종사하는 초경량비행장치 조종자의 준수사항으로 잘못된 것은?

① 비행 전에 해당 초경량비행장치의 이상 유무를 점검하고, 이상이 있을 경우에는 비행을 중단할 것
② 비행 전에 비행안전을 위한 주의사항에 대하여 동승자에게 충분히 설명할 것
③ 해당 초경량비행장치의 제작자가 정한 최대이륙중량 및 풍속 기준을 초과하지 아니하도록 비행할 것
④ 기구류 중 계류식으로 운영되는 기구류의 조종자는 탑승자의 인적사항을 기록하고 유지할 것

> 해설

기구류 중 계류식으로 운영되지 않는 기구류의 조종자는 탑승자의 인적사항을 기록하고 유지할 것(항공안전법 시행규칙 제310조)

39 초경량비행장치의 말소신고를 하지 않은 경우 1차 과태료 금액은?

① 15만 원   ② 25만 원
③ 30만 원   ④ 50만 원

> 해설

초경량비행장치의 말소신고를 하지 않은 경우의 과태료의 부과기준(항공안전법 시행령 별표 5)

1차 위반	2차 위반	3차 이상 위반
15만 원	22.5만 원	30만 원

40 초경량비행장치의 조종자 준수사항을 따르지 아니하고 초경량비행장치를 이용하여 비행한 사람에 대한 과태료는?

① 100만 원 이하의 과태료
② 200만 원 이하의 과태료
③ 300만 원 이하의 과태료
④ 500만 원 이하의 과태료

> 해설

초경량비행장치의 조종자 준수사항을 따르지 아니하고 초경량비행장치를 이용하여 비행한 사람은 300만 원 이하의 과태료를 부과한다(항공안전법 제166조).

정답 37. ② 38. ④ 39. ① 40. ③

4회 기출복원문제

1과목 항공기상

01 국제표준대기(ISA)에서 해수면 상의 표준 기온 및 표준 기압은 얼마인가?

① 15℃, 29.92inHg

② 0℃, 1013.25mb

③ 32℉, 29.92inHg

④ 15℃, 1013.25mb

해설

국제표준대기(ISA)에서 해수면 상의 표준 기온 및 표준 기압은 15℃, 29.92inHg이다.
in은 인치(inch)의 준말로 ″로도 표현한다.
(29.92inHg=29.92″Hg), 1in=2.54cm

02 다음 중 비행기의 이륙 성능, 대기압력, 공기 밀도의 관계를 설명한 것 중 맞는 것은?

① 대기압력이 높아지면 공기 밀도 증가, 양력 증가, 이륙거리 증가

② 대기압력이 높아지면 공기 밀도 증가, 양력 감소, 이륙거리 증가

③ 대기압력이 높아지면 공기 밀도 증가, 양력 증가, 이륙거리 감소

④ 대기압력이 높아지면 공기 밀도 증가, 양력 감소, 이륙거리 감소

해설

공기 밀도는 압력에 비례하고, 온도와 습도에 반비례한다. 즉 대기압력이 높아지면 공기 밀도는 증가하고, 밀도가 증가하면 양력이 증가하게 되고, 이륙거리는 짧아진다.

03 대기권 중에서 장거리 무선통신이 가능한 전리층이 존재하는 곳은?

① 대류권   ② 성층권

③ 열권   ④ 중간권

해설

열권에는 장거리 무선통신이 가능한 전리층이 존재한다.

04 조종사가 동일한 고도로 고온 지역(더운 지역)에서 저온 지역(추운 지역)으로 비행하면 고도계는 어떻게 변화하는가?

① 지시고도가 진고도보다 높은 고도를 가리킨다.

② 지시고도가 진고도보다 낮은 고도를 가리킨다.

③ 지시고도가 진고도와 같은 고도값을 가리킨다.

④ 지시고도가 진고도와 같은지 또는 진고도보다 높거나 낮은지는 알 수 없다.

해설

고온 지역(더운 지역)→저온 지역(추운 지역)으로 비행 시 계기상 지시고도는 실제고도(진고도)보다 높게 지시하는데, 이는 저온 지역(추운 지역)에서는 공기 밀도가 감소하기 때문이다.

정답 : 01. ① 02. ③ 03. ③ 04. ①

05 태풍의 명칭과 지역을 잘못 연결한 것은?

① 허리케인-북대서양과 북태평양 동부

② 태풍-북태평양 남서부

③ 사이클론-인도양

④ 토네이도-제주도

> 해설

- 태풍(Typhoon) : 북태평양 남서부에서 발생
- 허리케인(Hurricane) : 북태평양 동부, 북대서양에서 발생
- 사이클론(Cyclone) : 인도양에서 발생
- 윌리윌리(Willy-Willy) : 호주 부근 남태평양에서 발생

06 구름의 종류 중에 비를 내리게 하는 구름은?

① Ac(고적운) ② Ns(난층운)

③ St(층운)   ④ Sc(층적운)

> 해설

비구름에는 난층운과 적란운이 있다.

07 한랭전선의 특징이 아닌 것은?

① 적운형 구름이 많이 발생한다.

② 따뜻한 기단 위에 형성된다.

③ 좁은 지역에 소나기가 많이 내린다.

④ 온난전선에 비해 이동 속도가 빠르다.

> 해설

한랭전선은 찬 기단이 따뜻한 기단 밑으로 파고들면서 밀어내는 전선을 말하며, 이때 소나기, 뇌우 등이 잘 나타나고 돌풍이 불기도 한다.

08 어떠한 기상조건에서 기압고도와 밀도고도가 일치하는가?

① 기온이 0°F 시의 해수면 고도

② 고도계의 설치 오차가 없을 때

③ 국제표준대기의 표준 기온(15℃)

④ 기온이 59℃의 해수면 고도

> 해설

국제표준대기의 표준 기온(15℃)에서 기압고도와 밀도고도는 일치한다.

09 바람의 설명 중 활강바람에 해당되는 것은?

① 낮에 산 경사면을 따라 산 위쪽에서 계곡으로 내려오는 바람

② 높은 곳에 위치한 차갑고 밀도가 높은 공기가 중력에 의해 아래로 흘러가는 바람

③ 건조하고 상대적으로 더워진 산 뒤쪽의 바람

④ 하층에서 낮에 열적 성질의 차이로 바다로부터 육지로 불어 가는 바람

> 해설

활강바람(Katabatic wind, 활강풍)은 산이나 고도가 높은 곳에서 내려오는 바람으로, 산풍과 비슷해 보이지만 그보다 훨씬 강하다. 비교적 높은 곳에 위치한 공기는 차갑고 밀도가 높은데, 이 차갑고 밀도가 높은 공기가 중력에 의해 아래로 흘러가는 것이 활강바람이다.

10 항공시설 업무, 절차 또는 위험요소의 시설, 운영상태 및 그 변경에 관한 정보를 수록하여 전기통신 수단으로 항공종사자들에게 배포하는 공고문은?

① AIC   ② AIP

③ AIRAC   ④ NOTAM(항공고시보)

> 해설

- AIC(항공정보회람: Aeronautical Information Contents)
- AIP(항공정보간행물: Aeronautical Information Publication)
- AIRAC(항공정보관리절차: Aeronautical Information Regulation And Control)

정답 : 05. ④ 06. ② 07. ② 08. ③ 09. ② 10. ④

2과목 비행이론

11 날개의 길이가 10m이고 면적이 20m²일 때 가로세로비(AR; Aspect Ratio)는 얼마인가?

① 2 ② 5
③ 10 ④ 15

해설

가로세로비(AR)=날개길이/날개시위=(날개길이)²/날개면적

$= \dfrac{(10m)^2}{20m^2} = 5$

12 다음 중 비행기의 안정성과 조종성에 관한 설명으로 가장 옳은 것은?

① 조종성과 안정성을 동시에 만족시킬 수 없다.
② 안정성과 조종성은 정비례한다.
③ 정적 안정성이 증가하면 조종성도 증가된다.
④ 비행기의 안정성을 최대로 키워야 조종성이 최대가 된다.

해설

비행기의 안정성과 조종성은 반비례한다. 즉 서로 상반관계이다.

13 다음 중 꼬리날개의 수직 안정판에 부착되는 조종면은?

① 승강타 ② 도움날개
③ 스포일러 ④ 방향타

해설

- 수평꼬리날개(수평안정판) : 승강키(elevator, 승강타)
- 수직꼬리날개(수직안정판) : 방향키(rudder, 방향타)
- 주날개 : 도움날개(aileron, 보조익), 스포일러(spoiler), 플랩(flap)

14 대기 속도계의 속도 측정 원리는?

① 전압과 동압을 이용하여 속도를 측정한다.
② 전압을 이용하여 속도를 측정한다.
③ 정압을 이용하여 속도를 측정한다.
④ 전압과 정압의 차이인 동압을 이용하여 속도를 측정한다.

해설

- 대기속도계 : '전압과 정압의 차이'인 동압을 이용한다.

15 비행기의 기준축과 각 축에 대한 회전운동이 옳게 연결된 것은?

① z축-수직축-빗놀이(yawing)
② x축-세로축-키놀이(pitching)
③ z축-세로축-빗놀이(yawing)
④ y축-수직축-키놀이(pitching)

해설

- x축-세로축-옆놀이(rolling)-도움날개(aileron)
- y축-가로축-키놀이(pitching)-승강키(elevator)
- z축-수직축-빗놀이(yawing)-방향키(rudder)

16 비행 중 날개 전체에 생기는 항력을 옳게 나타낸 것은?

① 압력항력+마찰항력+유도항력
② 형상항력+마찰항력+유도항력
③ 압력항력+마찰항력+형상항력
④ 형상항력+압력항력+유해항력

해설

날개 전체에 생기는 항력=형상항력(=압력항력+마찰항력)+유도항력

정답 : 11. ② 12. ① 13. ④ 14. ④ 15. ① 16. ①

17 회전날개 항공기인 헬리콥터가 일반적인 고정날개 항공기와 다른 비행은?

① 선회비행   ② 정지비행
③ 전진비행   ④ 상승비행

해설
헬리콥터는 공중 정지비행, 즉 호버링(hovering)이 가능하다.

18 날개끝에 윙렛(winglet)을 설치하는 이유로 옳은 것은?

① 유도항력 감소   ② 형상항력 감소
③ 마찰항력 감소   ④ 간섭항력 감소

해설
유도항력은 양력을 만들면 필연적으로 유도(induced)되는 항력이다. 보통 날개끝에서 실속으로 생기는 와류(vortex, 소용돌이) 때문에 생기는 항력이다. 비행기의 진행을 방해하므로 유도항력은 윙렛(winglet)으로 줄인다.

19 항공기 날개에서의 실속현상이란 무엇을 의미하는가?

① 유체의 흐름이 층류로 바뀌는 현상이다.
② 날개골의 항력이 갑자기 0이 되는 현상이다.
③ 유체의 흐름이 날개골의 앞전 또는 뒷전 근처에서부터 박리되는 현상이다.
④ 유체의 흐름속도가 급격히 증가하는 현상이다.

해설
실속(失速, stall)은 날개골의 앞전 또는 뒷전에서 경계층이 박리되어 양력 감소와 항력이 증가되는 것을 말한다.

20 비행기에서 양력에 관계하지 않고 비행을 방해하는 모든 항력을 무엇이라 하는가?

① 압력항력   ② 유도항력
③ 형상항력   ④ 유해항력

해설
• 유해항력은 양력에 관계하지 않고 비행을 방해하는 모든 항력을 말한다.
• 유해항력에는 압력항력, 마찰항력, 형상항력, 조파항력, 간섭항력 등이 있다.

3과목 드론 운용

21 무인멀티콥터의 주요 구성요소가 아닌 것은?

① 라디에이터(radiator)
② 프로펠러(propeller)
③ 모터(motor) 및 전자변속기(ESC)
④ 비행제어장치(FC)

해설
라디에이터(radiator)는 냉각장치로서 항공기 엔진(내연기관)에서 발생한 열을 냉각시키는 데 사용된다.

22 무인멀티콥터에 대한 설명으로 틀린 것은?

① 동력장치로서 전기모터보다는 가솔린엔진을 사용한다.
② 수직 이착륙 및 호버링(hovering, 정지비행)이 가능하다.
③ 프로펠러에 의한 반작용을 상쇄시키기 위해 인접한 프로펠러는 각각 다른 방향으로 회전한다.
④ 헬리콥터에 비해 구조가 간단하고 조종이 용이하다.

정답 17. ② 18. ① 19. ③ 20. ④ 21. ① 22. ①

> **해설**

무인멀티콥터는 동력장치로서 주로 전기모터를 사용한다. 전기모터는 엔진(내연기관)보다 회전수가 압도적으로 우월하여 무인멀티콥터를 경량화 및 소형화하기 쉽고, 전기변속기(ESC)를 장착하면 전기신호로 즉시 모터의 회전수를 바꿀 수 있기 때문이다.

23 다음 드론의 비행조종 모드 중에서 자동복귀 모드의 설명으로 틀린 것은?

① 이륙 전 임의의 장소를 설정할 수 있다.
② Auto-land(자동 착륙)를 설정할 수 있다.
③ GPS 수신이 두절 되어도 자동 복귀가 가능하다.
④ 이륙 장소로 자동으로 되돌아올 수 있다.

> **해설**

자동 복귀 모드(RTH; Return to Home mode)는 GPS를 기반으로 위치를 찾아오는 기능으로, 비행 중 통신 두절 상태가 발생했을 때 이륙 위치나 이륙 전 임의로 설정한 위치로 자동 복귀한다.

24 다음 중 비행 전 점검에 대한 설명으로 올바른 것은?

① 멀티콥터는 날씨에 영향을 많이 받지 않으므로 날씨는 점검할 필요가 없다.
② 기체의 외관은 단지 외형적인 부분으로 점검이 불필요하다.
③ 조종기는 스위치, 안테나, 배터리의 충전 상태, 토글스위치 등을 점검한다.
④ 평소에 GPS의 수신이 양호한 장소에서는 GPS 점검을 생략해도 된다.

> **해설**

비행 전 점검에서는 비행제한공역, 기상, 지형, 기체(GPS 포함), 조종기 등 전반적인 사항을 모두 점검하여야 한다.

25 무인멀티콥터 착륙지점으로 바르지 않은 것은?

① 고압선이 없는 지역
② 바람에 날아가는 물체가 없는 평평한 지역
③ 하향풍으로 작물이나 시설물이 손상되지 않는 지역
④ 경사진 곳

> **해설**

경사지면 무인멀티콥터 기체가 기울어져 프로펠러가 손상되기 쉽다.

26 무인멀티콥터의 비행 시 조종기 배터리 경고음 발생 시 취해야 할 행동은?

① 기체와 관계없으므로 비행을 계속한다.
② 경고음이 꺼질 때까지 기다린다.
③ 기체를 안전지대로 착륙시킨다.
④ 재빨리 조종기의 배터리를 예비 배터리로 교체한다.

> **해설**

비행 중 배터리의 경고음이 울리면 기체를 안전지대에 착륙시키고 점검을 수행해야 한다.

27 무인멀티콥터에 사용하는 배터리가 아닌 것은?

① Li-Po
② Ni-Cd
③ Ni-MH
④ Ni-CH

> **해설**

무인멀티콥터 배터리에 주로 사용되는 배터리(전지)에는 리튬-폴리머(Li-Po) 전지, 리튬이온(Li-ion) 전지, 니켈-카드뮴(Ni-Cd) 전지, 니켈-수소(Ni-MH) 전지 등이 있으며, 이중 리튬 폴리머(Li-Po) 전지가 널리 사용된다.

정답 : 23. ③ 24. ③ 25. ④ 26. ③ 27. ④

28 다음 중 2차 전지에 속하지 않는 배터리는?

① 리튬-폴리머(Li-Po) 배터리
② 니켈-수소(Ni-MH) 배터리
③ 니켈-카드뮴(Ni-Cd) 배터리
④ 알칼리 건전지

해설
충전을 할 수 없는 전지를 1차 전지라고 하고, 현재 가장 많이 사용하는 1차 전지로는 망간 건전지와 알칼리 건전지가 있다. 2차 전지는 방전된 후에도 다시 재충전하여 반복 사용이 가능한 배터리이다.

29 다음 중 배터리 충전 및 관리 요령으로 맞는 것은?

① 0℃ 이하의 온도에서 관리한다.
② 완전 충전이 될 때까지 자리를 비우지 않는다.
③ 배터리의 매뉴얼보다 전압을 높여 충전한다.
④ 배터리의 배부름 현상이 나타나도 계속 충전한다.

해설
리튬-폴리머(Li-Po) 배터리의 충전 시에는 화재, 폭발 등 위험 상황이 발생할 수 있으므로 완충될 때까지 자리를 지킨다.

30 다음 중 리튬-폴리머(Li-Po) 배터리에 대한 설명으로 잘못된 것은?

① 얇고 다양한 모양의 배터리를 만들 수 있다.
② 메모리 효과가 커서 충전 시 주의해야 한다.
③ 무인멀티콥터에 주로 사용한다.
④ 완충전압은 4.2V, 최대방전 전압은 3.3V, 기준전압은 3.7V이다.

해설
메모리 효과(memory effect), 즉 기억 효과가 있는 배터리는 니켈계 전지인 니켈-카드뮴(Ni-Cd), 니켈-수소(Ni-MH) 등이다.

4과목 항공법규

31 항공사업법에서 규정하는 용어의 정의가 잘못된 것은?

① '초경량비행장치 사용사업'이란 타인의 수요에 맞추어 국토교통부령으로 정하는 초경량비행장치를 사용하여 유상으로 농약살포, 사진촬영 등 국토교통부령으로 정하는 업무를 하는 사업을 말한다.
② '항공레저스포츠'란 취미·오락·체험·교육·경기 등을 목적으로 하는 비행(공중에서 낙하하여 낙하산류를 이용하는 비행을 포함한다)활동을 말한다.
③ '항공운송총대리점업'이란 항공운송사업자를 위하여 무상으로 항공기를 이용한 여객 또는 화물의 국제운송계약 체결을 대리하는 사업을 말한다.
④ '항공보험'이란 여객보험, 기체보험(機體保險), 화물보험, 전쟁보험, 제3자보험 및 승무원보험과 그 밖에 국토교통부령으로 정하는 보험을 말한다.

해설
'항공운송총대리점업'은 항공운송사업자를 위하여 유상으로 항공기를 이용한 국제운송계약 체결을 대리하는 사업을 말한다(항공사업법 제2조 제30호).

정답 28. ④ 29. ② 30. ② 31. ③

32 공항시설법에서 규정하는 용어의 정의가 잘못된 것은?

① '비행장'이란 항공기·경량항공기·초경량비행장치의 이륙과 착륙을 위하여 사용되는 육지 또는 수면의 일정한 구역으로서 국토교통부령으로 정하는 것을 말한다.

② '비행장시설'이란 비행장에 설치된 항공기의 이륙·착륙을 위한 시설과 그 부대시설로서 지방항공청장이 지정한 시설을 말한다.

③ '비행장구역'이란 비행장으로 사용되고 있는 지역과 공항·비행장개발예정지역 중 「국토의 계획 및 이용에 관한 법률」 제30조 및 제43조에 따라 도시·군계획시설로 결정되어 국토교통부장관이 고시한 지역을 말한다.

④ '활주로'란 항공기 착륙과 이륙을 위하여 국토교통부령으로 정하는 크기로 이루어지는 공항 또는 비행장에 설정된 구역을 말한다.

해설

'비행장시설'이란 비행장에 설치된 항공기의 이륙·착륙을 위한 시설과 그 부대시설로서 국토교통부장관이 지정한 시설을 말한다(공항시설법 제2조).

33 항공안전법상의 초경량비행장치의 종류가 아닌 것은?

① 비행선
② 동력비행장치
③ 행글라이더
④ 동력 패러글라이더

해설

비행선은 항공기이고, 무인비행선은 초경량비행장치이다(항공안전법 규칙 제3조, 제5조).

34 신고한 초경량비행장치가 멸실되었거나 그 초경량비행장치를 해체한 경우에는 그 사유가 발생한 날부터 며칠 이내에 말소신고를 하여야 하는가?

① 10일
② 15일
③ 30일
④ 45일

해설

항공기 말소등록(항공안전법 제123조)
초경량비행장치 소유자 등은 신고한 초경량비행장치가 멸실되었거나 그 초경량비행장치를 해체(정비 등, 수송 또는 보관하기 위한 해체는 제외한다)한 경우에는 그 사유가 발생한 날부터 15일 이내에 국토교통부장관(한국교통안전공단 이사장 위탁)에게 말소신고를 하여야 한다.

35 다음 공역 중 통제 공역에 해당하지 않는 구역은?

① 초경량비행장치 비행제한구역
② 비행제한구역
③ 비행금지구역
④ 관제권

해설

사용목적에 따른 공역의 구분(항공안전법 시행규칙 별표 23)
〈공역의 구분〉
- 관제 공역 : 관제권, 관제구, 비행장교통구역
- 비관제 공역 : 조언구역, 정보구역
- 통제 공역 : 비행금지구역, 비행제한구역, 초경량비행장치 비행제한구역
- 주의 공역 : 훈련구역, 군작전구역, 위험구역, 경계구역

36 안전성 인증의 종류 중에서 초경량비행장치의 비행안전에 영향을 미치는 대수리 또는 대개조 후 기술기준에 적합한지를 확인하기 위하여 실시하는 인증은?

① 초도인증
② 정기인증
③ 수시인증
④ 재인증

정답 : 32. ② 33. ① 34. ② 35. ④ 36. ③

> 해설

〈안전성 인증의 종류〉 (초경량비행장치 안전성 인증 업무 운영세칙, 항공안전기술원)
① 초도인증 : 국내에서 설계·제작하거나 외국에서 국내로 도입한 초경량비행장치의 안전성 인증을 받기 위하여 최초로 실시하는 인증
② 정기인증 : 안전성 인증의 유효기간 만료일이 도래되어 새로운 안전성 인증을 받기 위하여 실시하는 인증
③ 수시인증 : 초경량비행장치의 비행안전에 영향을 미치는 대수리 또는 대개조 후 기술기준에 적합한지를 확인하기 위하여 실시하는 인증
④ 재인증 : 초도, 정기 또는 수시인증에서 기술기준에 부적합한 사항에 대하여 정비한 후 다시 실시하는 인증

37 항공종사자가 업무를 정상적으로 수행할 수 없는 혈중 알코올 농도의 기준은?

① 0.02% ② 0.06%
③ 0.09% ④ 0.10%

> 해설

초경량비행장치 소유자, 초경량비행장치를 사용하여 비행하려는 사람 등 항공종사자가 업무를 정상적으로 수행할 수 없는 혈중 알코올 농도의 기준은 0.02% 이상이다(항공안전법 제57조 및 제131조).

38 초경량비행장치 조종자의 준수사항 중 금지행위로 잘못된 것은?

① 인명이나 재산에 위험을 초래할 우려가 있는 낙하물을 투하하는 행위
② 주거지역, 상업지역 등 인구가 밀집된 지역이나 그 밖에 사람이 많이 모인 장소의 상공에서 인명 또는 재산에 위험을 초래할 우려가 있는 방법으로 비행하는 행위
③ 사람 또는 건축물이 밀집된 지역의 상공에서 건축물과 충돌할 우려가 있는 방법으로 근접하여 비행하는 행위
④ 최대이륙중량이 25kg 이하인 무인멀티콥터를 관제권이나 비행금지구역이 아닌 곳에서 최저비행고도(150m) 미만의 고도에서 비행하는 행위

> 해설

최대이륙중량이 25kg 이하인 무인비행기, 무인헬리콥터, 무인멀티콥터를 관제권이나 비행금지구역이 아닌 곳에서 최저비행고도(150m) 미만의 고도에서 비행하는 행위는 가능하다(항공안전법 시행규칙 제310조).

39 마약류 또는 환각물질의 영향으로 초경량비행장치를 사용하여 비행을 정상적으로 수행할 수 없는 상태에서 초경량비행장치를 사용하여 비행한 경우, 1차 위반 시 행정처분 내용으로 맞는 것은?

① 조종자 증명 취소 ② 효력정지 60일
③ 효력정지 120일 ④ 효력정지 180일

> 해설

마약류 또는 환각물질의 경우(항공안전법 시행규칙 별표 44의2)
• 1차 위반 : 효력 정지 60일
• 2차 위반 : 효력 정지 120일
• 3차 이상 위반 : 효력 정지 180일

40 초경량비행장치의 조종자로서 업무를 수행할 때 고의 또는 중대한 과실로 초경량비행장치 사고를 일으켜 사망자가 발생한 경우 행정처분 내용으로 맞는 것은?

① 조종자 증명 취소 ② 효력정지 90일
③ 효력정지 30일 ④ 효력정지 180일

> 해설

초경량비행장치의 조종자로서 업무를 수행할 때 고의 또는 중대한 과실로 초경량비행장치 사고를 일으켜 사망자가 발생한 경우에는 조종자 증명이 취소되며, 중상자가 발생한 경우에는 효력정지 90일, 중상자 외의 부상자가 발생한 경우 효력정지 30일(항공안전법 시행규칙 별표 44의2)

정답 : 37. ① 38. ④ 39. ② 40. ①

5회 기출복원문제

1과목 항공기상

01 지구가 중심축을 기준으로 회전운동을 하는 것은 무엇이라 하는가?
① 공전 ② 자전
③ 전향력 ④ 원심력

해설
자전은 지구가 자전축(중심축)으로 서쪽에서 동쪽으로(반시계 방향으로) 회전하는 것이고, 공전은 지구가 태양을 기준으로 1년에 한바퀴씩 서쪽에서 동쪽(반시계 방향)으로 회전하는 것이다.

02 지표면에서 수직으로 약 11km까지이며, 대류현상에 의한 기상현상이 발생하는 곳은?
① 성층권 ② 대류권
③ 중간권 ④ 열권

해설
대류권은 지표면에서 약 11km까지이며, 대류현상과 기상현상이 나타난다.

03 오존층이 존재하는 대기권은?
① 대류권 ② 성층권
③ 열권 ④ 중간권

해설
성층권에는 자외선을 흡수하는 오존층(약 20~30km 지점)이 존재한다.

04 기온은 직사광선을 피해서 측정을 하게 되는데, 몇 m의 높이에서 측정하는가?
① 3m ② 2.5m
③ 2.2m ④ 1.5m

해설
온·습도계는 백엽상 내부에서 지면으로부터 1.2~1.5m 높이에 설치하여 측정한다(기상측기별 설치기준 제3조, 별표2).

05 비행기 고도 상승에 따른 공기 밀도와 엔진 출력 관계를 설명한 것 중 옳은 것은?
① 공기 밀도 감소, 엔진출력 감소
② 공기 밀도 감소, 엔진출력 증가
③ 공기 밀도 증가, 엔진출력 감소
④ 공기 밀도 증가, 엔진출력 증가

해설
고도 상승→산소 희박(공기 밀도 감소)→엔진출력 감소(엔진은 연료와 산소가 혼합되어 연소되는데, 산소가 부족하면 연소가 잘되지 않아 엔진출력이 감소된다.)

06 1기압에 적당하지 않은 것은?
① 1.013hPa ② 760mmHg
③ 760Torr ④ 29.92inHg

해설
1기압=1atm=760mmHg=760Torr=1013hPa=29.92inHg

정답 01. ② 02. ② 03. ② 04. ④ 05. ① 06. ①

07 북반구 고기압에서의 바람은?

① 시계 방향으로 불며 가운데서 발산한다.
② 반시계 방향으로 불며 가운데서 수렴한다.
③ 시계 방향으로 불며 하강하면서 발산한다.
④ 반시계 방향으로 불며 가운데서 발산한다.

해설
북반구 고기압에서의 바람은 시계 방향으로 불며 하강하면서 발산한다.

08 지표면에서 기온 역전이 가장 잘 일어날 수 있는 조건은?

① 바람이 많고 기온차가 매우 높은 낮
② 약한 바람이 불고 구름이 많은 밤
③ 강한 바람과 함께 강한 비가 내리는 낮
④ 맑고 약한 바람이 존재하는 서늘한 밤

해설
일반적으로 기온은 해발고도가 높아지면서 하강하는데, 기온 역전은 해발고도가 높아지면서 오히려 기온이 상승하는 현상으로, 맑고 약한 바람이 부는 서늘한 밤에 잘 발생한다.

09 평균해수면에서 항공기 고도까지의 고도를 무엇이라고 하는가?

① 진고도   ② 밀도고도
③ 지시고도   ④ 절대고도

해설
진고도는 실제고도라고도 한다.

10 나침반(magnetic compass)이 지시하는 북쪽은?

① 진북   ② 도북
③ 자북   ④ 북극

해설
자북(磁北, magnetic north)은 나침반의 N극이 가리키는 방향이다.

2과목 | 비행이론

11 정상흐름의 베르누이 방정식에 대한 설명으로 옳은 것은?

① 유체의 속도가 커지면 정압은 감소한다.
② 동압은 속도에 반비례한다.
③ 정압과 동압의 합은 일정하지 않다.
④ 정압은 유체가 갖는 속도로 인해 속도의 방향으로 나타나는 압력이다.

해설
베르누이 방정식에서 '전압=정압+동압', 동압은 속도의 제곱에 비례하므로 속도가 커지면 동압이 커져서 정압이 작아진다.

12 승강계란?

① 고도의 변화에 따른 대기압의 변화를 이용한 것
② 고도의 변화에 따른 동압의 변화를 이용한 것
③ 고도의 변화에 따른 정압의 차를 이용한 것
④ 고도의 변화에 따른 밀도의 차를 이용한 것

해설
승강계(vertical speed indicator, 수직속도계)는 정압공에서 측정한 정압(대기압)을 이용하여 비행기의 상승 또는 하강 속도를 지시해 준다.

정답 07. ③ 08. ④ 09. ① 10. ③ 11. ① 12. ①

13 비행기의 수평꼬리날개에 부착된 조종면을 무엇이라 하는가?

① 플랩
② 승강타
③ 방향타
④ 도움날개

> **해설**
> 수평꼬리날개(수평안정판) : 승강키(elevator, 승강타)
> 수직꼬리날개(수직안정판) : 방향키(rudder, 방향타)
> 주날개 : 도움날개(aileron, 보조익), 스포일러(spoiler), 플랩(flap)

14 비행기의 가로축을 중심으로 피칭(pitching) 운동을 조종하는 데 주로 사용되는 조종면은?

① 플랩(flap)
② 방향키(rudder)
③ 승강키(elevator)
④ 도움날개(aileron)

> **해설**
> • x축-세로축-옆놀이(rolling)-도움날개(aileron)
> • y축-가로축-키놀이(pitching)-승강키(elevator)
> • z축-수직축-빗놀이(yawing)-방향키(rudder)

15 항공기의 조종성과 안정성에 대한 설명으로 옳은 것은?

① 안정성이 커지면 조종성이 나빠진다.
② 전투기는 안정성이 커야 한다.
③ 조종성이란 평형상태로 되돌아오는 정도를 의미한다.
④ 여객기의 경우 비행 성능을 좋게 하기 위해 조종성에 중점을 두어 설계해야 한다.

> **해설**
> 비행기의 안정성과 조종성은 반비례한다. 즉 서로 상반관계이다.

16 양력이 20이고, 항력이 2일 때, 이 항공기의 양항비는?

① 2
② 4
③ 10
④ 15

> **해설**
> 양항비=양력/항력=20/2=10

17 비행기의 수직꼬리날개 앞 동체에 붙어 있는 도살 핀(dorsal fin)의 가장 중요한 역할은?

① 방향 안정성을 좋게 한다.
② 구조 강도를 좋게 한다.
③ 가로 안정성을 좋게 한다.
④ 세로 안정성을 좋게 한다.

> **해설**
> 수직꼬리날개(수직안정판) 앞 동체에는 지느러미 모양의 도살 핀(dorsal fin)이 있으며, 도살 핀은 비행 시에 방향 안정성을 양호하게 한다.

18 항공기 이륙 성능을 향상시키기 위한 가장 적절한 바람의 방향은?

① 무풍
② 정풍(맞바람)
③ 배풍(뒷바람)
④ 우측측풍(옆바람)

> **해설**
> 〈이륙거리를 줄이는 방법〉
> • 엔진의 추력을 크게 한다.
> • 비행기 무게를 가볍게 한다.
> • 슬랫, 플랩과 같은 고양력장치를 사용한다.
> • 정풍비행(맞바람)을 활용한다.
> • 마찰계수를 작게 한다.

정답 : 13. ② 14. ③ 15. ① 16. ③ 17. ① 18. ②

19 헬리콥터를 전진, 후진, 좌우로 비행을 시키기 위하여 회전면을 경사시키는 데 사용되는 조종장치는?

① 동시피치 조종장치
② 주기피치 조종장치
③ 추력 조절장치
④ 방향조종 페달

- 해설 -
주기(사이클릭)피치 조종장치는 주회전날개의 회전면을 경사시키면서 원하는 방향으로 이동한다.

20 마하수에 관한 설명으로 옳은 것은?

① 비행체의 속도가 증가하면 마하수도 증가한다.
② 음속이 증가하면 마하수가 증가한다.
③ 마하수는 음속과 비행체의 속도에 비례한다.
④ 마하수는 음속을 비행체 속도로 나눈 값이다.

- 해설 -
마하수=비행속도/음속이고, 음속은 대기온도(공기온도)에 비례한다.

3과목 드론 운용

21 국제민간항공기구(ICAO)에서 공식으로 채택한 무인항공기의 명칭은?

① RPAS   ② UMV
③ UUV   ④ UAS

- 해설 -
UMV는 Unmanned Marine Vehicle(무인수상정), UUV는 Unmanned Underwater Vehicle(무인잠수정), UAS는 Unmanned Aircraft System(무인항공기시스템)을 의미하며, 국제민간항공기구(ICAO)에서는 RPAS(Remotely Piloted Aircraft System, 원격조종항공기시스템) 및 RPA(Remotely Piloted Aerial Vehicle, 원격조종비행장치)를 무인항공기의 공식 용어로 채택하고 있다.

22 멀티콥터(multicopter) 중에서 프로펠러가 8개인 것은?

① 도데카콥터   ② 옥타콥터
③ 헥사콥터   ④ 쿼드콥터

- 해설 -
- 쿼드콥터(quadcopter) : 4개의 프로펠러
- 헥사콥터(hexacopter) : 6개의 프로펠러
- 옥타콥터(octocopter) : 8개의 프로펠러
- 도데카콥터(dodecacopter) : 12개의 프로펠러

23 다음 중 GPS의 특징으로 잘못된 것은?

① 인공위성에서 보내는 신호를 수신해 지구상의 현재 위치를 계산하는 시스템이다.
② GPS는 날씨의 영향을 받지 않는다.
③ 실내에서는 GPS신호의 수신율이 저하된다.
④ 신호를 받는 위성이 많을수록 위치계산이 정확하다.

- 해설 -
GPS 수신 장애의 원인에는 자연적인 원인(태양 플레어, 지자기폭풍, 날씨), 전파 교란, 건물, 실내, 터널 등이 있으며, 이로 인해 GPS에 장애가 발생하면 드론이 제어불능(no control, 노콘) 상태가 될 수 있다.

24 드론에 탑재된 센서장치와 측정하는 데이터의 연결이 잘못된 것은?

① 기압 센서 – 드론의 고도
② 지자기 센서 – 드론의 방향
③ 자이로 센서 – 비행 자세
④ 가속도 센서 – 각속도

정답 : 19. ② 20. ① 21. ① 22. ② 23. ② 24. ④

> **해설**
> - 가속도 센서는 센서에 가해지는 가속도(단위시간당 속도의 변화)를 측정한다.
> - 자이로 센서는 각속도(단위시간당 회전 각도의 변화)를 측정하여 기울기를 조절할 수 있으므로 비행 자세를 위한 센서이다.

25 브러시리스(BLDC) 모터에 대한 설명으로 올바르지 않은 것은?

① 반영구적으로 사용할 수 있다.
② 전력 손실이 발생하지 않으며 속도와 출력이 우수하다.
③ 동일 무게의 엔진보다 높은 출력이 가능하다.
④ 구조가 단순해 전자변속기(ESC)가 필요 없다.

> **해설**
> 브러시리스(BLDC) 모터는 전자변속기(ESC)가 필수적이다.

26 무인멀티콥터에 관하여 잘못 설명하는 것은?

① 프로펠러는 양력을 높이기 위해 금속으로 만든다.
② 지자기 센서와 자이로 센서는 움직이지 않게 고정한다.
③ 모터는 브러시리스(BLDC) 모터를 사용한다.
④ 비행 시 배터리는 완전 충전해서 사용한다.

> **해설**
> 금속재료는 무겁고, 위험하기 때문에 프로펠러 재료로 잘 사용되지 않는다.

27 무인멀타콥터의 외부에서 작용하는 힘(영향을 주는 힘)이 아닌 것은 무엇인가?

① 항력   ② 양력
③ 압축력   ④ 중력

> **해설**
> 무인멀티콥터의 외부에서 작용하는 힘에는 항력, 양력, 중력, 추력이 있다.

28 무인멀티콥터의 비행에 따른 모터의 회전에 대한 설명으로 올바른 것은?

① 무인멀티콥터가 전진할 때 전방의 모터가 빠르게 회전한다.
② 무인멀티콥터가 후진할 때 전방의 모터가 빠르게 회전한다.
③ 무인멀티콥터가 전진할 때 시계 방향으로 회전하는 모터가 빨리 회전한다.
④ 무인멀티콥터가 후진할 때 모든 모터가 빠르게 회전한다.

> **해설**
> 쿼드무인멀티콥터가 움직이려고 하는 방향의 반대 쪽의 프로펠러(모터)가 더 빨리 회전해야 한다.

29 리튬-폴리머(Li-Po) 배터리 충전 시 주의 사항으로 가장 타당한 것은?

① 장시간 충전이므로 심야 전력으로 야간에 충전한다.
② 화재의 위험이 있으므로 소방서 근처에서 충전한다.
③ 화재의 위험이 있으므로 소화기를 준비한다.
④ 충전 시에는 위험 상황이 발생할 수 있으므로 자리를 지킨다.

> **해설**
> 리튬-폴리머(Li-Po) 배터리의 충전 시에는 폭발 등 위험 상황이 발생할 수 있으므로 자리를 지킨다.

정답 25. ④ 26. ① 27. ③ 28. ② 29. ④

30 드론의 배터리가 부족하다는 신호를 받았을 때 조종사가 해야 할 일은?

① 신속하게 안전한 곳을 찾아 착륙시킨다.
② 배터리를 끝까지 사용하고 방전시키기 직전에 착륙시킨다.
③ 자세제어 모드(attitude mede)로 전환하여 조종을 한다.
④ 고도를 최대한 상승시킨다.

• 해설
드론의 배터리가 부족하다는 신호를 받으면, 신속하게 안전한 곳을 찾아 착륙시킨다.

4과목 항공법규

31 국내 항공사업법의 목적으로 잘못된 것은?

① 항공정책의 수립 및 항공사업에 관하여 필요한 사항을 정한다.
② 항공기, 경량항공기 또는 초경량비행장치가 안전하게 항행하기 위한 방법을 정한다.
③ 대한민국 항공사업의 체계적인 성장과 경쟁력 강화 기반을 마련한다.
④ 항공사업의 질서유지 및 건전한 발전을 도모한다.

• 해설
②는 항공안전법의 목적이다(항공안전법 제1조).

32 초경량비행장치 소유자가 주소 이전 시 며칠 이내에 변경신고를 해야 하는가?

① 7일   ② 30일
③ 50일   ④ 60일

• 해설
초경량비행장치 소유자 등은 초경량비행장치 소유자 등의 성명, 명칭, 주소 등을 변경하려는 경우에는 그 사유가 있는 날부터 30일 이내에 국토교통부장관(한국교통안전공단에 위탁)에게 변경신고하여야 한다(항공안전법 제123조).
〈변경신고 사항〉 1. 초경량비행장치의 용도, 2. 초경량비행장치 소유자 등의 성명, 명칭 또는 주소, 3. 초경량비행장치의 보관 장소

33 소유자 등이 신고를 하지 않아도 되는 초경량비행장치가 아닌 것은?

① 낙하산류
② 무인동력비행장치 중에서 최대이륙중량이 5kg 이상인 것
③ 행글라이더, 패러글라이더 등 동력을 이용하지 아니하는 비행장치
④ 연구기관 등이 시험·조사·연구 또는 개발을 위하여 제작한 초경량비행장치

• 해설
〈항공안전법 시행령 제24조〉
② 무인동력비행장치 중에서 최대이륙중량이 2kg 이하인 것

34 항공안전법상 초경량비행장치의 범위에 포함되지 않는 것은?

① 자체중량이 115kg 이하이고, 좌석이 1개인 동력비행장치
② 자체중량이 150kg 이하인 무인 비행기, 무인헬리콥터, 무인멀티콥터
③ 자체중량이 70kg 이하인 행글라이더
④ 자체중량이 180kg 이하이고 길이가 30m 이하인 무인비행선

• 해설
자체중량이 180kg 이하이고 길이가 20m 이하인 무인비행선이 초경량비행장치에 해당한다(항공안전법 시행규칙 제5조).

정답: 30. ① 31. ② 32. ② 33. ② 34. ④

35 비영리 목적으로 사용하는 초경량비행장치의 안전성 인증의 유효기간은?

① 6개월　　② 1년
③ 2년　　　④ 3년

해설
안전성 인증의 유효기간은 영리용 및 비영리용에 관계없이 모두 발급일로부터 2년으로 한다(초경량비행장치 안전성 인증 업무 운영세칙, 2023.3.10. 개정, 항공안전기술원).

36 아래의 내용이 설명하는 것은?

> 항공기, 경량항공기 또는 초경량비행장치의 안전하고 효율적인 비행과 수색 또는 구조에 필요한 정보를 제공하기 위한 공역(空域)으로서 국제민간항공협약 및 같은 협약 부속서에 따라 국토교통부장관이 그 명칭, 수직 및 수평 범위를 지정·공고한 공역을 말한다.

① 비행정보구역　　② 통제구역
③ 주의 공역　　　④ 비관제 공역

해설
① 비행정보구역(FIR; Flight Information Region)을 설명하고 있다(항공안전법 제2조).

37 다음 관제 공역의 등급 구분 중 모든 항공기가 계기비행을 하여야 하는 공역은?

① A등급
② B등급
③ D등급
④ E등급

해설
⟨관제공역 구분⟩

A등급	모든 항공기가 계기비행을 해야 하는 공역
B등급	계기비행 및 시계비행을 하는 항공기가 비행 가능하고, 모든 항공기에 분리를 포함한 항공교통관제업무가 제공되는 공역
C등급	모든 항공기에 항공교통관제업무가 제공되나, 시계비행을 하는 항공기 간에는 교통정보만 제공되는 공역
D등급	모든 항공기에 항공교통관제업무가 제공되나, 계기비행을 하는 항공기와 시계비행을 하는 항공기 및 시계비행을 하는 항공기 간에는 교통정보만 제공되는 공역
E등급	계기비행을 하는 항공기에 항공교통관제업무가 제공되고, 시계비행을 하는 항공기에 교통정보가 제공되는 공역

38 초경량비행장치의 사용사업의 범위가 아닌 것은?

① 비료 또는 농약 살포, 씨앗 뿌리기 등 농업 지원
② 사진촬영, 육상·해상 측량 또는 탐사
③ 산림 또는 공원 등의 관측 또는 탐사
④ 국민의 생명과 재산 등 공공의 안전에 위해를 일으킬 수 있는 업무

해설
⟨초경량비행장치의 사용사업의 범위(항공사업법 시행규칙 제6조)⟩
1. 비료 또는 농약 살포, 씨앗 뿌리기 등 농업 지원
2. 사진촬영, 육상·해상 측량 또는 탐사
3. 산림 또는 공원 등의 관측 또는 탐사
4. 조종교육
5. 그 밖의 업무로서 다음 각 목의 어느 하나에 해당하지 아니하는 업무
　가. 국민의 생명과 재산 등 공공의 안전에 위해를 일으킬 수 있는 업무
　나. 국방·보안 등에 관련된 업무로서 국가 안보를 위협할 수 있는 업무

정답 : 35. ③　36. ①　37. ①　38. ④

39 초경량비행장치의 사용사업의 등록요건이 아닌 것은?

① 조종자 1명 이상

② 초경량비행장치(무인비행장치로 한정한다) 1대 이상

③ 법인 : 납입자본금 5천만 원 이상, 개인 : 자산평가액 3천만 원 이상

④ 제3자보험에 가입할 것

· 해설 ·

초경량비행장치 사용사업의 등록요건(항공사업법 시행령 별표 9])

구분	기준
1. 자본금 또는 자산평가액	가. 법인 : 납입자본금 3천만 원 이상 나. 개인 : 자산평가액 3천만 원 이상
2. 조종자	1명 이상
3. 장치	초경량비행장치(무인비행장치로 한정한다) 1대 이상
4. 보험(해당 보험에 상응하는 공제를 포함한다)	제3자보험에 가입할 것

40 초경량비행장치 조종자 증명을 받지 않고 비행을 한 경우 1차 과태료 금액은?

① 100만 원 ② 200만 원

③ 300만 원 ④ 400만 원

· 해설 ·

초경량비행장치 조종자 증명을 받지 않고 비행을 한 경우 과태료의 부과기준(항공안전법 시행령 별표 5)

1차 위반	2차 위반	3차 이상 위반
200만 원	300만 원	400만 원

정답 : 39. ③ 40. ②

드론(무인멀티콥터/초경량비행장치) 조종자 자격 필기

| 2021. 6. 21. 초 판 1쇄 발행
| 2022. 1. 5. 초 판 2쇄 발행
| 2023. 1. 5. 개정증보 1판 1쇄 발행
| 2023. 9. 27. 개정증보 2판 1쇄 발행
| 2024. 9. 4. 개정증보 3판 1쇄 발행
| **2025. 6. 11. 개정증보 4판 1쇄 발행**

저자와의
협의하에
검인생략

지은이 | 박익범, 한대희, 박병찬, 박인순, 곽병태, 강호식, 장태환
펴낸이 | 이종춘
펴낸곳 | BM ㈜도서출판 성안당
주소 | 04032 서울시 마포구 양화로 127 첨단빌딩 3층(출판기획 R&D 센터)
      | 10881 경기도 파주시 문발로 112 파주 출판 문화도시(제작 및 물류)
전화 | 02) 3142-0036
     | 031) 950-6300
팩스 | 031) 955-0510
등록 | 1973. 2. 1. 제406-2005-000046호
출판사 홈페이지 | www.cyber.co.kr
ISBN | 978-89-315-8375-5 (13000)
정가 | 24,000원

이 책을 만든 사람들
책임 | 최옥현
진행 | 최창동
본문 디자인 | 인투
표지 디자인 | 박원석
홍보 | 김계향, 임진성, 김주승, 최정민
국제부 | 이선민, 조혜란
마케팅 | 구본철, 차정욱, 오영일, 나진호, 강호묵
마케팅 지원 | 장상범
제작 | 김유석

이 책의 어느 부분도 저작권자나 BM ㈜도서출판 성안당 발행인의 승인 문서 없이 일부 또는 전부를 사진 복사나 디스크 복사 및 기타 정보 재생 시스템을 비롯하여 현재 알려지거나 향후 발명될 어떤 전기적, 기계적 또는 다른 수단을 통해 복사하거나 재생하거나 이용할 수 없음.

※ 잘못된 책은 바꾸어 드립니다.